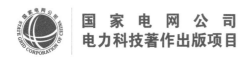

国家电网公司
电力科技著作出版项目

智能配电网技术及应用丛书

智能配电设备

ZHINENG PEIDIAN SHEBEI

陈勇　主编

中国电力出版社
CHINA ELECTRIC POWER PRESS

内 容 提 要

本书为"智能配电网技术及应用丛书"中的一个分册。

近年来，随着智能电网建设的深入推进，智能配电设备水平得到了快速发展。本书聚焦中压配电设备智能化关键技术，以配电网"站、线、变、用"为主线，分别介绍了变电站馈线开关、中压开关站、配电柱上开关、配电环网柜（箱）、配电变压器台区相关设备的智能化和场景应用，智能配电设备规模化应用案例，概述了技术发展给智能配电设备带来的变化。

本书适合从事电力系统配电网自动化领域科研、设计、生产、运行和管理的工程技术人员阅读，也可以作为高校及科研院所人员学习和研究的参考书籍。

图书在版编目（CIP）数据

智能配电设备／陈勇主编．—北京：中国电力出版社，2022.10（2024.9重印）
（智能配电网技术及应用丛书）
ISBN 978-7-5198-6634-1

Ⅰ．①智…　Ⅱ．①陈…　Ⅲ．①智能控制–配电装置　Ⅳ．①TM642

中国版本图书馆 CIP 数据核字（2022）第 050650 号

出版发行：中国电力出版社
地　　址：北京市东城区北京站西街 19 号（邮政编码 100005）
网　　址：http://www.cepp.sgcc.com.cn
策　　划：周　娟
责任编辑：崔素媛（010-63412392）　李文娟
责任校对：黄　蓓　王海南
装帧设计：张俊霞
责任印制：杨晓东

印　　刷：北京天宇星印刷厂
版　　次：2022 年 10 月第一版
印　　次：2024 年 9 月北京第二次印刷
开　　本：787 毫米×1092 毫米　16 开本
印　　张：22
字　　数：471 千字
定　　价：89.00 元

丛书编委会

主　　　任　丁孝华

副　主　任　杜红卫　刘　东

委　　　员（按姓氏笔画排序）

　　　　　　刘　东　杜红卫　宋国兵　张子仲

　　　　　　陈　勇　陈　蕾　周　捷

顾问组专家　沈兵兵　刘　健　徐丙垠　赵江河

　　　　　　吴　琳　郑　毅　葛少云

秘书组成员　周　娟　崔素媛　韩　韬

本 书 编 写 组

主　　编　陈　勇

编写组成员　孙　勇　钱远驰　海　涛　李　志

　　　　　　郑志曜　张　维　张志华　郭琳云

　　　　　　陈奎阳　吴小钊　张文凯　孙建东

　　　　　　王海燕　赵莉华

主　　审　沈兵兵　刘　健

用配电网新技术的知识盛宴以飨读者

随着我国社会经济的快速发展，各行各业及人民群众对电力供应保持旺盛需求，同时对供电可靠性和电能质量也提出了越来越高的要求。与电力用户关系最为直接和密切的配电网，在近些年得到前所未有的重视和发展。随着新技术、新设备、新工艺的不断应用和自动化、信息化、智能化手段的实施，使配电系统装备技术水平和运行水平有了大幅度提升，为配电网的安全运行提供了有力保障。

为了总结智能电网建设时期配电网技术发展和应用的经验，介绍有关设备和技术，总结成功案例，本丛书编委会组织国内主要电力科研机构、产业单位和高等院校编写了"智能配电网技术及应用丛书"，包含《智能配电网概论》《智能配电网信息模型及其应用》《智能配电设备》《智能配电网继电保护》《智能配电网自动化技术》《配电物联网技术及实践》《智能配电网源网荷储协同控制》共 7 个分册。丛书基本覆盖了配电网在自动化、信息化和智能化等方面的进展和成果，侧重新技术、新设备及其发展趋势的论述和分析，并且对典型应用案例加以介绍，内容丰富、含金量高，是我国配电领域的重量级作品。

本丛书中，《智能配电网概论》介绍了智能配电网的概念、主要组成和内涵，以及传统配电网向智能配电网的演进过程及其关键技术领域和方向；《智能配电网信息模型及其应用》介绍了配电网的信息模型，强调了在智能电网控制和管理中模型的基础性和重要性，介绍了模型在主站系统侧和配电终端侧的应用；《智能配电设备》对近年来主要配电设备在一二次设备融合及智能化方面的演进过程、主要特点及应用场景做了介绍和分析；《智能配电网继电保护》从有源配电网的角度阐述了继电保护技术的进步和性能提升，着重介绍了以光纤、5G 为代表的信息通信技术发展而带来的差动（纵联）保护、广域保护等广泛应用于配电网的装置、技术及其发展方向；《智能配电网自动化技术》在总结提炼我国 20 多年来配电网自动化技术应用实践基础上，介绍了智能配电网对电网自动化的新要求，以及相关设备、系统和关键技术、实现方式，并对未来可能会在配电自动化中应用的新技术进行了展望；《配电物联网技术及实践》介绍了物联网的概念、主要元素，以及其如何与配电领域结合并应用，针对配电系统点多面广、设备众多、管理复杂等特点，解决实现信息化、智能化的难点和痛点问题；《智能配电网源网荷储协同控制》重点分析了在配电网大规模应用后，分布式能源给配电网的规划、调度、控制和保护等方面带来的影响，介绍了配电网源网荷储协同控制技术及其应用案例，体现了该技术在虚拟电厂、主动配电网及需求响应等方面的关键作用。

"双碳"目标加快了能源革命的进程，新型电力系统建设已经拉开序幕，配电领域将迎接新的机遇和挑战。"智能配电网技术及应用丛书"的出版将对配电网建设、改造发挥积极的作用。相信在不久的将来，我国的配电网技术一定能够像特高压技术一样，跻身世界前列，实现引领。

近年来，配电领域的专业图书出版了不少，本人也应邀为其中一些专著作序。但涉及配电网多个技术子领域的专业丛书仍不多见。作为一名在配电领域耕耘多年的专业工作者，为这套丛书的出版由衷感到高兴！希望本丛书能为我国配电网领域的技术人员和管理者奉上一份丰盛的"知识大餐"，以解大家久盼之情。

全国电力系统管理与信息交换标准化技术委员会　顾　问
EPTC 智能配电专家工作委员会　常务副主任委员兼秘书长

2022 年 10 月

序　一

从 2009 年 5 月至今，我国开展智能电网全面建设已经历了十三年之久，各领域和环节都取得了丰硕成果。其中，配电网的技术进步和装备水平提升更是有目共睹，网架结构逐步完善、配电自动化和配变台区管理技术的规模化推广，使得城市和农村电网的供电可靠性大幅度提高，配电网建设、运行和管理水平都有了量和质的飞跃。

要建设智能电网，电气设备智能化是重要的基础条件。换言之，如果没有电气设备的智能化，智能电网就是空中楼阁，不但缺失了其内在含义，而且达不到实际的效果。配电网是与社会经济和人民生活的关系最为直接的末端电网，也是智能电网建设的重头戏。智能配电设备是对传统电气设备的全面性改造，是配电一次设备与二次设备的相融合，也是配电系统实现自动化、智能化必备的基础设施。它们不仅仅是配电网安全可靠供电的保障，还将担负着配电网全态势智能感知、智能响应等智能化功能。我国的配电设备种类繁多，数量巨大，与主网设备相比，配电设备普遍存在技术落后、制造水平差的情况，如何将其向自动化、智能化演进，使之适应配电网建设和改造的发展，成为智能电网建设过程中一项十分重要和迫切的任务。《智能配电设备》从主要配电新设备的研发或改造的角度很好地阐述了这项任务的完成情况并回答了相关的问题。

我国配电网自动化前后经历了二十多年的发展，智能配电设备设计、应用技术也逐渐从早期的百花齐放向着标准化、规范化发展。随着智能电网建设特别是近年来国家电网公司大力推动电力物联网技术及其应用，以其先进的传感量测技术、电力电子技术、智能控制技术和现代信息及通信技术，更加促进了智能配电设备的快速发展。《智能配电设备》一书系统地介绍了智能配电设备的技术演进和发展，智能配电设备（配电开关、变压器和配电终端）的基础技术，对比分析智能配电设备的各类电气量和状态量感知技术、取能及后备电源技术的特点与应用，介绍了一二次设备组件集成技术、接口标准化技术和智能配电设备通信及协同控制技术。针对变电站馈线智能设备、智能柱上配电开关、智能配电环网柜、配变台区智能化设备，介绍了基本类型、原理及智能化应用场景，体现了现阶段已有的智能配电设备的先进性、特色性和代表性。

双碳经济带来了新一轮能源革命，以新能源发展和消纳为主体的新型电力系统建设已拉开了序幕，配电领域依然作为主战场将迎接新的机遇和挑战。其中智能配电设备要积极适应新型电力系统的要求，在小型化、标准化、智能化、环境友好化等方面继续做出努力，打造更加安全可靠、经济高效、灵活先进、绿色低碳、环境友好的智能配电网是未来的发展目标。因此，《智能配电设备》一书不但可以让读者了解我国配电装备的技术发展现状，而且对当前乃至今后一段时期的新产品设计、开发和应用等工作具有指导意义。

《智能配电设备》编写团队都是近年来在智能配电设备领域耕耘多年的技术专家，其成员绝大多数来自相关产业单位和电力科研院所。主编陈勇博士等人还亲身参与了中国配电网近二十年的快速发展和向智能化发展的过程，所以他们对有关设备的市场需求、性能和功能特点、应用场景以及存在问题等都非常熟悉，对本书的起草、讨论和完善发挥了积极和关键作用。

本人有幸作为《智能配电设备》一书的主审并为其作序，由衷地感到这是近年来针对我国智能配电设备进行全面介绍、特点分析和应用举例的一本难得的作品，对读者全面了解中低压智能配电设备的产品及应用、技术发展非常有帮助。不但适合电力设备制造企业、电网运行单位的工程技术人员、生产和施工管理人员阅读，而且可供电力科研单位的专业人员及大专院校的教师和学生阅读、参考。

全国电力系统管理及其信息交换标委会　顾问
EPTC 智能配电专家工作委员会秘书长
河海大学　教授

2022 年 10 月

序 二

更安全、更可靠、更优质、更高效是配电网的发展趋势，提高配电设备的安全性，实现可靠耐用、优质环保、高效经济，是实现上述目标的最基础、最关键也是最直接的途径。配电设备的智能化，为配电设备之间协调配合，进一步提高安全、可靠、优质、高效性能提供了手段。

断路器、变压器、线缆等配电一次设备是实现配电功能的基础，没有它们就不能把电供到千家万户。继电保护、重合闸、备自投、配电终端、故障指示器等配电二次设备是为一次设备服务以提升供电质量的。配电系统信息化则是为提升配电网的运维管理水平服务的。

近年来，配电一次设备、二次设备和配电网信息化技术都取得了显著进步，随着二次设备和传感装置耐久性和可靠性的稳步提升，配电一次设备、二次设备和信息化感知装置的融合已经成为趋势。这种融合在智能配电开关上首先获得了成功。这些配电设备领域的新产品，显著推动了我国智能配电网的建设水平和技术进步。

陈勇博士主编的《智能配电设备》一书系统介绍了成功应用于中低压配电网的智能化设备的组成、原理和关键技术，结合实际案例介绍了这些先进设备的应用经验，最后对国内外智能配电设备的发展进行了展望。

本书的作者都是长期从事智能配电设备研发、生产、检测和工程应用的专家，他们亲历了我国智能配电设备的发展历程，甚至其中大量的先进设备就是他们亲自研制的。在我国配电系统领域，他们"把论文写在了祖国大地上"，写在了中国智能配电网建设的伟大实践中。

科学是无止境的，智能配电设备的未来当然也会不断进步，先进技术总会被更先进的技术所取代，新一代产品总会被更新一代产品所代替。这本书也仅仅反映了当前的技术和产品现状，但我相信，它带给广大读者的启迪具有更长的生命力！

刘健

2022 年 10 月

前　言

在碳达峰、碳中和背景下，我国非化石能源消费占比持续提高。随着分布式电源大规模接入电网，配电网突破了传统的方式，从不可控的传统配电网向可控的现代配电网演变。未来，新型配电系统将向着多能互联互济、源网荷储深度融合的综合智慧能源系统发展。智能配电设备作为配电系统最重要的基础节点设备，不仅能够完成传统配电设备所具有的基础功能，还担负了智能感知、边缘计算、智能响应、新能源柔性接入等就地智能化功能。

回顾配电网技术发展历程，早期的电网被称为"重发轻供不管用"，薄弱的配电网经常造成用户大面积停电。2000 年我国开启了第一轮农网改造，大量配电自动化技术尤其是配电自动化设备的应用探索，为后续配电网智能化发展奠定了基础。

随着世界范围内智能电网热潮的兴起，2009 年我国开展了智能电网的全面建设，配电网架结构的逐步完善、配电自动化设备的规模化使用、配电自动化技术的应用推广，使得我国的配电网建设和管理水平有了质的提升。

近两年，配电物联网技术推动了配电设备的智能化发展，应用传感、定位、通信和边缘计算等技术，智能配电设备将成为配电网站点设备全要素数据采集、连接的基础节点，通过感知现实物理世界信息，支持实现数字化配电网的精准"映射"。

本书重点聚焦量大面广、运行环境多样的中压智能配电设备，并简要介绍面向用户的低压智能配电设备。编写中，着重选取近年来配电设备智能化过程的关键技术，介绍典型智能配电设备功能原理和应用场景，力图突出技术先进性、前瞻性和实用性，关注新技术为配电设备智能化带来的新变化。

本书第 1 章为概论，介绍配电网与配电设备，重点介绍配电设备智能化的主要特征和智能配电设备的发展历程。第 2 章为智能配电设备关键技术，介绍了实现配电设备智能化的关键技术，包括智能感知技术、智能配电设备电源技术、智能组件集成技术、配电一二次设备接口技术、智能配电设备通信及协同控制技术。第 3 章为中压变电站馈线智能设备及开关站智能化，介绍了变电站馈线开关、选线设备及中压开关站的智能化方案。第 4 章为智能配电柱上开关设备，介绍了几款典型的智能配电柱上开关设备，描述了智能配电柱上开关不同应用场景的配置和自动化功能实现过程，简述了智能配电柱上开关在试验和检验上的一些要求和面临的问题。第 5 章为智能配电环网柜设备，介绍了环网柜的基本柜型、不同类型环网柜的柜型特点、标准化环网柜（箱）的智能化配置及站所终端 DTU，描述了不同功能需求下环网柜组柜应用场景，对比了不同类型环网柜并总结了智能化环网柜应用特点。第 6 章为配电台区智能化设备，介绍了以配电变压器智能化为核心的配电台区智能化技术，分别介绍了柱上变压器台、预装式箱式变电站、配电室及其智能化应用场景。第 7 章为智能配电设备应用案例，选取了近年来不同类型智能配电设备的规模化应用案例。第 8 章为智能配电设备发展展望，介绍了配电设备技术发展和国外配电设备智能化应用，选取介绍了一些在配网形态变化下、针对业务功能提升需求设计的新型智能配电设备及其应用展望。

本书由河海大学沈兵兵教授、陕西电力科学研究院刘健博士指导审阅，由珠海许继电气有限公司陈勇博士主编并统稿。山东省电力科学研究院孙勇高工撰写了 1.2 节中智能配电设备的特征部分及 2.3 节，并审核了第 2 章的主要内容；珠海许继电气有限公司海涛博士、钱远弛高工组织撰写了第 4、5 章的主要内容，陈奎阳工程师撰写了 7.1 节并负责第 7 章的部分合稿，张维博士撰写了 2.1 节、3.2 节和 8.3 节的主要内容；浙江华电器材检测研究所有限公司李志工程师、郑志曜工程师撰写了第 6 章的变压器有关主要内容；陕西电力科学研究院张志华博士撰写了 3.3 节，西安兴汇电力科技有限公司郭琳云博士组织撰写了 2.4 节、4.2.2、7.3.1 部分内容，国电南瑞南京控制系统有限公司孙建东高工撰写了 1.3 节、2.2.3、2.6 节部分内容，许继集团吴小钊高工、张文凯高工撰写 3.1 节、3.4 节和 8.2.1 部分内容；平高集团配网技术中心王海燕高工组织撰写了 2.5 节和 4.2.3 的部分内容，四川大学电气工程学院赵莉华副教授撰写 8.1 节和 8.2 节的部分内容。

特别感谢中国电力科学研究院王承玉博士团队提供了 8.3.1 中最新研发的一二次融合断路器主要技术资料，珠海一多监测科技有限公司杨志强高工提供了 2.3 节部分传感器资料，上海宏力达信息技术股份有限公司李史杰工程师提供了 7.3.2 案例资料。

珠海许继电气有限公司研发工程团队多名工程师为本书内容提供素材并协助审核，他们是王焕文、陈向东、周斌、李斐刚、秦卫东、钟子华、刘红伟、田巍巍、周荣乐、魏浩铭、苏宏勋、杨绍军、谭卫斌、万孝鹏、刘雄华、封连平、许光、田宇、黄伟军、赵凯、王兴念、詹植振等及其下属团队的工程师们，魏玉燕工程师协助了本书稿的组织和图表绘制等工作。在此一并致谢。

由于时间仓促且编写人员水平有限，加之近两年智能电网技术的飞速发展和变化，书中难免有疏漏之处，恳请同行专家和读者批评指正。

陈　勇
2022 年 6 月

目　　录

第1章

概 论

由卢强院士主要编著的《智能电力系统与智能电网》中，用一段精彩的文字描述了电力系统智能化需求："我忽然意识到既然人类的文明创造了一个造福于自身的、物理的、动力学的电力系统，就该再造一个能够描述、驾驭和管控它的、使其变得更令人满意的数字电力系统（digital power systems，DPS）。"再造这个智能系统的目的是要把"中国物理电力系统'培育''教化'成一个'三好'系统，即安全好、品质好和效率好"。

随着全球智能电网的蓬勃发展，我国开始了统一坚强智能电网的全面建设，其中智能配电网是重点之一。智能电网建设经历了 2009—2011 年的规划试点阶段、2012—2015 年的全面建设阶段、2016—2020 年的完善提升阶段，配电网架逐步完善、配电自动化应用不断深化，配电设备的智能化技术也获得了长足的发展。配电设备在实现智能化的过程中，也在向着成为实现电力"三好系统"中的"三好学生"方向努力迈进。

本章将介绍智能电网发展需求下智能配电设备的主要特征和要求，回顾近二十年来智能配电设备的发展历程。

1.1 配电网与配电设备

电力能源是保持国民经济和社会持续健康发展的重要能源，技术的发展使人类对电能的依赖程度越来越高。电能的供给需要经过发电、输电、变电、配电、用电五大环节（见图 1−1），配电环节直接面向用户，其质量可靠性、运行稳定性是电力系统整体供电质量、向用户提供优质电力服务最直接的保证。

配电设备作为实现配电线路管理、控制和保护、分配电能的重要节点，其自动化和智能化水平对促进配电网智能化的发展起着至关重要的作用。

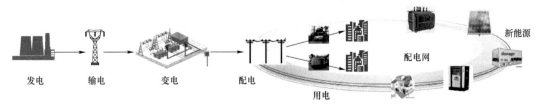

图 1−1 电力系统电能供给环节

1

1.1.1 配电网

配电网一般由多个电压等级的电网组合而成，我国配电网以 220kV 为上一级电源点，涵盖 110kV 及以下电压等级，可分为高压（110kV、66kV、35kV）配电网、中压（20kV、10kV、6kV）配电网和低压（380V、220V）配电网，图 1-2 是配电网结构示意图，图中标识了本书涉及的一些常见中压配电网智能设备。

配电网从输电网或地区发电厂接受电能，通过配电设施就地分配或按电压逐级分配给各类用户。不同电压等级的配电网匹配不同性能及保护要求的配电设备，每降低一个电压等级，设备数量一般会增加一个数量级，因此，配电设备数量巨大。配电网络深入到城市、乡村的各个用电环节，点多面广、连接复杂、设备类型多样，因此，配电网的安全风险因素也相对较多，这对配电网安全可靠运行提出了更高的要求。

1. 配电网架

近年来，为了提升配电网的建设水平，我国建立健全了配电网规划设计体系，形成了配电网典型网架结构设计方案，为配电设备标准化和组合电器应用标准化打下了良好基础。

（1）高压配电网。

长距离输送电能的高压配电网，建设目标是安全送达、灵活适应性好的电能输送网络，有辐射状结构（单辐射、双辐射）、链式结构（单链、双链、三链）、环式结构（单环网、双环网）三大类。

高压配电网主要配电设备是各级变电站内的配电设备，这类设备在电压等级变换过程中保障电网安全、可靠的要求很高，因此，针对变电站监控和智能化的技术发展先于配电网线路智能化技术的发展，智能变电站技术这一领域已有大量研究，本书不做过多描述，只介绍相关与中压配电线路智能设备有配合的内容。

（2）中压配电网。

中压配电网按架空配电线路和电缆配电线路两大类规划网架结构。架空配电线路有辐射、多分段单联络、多分段适度联络等网架结构，电缆配电线路有单射、双射、对射、单环网、双环网、N 供一备等网架结构。根据电源点、可靠性、经济性要求设计网架结构，以满足可靠灵活地配送电能、匹配用户需求的目标。

中压配电网智能设备根据使用位置及相应自动化功能要求进行配置。

图 1-3 是常用中压配电网的网架结构示意图。

（3）低压配电网。

低压配电网一般采用辐射状结构，依据低压线路走向分区供电，网络规划以满足供电能力和供电质量为目标。低压配电网担负着90%以上的电力用户供电，具有电网结构简单、元件数量众多、负荷特性复杂、网络损耗较大等特点。低压配电设备的智能化程度比较低，但近年来，随着物联网技术应用的飞速发展，低压配电网开始进入精益管理发展阶段。低压配电设备的智能化已成为打通配电网智能化向用户层延伸的重要一环，低压配电设备的物联网化技术正成为研究热点。

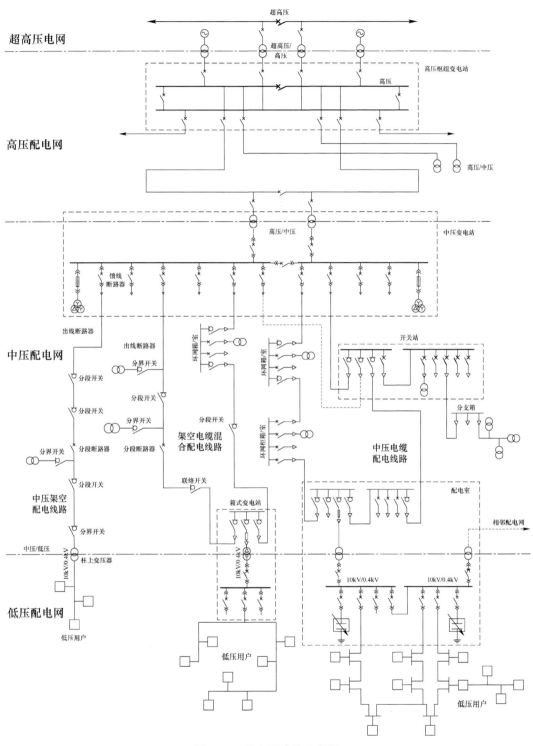

图 1-2 配电网结构示意图

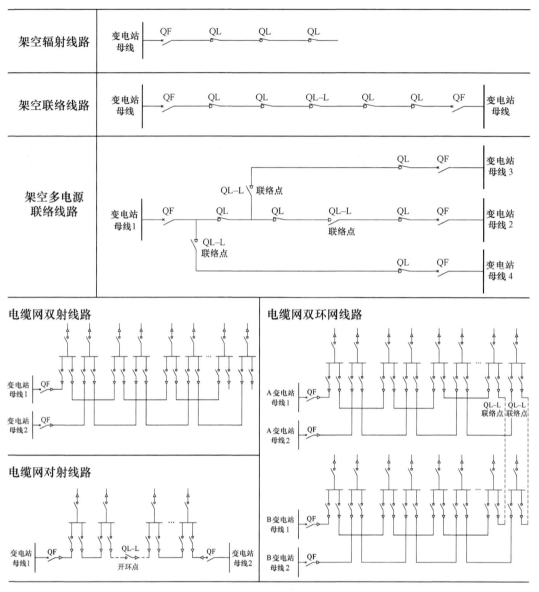

图 1-3　常用中压配电网网架结构示意图

QF—断路器；QL—负荷开关；QL-L—联络点负荷开关

2. 接地方式

中性点接地方式对配电网运行保护有着较大的影响，中性点接地方式的选择需要考虑多种因素，包括配电网和线路结构、过电压保护和绝缘配合、继电保护构成和跳闸方式、设备安全和人身安全、对通信和电子设备的干扰以及对电力系统稳定性影响等。

我国中压配电网主要采用的中性点接地方式为小电流接地方式，包括中性点不接地、经消弧线圈接地和小电阻接地三种方式。变电站馈线开关与线路配电设备配合实现馈线自动化功能，馈线自动化故障处理方案与变电站内中性点接地方式密切相关，如：中性点经小电阻接地系统发生单相接地故障时故障电流大，因此，变电站馈线开关保护需要能够选择性跳闸或馈线上的断路器需要配置相应的保护功能；架空线路受运行环境影响大，容易发生瞬时性故障，因此，配电设备需要具备有效切除瞬时性故障的能力。

1.1.2　配电设备

中压配电网以 10kV 电压等级为主（少数区域有 20kV/6kV），通过架空线路、电缆线路传送到每个用电点。为了保证电能安全可靠的配送，满足配电线路分段、联络、保护和负荷增长管理的需要，根据配电线路网架结构和不同功能需求选用了不同的配电设备。

配电设备可分为架空线路类配电设备和电缆线路类配电设备，一次设备是输送、转换电能的设备，二次设备是对配电网进行测量保护和控制、实现信息交互的设备。

架空线路配电一次设备有柱上断路器、柱上负荷开关、重合器、隔离开关、柱上变压器、熔断器等，架空线路功能性辅助设备有配电架空导线、杆塔、绝缘子、避雷器、接地装置、无功补偿器等。

电缆线路配电一次设备有开关柜、环网箱/室、环网柜、分接箱、配电变压器、箱式变电站、无功补偿装置、低压开关柜、低压分支箱、JP 柜等，电缆线路功能性辅助设备有电缆线路、避雷器、"五防"联锁装置等。

1. 中压变电站与开关站

中压变电站内的主要配电设备有电力变压器、断路器、隔离开关、互感器、无功补偿设备、避雷器等，在配电自动化应用中，变电站馈线设备与配电线路上的智能开关设备协同配合，实现馈线自动化功能。

在中压变电站出线数量不足、出线走廊受限制时，配电线路会将电能配送到负荷集中区域的开关站（又称开闭站、开闭所、开关房等）来保证变电站容量有效送出。开关站一般有 2~4 路进线、4~12 路出线，主要配电设备是各类断路器柜或负荷开关柜组合，用以完成同电压等级的电能再分配。

2. 中压线路分段开关设备

中压线路分段开关设备有断路器、负荷开关和隔离开关。

断路器是指在配电线路上正常工作状态、过载和短路状态下关合或开断高压电路的开关设备，具有完善的灭弧结构和断流能力，可以开断或关合短路电流。当电网发生异常时，它可以通过继电保护装置切断过负荷电流和短路电流。断路器可以手动、也可以通过其他动力进行关合和分断。

负荷开关是指线路上用来关合、承载、开断额定电流或规定过载电流的开关设备。负荷开关以电路的接通和断开为目的，因此，负荷开关具有短路电流关合功能、短时短路电流耐受能力和负荷电流开断功能。负荷开关的功能要求与断路器不同，它不能开断短路电流，只需要切断负荷电流，因断口的绝缘性能比较高，适合于频繁操作的场合。

断路器和负荷开关根据配电网智能化保护和控制需求，针对不同应用场景选择使用。

隔离开关是一种无灭弧能力、可以承载正常回路条件下电流及在规定时间内异常条件（如短路）下电流的开关设备。它不允许带负荷拉闸或合闸，断开时可以形成明显开断点和安全距离，保证停电检修人员的人身安全。配电网智能化需要充分考虑隔离开关智能化或隔离开关如何与智能配电设备自动化配合问题。

3. 中压线路保护设备

中压线路保护设备有熔断器、避雷器等。

熔断器是使用最早也是最简单的一种保护电器,当电流超过规定值时,以本身产生的热量使熔体熔断,断开电路,保护其他电气设备免受损坏。熔断器因其结构简单、价格低廉、维护方便、使用灵活,在配电网广泛使用。配电网智能化对熔断器应用也提出了新发展要求。

避雷器是用于保护电气设备免受雷击时高瞬态过电压危害并限制续流时间、限制续流幅值的一种电器,是配合智能配电设备完成配电网安全运行的设备。

4. 电缆线路分段设备

电缆线路分段设备以组合配电设备为主,如环网箱/室或环网柜。环网箱/室由环进环出单元、馈线单元、电压互感器单元等组成。环进环出单元有负荷开关柜、断路器柜两种类型;馈线单元有负荷开关柜、断路器柜、负荷开关熔断器组合电器柜三种类型;电压互感器单元(俗称 PT 柜)用于提供环网柜电压测量信号及动力电源;避雷器一般配套安装于环进环出单元,对设备进行过电压保护。

5. 中压变电设备

中压变电设备有柱上变压器、箱式变电站、互感器等。

柱上变压器是利用电磁感应原理来改变交流电压的设备,实现电网电压由高到低的变换,以合适的电压提供给用户使用。

箱式变电站,又叫预装式变电站,简称箱变。它是一种将中压开关设备、配电变压器和低压配电装置,按一定接线方案排成一体的工厂预制户内、户外紧凑式配电设备。通过将高压受电、变压器降压、低压配电等功能有机地组合在一起,构成一个可以防潮、防锈、防尘、防鼠、防火、防盗、隔热的全封闭、钢结构可移动的配电设备。由于其成套性强、便于安装、安全可靠,可以深入负荷中心、减少网损,目前在配电网中被广泛使用。

互感器分为电压互感器(简称 TV)和电流互感器(简称 TA)两大类,主要作用是将一次系统的高电压、大电流信息准确变换成二次侧低电压、小电流,以便满足测量、计量、电源等应用。

6. 低压电能分配设备

低压电能分配设备主要有低压开关柜、低压分支箱、JP 综合配电箱等。

低压开关柜是配电系统向用户侧进行电能控制、分配和转换的设备,常规有低压固定式成套开关柜、低压抽出式开关柜等。

低压分支箱总进线接到变压器或者箱式变压器的低压出线端,出线分别接到各低压用户或低压用电设备。

JP 综合配电箱(简称 JP 柜)是一种集电能分配、计量、保护、控制、无功补偿于一体的新型综合控制箱。

7. 电能质量治理设备

电能质量治理设备有静止无功补偿器(static var compensator,SVC)、静止无功发生器（static var generator，SVG）、智能电容器、有源滤波器（active power filter，APF）等，主要治理配电线路三相不平衡、高/低压、谐波、无功等问题。无功补偿装置是一种在电力供电系统中可以提高电网的功率因数、降低供电变压器及输送线路损耗、提高供电效率、改善供电质量的设备，一般由电容器组构成。无功补偿装置可安装在变电站高压侧集中补偿、分散安装在配电线路上分散补偿、安装在配电变压器（简称配变）低压侧集中补偿。

8. 配电室

配电室是将 10kV 电压变换成 200V/380V 电压并分配电能的户内配电设备及土建设施的总称。配电室集合了中压开关设备、配电变压器、低压配电设备及相关功能设备，是实现中压向低压转换并合理分配电能的枢纽。

配电线路上的各类设备或元件都会影响配电网安全可靠运行，配电设备智能化目前以配电开关、变压器智能化为主，但随着配电网管理需求的进一步提升，其他设备也逐步开始了智能化应用的探索。

1.2　配电设备智能化

配电网管理的物理对象是配电线路、配电设备和终端用户。配电线路网络结构复杂，供电方式多变，架空线路、电缆线路运行状态和环境不同；配电设备的种类多、数量大，应用方式多；终端用户包括工业用户、居民用户、商业用户和重要用户（如政府、银行、医院等），供电负荷特点多变；这些都对配电网管理带来了巨大的挑战。

提高配电网的供电安全可靠性、提升电能质量，就需对配电网供电运行状况的"一举一动"瞬间掌握，使配电网从静态管理上升到动态管理。配电设备作为配电网中的节点设备，其智能化水平是智能配电网得以实现的重要保障。

1.2.1　智能配电网对配电设备的要求

智能配电网是指以物理配电网为基础，建立在集成的、高速双向通信网络上，利用先进的传感量测技术、电力电子技术、智能控制技术、现代信息技术、计算机通信技术、物联网技术和电力新能源技术，将配电网在线数据和离线数据、配电网数据和用户数据、电网结构和地理图形等信息进行高度集成管理，具备支持分布式电源、储能装置、电动汽车等设备接入和微电网运行的新型配电网形态。

智能配电设备是根植于智能配电网上，支撑智能配电网有效运行管理的主要设备。因此，智能配电网的需求是智能配电设备设计应用的基础。

1. 更高的供电可靠性

提升配电网供电可靠性，要求其具有抵御自然灾害和外部破坏的能力，并能够进行配电网安全隐患的实时预测和故障的智能处理，最大限度地减少配电网故障对用户的影响。自愈控制是提升配电网供电可靠性的重要手段，基于可靠的电气设备构成的坚强配电网架是实现自愈控制的基础。

自愈控制包括预防性控制和故障处理。预防性控制是利用智能配电设备提供的各类电气和状态采集量，通过配电主站对数据进行有效分析，减少缺陷对用户影响，避免故障发生。

故障处理需要有可靠的智能配电设备，以降低电气设备自身故障发生的概率，避免故障处理过程中的障碍。利用智能配电设备就地化的保护功能，实现各类故障的有效处理并具备必要的容错能力。通过快速故障隔离、及时切除故障区域，最大限度地保障健全区域供电，避免故障影响范围扩大。

2. 更优质的电能质量

利用先进的电力电子、电能质量在线监测和补偿技术，实现电压、无功功率的优化控制，保证电压合格，实现对电能质量敏感设备的不间断、高质量、连续性供电，智能配电设备为此提供了基础的功能和保障。

3. 更好的兼容性

在配电网侧接入大量分布式电源、储能装置、可再生能源，与配电网无缝隙连接，智能配电设备是实现"即插即用"的重要节点。通过合理地控制智能配电设备的运行状态，可以有效地增加配电网运行的灵活性、提升负荷供电的可靠性。

4. 更强的互动能力

随着新能源高比例接入、储能规模化应用，配电网的物理特性、运行模式、功能形态发生了深刻变化，电网与用户的互动性将大为增强。智能配电设备作为配电网和用户互动的衔接点，通过衔接智能表计，支持用户需求响应；利用智能配电设备对拥有分布式发电单元的用户在用电高峰时向电网送电的管理，电网可为用户提供更多的附加服务，逐步实现电力企业以用户为中心的服务意识转变。

5. 更高的配电网资产利用率

有选择地实时在线监测智能配电设备的运行状态，通过充分利用设备容量、有效实施状态检修、优化运行管理，延长配电设备使用寿命，提升设备资产利用率。

6. 集成的可视化管理

在智能配电设备配合下，实时采集配电网运行数据，这些数据与离线管理数据高度融合、深度集成，可实现设备管理、检修管理、停电管理以及用电管理的信息化。

1.2.2 智能配电设备的特征

智能配电设备将传感技术、控制技术、电子技术、计算机技术、信息技术、通信技术与常规配电设备有机结合，具备了测量数字化、控制网络化、状态可视化、信息互动的新特征，实现了从模拟接口到数字接口、从电气控制到智能控制的跨越，从而提升了配电设备与配电网的互动水平。

虽然智能配电设备种类繁多、结构功能各异，但在一体化结构、集成式功能、自我诊断、交互和效能等方面，具有明显的智能化特征。

1. 一体化结构是智能配电设备最直观的特征

普通配电一次设备和二次设备分别独立设计，通过外部标准化接口实现成套。智能配电设备的一次和二次部分采用一体式设计，解决了一次和二次设备寿命匹配性问题。智能配电设备一次本体集成更多的电气量、状态量传感器，二次部分小型化和模块化设计，一次和二次设备通过内部标准化机械、电气、通信等接口实现融合。因此，一体化结构是智能配电设备最直观的特征。

2. 集成式功能是智能配电设备最实用的特征

普通配电开关、配电变压器等设备的测量、控制、保护、计量等功能，一般由不同的互感器、二次回路和控制器/装置实现，存在不同程度的功能重复。智能配电设备采用宽范围、高精度的传感器/互感器，通过一套高性能的综合装置，集成实现测量、控制、保护、计量等功能，同时满足各类业务的应用需求。因此，集成式功能是智能配电设备最实用的特征。

3. 自我诊断是智能配电设备最核心的特征

配电设备数量庞大、单体设备成本低，通常缺少有效的自检手段，现场巡视和运维难以发现一些潜在隐患，通常是事故后被动抢修为主。智能配电设备具备关键状态在线监测和整体健康状态评估的自诊断能力，定位并指示设备异常，为配电设备主动运维、检修提供支撑。因此，自我诊断是智能配电设备最核心的特征。

4. 友好交互性是智能配电设备最基本的特征

普通配电二次设备的通信方式和通信规约多样，设备模型和交互信息模型不统一，相互交互依赖人工配置。智能配电设备采用统一、规范的接口和模型，具备自描述、自发现、自注册的即插即用交互机制。因此，友好交互性是智能配电设备最基本的特征，是配电设备智能化的直接体现。

5. 经济高效实用是智能配电设备高价值的特征

智能配电设备是传统配电一次、二次设备的升级，智能化不应与高成本、复杂化、维护难、易损坏等问题等同，经济、实用、高效是其高价值的特征。智能配电设备通过支持现场环境自适应、人工配置最小化、日常运行免维护、缺陷故障自定位，有效提升配电网运行可靠性和运维精益化水平。

1.2.3　智能配电设备的应用要求

近年来，以一二次融合柱上开关、环网箱等为代表的智能配电设备，在国内配电自动化建设中推广并开始了规模化的使用。面向智能配电设备的规划设计、招标采购、检验检测、安装调试、运维检修等整个设备全寿命周期的管理，对智能配电设备提出了进一步的应用需求。

1. 安全可靠性

配电设备应用地域环境复杂，存在大量户外设备，相对于输变电设备的高度集中，配电设备管理难度大，因此，配电设备坚固、耐用是基础。特别是智能配电设备因大量电子元器件的使用，更需要提升整体品质、保证其户外适应性。

智能配电设备必须在设计环节、材料选型、生产管控、安装规范等方面保障设备坚固耐用。此外，无论是正常运行、自身故障、相邻故障、自然灾害等情况，智能配电设备的应用需要保证人身安全、设备安全。通过采用成熟技术和可靠元器件，具备完善的自诊断、防误操作和保护闭锁功能，可确保智能配电设备在试验检测、长期运行、操作控制、异常或故障、维护检修方面的安全性和可靠性。

2. 环境适应性

大量配电设备安装在户外，直接受海拔、气象条件等影响，运行环境复杂多变。配电设备一般要求能在 −40～70℃ 的温度范围内正常运行；沿海、盐雾及严重化工污秽区域更需要采用耐腐蚀材料，以满足防尘、防潮、防凝露要求，防护等级要达到 GB/T 4208—2017《外壳防护等级（IP 代码）》规定的 IP54 或更高要求，适应平均值 95% 的环境相对湿度。此外，因户外配电设备的防雷设施和接地条件一般，这对配电设备的抗电磁干扰设计提出了更高的要求。

3. 少（免）维护性

配电设备使用地域广泛、运行数量庞大，户外作业维护的工作量大且维护成本高，因此，少（免）维护的配电设备尤其重要。

智能配电设备一二次融合技术的应用，可以解决运维难题。通过标准化，减少电源系统、操作系统、测量系统因一次和二次系统之间不匹配带来的现场安装调试难度及投运后的责任归属问题。此外，配电开关设备内置隔离开关、内置互感器或传感器、配电终端可视化指示等措施，可以大量减少现场运维工作量。

4. 轻量与小型化

因需要大量户外安装作业，配电设备的轻量化和小型化显得尤为重要。智能配电设备增加了配电终端、采样和取电装置，户外安装更复杂。通过配电一次和二次设备的深度融合，优化一次设备材料、绝缘和结构设计，应用电子式传感、微功率通信、微处理和低功耗等技术，可以使智能配电设备在小型化、轻量化上得到进一步提升。

5. 友好互动性

智能配电设备不仅应具备监测配电网电压、电流、有功功率、无功功率等信息的能力，还需要逐步提升设备自身的感知能力。通过配套能够采集配电设备内、外部信息的各类传感装置，增加对设备自身运行状态的评价预警，与配电管理系统形成友好互动。

近年来，光伏发电、风电、小型燃气轮机发电、大容量储能装置等分布式电源及电动汽车充换电设施开始接入配电网，对配电网现有继电保护配置、系统短路电流水平、配电自动化系统功能应用、电能质量、现场作业安全等产生影响，需要使用如实现公共电网和分布式电源的故障分界、并离网管控及接入后的电能质量仲裁的分界智能配电设备，从而形成与用户的友好互动。

6. 成本经济性

智能配电设备从技术研究、样机试制、试点应用到产品定型、应用推广，应有合理的发展周期，不应违背产品成熟规律。智能配电设备进行批量应用推广前，应通过技术经济性分析，实现产品化量产的智能配电设备应具有合理的综合性价比。

1.3　智能配电设备的发展过程

20 世纪初，英国、美国、日本等国家开始使用采用时间顺序送电方式的配电设备隔离故障区间、恢复非故障区段的供电，以减少故障停电范围、加快馈线故障地点的查找。随着自动控制技术的发展，国外电力企业陆续开发了自动重合器、自动分段器、故障指示器等馈线自动化设备，推动了馈线自动化（feeder automation，FA）技术的发展。

1998 年，我国启动了城乡电网改造工程，改造的重点是通过新技术的应用，提高城乡电网供电可靠性，解决配电网架过分薄弱所造成的制约中国经济发展的供电瓶颈问题，配电自动化试点工程在全国相继展开。

当时，配电网架薄弱，除了一些核心城市中心区域和新建重要工业区采用电缆线路外，大量架空线路如蜘蛛网般遍布城乡的供电角落，简陋的运行条件和环境造成配电网发生突发性事故的概率较高，由于配电网络多为辐射网，一旦发生事故时无法快速恢复供电。因此，城乡电网改造的一大重点是改善配电线路的网架，通过布点配电设备，增加配电线路的分段和联络，实现对配电线路故障的快速响应和恢复。由此，我国配电设备开启了自动化、智能化的历程。

1. 配电设备自动化

1998—2008 年是配电设备智能化的起步阶段。在长达十余年的发展过程中，配电设备经历了从手动到保护自动、再到功能化自动的演进，奠定了配电设备向智能化发展的基础。

20 世纪 90 年代初，国内中压配电系统以架空线路为主，并且大量使用柱上油断路器作为隔离断口。然而油断路器自身性能（如几次开断后油碳化造成的绝缘下降易爆炸）以及户外环境适应性等多方面因素，限制了其在自动化上的应用，SF_6 配电开关和真空配电开关开始在配电自动化领域推广应用。

自动化应用的初期，通过加装配电开关实现线路分段、小区间化，配电开关以线路隔离为主，依托变电站馈线开关顺序送电查找故障，采用手动操作开关关合来实现线路的分段控制及线路故障的排查。这时，配电设备功能简单、应用范围小，属于探索性应用。

随着电子、计算机、通信技术的不断成熟，利用配电开关自动实现配电网故障隔离功能开始进入实质性的应用。配电开关配套控制终端实现配电线路故障隔离，代表了配电设备具备自动化的基本特征。配电开关的电动操动机构、TA/TV、分合信号反馈成为标配，配电开关具备了"三遥"功能、保护功能、参数配置功能、通信功能等。典型代表产品有基于电压－时间型与电压－电流型的就地馈线自动化配电设备、基于分界开关的就地保护型配电设备、基于电流型的主站控制集中型配电设备等。

伴随着配电自动化主站系统技术的日臻成熟，配电网形成了配电主站—通信—配电自动化设备的系统化产品格局，配电设备开始进入真正的自动化阶段。

配电设备自动化阶段，产品标准发展还不成熟，配电一二次设备分别以不同技术范畴的国家标准、行业标准为基础，各自独立检验、简单组合运行。期间，DL/T 721—2000《配电自动化远方终端》是这一时期完成配电设备向智能化发展的重要标准。当时，尽管智能配电设备的功能、性能不统一，各有特色、百花齐放，但这一阶段的探索实践为后续智能配电设备实用化、标准化、成套化、融合化奠定了技术基础。

2. 配电设备标准规范化

2009—2015 年是配电设备自动化发展成果的固化阶段。经过十多年的探索和技术沉淀，无论是配电设备功能性能需求、还是对产品应用的认识都已上升了一个高度，这时，迫切需要对具备自动化功能的配电设备进行标准化规范、应用规模化，真正辅助提升配电网的高效经济运行。

2009 年 8 月，国家电网公司在北京、杭州、银川、厦门 4 个城市的中心区域启动第一批配电自动化试点工程，试点区域平均故障处理时间从 68min 降至 9min，实用化取得了显著成效；2011 年又扩大到上海、南京、天津、西安等 19 个重点城市。2009 年，中国南方电网有限责任公司（简称南网公司）率先在深圳、广州开展配电自动化试点，取得初步成效后又扩大到中山、佛山、贵阳、南宁等 15 个城市。

随着示范工程的试点建设和应用，形成了一批配电设备技术原则、设计规范，对功能、选型、布点、配置、安装、通信、FA 模式等进行了定义和要求。如根据应用功能划分，有智能分布型、集中型、电压–时间型、用户分界型、重合器型、故障指示型等配电自动化开关设备以及配电变压器监测配电自动化设备。

配电设备种类的丰富满足了不同经济水平、设备基础、应用特点的城市建设需求，配电设备的标准化水平得到了提升并进入规模化应用，部分省域配电自动化建设实现了市级供电公司城区、县级供电公司核心区的全覆盖，配电网进入了高速发展期。

然而，在智能配电设备标准化规范过程中依然存在以下问题：

（1）配电自动化设备类别繁杂。因技术门槛较低、准入要求不高、执行技术标准不一致，配电设备的通用性差、互换性不高。

（2）配电自动化设备质量问题多。国内智能配电设备的设计水平还处于仿制和跟随阶段，设备在稳定性和可靠性方面与国际知名公司的产品有较大差距。

（3）配电自动化设备选型未充分考虑未来发展需求，缺乏前瞻性，一次容量预留不足、二次扩展考虑不充分，导致后期拆改工作量大。

2013 年，国家电网公司组织各领域专家制定典型设计，形成了一系列标准化设计成果，包括《配电自动化典型设计》《配电自动化技术导则》《配电自动化建设改造标准化设计技术规定》《配电自动化终端技术规范》等，规范了馈线终端、站所终端、配电子站的典型应用方案，提供了配电自动化系统建设过程中终端、通信、配套设施等选型及配置方法，描述了一次设备配套设计、电源配套设计、通信配套设计、结构及安装方式等内容的典型设计，制定了招标技术条件并配套检测大纲同步执行，配电自动化设备执行标准进入规范化阶段。

3. 配电设备成套化

2016—2018 年是配电设备自动化发展的再提升阶段。随着社会经济飞速发展对电力可靠性越来越高的要求，研究配电设备的可靠性提升成为配电设备智能化发展的关键。从前期实践看，影响智能配电设备应用效果主要有以下几个问题：

（1）配电一二次设备采购分离。虽然配电设备标准化阶段对一二次设备配套做了详细的要求，但分开采购、分离验收，难以保证成套质量。

（2）不同制造企业质控能力差异大。由于技术理解与质控水平不一、设计兼容性差。在工程现场一二次配电设备组合时，配套兼容性与稳定性得不到保证，表现为单体合格不等于成套合格。

（3）质量责任难界定、多界面维护困难，造成运维人员出现不愿意用的倾向。

为了解决上述问题，首先开展了配电设备一二次成套化验证。成套化验证阶段主要完成配电设备一二次单独采购向成套采购的转变，解决了现场成套向工厂内成套前移、责任界定成套归属以及成套匹配性差的问题。电网公司采用成套化招标、一线一案试点、租赁建设模式等方式推进了配电设备一二次成套化应用，为下一步体系化打好基础。

成套化定型阶段则是在成套化验证阶段基础上，完善成套化体系，包括技术标准体系、检测标准体系、投标资格入围流程等，从标准、制度上进一步保障成套化的成效。

在技术标准方面，形成了系列产品招标技术条件、入网检测大纲，重点细化了成套技术指标、完善了成套产品功能性能要求；在检验流程方面，依托入网检测大纲增加了配电设备成套产品入网检测要求；在质量保证方面，入网检测研制了全自动联调检验平台，到货抽检逐渐向到货全检过渡，配电设备运行质量开启了最严格的质量事件问责；在供应商资格能力方面，细化了供应商资质能力审查及厂验，资格认证实现线上申报、透明化审查。

配电设备经过成套化的探索实践，无论是产品的功能与性能，还是产品的运行与管理，都得到了极大地提升，为配电网的高可靠性发展提供了基础保障。

4. 配电设备融合智能化

2019 年，物联网、5G 通信等技术在电力系统开始深入应用，配电物联网的发展和应用场景成为关注热点。配电网已逐步演变为物联网与配电网深度融合的一种新型配电网络形态，智能配电设备承担中低压配电网高效运行、精益运维和优质服务的保障作用更加凸显。

更多的新技术和新材料应用，使传感器的性能、功能可以满足多样化的应用方案，小型化、低功耗、数字化、信息化、物联化的配电设备一二次深度融合成为方向。国家电网公司充分发挥顶层设计优势，率先启动了标准化一二次融合成套设备的标准制定，形成了柱上开关、环网箱、配电变压器融合产品三大系列产品。

（1）标准一二次融合柱上开关成套设备。

综合评估柱上开关设备应用功能需求和性价比，考虑到负荷开关与断路器技术同质化，柱上开关设备推荐选用断路器，形成了采用 SF_6 气体绝缘下的 SF_6 灭弧和真空灭弧两大类产品。由于固体绝缘材料技术逐渐成熟，开关结构形成共箱式和绝缘支柱式两大结构。为了满足环保需要，灭弧采用真空方式，绝缘开始采用真空或环保气体。操动机构逐渐统一为弹簧操动和永磁操动两大类机构，以解决操动机构一次二次自动化匹配问题。传感器从电磁式转变为采用电子式/数字式为主，满足不同应用场景的实用化需求。

（2）标准一二次融合环网箱成套设备。

为了提高标准化程度，单元柜统一采用断路器，断路器组合形式统一以 2 进 2 出、2 进 4 出为主。成套设备控制终端的集成方式划分为集中式和分散式两类，一次部分采用标准化兼容设计。

（3）以融合终端 TTU 为核心的配电变压器融合终端。

以融合终端 TTU 为核心，以配电变压器监控为主功能扩展到配用电端设备的集成管理，通过功能模块、端设备的集成实现 App 化，为即插即用实用化打下基础。让物联网代理单元管理功能成为配电变压器融合产品的核心。依托物联网统一平台，设计的标准化程度更高。

从技术发展变化的角度分析，标准化一二次融合智能配电设备有以下几个特点：电子式/数字式传感器逐渐成熟，满足更小体积、更低功耗、更高精度的要求；结构形式、接口组件、电源模块等关键部件统一设计，通用性更高；扩展了北斗/GPS 定位、智能电源管理、开关状态监测等功能，设备功能更丰富、更强大；基于产品全生命周期动态管理、丰富端设备接入的物联网化，是智能配电设备技术提升的方向。

配电设备融合化设计的发展，开启了应用技术的革新，"基础平台+灵活模块化组合"的产品设计体系逐渐成熟，配电设备的智能化程度越来越高。

回顾智能配电设备的发展历程，自动化阶段奠定了智能配电设备的基础，标准化规范阶段固化了智能配电设备产品体系，成套化阶段实现了智能配电设备的再提升，融合化设计阶段开启了智能配电设备新一轮技术革新。

下一步围绕着"高可靠性、低成本化"的故障主动预防、源头仿真设计、状态监测实用化，智能配电设备将会在技术的推动下逐步颠覆传统的认知，向着功能更丰富、应用更灵活，充分满足差异化、定制化需求的方向发展。

第2章

智能配电设备关键技术

智能配电设备是配电一次设备与二次设备相融合的智能化设备，配电开关、配电变压器作为配电网主要设备，正率先向智能化方向演进。

本章将围绕智能配电设备的共性关键技术，阐述配电开关、配电变压器及其终端的基础技术，对比分析智能配电设备各类电气量和状态量感知技术、取能及后备电源技术的特点与应用，展示一二次设备组件集成技术和一二次设备接口标准化的技术进展，概要介绍智能配电设备通信及协同控制技术。

2.1 智能配电设备的技术演进

智能配电设备以配电一次设备为基础，集成各类互感器或传感器，通过标准化接口融合配电二次终端，并配套取电装置、后备电源及辅助设施等。如将智能配电设备进行拟人类比，配电一次设备是"躯干"，配电终端是"大脑"，各类感知装置是"神经末梢"，内部通信和控制网是"神经系统"，对外通信接口及规约是"语言"，电源提供智能配电设备的"血液"。

智能配电设备具备状态综合感知、自动适应控制、智能分析决策、深度交互协同等智能化特征。

2.1.1 常用智能配电设备

常用智能配电设备包括智能配电开关设备和智能配电变压器设备。

智能配电开关设备主要由配电一次开关/环网柜设备、电压互感器/电流互感器/电压传感器/电流传感器、二次配电终端、一二次连接电缆等组成，架空线路智能配电开关设备构成示意如图 2-1（a）所示，电缆线路智能配电环网柜设备构成示意如图 2-1（b）所示。

智能配电变压器设备由配电变压器（简称配变）本体、各类监测传感装置和配变终端组成，构成示意如图 2-2 所示。

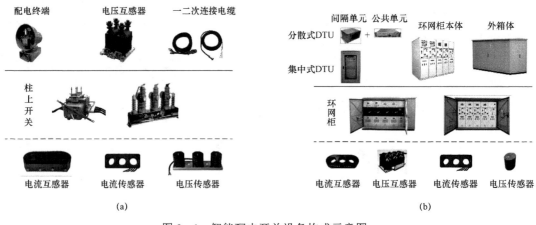

图2-1 智能配电开关设备构成示意图

（a）架空线路智能配电开关设备；（b）电缆线路智能配电环网柜设备

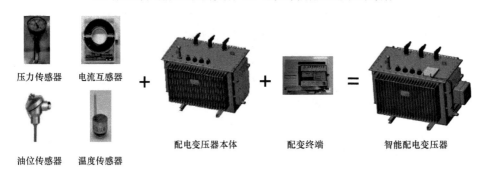

图2-2 智能配电变压器构成示意图

2.1.2 配电设备智能化技术演进

传统配电网是被动配电网，其运行、控制和管理模式都是被动的，在无故障的情况下，一般不需要进行自动控制操作。这个阶段的配电设备，基本设计思路是以实现线路保护、控制和计量等基础功能为目标，采用物理和机械方式，通过设备之间的电气连接和机械功能的组合，实现配电网的安全可靠运行。

传统配电网的设备作为相对独立的一次设备，如配电开关设备，其相关技术研究主要围绕着基于一次设备本体的负载开合能力、故障电流开断和关合能力、绝缘技术、操动机构动作速度与开断电弧关系、电气控制可靠性等方面，持续进行设备性能和功能的提升。

伴随着社会经济发展对供电可靠性要求的提升，针对配电网运行环境复杂带来的高故障率问题，为了实现快速处理配电线路故障并恢复供电，发展了以就地保护自动化功能应用的智能配电设备。

就地型智能配电设备通过配电终端实现馈线自动化层面的故障处理，如重合器分段器、电压-时间型自动配电开关、电流-时间型自动配电开关等。基于就地、快速、可靠实现故障隔离的方案和理念，推进了配电网馈线自动化技术的发展。以电流型、电压型、电流－电压型等命名的智能配电设备，都是体现馈线自动化功能配合特点的智能配电设备。这个阶段智能配电设备技术研究的重点主要围绕着对配电终端性能和自动化功能的提升上。

配电自动化的建设，推进了以配电主站、配电子站、配电终端构成的具备信息交互能力配电网的逐步完善，通过实现配电网主站调度与智能配电设备的良好互动，配电网进入了"以主站系统为大脑，配电终端通信为神经网络，智能配电设备为手脚"的信息化管理阶段。

2009 年开始的智能电网建设，对智能配电设备提出了更高要求：高可靠、友好互动、支持电网灵活经济运行。原来仅停留在馈线自动化层面的智能配电设备就显得不能满足新的发展需求了，需要考虑如何从系统设计层面完善智能配电设备，由此引发了智能配电设备一二次融合的发展。

一二次融合从智能配电设备成套典型分类、功能集成、装置的互换性着手，针对配电网的特点，加强智能配电设备的就地保护功能，实现整体功能和性能的提升；接口标准化的设计形成了接口定义、面板指示、安装布线、热插拔技术设计标准；进一步根据多场景应用，考虑到分布式电源接入、设备状态监测、环网箱/室站所终端采用分散式站所终端等，进行了优化设计。配电设备一二次融合技术路线如图 2－3 所示。

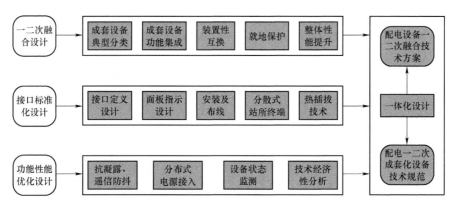

图 2－3　配电设备一二次融合技术路线

在结构设计方面：① 通过标准化的电气连接件互连，具备互换性；② 一次、二次设备各功能模块实现模块化，既能装置级互换，也能部件级互换。

在功能设计方面：① 测量、保护、计量一体化设计；② 集成各类电气量、状态量传感器；③ 集成线损模块，具备线路线损分段管理的功能；④ 融合多种馈线自动化模式，实现电压－时间型、电压－电流型、电流计数型、智能分布型等多种馈线自动化模式。

在交互设计方面：① 具备统一、标准、安全的交互模型和接口；② 设备的标准化设计，实现互换互通，包括设备部件的标准化、接口形式的标准化、接口定义的标准化等。

通过高精度宽范围传感技术、开关场强优化设计技术、小信号传输与处理技术等关键技术，实现单相接地处理能力、融合多种就地馈线自动化、支撑线损管理等功能提升。

围绕对智能配电设备功能、性能和应用的提升，本章将介绍智能配电设备的关键技术，包括：① 配电设备本体开断、绝缘、传动及控制技术；② 配电终端功能和性能优化设计技术；③ 配电设备状态感知技术；④ 配电设备电源及取能技术；⑤ 配电设备智能组件集成技术；⑥ 一二次融合成套设备接口技术；⑦ 配电设备通信、互操作和协同控制技术等。

2.2 智能配电设备基础技术

电力系统的主要设备是开关和变压器，开关实现各电压等级线路的可靠通断和保护动作，变压器实现电能传输过程中电压的逐级调整。智能配电设备的基础技术包括配电开关、配电变压器基础技术和支撑其智能化的配电终端技术。

2.2.1 配电开关基础技术

按照 IEC 60050–441—1984《国际电工词汇　第 441 章：开关设备、控制设备和熔断器》中的描述：负荷开关是"一种机械开关设备，能够关合、承载正常电路及规定过载条件下的电流，也能在规定时间内承载规定的异常电流，如短路电流。负荷开关能够关合但不能开断短路电流"。断路器是"一种机械开关设备，能够关合、承载和开断正常电路及规定过载条件下的电流，也能在规定时间内关合、承载和开断规定的异常电流，如短路电流"。

开关设备的核心技术包括关合与开断、绝缘、操动机构及控制技术，这些技术的提升和高可靠应用是配电开关智能化的基础。

2.2.1.1 关合与开断

保证配电开关可靠关合与开断的技术是灭弧技术。电弧是空气被电离的表现，开关在开断过程中，触头间产生电弧，如果开关不能正常灭弧，回路电流则无法切断，持续的电弧将导致开关损坏，危及配电系统的安全运行。

开关设备灭弧方法有多种，一般使用某种气体或者液体进行灭弧，这些气体（包括真空）、液体称为灭弧介质。10kV 配电开关常见的灭弧介质包括空气、油、SF_6 气体和真空等，灭弧的基本方式包括加强去游离提高弧隙介质强度的恢复过程，或改变电路参数降低弧隙电压恢复的过程。

1. 开关主要灭弧原理

（1）介质灭弧。

电弧中的去游离程度，与电弧周围灭弧介质的特性密切相关（如介电强度、热游离温度和热容量等）。SF_6 气体是很好的灭弧介质，电负性很强，能迅速吸附电子而形成稳定的负离子，有利于复合去游离，灭弧能力约是空气的 100 倍。真空也是很好的灭弧介质，因为在真空中，中性质点很少，不易发生碰撞游离。真空有利于扩散去游离，灭弧能力约是空气的 15 倍。

（2）气体或油吹动电弧。

吹弧可使弧隙的带电离子扩散并冷却复合以达到灭弧的目的。通过设计灭弧室的结构形式，使灭弧介质（气体或油）产生的压力或电弧电流产生的磁场有力地吹动电弧使之冷却。

吹弧方式主要有纵吹和横吹两种：纵吹是吹动方向与电弧平行，它促使电弧冷却变细；横吹是吹动方向与电弧垂直，它把电弧拉长并切断。

（3）特殊金属材料的灭弧触头。

好的触头材料可以起到抑制游离作用。一般采用熔点高、导热系数和热容量大的耐高温金属，减少热电子发射和电弧中的金属蒸气。触头材料还要求有较高的抗电弧、抗熔焊能力。常用的触头材料有铜钨合金、银钨合金等。

（4）去离子栅式灭弧。

去离子栅式灭弧利用短弧灭弧原理，当电弧经过与其垂直的一排金属栅片时，长电弧被分割成若干段短电弧，如果栅片数足够多，电源电压不足以维持各段内电弧燃烧的最低电弧压降总和，电弧被熄灭。

（5）压气式灭弧。

压气式灭弧是利用动触头分闸时产生的压缩空气吹灭电弧。压气式开关内的灭弧装置活塞环利用动触杆设计成中空结构，动触杆在主轴的驱动下做上下直线运动，形成了气缸活塞作用，分闸时压气活塞快速运动，将动触杆（气缸）中的空气压缩，当灭弧触头分离产生电弧时，压缩气体经顶端的耐电弧塑料喷口吹向电弧，使电弧拉长、熄灭，高速气流使断口间介质绝缘强度快速恢复，以防止电弧重燃。

2. 真空灭弧技术

真空灭弧是指依据零点熄弧原理，使开关触头电弧的产生和熄灭在真空环境中进行。

真空灭弧室真空度一般在 $(1.3 \times 10^{-4} \sim 1.3 \times 10^{-2})$ Pa，因为真空环境下气体很稀薄，电弧所产生的微量离子和金属蒸气会极快地扩散，从而达到强烈的冷却作用。一旦电流过零熄弧后，真空间隙介电强度恢复速度也极快，从而使电弧不再重燃。

真空开关灭弧技术通过设计不同的触头结构，使电弧在开断过程中形成横向磁场或者纵向磁场，利用电流过零时电极离子蒸气密度急速下降的有利条件，促使电弧熄灭。

真空开关采用自能式灭弧原理，真空灭弧室虽有不同的设计，但在功能上是相同的，主要差别在触头几何形状和触头材料的选择上。

图 2-4 为真空灭弧室的结构示意图，由绝缘外壳、波纹管、动/静导电杆、动/静触头、导向套和屏蔽筒组成。

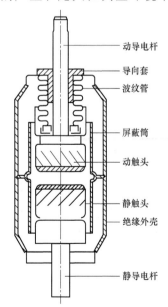

图 2-4　真空灭弧室结构示意图

动导电杆
导向套
波纹管
屏蔽筒
动触头
静触头
绝缘外壳
静导电杆

玻璃或电真空陶瓷制成的绝缘外壳与动/静导电杆两端的端盖和不锈钢制成的波纹管组成真空灭弧室的密封系统，确保真空灭弧室内的真空度。

真空灭弧室的开断能力，在很大程度上取决于触头的结构。真空触头有平板触头、螺旋槽触头、杯状触头、纵磁场触头四种典型结构。其中，从平板触头到横磁场触头（螺旋槽触头和杯状触头）是一次结构上的重大改进，从横磁场方式到纵磁场方式又是一次重要的技术提升。

2.2.1.2 绝缘与绝缘结构

开关设备的绝缘水平是决定其能够长期安全稳定运行的重要因素，特别是在有限的空间内实现可靠的绝缘是技术研究的重点。确定正确的绝缘方式、选择良好的绝缘材料、设计出合理的绝缘结构，是智能开关设备小型化和高可靠性的关键。

配电设备主绝缘方式主要有空气绝缘、SF_6 气体绝缘、固体绝缘和环保气体绝缘。

1. 空气绝缘

空气绝缘历史悠久，技术相对成熟。空气绝缘技术直接采用空气为绝缘介质，具有资源丰富、物理化学性能稳定、绝缘自恢复特性好等优点，但空气绝缘设备往往体积较大。

2. SF_6 气体绝缘

SF_6 气体是一种电负性气体，具有优越的绝缘性能和灭弧性能。SF_6 气体击穿场强在均匀电场下大约为空气的 2.5 倍，灭弧能力约是空气的 100 倍，因此，一直被广泛应用于气体绝缘开关设备中。

图 2-5（a）是配电开关设备内部充 0.1MPa（绝对压力）的 SF_6 气体时，在不同电极结构（球形对球形、棒形对棒形、棒形对板形）下，电极间绝缘距离与工频耐受电压的理论计算值（实线）和实验测试值（虚线）对比关系图。

图 2-5（b）是在棒形电极与板形地电极保持 20mm 绝缘距离条件下，配电开关设备内部充不同浓度的 SF_6 气体，随气体压力变化的击穿电压测试结果图。

从图 2-5 中可以清晰地看出，SF_6 气体的绝缘性能随着气体压力的增加或浓度的增大而增强的趋势。

3. 固体绝缘

配电设备的固体绝缘就是将开关部件和相关带电部件整体采用环氧树脂自动压力凝胶成型技术（automatic pressure gelation，APG）固封在环氧树脂中构成的绝缘，采用固体绝缘的配电设备可以明显减少设备的体积，提高设备安全性。

环氧树脂是固体绝缘开关设备的主要绝缘介质，环氧树脂具有高绝缘强度、高机械强度、浇注硬化时体积变化小和便于机械加工等优点，但因高压带电部分绝缘由浇注环氧树脂承担，因此，需在浇注环氧树脂制品外喷涂锌，形成屏蔽层并接地。

图 2-6 为环氧树脂浇注的固体绝缘件采用表面屏蔽技术前后大气空间电场分布对比图。从图中可以看出，采用表面屏蔽技术的固体绝缘件，金属屏蔽层接地后，周围大气空间无电场分布，可达触摸级别。因此，采用表面屏蔽技术的固体绝缘设备可以增强抗老化能力，具有更长的使用寿命和设备安全性。

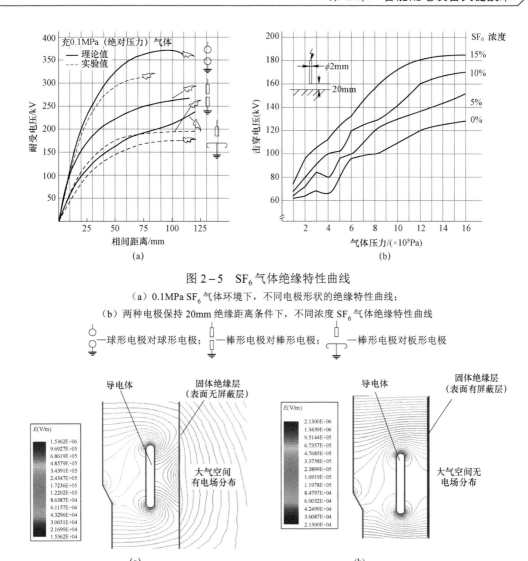

图 2-5　SF₆气体绝缘特性曲线

（a）0.1MPa SF₆气体环境下，不同电极形状的绝缘特性曲线；

（b）两种电极保持 20mm 绝缘距离条件下，不同浓度 SF₆气体绝缘特性曲线

○—球形电极对球形电极；▯—棒形电极对棒形电极；▯—棒形电极对板形电极

图 2-6　环氧树脂浇注的固体绝缘件采用表面屏蔽技术前后大气空间电场对比图

（a）无屏蔽层；（b）有屏蔽层

固体绝缘 APG 技术除了要求快固化、低应力及耐热外，还要求材料高纯化。开发高纯度、相对分子质量均匀的环氧树脂，对提高中压电气设备的绝缘水平、减少放电、延长设备使用寿命有着重要意义。

4. 环保气体绝缘

电气设备常用的环保气体主要有氮气（N₂）和空气。

压缩 N₂ 是一种常用的气体电介质，N₂ 与空气相比，化学性能更稳定，呈惰性且不助燃。在实际应用中，空气中如 N₂ 含量过高，会引起缺氧窒息，因此，采用 N₂ 绝缘时，需要使用通风和防护设备。

清洁干燥空气的绝缘能力约是 SF₆ 气体的 1/3，高出 N₂ 约 10%。与 SF₆ 及 N₂ 相比，由于干燥空气的耐压对金属微粒不敏感，因此，干燥空气作为绝缘介质绿色环保、导热

性好且抗金属微粒危害性能力强，使用环境可以不用通风及防护设备。

表 2-1 给出了 N_2、干燥空气与 SF_6 气体参数对比。

表 2-1　　　　　　　　N_2、干燥空气与 SF_6 气体参数对比

参数	SF_6	N_2	干燥空气
相对 SF_6 的绝缘强度	1.00	0.30	0.33
1MPa 时临界场强/（kV/mm）	88.4	30.0	33.0
GWP100（全球变暖潜能值）	23 900	—	—
露点温度/℃	−63.9	−195.8	−191.3
导热系数/［W/（m·K）］	0.0155	0.0238	0.0255
比热容/［kJ/（kg·K）］	0.657	1.038	1.013
密度/（kg/m³）	6.070	1.250	1.293
相对摩尔质量/（g/mol）	146.06	28.01	29.00

目前在研究的环保气体多种多样，如 CO_2、N_2、CF_3I、$C—C_4F_8$、CF_4 等，可以分为单质气体和混合气体。

单质气体主要有 CO_2、N_2、干燥空气等，虽然干燥空气主要是 N_2 和 O_2 的混合物，但由于其混合比例确定，容易获得且经济环保，也被认为是单质气体。

混合气体则种类繁多，由于迄今为止研究过的 SF_6 替代气体中尚未出现同时满足高绝缘性能、低液化温度、无毒和低全球变暖潜能值（global warming potential，GWP）的纯气体，一般将绝缘强度较高的气体与 CO_2、N_2 等液化温度较低的气体混合以获得较低的液化温度和 GWP。

为了提升智能配电设备高可靠性、环保性及满足小型化的要求，固体绝缘和环保气体绝缘技术近一时期仍将是绝缘技术研究的主要方向。

2.2.1.3　传动与运动特性

配电开关智能化应用对开关设备触头的动作特性提出了更高的要求，而触头的分合动作是通过操动机构来完成传动。因此，操动机构的性能和质量决定了智能配电开关的工作性能和可靠性。

操动机构的设计首先要满足配电开关灭弧室的机械特性要求，因此，操动机构的出力特性必须与配电开关的负载特性相匹配，即：满足开关设备合、分闸机械特性（分合闸速度、行程、超程、弹跳和反弹等参数）的要求。此外，操动机构需要保证配电开关寿命周期内动作的可靠性，响应配电自动化对开关动作速度的要求。

目前，智能配电开关设备常用的电动操动机构有电磁操动机构、弹簧操动机构、永磁操动机构等。

1. 电磁操动机构

电磁操动机构是用直流螺管电磁力合闸的操动机构，一般由电磁线圈、铁心、

分闸弹簧和必要的机械锁扣系统组成（有时利用维持线圈进行合闸维持）。合闸时，利用在合闸线圈中电流产生的电磁力驱动合闸动铁心，撞击合闸连杆机构进行合闸的操作。分闸时，机械锁扣解锁（或维持线圈失电），分闸弹簧弹力驱动传动机构分闸。

一种采用维持线圈进行合闸维持的电磁操动机构示意图如图 2-7 所示。

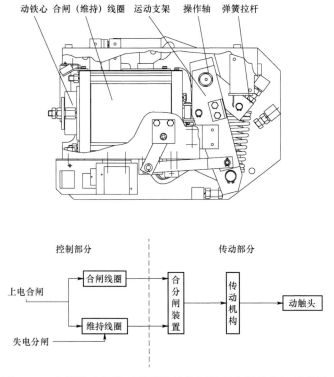

动铁心　合闸（维持）线圈　运动支架　操作轴　弹簧拉杆

图 2-7　电磁操动机构（采用维持线圈进行合闸维持）示意图

电磁机构的优点是结构较简单，机构零部件少，动作可靠性高，寿命一般在 1 万次以上。但开关合闸需要的能量将在很短的合闸时间（100～200ms）中产生，所以电磁机构的合闸电流都比较大，合闸电流的大小取决于开关合闸能量大小和合闸时间的长短，这种瞬时的大电流输出一般由配套的操作电源 TV 提供，因此，对电源 TV 容量有较高的要求。

2. 弹簧操动机构

弹簧操动机构是一种以弹簧作为储能元件的机械式操动机构，分为手动和电动两种，智能配电开关设备采用电动弹簧操动机构。

电动弹簧操动机构结构相对复杂，主要部件有储能电机、储能传动装置、合分闸锁/脱扣装置、合/分闸弹簧和输出凸轮等，如图 2-8 所示。

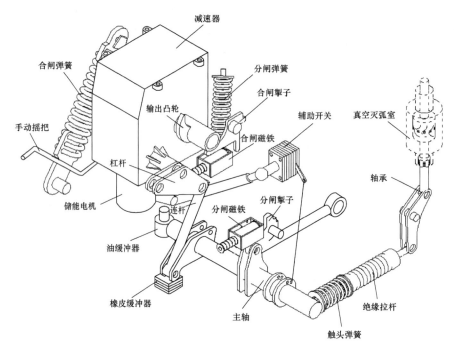

图 2-8　电动弹簧操动机构结构示意图

电动弹簧操动机构原理框图如图 2-9 所示。

合闸时，先通过储能电机对合闸弹簧进行储能，再由合闸脱扣器解锁机械锁扣装置，释放合闸弹簧中能量，通过输出凸轮驱动开关合闸，合闸完成后由合闸锁扣装置实现保持。

分闸时，由分闸脱扣器解锁机械锁扣装置，开关将在分闸弹簧、触头弹簧的作用力驱动下完成分闸动作。

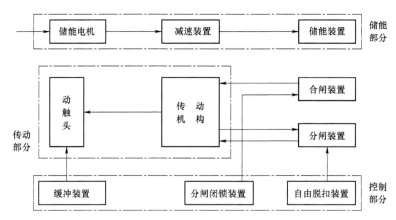

图 2-9　电动弹簧操动机构原理框图

采用电动弹簧操动机构的配电开关在合分闸时，由于只需要将电动弹簧操动机构的驱动脱扣器解扣，因此合分闸电流较小。加之开关合闸储能时间在 10s 左右，所以不需要短时输出大电流，对操作电源要求较低。但电动弹簧操动机构结构复杂，有传动、锁扣、脱扣、减速装置等，机械零部件数量多，寿命不确定性较大，一般在 1 万次左右。

智能配电开关在配电自动化的应用中，故障处理、负荷转供等自动化功能需要开关满足一定频度、速度的动作要求，因此，保证机构零部件加工质量和配合特性以实现传动的良好输出是提升弹簧操动机构可靠性的基础。

3. 永磁操动机构

永磁操动机构是一种采用永磁体实现合闸保持或分闸保持的新型电磁操动机构。

永磁操动机构虽然有不同的结构形式，但工作原理大致相似，合闸都采用电磁操动。按照机构在分闸操作时的不同，可以分为双稳态（电磁操动分闸）和单稳态（弹簧操动）两种。按照线圈数目的不同，可分为双线圈式和单线圈式两种。由于采用永磁体实现合分闸位置的保持，取消了机械锁扣装置，进一步简化了结构。

单线圈单稳态永磁操动机构结构如图 2-10 所示。合闸时，由合闸电流通过合闸线圈产生电磁力驱动动铁心。完成合闸动作后，由永磁体的磁力吸附动铁心，实现合闸保持。分闸时，在合闸线圈中通以反向电流，产生分闸方向的电磁力，抵消永磁体磁力。同时，分闸弹簧释放能量，驱动动铁心，完成分闸。

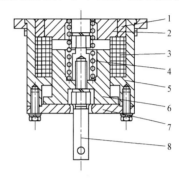

图 2-10　单线圈单稳态永磁操动
机构结构示意图

1—磁铁；2—静铁心；3—合闸线圈；4—弹簧；
5—磁缸；6—动铁心；7—盖板；8—拉杆

永磁操动机构结构简单，从设计上避免了故障率较高的机械锁扣、脱扣装置，运动部分极少，因此可靠性较高，机械寿命一般在 3 万～5 万次；由于体积小，易制作成三相独立的机构，传动环节少，分闸时间短且稳定；操作电源采用电容储能，可在线路有电时预先充电，不需要在合分闸瞬间从电源 TV 取能。但永磁操动机构合闸时间比电磁操动机构更短，因此操作电流大；永磁操动机构的操作高度依赖电子控制系统，控制系统的电子元器件长时间使用寿命与开关设备使用寿命的匹配性还有待进一步验证。

近年来，一种新兴的磁控记忆合金材料开始替代传统永磁材料钕铁硼，基本原理是采用磁控记忆合金材料实现合分闸位置的保持，常态下无磁性。通过小功率脉冲激励使材料内部磁畴定向排列产生定向吸合力，材料吸合保持不需要电。通过反向小功率脉冲激励使材料内部磁畴形成自由排列状态，磁力消退为零。用这种材料做成的操动机构称为磁控操动机构。

磁控操动机构结构简单、零件少、通过磁力维持无功耗，合分闸时间短，这些特点可以很好地满足智能化开关需求。但磁控形状记忆合金材料尚属新兴的研究领域，各种合金的饱和磁化强度差别较大，材料是关键。

4. 操动机构技术特点对比

电磁操动机构、电动弹簧操动机构和永磁操动机构在传动结构、工作方式、合分闸时间、机械寿命等方面对比见表 2-2。

表 2-2 　　　　　　　　　　　　　三款电动操动机构对比表

参数	电磁操动机构	电动弹簧操动机构	永磁操动机构
传动结构	结构简单，易加工	比较复杂，加工精度要求高	结构最简单，零部件少
工作方式	机械锁扣或 电磁力维持（有功耗）	机械锁扣维持（无功耗）	永磁力维持（无功耗）
合分闸时间	合分闸时间超 100ms	合闸时间：20~60ms 分闸时间：18~45ms	合闸时间小于 50ms 分闸时间小于 15ms
储能环节 时间	无需储能	电机或机械储能 储能时间 10s 左右	电子储能（可预充） 视储能电容容量而定 时间在数十秒至几分钟
操作时间 间隔	可连续多次合分操作	两次合闸操作之间 必须经过储能环节	视储能电容容量而定 电容容量足够时 可连续多次合分操作
机械寿命	1 万次	5000 次~1 万次	3 万次以上

2.2.2　配电变压器基础技术

变压器的基本功能是电压变换。在配电网中，配电变压器是重要的设备，它直接和用电设备连接，分布广、数量多、容量大、总损耗大（变压器损耗、用电设备损耗），变压器本体性能及配变台区内设备的运行状态都影响着配电网末端用户的用电可靠性和供电质量，配电变压器安全经济运行和降低损耗是智能配电网的重要目标。

配电变压器可分为单相、三相变压器，有油浸式、干式等冷却方式，常见的配电变压器有普通油浸式变压器、密封油浸式变压器、卷铁心式变压器、干式变压器、非晶合金变压器等。配电变压器的铁心和绕组构成变压器的电磁部分，此外还有绝缘、冷却、调压、保护等部件。配电变压器铁心使用硅钢片及非晶合金两种材料，结构有平面叠铁心、平面卷铁心和立体卷铁心。

可靠的绝缘是保证配电变压器长期稳定运行的重要条件。变压器的绝缘分为内绝缘和外绝缘，内绝缘又分主绝缘和纵绝缘。变压器主要通过绝缘材料和绝缘结构来保证变压器绝缘的耐电强度，因此，绝缘材料的电气性能、耐热性能、力学性能和理化性能，是提升配电变压器本体性能的主要研究方向，采用固体绝缘和油配合组成的复合绝缘可以提高其绝缘能力。

变压器在运行中会承受长期工作电压（包括局部放电电压）、内部过电压和外部过电压，研究变压器承受过电压作用时各部位的电场分布和最大电气强度的方法，可以提升配电变压器本体性能。

配电变压器在结构、材料、绝缘、控制等方面一直向着节能型、小型化、低噪声方向发展，其智能化首要目标是保证设备安全、可靠、经济运行和实现供能优化，通过与电网系统的交互管理，实现设备状态的可视化。因此，配电变压器寿命周期管理、运行方式选择、电能质量调整和无功补偿控制等是智能化实现的重点工作。

配电变压器应用场景包括柱上配电变台、箱式变电站和配电室等,由于位于末端的配电变压器数量大、运行环境复杂,受建设成本限制而信息化手段不足,目前较少进行监测,因此,配电变压器的智能化水平普遍较低。

然而,配电变压器量大面广,运维检修工作十分繁重。配电变压器从出厂、安装、调试、运维、检修、退役等阶段均缺少有效的监控手段,配电变压器的故障恢复时间长、影响范围广。因此,开展配电变压器全寿命周期监控、运行状态下的电气量和非电气量的实时监测,将是支撑其精益化运维和主动抢修的必要手段。

近年来,在配电变压器上开展了智能化在线监测,将在线监测的各类状态感知信息与变压器进行融合,变压器本体配套传感检测装置与配变终端构成智能配电变压器。

智能配电变压器在传统配电变压器上集成了相应的智能模块,进一步提高变压器的运行可靠性和用户用电设备的安全性。与传统配电变压器相比,智能配电变压器具有在线监测、故障控制、电压波动控制、远程数据通信、远程抄表等智能化功能。

(1)在线检测。采用相应的互感器和传感器对变压器端电压、输出电流、温度、局部放电等进行实时监测。监控中心可随时读取变压器任一时段的运行参数,进行相关的分析与比对。

(2)故障控制。故障控制主要有过负荷控制、缺相/欠电压控制、断电控制、过电压控制、变压器油控制等。其中过负荷控制指当变压器所带负荷超过了其容量时,将发出预警信号,并延时自动切除;缺相/欠电压控制指当发生缺相或欠电压故障时,变压器自动报警并切除;断电控制指配电网停电恢复供电时,控制系统会自动合闸投入正常运行;变压器油控制指当变电压内部的油温超过设定数值后,实施延时切除保护和自动投入运行。

(3)电压波动控制。当配电变压器所带的负荷太重且其中有重要负荷时,可由控制系统根据所测端电压的大小由相应的电力电子器件来调节变压器分接开关触头的位置,从而提升变压器负荷侧的电压值。

(4)远程数据通信。通过采用各类互感器、传感器对变压器的运行状态进行监测,把相关运行参数传输给监控中心。

近年来,物联网技术推进了配电变压器运行环境区域的全面监控(如箱式变电站内、配电室内),目的在于实现运行状态全面感知,如:红外双视巡检摄像头实现热图像实时监测;避雷器阻性电流在线监测,保证避雷器运维安全;直流蓄电池状态监测,防止站内直流电源消失,保证二次设备不断电;SF_6 气体在线监测、变压器的温度在线监测,实施温度越线报警;局部放电在线监测,防止绝缘损坏或绝缘老化引起绝缘故障等,充分利用智能化手段实现配电变压器运行状态和环境的智能感知,实现智能化运维。

配电变压器监测检修发展经历了从停电检修、离线检测检修、在线监测状态检修、配套配变终端 TTU 监测管理,到全面整合配电台区监控信息,实现中低压一体化的管理。

随着物联网技术的深入发展,电网公司对配电线路电能质量管理、设备的全生命周期管理、配电运维管理的精细化等方面提出了更高的要求，以智能变压器为主体的配电台区智能化管理成为当前一大研究重点。

2.2.3 配电终端基础技术

配电网自动化远方终端，简称配电终端，是配电设备智能化的赋能设备。

配电终端通过采集配电一次设备和配电网的运行工况实时数据，在配电网正常运行时，配合配电主站实现配电网的透明化管理；在配电网发生故障时，通过配电终端保护配合、时序配合或相互通信可就地完成或与配电主站配合完成配电网的故障处理；通过与配电主站的互动，接收主站命令，对配电设备进行控制和调节，实现配电网络运行的优化管理。

2.2.3.1 配电终端的类别和要求

根据不同应用场景，需要针对开关站、柱上开关、环网柜、配电室、箱式变电站、柱上变压器、无功补偿电容器和分布式电源等配电设备配套不同类型的配电终端，可以说除了变电站出口断路器的保护监控由变电站自动化系统中的间隔层单元完成外，绝大部分配电设备的监控都是通过配电终端来实现的。

配电终端根据监控对象的不同可分为：馈线终端（feeder terminal unit，FTU），指安装在配电网架空线路杆塔柱上开关设备处的配电终端；站所终端（distribution terminal unit，DTU），指安装在配电网开关站、配电室、环网柜、箱式变电站等处的配电终端；配变终端（transformer terminal unit，TTU），指安装在配电变压器处的配电终端。此外，还有一种独立应用的配电终端，配电线路故障指示器（fault indicator for distribution lines），安装于配电线路上用于检测配电线路故障信息并通过通信方式发送报警信息的配电终端。

配电终端运行环境恶劣且差别大，因此其性能和功能都有着不同的要求。配电终端在满足智能化需求上，除了一般电子产品的基础技术要求外，还需要充分考虑满足配电网应用需求，包括运行功耗、设备体积大小、维护简易性、是否具备停电时可持续供电能力、足够的户外恶劣环境适应性以及抗电磁干扰、抗震动能力等。

2.2.3.2 配电终端的构成和功能

配电终端内部一般由主板 CPU、电源模块、遥控模块、遥信模块、遥测模块以及通信模块（通信功能内置时）构成。以 FTU 为例，内部功能框图如图 2-11 所示。

主板 CPU 模块作为总控制模块，通过总线控制其他功能模块完成相应功能；电源模块用于为其余模块提供工作与操作电源；遥控模块用于控制开关分合；遥测模块用于采集开关处线路的电压与电流；遥信模块用于采集开关分合信号以及其他要求信号；通信模块提供多种工业化总线标准的支持，用于实现配电终端与配电主站间的信息交互与命令传输以及与外连设备的通信。

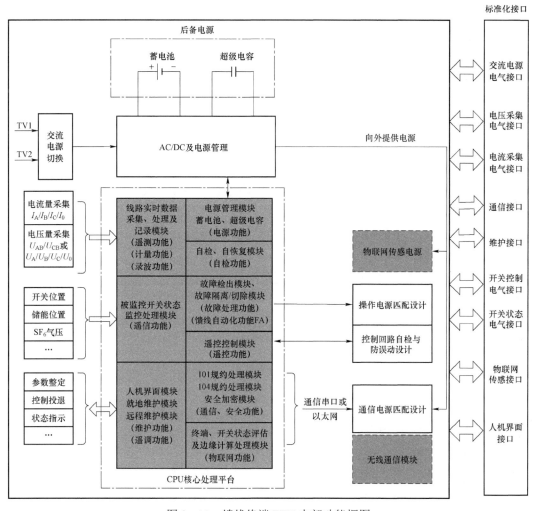

图 2-11　馈线终端 FTU 内部功能框图

　　配电终端各模块之间功能协作，主要实现遥测、遥信、遥控（简称"三遥"）功能、有时需要遥调（合并前"三遥"，简称"四遥"）功能、计量功能、录波功能、故障处理功能、分布式 FA 功能、通信功能、信息安全功能、状态检测功能、物联网功能、自检功能、就地维护功能及远程维护功能等，通过标准化接口与外部设备互动。

　　尽管不同配电终端所使用的工作环境存在差异，监控对象的数量也有所不同，但是，基本原理与功能是相类似的。下面以馈线终端 FTU 为例，简要介绍一下配电终端的主要功能。

　　（1）模拟量信息的采集与处理——遥测。

　　采集线路的电压、电流和有功功率、无功功率等模拟量，监视配电开关两侧馈线的供电状况。当采集故障信息时，配电终端需要提供较大的电流动态输入范围。

　　（2）数字量信息的采集与处理——遥信。

　　对配电开关的当前位置、通信是否正常、储能完成情况等重要状态量进行采集，并对保护动作情况进行遥信上送。

（3）接收并执行指令——遥控。

接收并执行指令控制配电开关的合闸和分闸、动作闭锁以及启动储能过程等。

（4）接收远程参数设置——遥调。

接收并执行远程参数的设置及调整，包括通信参数、运行参数、动作参数等。

（5）统计功能。

对开关的动作次数和动作时间及累计切断电流的水平进行监视。

（6）设置功能。

进行电压、电流、继电保护的整定，整定值随配网运行方式的改变能够自适应。

（7）对时功能。

接收配电主站系统的对时命令，以便和系统时钟保持一致。

（8）事故记录。

在电流超过整定值时，记录并上报越限限制和发生的时间；记录并上报开关状态变化和发生时间；记录事故发生时的最大故障电流和事故前一段时间的负荷情况，以便分析事故，确定故障区段，并为恢复健全区段供电时进行负荷重新分配提供依据。

（9）自检和自恢复功能。

具有自检测功能，并在设备自身故障时及时告警。配电终端应具有可靠的自恢复功能，当受干扰造成死机时，能通过监视定时器重新复位系统，恢复正常运行。

（10）通信功能。

除了需要提供与配电主站通信的网口外，能提供标准的 RS-232 或 RS-485 接口与周边各种通信传输设备相连，完成通信转发功能。

（11）远方控制闭锁与手动操作功能。

在检修线路或配电开关时，相应的配电终端需要具有远方控制闭锁的功能，以确保操作的安全性，避免误操作造成的恶性事故。同时，提供手动合闸/分闸按钮或手柄，以备当通信出现故障时，配电终端能进行手动操作，避免直接操作开关。

（12）故障处理功能。

根据不同应用场景可选配常规三段式电流保护，电压-时间型、电压-电流型及自适应性综合型馈线自动化功能，实现配电线路故障的快速隔离及非故障线路快速自愈功能。

（13）分布式 FA 功能。

对配电网故障定位、隔离、恢复快速性要求较高的场合，在主干线、母线、首开关、联络开关等配置分布式 FA 功能，实现高可靠配电线路故障处理功能。

（14）信息安全功能。

配电终端应满足相关标准的安全防护要求。

（15）故障录波功能。

具备故障录波功能，支持录波数据循环存储至少 64 组，支持录波数据上传至配电主站；录波应包括故障发生时刻前不少于 4 个周波和故障发生时刻后不少于 8 个周波的波形数据，录波点数为不少于 80 点/周波，录波数据应包含电压、电流、开关位置等。

2.2.3.3　适应性设计要点

1. 模块化设计

配电终端的设计应遵循模块化设计理念，针对配电终端的功能需求，设计实现终端内部组成模块的标准化，各模块采用统一的硬件接口和连接电缆，同时兼顾防护要求，实现模块级即插即用。

在配电终端结构和接口标准化设计上，面向不同的互感器（电磁式互感器和电子式传感器），配电终端的核心单元结构、接口及面板布局采取统一标准。模块间采用总线由核心板对配电终端的运行进行统一协调和控制。各功能模块独立完成自身承担的功能，并将信息与核心板进行交互。由核心板对各类信息进行相应的综合处理后，与配电主站进行通信交互。

通过模块化设计，能够使采用统一平台的配电终端通过不同的模块配置，满足现场不同的线路回路数量、通信方式、外接设备类型等应用需求。此外，采用模块化组装方式，现场配电设备扩容及设备模块更换等只需要增加或者更换某一模块即可实现，进一步延长了智能配电设备的生命周期。此举，对于电力企业，降低了智能配电设备购置成本和维护成本；对于设备生产企业，降低了智能配电设备的设计制造成本。

2. 电磁兼容设计

在配电网实际运行过程中，配电终端的使用环境会遇到雷击或运行周边有大功率辐射设备等情况，电磁干扰通过电磁耦合、电容干扰或直接进入的方式对配电终端造成影响，因此，在配电终端的设计上需要配备能够抑制干扰与突变的瞬变干扰吸收器件，以提高电磁兼容性能。

较常采用的瞬变干扰吸收器件有气体放电管、压敏电阻、TVS 管及固体放电管四种。考虑到现在用电网络内越来越严重的电磁干扰，单纯的瞬变干扰吸收器件已经无法满足安全防护的要求，在配电终端的实际设计中，目前广泛采用复合式的抗干扰电路，根据上述不同瞬变干扰吸收器件的特性来构建保护电路以吸收能量、转移能量，保护电子设备。

配电终端的电磁兼容（电气防护）设计遵循 GB/T 17626《电磁兼容　试验和测量技术》要求，需要达到 EMC4 级标准，其中静电放电抗扰度试验、射频电磁场辐射抗扰度试验、浪涌（冲击）抗扰度试验、电快速瞬变脉冲群抗扰度试验、工频磁场的抗扰度试验、阻尼振荡磁场的抗扰度试验、电压暂降、短时中断和电压变化抗扰度试验都是检验配电终端是否满足适应性的重要试验。

3. 结构防护设计

结构防护设计是配电终端户外适应性保证的一个重要环节，结构设计要求紧凑、小巧，外壳密封，能防尘、防雨，特别是需要达到不同使用环境的防护等级。按照

GB/T 4208—2017《外壳防护等级（IP 代码）》，馈线终端 FTU 防护等级为 IP67，户外站所终端 DTU、配变终端 TTU 防护等级为 IP55，户内站所终端 DTU、配变终端 TTU 防护等级 IP20。

配电终端目前常用的结构有罩式和箱式两种，如图 2－12 所示。由于户外运行环境复杂，因此，对馈线终端 FTU 结构工艺要求较高。户外馈线终端 FTU 推荐选用罩式结构，以满足水柱喷淋和短时浸水要求，特别是在大风暴雨气候条件下（如沿海地区台风肆虐时），其良好的密封性保证了配电终端的正常运行。

图 2－12　典型配电终端外形示意图

智能配电设备的连接要求采用全密封防水结构航空插头插座（简称航插），连接电缆双端预制，插头插座焊线侧必须灌装硅脂橡胶，保证无带电裸露点。

馈线终端 FTU 如果采集电磁式电流互感器信号，其电流信号航插需具备防开路功能且防误插设计，保证更换或维护 FTU 时，不会导致配电一次开关内电磁式电流互感器开路。对于有些需要在户外处理电缆连接的配电终端，需要做好防雨水浸入处理。

箱式配电终端内金属附件、板材需要采用非金属钝化处理以减少凝露，箱体底部留有倒流孔；配电终端的线路板、连接件外露处需要做"三防"绝缘处理（三防漆、绝缘漆、硅橡胶灌封）。

对于站所终端 DTU，结构要求需要关注：① 机柜设计。机柜采用前开钢化玻璃门并充分考虑运输振动等问题；机柜门配具有防盗功能挂锁，使用公共钥匙，并具有防尘、防雨设计；开关站机柜采用通用机柜，户外柜不采用钢化玻璃门；DTU 柜要能防灰尘、潮湿、盐污、虫和动物等。② 通过分布式结构设计减少电缆。按分布式结构技术路线，如采用分散式 DTU 设计，其间隔单元与公共单元之间的连接通过通信总线和电源总线实现，实时控制单元就近安装于环网柜，以减少连接电缆，降低安装工作量。

目前，配电设备一二次融合技术标准已对配电终端的结构、接口、材料选型等方面进行了详细规定，如模块采取标准化设计、模块连接通过标准化线束连接、模块安装位置、集中式站所终端全终端不能有裸露连接端子存在等，极大地提高了智能配电设备的环境防护能力。

4. 配电终端的整定维护

由于配电线路运行方式多变，智能配电设备的一些参数和自动化功能需要进行相应的配置调整，因此，配电终端的整定维护是一项常态化的工作。

配电终端在向配电主站发送或接收控制信息的过程中，由于不同通信方式和信息响应要求，会使用不同的通信协议，因此，配电主站与配电终端之间需要以统一方式进行整定、维护和调试。

信息点表就是采集配电自动化系统中各类设备的名称、定义、运行监视数据、参数等信息的具体点位和顺序的汇总表。信息点表主要包括"三遥"以及参数等信息内容表，"三遥"信息内容表分为遥信表、遥测表、遥控表，如果是"四遥"的话，还有遥调表（参数修改使用）。配电主站与配电终端之间通过对信息点表的标准化定义，统一"三遥"及参数点表的信息体地址、名称、参数类型、单位、顺序、个数等元素，统一信息点表调阅和配置方式及通信协议，从而实现信息点表文件源头唯一、配电终端即插即用，大大提高了配电终端调试效率。

同时，配电终端需要有自己的维护软件以便于设备自身整定与现场维护。调试软件一般需要具有以下功能：

（1）系统配置。系统配置有配电终端的基本参数、接口参数、遥信参数、遥测参数、遥控参数，实现对维护软件与配电终端连接的通信信道（无线、串口、网口）、通信协议（101 规约、104 规约等）的配置及维护软件显示的配电终端参数相关内容的配置。

（2）调阅及配置。调阅及配置实现配电终端的通用参数、转发点表、扩展参数、通信参数、固有参数、运行参数、保护定值等参数的调阅及配置功能，实现历史数据（SOE 事件记录、遥控操作记录、极值数据、定点记录数据、日冻结电能、功率反向电能量冻结值、日志等）、录波记录的调阅及配电终端程序下载等功能。

（3）遥控操作。遥控操作包括遥控预置、执行、撤销功能及遥控分合闸操作、遥控电池活化、遥控复归等功能，可以实现对遥控号、遥控操作类型、遥控单双点、遥控加密的选择配置功能。

（4）参数校核。参数校核包括交直流测量值的校验以及各通道系数的调阅和配置，遥测、遥信置数等功能。

（5）实时数据。实时数据可对遥信、遥测数据进行实时监控。

（6）报文监视。报文监视可查看维护软件和配电终端之间通信的实时报文情况。

2.3　智能感知技术

状态感知是智能配电设备的基本功能，"感"是对各类状态量进行采集，"知"是对所采集的状态量进行数字化计算和分析，通过状态感知实现配电网监测、控制、保护、计量和状态评估等功能。

智能配电网需要实时感知整个配电网的运行态势，随时随地掌握配电线路运行环境、监控各类配电设备运行状态，把控影响配电网供电安全的主要因素，对配电设备实施全生命周期管理，通过提前预知、全面掌握、预防性处理，实现高质量的配电网运营管理。

智能配电设备感知量分为电气量、设备状态量和环境状态量，电气量主要包括电压、电流等，设备状态量包括开关、隔离开关等断口的位置状态以及配电设备温度、湿度、气体压力、姿态、热像等，环境状态量包括环境温/湿度、水浸、水位、噪声、烟雾、气体状态等。

状态感知的主要元件是传感器/互感器，主要技术指标包括灵敏度、噪声、线性度、复现性、响应时间、迟滞和漂移等，各类传感器/互感器将状态量转换为模拟信号或数字信号支撑智能化应用。在配电网中应用的传感器/互感器还需要具备良好绝缘耐压和电磁兼容性能，适应强电磁场环境，并与高压设备绝缘介质具有良好的相容性。

配电设备状态感知的类型、数量、精度、频度以及经济性、可靠性等方面，与实际应用需求相比还存在明显不足。因此，全面提升配电设备的智能感知能力，为配电设备安全可靠运行、设备状态管控和运维检修精益化提供基础数据支撑，是配电设备智能化的技术关键。

智能配电设备状态感知技术与传统感知技术相比，正向小型化、集成化、无源化、低功耗的方向发展，部分传感装置通过集成微处理器和微功率通信模块提供数据交互接口，解决传统感知技术存在的尺寸重量大、功耗高、难集成、实时性低、短路或开路风险、绝缘击穿风险。

利用各类先进的传感技术，实现对配电线路、配电设备/运行环境的状态感知、主动预测预警、辅助诊断决策功能，是实现配电网管理信息化、物联化、运检管理精益化的重要基础。

2.3.1　电气量感知技术

智能配电设备电气量主要包括电压量（相电压、线电压、零序电压）、电流量（相电流、零序电流）。电压量用于设备的电源供给及线路电压测量/计量，电流量用于线路电流的测量/计量与保护，零序电压和零序电流用于线路接地故障的检测。

电压感知设备包括电压互感器和电压传感器。电压互感器主要指电磁式电压互感器，电压传感器有电容分压传感器、阻容分压传感器和电阻分压传感器等。电流感知设备包括电流互感器和电流传感器，电流互感器主要指电磁式电流互感器，电流传感器有低功率电流传感器（low power current transformer，LPCT）、霍尔电流传感器、罗氏（Rogowski）线圈电流传感器、巨磁阻电流传感器（giant magneto resistive current transformer，GMRCT）等。

电压互感器、电流互感器已广泛应用于智能配电设备，随着传感技术的飞速发展和智能配电设备一二次融合的需求，电压传感器、电流传感器正成为实现智能配电设备电气状态感知的重要元件。

2.3.1.1　电压感知

电压是表征配电网供电稳定性、可靠性和电能质量的重要参量之一。电压互感器/传感器将高电压或低电压转变成仪表或设备采集输入的标准电压，并实现二次侧仪表或设备与一次高电压隔离。

1. 电压互感器

电压互感器（TV）实际上是一个带铁心的变压器，一次绕组直接并联在一次回路中，利用电磁感应原理按比例变换电压，二次绕组的容量和负载通常较小，一般为几伏安、几十伏安，最大一般不超过 1000V·A。

常用电磁式电压互感器按绝缘介质分干式和油式，按相数分单相和三相，按绕组数量分为单绕组、双绕组和三绕组等。

（1）主要参数。

1）额定一次电压。系统标称线电压/相电压有 $10/\sqrt{3}\,kV$、$20/\sqrt{3}\,kV$、$35/\sqrt{3}\,kV$、10kV、20kV、35kV 等。

2）额定二次电压。额定二次电压有 100V、$100/\sqrt{3}\,V$、100/3V、110V、220V 等。

3）测量用准确级。测量用准确级主要包括为 0.1、0.2、0.5、1.0、3.0 级。

4）保护用准确级。保护用准确级是以该准确级在 5%额定电压到额定电压因数相对应的电压范围内最大允许电压误差的百分数标称，主要包括 3P 和 6P。

（2）接线方式。

电压互感器按照接线方式分为单相电压互感器接线、两台单相电压互感器 V−V 接线、三台单相电压互感器 Y−Y 接线、三相三柱式电压互感器 Y−Y 接线和三相五柱式电压互感器接线等，如图 2−13 所示。

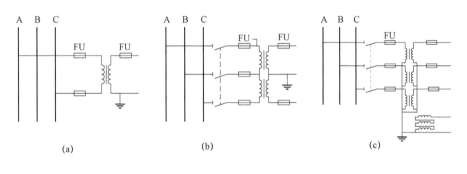

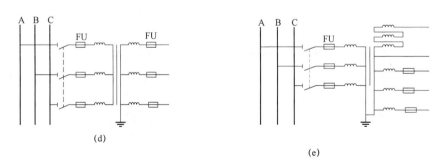

图 2−13　电压互感器接线方式

（a）单相电压互感器接线；（b）两台单相电压互感器 V−V 接线；（c）三台单相电压互感器 Y−Y 接线

（d）三相三柱式电压互感器 Y−Y 接线；（e）三相五柱式电压互感器接线

1）单相电压互感器接线，如图 2-13（a）所示，1 台单相电压互感器接于 A、C 相之间，采集 AC 相的线电压。

2）两台单相电压互感器 V-V 接线，如图 2-13（b）所示，2 台互感器分别接于 AB 相和 BC 相，构成不完全三角形，采集 3 个线电压。

这种接法广泛用于中性点不接地或经消弧线圈接地的 35kV 及以下的高压三相系统中。V-V 接线节省了一台电压互感器，并满足三相表计所需线电压，但不能测量相电压，不能接入监视系统绝缘状况的电压表。

3）三台单相电压互感器 Y-Y 接线，如图 2-13（c）所示，3 台互感器分别接入 3 个相电压，一次绕组中性点引出接地，二次绕组从中性点引出中性线，能够取得相电压和线电压。

这种接线方法的缺点是：① 当三相负载不平衡时，会引起较大的误差；② 当一次高压侧有单相接地故障时，它的高压侧中性点不允许接地，否则，可能烧坏互感器，故而高压侧中性点无引出线，也就不能测量对地电压。

4）三相三柱式电压互感器 Y-Y 接线，如图 2-13（d）所示，这种接线与 3 台单相电压互感器 Y-Y 接线方式相同，能够采集相电压和线电压，不同的是一次侧中性点不能接地，一次侧中性点一般不引出，这种接线不能取得零序电压。

5）三相五柱式电压互感器接线方式，三相五柱式电压互感器是具有五个磁柱的三相三绕组电压互感器，如图 2-13（e）所示。二次侧有一个主二次绕组，一个辅助二次绕组。一次绕组和主二次绕组成星形接线，辅助二次绕组接成零序电压回路。

这种接线方式可以取得相电压、线电压和零序电压，辅助二次绕组可以接入交流电网绝缘监视用的继电器和信号指示器，以实现单相接地的继电保护。

（3）特点及使用注意事项。

电磁式电压互感器使用时应当注意：① 二次侧在工作时不能短路；② 二次侧必须有一端可靠接地，避免一次、二次击穿时，高压窜入二次侧危及人身和设备安全；③ 确保一次、二次侧接线端子极性的正确性，以保证测量准确。

常用电磁式电压互感器外观如图 2-14 所示。

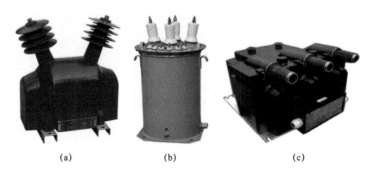

图 2-14 常用电磁式电压互感器外观图

（a）单相干式电压互感器；（b）油浸式电压互感器（两台单相 TV，V-V 接线）；

（c）三相五柱干式电压互感器

电磁式电压互感器已在电力系统中广泛应用多年，优点是原理成熟、结构简单、测量精度和暂态特性比较好、运行稳定性好、二次输出容量大、抗干扰能力强。特别是配电设备对电压互感器有大容量输出要求（如作为供电电源）时，可优先选用。电磁式电压互感器的不足是绝缘结构复杂、重量和体积较大；同时由于具有铁心，可能导致发生铁磁谐振过电压和由铁磁饱和带来的动态范围变小。

2. 电压传感器

电压传感器采用电容分压、阻容分压、电阻分压等非电磁式原理，将高电压信号转换为低电压小信号，消除了电磁式传感器铁磁谐振和二次侧短路问题。电压传感器采集范围宽、精度高，一组传感器即可满足测量、保护和计量的需要，是智能配电设备电压采集的主要发展方向。

（1）常见电子式电压传感器。

1）电容分压电压传感器。电容分压电压传感器由高压电容 C_1 和低压电容 C_2 等组成，利用电容分压原理测量电压。常用接线方案有单相接线、三相接线和零序接线，如图 2-15 所示。

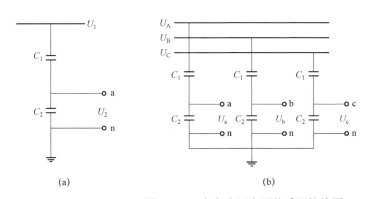

图 2-15　电容分压电压传感器接线图
（a）单相接线；（b）三相接线；（c）零序接线

电容分压电压传感器的输出信号 U_2 与被测的一次电压 U_1 有如下关系：

$$U_2 = U_1 \times \frac{C_1}{C_1 + C_2}$$

分压比 K 与电容有如下关系：

$$K = \frac{U_1}{U_2} = \frac{C_1 + C_2}{C_1}$$

2）阻容分压电压传感器。阻容分压电压传感器接线原理图如图 2-16 所示。测量快速变化过程时，电压主要按电容分布，极大减小了对地杂散电容对电阻分压波形的畸变，避免了电阻分压的主要缺点。测量慢速变化过程时，电压主要

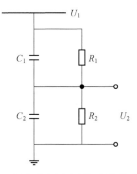

图 2-16　阻容分压电压传感器接线原理图

按电阻分布,避免了电容器的泄漏电导对电容分压波形的畸变。

阻容分压电压传感器的输出信号 U_2 与被测的一次电压 U_1 有如下关系:

$$U_2 = \frac{C_1}{C_1 + C_2} \times U_1 = \frac{R_2}{R_1 + R_2} \times U_1$$

分压比 K 与电容有如下关系:

$$K = \frac{U_1}{U_2} = \frac{C_1 + C_2}{C_1} = \frac{R_2}{R_1 + R_2}$$

阻容分压式电压传感器结构比较复杂,目前已较少应用。

3)电阻分压电压传感器。电阻分压电压传感器由高压电阻 R_1 和低压电阻 R_2 等组成,利用电阻分压原理测量电压。常用接线方案有单相接线、三相星形接线、相电压零序电压相–零序组合接线,如图 2–17 所示。

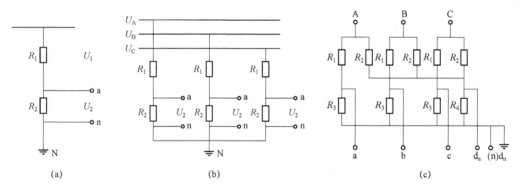

图 2–17　电阻分压电压传感器接线图

(a)单相接线;(b)三相星形接线;(c)相电压零序电压相–零序组合接线

电阻分压的输出信号 U_2 与被测的一次电压 U_1 有如下关系:

$$U_2 = \frac{R_2}{R_1 + R_2} \times U_1$$

分压比 K 与电阻有如下关系:

$$K = \frac{U_1}{U_2} = \frac{R_1 + R_2}{R_2}$$

(2)电子式电压传感器主要技术参数。

1)额定一次电压标准值有 $10/\sqrt{3}$ kV、$20/\sqrt{3}$ kV、$35/\sqrt{3}$ kV 等。

2)额定二次电压标准值。

对于单相系统或三相系统间的单相传感器及三相传感器考虑下列标准值:1.625V、2V、3.25V、4V、6.5V。

对于三相系统线对地的单相传感器额定一次电压为某数除以 $\sqrt{3}$,考虑下列标准值:$1.625/\sqrt{3}$ V、$2/\sqrt{3}$ V、$3.25/\sqrt{3}$ V、$4/\sqrt{3}$ V、$6.5/\sqrt{3}$ V。

要求连接成开口角以产生剩余电压的端子，其端子间的额定二次电压标准值：

对三相有效接地系统电网：1.625V、2V、3.25V、4V、6.5V。

对三相非有效接地系统电网：1.625/3V、2/3V、3.25/3V、4/3V、6.5/3V。

3）额定二次负荷标准值有 0.001V·A、0.01V·A、0.1V·A、0.5V·A、1V·A、2.5V·A、5V·A、10V·A、15V·A、20V·A、25V·A、30V·A 等。

二次电压小于或等于 10V 时，推荐二次负荷：0.001V·A、0.01V·A、0.1V·A、0.5V·A。

二次电压大于 10V 时，推荐二次负荷：0.5V·A、1V·A、2.5V·A、5V·A、10V·A、15V·A、25V·A、30V·A。

（3）电子式电压传感器的特点。

电容分压或电阻分压电压传感器常见产品外形如图 2-18 所示。

图 2-18　电容分压传感器

电子式电压传感器尺寸小、重量轻、耗材少、单体成本相对较低，因为没有铁心，不存在饱和问题，因此，是目前一二次融合配电开关设备选择的传感器。

电子式电压传感器也存在以下不足：其二次输出容量相对较小，不易满足二次大容量输出的需求；二次信号易受外部环境的影响或干扰，特别是一些主要元件如电容器、电阻等，需要提升元器件质量，使之与配电开关设备的寿命匹配，以满足长期运行可靠性要求。因此，电压传感器还需要在高精度测量、温度稳定性提升、电磁干扰防护和可靠性设计与制造工艺等方面进一步提升技术水平。

（4）电压感知应用——电场传感器。

当导体处于电场（静电场或交变电场）中，导体的表面将有感应电荷产生，与外部场强之间处于静电平衡的状态。外部场强越大，导体表面的感应电荷就越多。将感应电荷加在电容两端，电容两端形成电势差，产生感应电压。通过测量电容两端电压的值，根据电压与电场强度的关系，便可测量电场强度的值。

电场传感器可用于电气设备绝缘和发热状况的在线监测，监测断路器模块、接地开关等元器件的绝缘性能，防止出现过电压击穿现象。并且可以发现螺栓等紧固件是否松动，引起回路接触不良带来的发热现象。

2.3.1.2　电流感知

电流是表征配电网负荷情况、故障情况和电能质量的重要参量之一。电力线路及设备一次电流值悬殊，从几安到数十千安，需要转换为统一范围的二次侧小电流。同时，为了保证测量安全，需要电流互感器与高压电器隔离以及电流互感器二次绕组中性点接地。

电流感知从感知方法上分为电流互感器和电流传感器两类。

1. 电流互感器

电流互感器 TA 将一次侧大电流变成二次侧小电流（5A 或 1A），工作原理同电压互感器。电流互感器的原理图如图 2-19 所示。

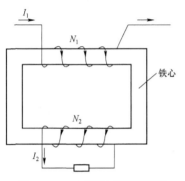

图 2-19　电流互感器原理图

电流互感器一次、二次绕组的电流与其匝数成反比，除了作为测量外，也可通过电磁感应为配电终端提供电源。

电流互感器按一次绕组的匝数分为单匝式和多匝式，单匝式又分为贯穿式和母线式。按安装方式分为穿墙式、支柱式、穿心式、开启式和套管式。按安装地点分为户外式和户内式。按绝缘方式分为干式、浇注式、油浸式和气体式。

（1）主要参数。

额定一次电流：20A、100A、200A、400A、600A。

额定二次电流：1A、5A。

额定输出功率：0.5V·A、1V·A、2.5V·A、5V·A、10V·A、15V·A、20V·A、30V·A 等。

（2）特点及使用注意事项。

电流互感器外形图如图 2-20 所示。

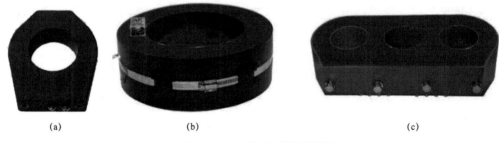

图 2-20　电流互感器外形图

（a）穿心式单相电流互感器；（b）穿心式零序电流互感器；（c）三相+零序组合式电流互感器

电流互感器在运行时，二次侧严禁开路。运行中的电流互感器如果二次侧出现开路，一次侧电流不变，二次侧电流为零，二次电流产生的去磁磁通消失，一次电流全部变成励磁电流，使互感器铁心饱和且磁通很高，将在二次侧产生数千伏高压且波形改变，对人身和设备造成危害。

电磁式电流互感器技术成熟、运行稳定性好，二次输出容量大、精度高、保护特性好，特别是对互感器有大容量输出要求时，可优先选用。但其存在潜在二次侧开路的危险，大电流饱和、铁磁共振、磁滞效应等会影响测量精度。

2. 电流传感器

（1）常见电子式电流传感器。

1）铁心线圈式低功率电流互感器（LPCT）。LPCT 电流互感器是传统电流互感器的一种发展，按照高阻抗电阻设计。在非常高的一次电流下，饱和特性得到改善，扩大了测量范围，降低了功率损耗，可以无饱和高准确度的测量额定电流的数倍或几十倍电流值，测量与保护可共用一个 LPCT 电流互感器，其输出为电压信号。

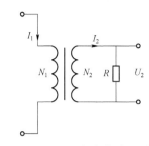

图 2-21　LPCT 电流传感器原理图

LPCT 电流传感器由铁心、一二次绕组和低压采样电阻 R 等组成，原理如图 2-21 所示。

在二次绕组两端连接采样电阻 R，二次电流 I_2 在采样电阻 R 上产生电压降 U_2，二次电压与一次电流成比例且同相位。互感器的内部损耗小、二次负荷小，加上高导磁铁心材料的应用，因此，测量范围宽、准确度高。

输出信号 U_2 与被测的一次电流 I_1 有如下关系：

$$U_2 = R \times \frac{N_1}{N_2} \times I_2$$

式中：N_1、N_2 分别为一次绕组匝数和二次绕组匝数。

LPCT 电流互感器接线方案如图 2-22 所示。

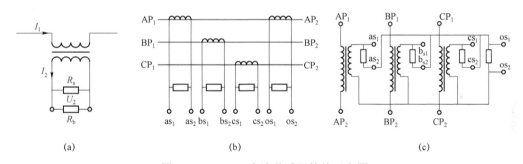

图 2-22　LPCT 电流传感器接线示意图
（a）单相接线；（b）三相星形接线 1（带零序）；（c）三相星形接线 2（带零序）

图 2-23　LPCT 电流传感器外形

LPCT 电流传感器铁心采用超微晶合金材料，在二次绕组回路中并接一采样电阻。主绝缘采用环氧树脂真空浇注工艺，产品绝缘性能好，精度高，一般可做到 0.2S 级的计量用产品，质量稳定可靠。

LPCT 电流传感器外形如图 2-23 所示。

它具有以下优点：① 用高磁导率材料作为铁心，提高互感器的准确度；② LPCT 电流传感器重量轻；③ 可测量较低电流，可实现 0.2 级或 0.1 级的准确度；④ 一次电流与输出电压同相位，不需要积分器的辅助。

LPCT 电流传感器具有较好的温度特性，没有明显的相移，不存在装配误差。与传统的电磁式电流互感器相比，准确度高、成本低、重量轻。LPCT 电流传感器铁心磁导率高，因此，线性范围宽，损耗减少，可以通过合理设计，在测量很大电流（即使是短路电流）时不饱和且准确度较高。此外，二次绕组集成电阻，不像传统电流互感器有开路危险。

2）罗氏线圈电流传感器。罗氏线圈电流传感器又称为空心线圈电流互感器，空心线圈由漆包线均匀绕制在非磁性环形骨架上制成，骨架采用塑料、陶瓷等非铁磁材料，其相对磁导率与空气的相对磁导率相同，是空心线圈有别于带铁心电流互感器的一个显著特征。

一次电流通过罗氏线圈耦合后，从罗氏线圈两端的采样电阻上取得电压信号。罗氏线圈测量范围宽、测量精度高、无磁饱和、频带范围宽、体积小，易于数字量化输出。

罗氏线圈结构有以下几种：① 挠性罗氏线圈，采用能够弯曲的挠性绝缘材料作为骨架，将漆包线均匀地绕在骨架上，虽然这种线圈使用方便，但因很难保证线圈线匝绕制均匀和线匝截面积均匀，导致测量精度低、稳定性不高，在实际应用中受到了很大限制；② 刚性罗氏线圈，抗外磁场干扰的能力大大加强，提高了测量的准确度；③ PCB型罗氏线圈，灵敏度、测量精度及稳定性能都有明显的提高，误差级别可达到 0.025mm左右。PCB 型罗氏线圈又可分为平板型线圈和组合型线圈。

3）霍尔电流传感器。霍尔电流传感器是基于霍尔效应原理研发出来的一种电流检测传感器。霍尔效应是电磁效应的一种，处于磁场中的载流体受磁感应强度的影响，磁场会对导体中的电子产生一个垂直于电子运动方向上的作用力，从而在垂直于导体和磁感线的两个方向产生电势差，霍尔效应和磁阻效应是并存的。霍尔传感器既可应用于电气隔离测量，又可用于检测直流、交流量并可检测电流瞬态峰值，其精度高、体积小、可靠性高，在电流检测技术中得到了快速的发展。

霍尔效应从原理上分为选频式、反馈磁补偿式两种。选频式将霍尔元器件发出的弱电信号直接放大输出，反馈磁补偿式在选频式基础上又增加了零磁通原理。选频式霍尔电流传感器的电路相对来说比较简单，并且使用器件较少，功率损耗也低，从降成本方面来说更有优势。反馈磁补偿式霍尔传感器的电路相对来说比较复杂，但测量精度更高，响应速度更快，工作频带较宽。

4）GMR 电流传感器。GMR 电流传感器基于巨磁电阻效应（即在有外磁场的作用时较无外磁场作用时，电阻会发生巨大的变化）的电流传感器，可分为开环传感器和闭环传感器。开环传感器通过直接测量长直线上的电流产生的磁场测量电流，相比于开环式传感器，闭环式 GMR 电流传感器多了一个由运放和反馈线圈组成的反馈回路。

GMR 电流传感器为智能电网在线电流监测提供了一种新的选择，但巨磁电阻性能受外界环境影响较大，因此会使测量产生一定误差，目前研究采用如闭环磁补偿结构等方式改善磁性材料的磁滞效应引入的误差，提高 GMR 电阻传感器的线性度和灵敏度。

5）TMR 电流传感器。隧道磁敏电阻电流传感器（tunnel magneto resistive，简称TMR 电流传感器），当电流通过导线时在导线周围会产生磁场，磁场的大小正比于导线中电流的大小，因此采用 TMR 电流传感器测量磁场的大小则可以间接地测量导线中电流的大小。

TMR 传感器较之其他传感器，精度高、体积小、温度漂移小、老化小且功耗低、动态范围宽，将有可能成为支撑电力物联网建设的下一代电流传感器的主要发展方向。但其对外磁场非常敏感，测量过程中 TMR 电流传感器会将空间磁场一起捕捉，从而影响了其精度及可靠性，TMR 自身元件产生的噪声也会影响其测量结果，这些都需要进一步研究改善。

（2）电子式电流传感器主要技术参数。

1）额定一次电流标准值有 <u>10A</u>、12.5A、<u>15A</u>、<u>20A</u>、25A、<u>30A</u>、40A、<u>50A</u>、60A、<u>75A</u> 及它们的十进倍数，有下划线者优先选择。

2）额定二次电压标准值有 22.5mV、150mV、200mV、225mV、1V、4V 等，也可根据用户需要值进行定制。

3）额定电流扩大倍数有 1.2、1.5 和 2，额定连续热电流等于额定一次电流与额定电流扩大倍数的乘积。

4）额定二次负荷标准值有 2kΩ、20kΩ、2MΩ。

5）测量准确度等级有 0.1、0.2、0.5、1、3、5，特殊用途还有 0.2S、0.5S。

6）保护准确限值有 5P 和 10P，保护准确限值系数为 10、15、20、25、30。

（3）电流感知应用——泄漏电流传感器。

电气设备在运行电压下，总有一定的泄漏电流通过绝缘体到低电位处或流入大地。只要这种电流不超过一定的数值，电气设备的使用仍然是安全的。但是当电气设备中的绝缘材料老化、电气设备受潮或存在故障时，这种泄漏电流将会明显增大，绝缘体损耗增大，可能造成火灾、触电或损坏设备等事故。电力设备绝缘系统老化、吸潮、过热等导致发生故障的因素，都会反映在绝缘体电容和损耗因数的变化上，因此，在线监测泄漏电流，是诊断绝缘状态的有效手段之一。

目前可以用来测量泄漏电流的传感器主要分为单匝穿芯式传感器和多匝串入式传感器两种，按电源方式又分为有源和无源两种。

泄漏电流传感器可用于配电网高压电气设备接地引线泄漏电流及介损带电测试，对变压器套管、电流互感器、电压互感器、耦合电容器和避雷器等高压设备的泄漏电流进行测量。

2.3.2　状态量感知技术

智能配电设备不仅需要实现电气量感知，还需要多维度的状态量感知。

中低压配电设备状态感知对象包括柱上配电开关、配电开关柜/环网柜、配电变压器、低压配电柜等，状态量包括设备温度、湿度、局部放电、气压、开关状态、机械特性等。综合环境状态感知的对象包括开关站、箱变、配电室等环境，可以监测/监控环境温度、湿度、有害气体、门禁、视频、入侵以及烟雾等信息。

物联网技术的发展，推动了以智能配电室为代表的站室多维度室内监测与控制，包括室内运行环境的温/湿度、变压器噪声、电缆室内积水、屋顶渗水、电缆沟槽积水、烟雾报警、入室安防等多方面感知技术的应用。

2.3.2.1 设备状态感知

1. 温度感知

开关柜、输电导线、变压器等用电设备在运行过程中，可能因接头接触不良、老化、负荷过大等情况造成异常发热，引发火灾事故。为解决此类安全隐患，在电缆接头、进出线桩头等设备关键部位可安装测温传感器，通过 TA 取电、电场取电、光能取电等方式为传感器本体供电，在线监测目标设备被测部位的温度，判断过负荷发热或设备缺陷致热，预防事故发生。可以利用无线通信，实现无线温度传感快速精确在线测量。

配电设备温度感知传感器有如微型 TA 取电测温传感器、测温螺栓、吸附式测温传感器、测温堵头、测温螺母等，外形如图 2-24 所示。

(a)   (b)   (c)

(d)   (e)

图 2-24　几种温度感知传感器外形示意图

（a）TA 取电测温传感器；（b）测温螺栓；（c）吸附式测温传感器；（d）测温堵头；（e）测温螺母

上述各温度传感器的工作原理概要描述如下：

（1）微型 TA 取电测温传感器。利用电磁感应原理为传感器提供能量，基于 CMOS 半导体 PN 结温度与带隙电压的特性关系，经过小信号放大、模数转换、数字校准补偿后，数字总线输出温度数据。这类传感器一般在被测物通过交流电流大于 5A 时，即可启动工作，并通过储能技术储存多余电能，确保传感器连续工作。适用于测量电气连接点的温度，比如开关柜动静触头结合部位、母排和电缆搭接部位、母排之间的搭接部位。

（2）测温螺栓。基于热电材料的热电效应，利用器件内部载流子运动实现热能和电能的相互转换。当器件两端存在温差时，热场驱动器件内的载流子定向运动，从而产生温差电流。当热源与附近环境温度差大于 5℃时，热点发生器采集的热源能量有效地转化为电能，为传感器供电。可用于隔离开关、变压器进出线桩头、母排电气接点等部位的温度监测。

（3）吸附式测温传感器。传感器采用光能＋电池双电源供电，在光照充足时，将光能转化为电能，为传感器供电。一般在光照不小于 200lx 时，传感器即可启动，且光能储能耗尽前自动切换至电池供电，保障传感器正常稳定工作。可用于开关柜表面温度、变压器表面温度、封闭母线表面温度、电机表面温度的监测。

（4）测温堵头。高压带电体和传感器线路板铜箔间的电容效应会产生空间位移电流，可以对储能电容进行脉冲储能并获取感应电压。智能堵头传感器浇注在堵头内实现一二次融合，利用电场能获取能量，在 6kV 以上电压即可工作，直接测量线芯温度。

（5）测温螺母。与测温堵头原理相同，适用于电力变压器、铜排、架空线等场合的温度在线测量。

2. 温/湿度感知

环网柜等电气设备防护等级要求较高，柜体底层紧贴地面，一般底部温度低于顶部及外部环境温度，而且柜内空气流通不良，因此，外部潮湿空气一旦进入柜内就很难排出。如果气温变化形成的柜内外温差达到凝露条件时，很容易产生凝露。潮湿的空气会影响柜内绝缘，诱发局部放电，严重时会造成绝缘击穿，引发事故，因此，需要在环网柜内安装除湿机。

除湿机一般采用加热除湿或冷凝除湿原理，由于加热除湿会加速柜体内的电气元件老化，因此目前较多采用冷凝除湿，冷凝除湿机可上传相关数据实时监测环网柜内温/湿度变化情况。

冷凝除湿机通过内置的数字式温/湿度传感器监测环境温/湿度，采用半导体制冷，将空气中的水分以凝结水的形式，用软管排出柜体。可以通过风道设计和散热、冷凝优化匹配，获得较高的除湿量与体积比。一般采用 LED 指示灯加 LCD 实时显示，直观地为巡检人员展示温度湿度工况及故障等。可以设置环境超温和内部超温保护及报警、低温结霜提示和自动除霜等功能，温/湿度数据可以通过 RS-485 或微功率无线传输至后台系统。

除湿机可导轨安装、支架安装或落地放置。导轨式除湿机直接安装在仪表室导轨上，支架式除湿机用螺栓固定在柜子上，落地式除湿机可以摆放在任意空间，但因为有侧翻危险，不能放在环网柜内。

3. 压力感知

针对充有一定气体压力的柜子（如 SF_6 环网柜），需要对气箱内气体压力进行监测。一般使用压力表采集低气压报警信号和低气压闭锁信号，实现气压的在线监测。

压力表分传统指针压力表和数字压力表。

指针压力表主要由引压接头、感压元件（弹簧管）、传动放大装置（机芯）等部分组成。压力介质由引压接头传递到弹簧管内部，弹簧管受力后产生形变，联动机芯部件中的扇形齿轮，指针跟着齿轮旋转从而将不同压力指示到表盘上。

数字压力表由压力传感器作为感压元件，最常用的是扩散硅压力传感器。这种传感器使用的硅单晶材料在外力的作用下会产生极微小的应变，其内部原子结构的电子能级状态会发生改变，从而导致电阻率剧烈变化，传感器的电阻也会发生极大变化，这种效应称为压阻效应。通过检测电阻的变化并转换成相应的压力值输出显示。

压力表使用简单，只需将其螺纹接头旋入气箱紧固并接线即可。使用指针气压表进行气箱压力监测，安全可靠、无供电电源、成本低，但是受环境影响大、分辨率低，寿命短。数字压力表测量精度高、分辨率高、使用寿命长、读数直观，但是成本更高。

4. 局部放电监测

局部放电信号的监测是以伴随着放电产生的电、声、光、温度和气体等各种理化现象为依据，通过能代表局部放电的这些物理量来测定，可分为电测法和非电测法。

电测法利用局部放电所产生的脉冲信号，即测量因放电时电荷变化所引起的脉冲电流，称为脉冲电流法。脉冲电流法是离线条件下测量电气设备局部放电的基本方法，也是目前在线监测局部放电的主要手段。脉冲电流法灵敏度较高，但由于现场易存在严重的电磁干扰，实际应用时会降低监测灵敏度和信噪比。

非电测法有油中气体分析、红外监测、光测法和声测法。其中应用最广泛的是声测法，它利用变压器发生局部放电时发出的声波来进行测量。其优点是基本不受现场磁场干扰的影响，信噪比高，可以确定放电源的位置；缺点是灵敏度低，不能确定放电量。

声测法和脉冲电流法配合使用，是局部放电的重要监测手段。

配电设备尤其是环网柜/开关柜内易在绝缘子、断路器、电缆等部位发生气隙放电、沿面放电、悬浮电位放电（如相母线排螺栓松动）、电晕放电（如电缆保护套受损），通过安装空间局放传感器、环网柜内无线无源局放传感器、电缆头局放传感器（如电容耦合传感器）等实现在线监测。

5. 姿态感知

姿态感知主要采用倾角传感器，可以应用于如跌落熔断器熔断状态的判断、杆塔倾斜状况的监测等场景。

跌落熔断器在线路短路或电流过载时，通过熔断熔丝保护电气设备。当熔丝熔断时，熔丝对压板的拉紧力消失，上触头从抵舌滑脱，熔断器靠自身重力绕轴跌落，通过监测熔丝管的角度，可直接判断熔断器是否熔断。线路杆塔在运行中会因地质深陷或其他不良地质原因倾斜，通过实时对线路杆塔角度进行监测，计算分析杆塔的倾斜状况并上报监控主站预警。

倾角传感器通过测量被监测对象运行过程中的加速度变化，并采用积分的方式计算出线速度，进而确定被监测对象的直线位移。倾角传感器安装在设备上，当倾角传感器静止时（即侧面和垂直方向没有加速度作用），作用在它上面的只有重力加速度，重力垂直轴与加速度传感器灵敏轴之间的夹角就是倾斜角。倾角传感器依据设定的频率测量跌落式熔断器倾角变化量，将倾角状态、温度状态、传感器能量状态数据通过微功率无线链路传送至接收装置。用倾角传感器对设备的姿态进行监测，可以对事故早发现、早报警。

6. 热像感知

在配电设备运行过程中，长期暴露在空气中的部件因受大气中的活性气体、灰尘导致腐蚀氧化，抑或因温度、湿度的影响，其表面结垢引起接触不良，经常出现异常发热，一般安装测温传感器来监测配电设备运行温度。然而，这种方式无法对设备整体进行监测，因此，可以采用红外成像技术，远距离、快速、直观地对配电设备的热状态进行实时监控，预防事故的发生。

热像感知设备有一体化智能双视监控仪、手持热像仪等。一体化智能双视监控仪采集红外热像和可见光图像，可全方位监控周围区域，通过进行缺陷分析、自动报警、抓拍、录像、短信通知，并生成监测报告和统计报表，实现远程巡检。

手持热像仪采用工具包＋智能手机模式，智能手机内安装采集模块 App，可在设备带电状态下进行非接触监测，采集红外热像、可见光图像、激光测距、环境温/湿度等数据。管理人员在后台根据隐患程度及时安排维护或检修，利用智能手机 GPS 定位及电子地图，实现移动巡检。

2.3.2.2　环境状态感知

1. 水浸感知

水浸感知通过监测配电设备周围环境水浸情况，在电力设备浸水前采取措施，保护设备运行安全。常见的水浸传感器主要有电极（探针）式、光电式和线缆式，又分为接触式水浸探测器和非接触式水浸探测器。

电极式水浸传感器漏水检测是基于液体导电原理，属于接触式水浸探测器。光电式水浸传感器不依赖液体导电性，检测原理是利用光在不同介质截面的折射与反射原理进行检测，当液体接触探头时，探头与空气接触表面折射率发生巨大变化，以探头内部光线的改变来判断漏水情况，并发出漏水报警信号。

水浸传感器可在线监测配电室、机房及电缆沟浸水状态信息，防止因渗水和漏水造成电缆短路和信号传输故障。

2. 水位感知

水位感知通过监测配电设备周围环境内的水位变化，在水位过高或过低时及时采取有效措施，保护设备运行安全。常见的水位传感器主要有接触式、非接触式两类。其中接触式包括单法兰静压/双法兰差压液位变送器、浮球式液位变送器、磁性液位变送器、投入式液位变送器、电动内浮球液位变送器、电动浮筒液位变送器、电容式液位变送器、磁致伸缩液位变送器、侍服液位变送器等。非接触式主要有超声波液位传感器。

接触式水位传感器通过测量液位的压力传感器，基于所测液体静压与该液体的高度成比例的原理，将静压转换为电信号，再经过温度补偿和线性修正，转化成标准电信号，并依据设定的周期测量水位状态。无线水位传感器采用电阻应变片将水位变化转换成电信号的变化，再将水位状态、电池电压数据通过微功率无线链路实时传输至汇聚单元。

超声波液位传感器是通过发射超声波计算出传感器与被测物的距离来判断。

接触式液位传感器受环境影响较小，但是传感元件和被测介质直接接触，容易因杂质沉淀等结成一层膜，导致传感器不能工作。超声波液位传感器量程大，但其应用受到介质温度、环境温度、被测液面波动程度等影响。

水位传感器与水浸传感器的不同在于水浸传感器以报警为主，而水位传感器一般会根据设定要求联动控制相关排水设备，以实现水位的警示和控制。

3. 噪声感知

配电变压器分布在城市负荷中心，其噪声是以工频谐波频率为主的低频噪声，传播距离较远，因此，配电变压器噪声超标时，会对周围居民造成不良影响。环境噪声传感器通过采集现场声音强度，对配电设备环境噪声进行定量检测和分析。因此，环境噪声传感器可用于配电变压器运行噪声、配电室综合噪声等监测。

噪声传感器内置一个对声音敏感的电容式驻极体话筒，驻极体面与背电极相对，中间有一个极小的空气隙，形成一个以空气隙和驻极体作绝缘介质，以背电极和驻极体上的金属层作为两个电极构成的平板电容器。电容的两极之间有输出电极，由于驻极体薄膜上分布有自由电荷，当声波引起驻极体薄膜振动而产生位移时，改变了电容两极板之间的距离，从而引起电容的容量发生变化。

由于驻极体上的电荷数始终保持恒定，根据公式 $Q=CU$ 可知，当电容 C 发生变化时，必然引起电容器两端电压 U 的变化，输出电压信号，实现声音信号到电信号的变换。具体来说，驻极体总电荷量不变，当极板在声波压力下后退时，电容量减小，电容两极间的电压就会成反比升高；反之，电容量增加时，电容两极间的电压就会成反比地降低。通过阻抗非常高的场效应，将电容两端的电压采集放大，从而得到和声音分贝对应的电压值。

噪声传感器一般安装在电力设备中易产生噪声源位置附近，实现对配电设备噪声状态监测和运行状态异常噪声的预警。

4. 烟雾感知

烟雾探测器可监测变电站、开关站、配电室、箱变等环境内烟雾浓度，当烟雾达到特定值时，及时发出无线报警信号，改善配电设备的运行环境并保障检修人员的安全。

烟雾探测器对烟雾感应主要由光学迷宫完成，迷宫内有一组红外射线、接收光电管，对射角度为135°。当环境中无烟雾时，接收管接收不到红外发射管发出的红外光；当环境中有烟雾时，烟雾颗粒进入迷宫内使发射管发出的红外光发生散射，散射的红外光强度与烟雾浓度有一定线性关系。当采集电路的电流发生变化，探测器内置微控制单元（microcontroller unit，MCU）判断确定是否发生火警。一旦确认火警，探测器发出火警信号，并通过无线信号将报警信息实时上传。一些烟雾探测器也可同时实现环境温/湿度监测功能。

为了保证其检测的灵敏度，烟雾传感器需要定时清洁传感器，并且不可安装在高温度、高风速的地方。

5. 气体感知

在安装有 SF$_6$ 开关柜或环网柜的环境里，当发生 SF$_6$ 气体泄漏时，由于封闭空间空气流通缓慢，毒性分解物会在室/柜内沉积且不易排出，对进入 SF$_6$ 开关室/柜的人员产生危险。通过安装 SF$_6$/O$_2$ 浓度探测器，实时监测环境中 SF$_6$ 气体和 O$_2$ 的含量，可以判断配电设备运行状态和环境的安全性。

SF$_6$/O$_2$ 浓度探测器主要采用红外吸收方式或电化学方式监测环境中 SF$_6$ 的泄漏情况及氧气含量，将采集到的 SF$_6$、O$_2$ 浓度、温/湿度数据实时上传，一旦监测到异常，自动开启通风机，并输出声光报警信号。如在安装有充 SF$_6$ 气体配电设备的室内环境里，当监控到室内 SF$_6$ 气体浓度超过 300cm^3/m^3 或 O$_2$ 浓度低于 18% 时，SF$_6$/O$_2$ 浓度探测器输出触点报警信号，并控制风机启动通风，直至 O$_2$ 和 SF$_6$ 气体浓度恢复正常。在风机停止状态下，工作人员可根据采集信息判断进入室内前是否需要强制通风，通过按下强制按钮进行强制通风 15min。SF$_6$/O$_2$ 浓度探测器安装位置应尽量靠近地面。

6. 门状态感知

门状态感知可以监测配电设备柜门的开合状态，判断配电设备是否被非法打开，以防止无人值守电力设备因非法闯入造成的设备损坏、丢失及人身安全事故。

门状态感知传感器一般由两部分组成：① 永磁体。内部有一块永久磁铁，用来产生恒定的磁场。② 门磁主体。内部有一个常开型的干簧管。当永磁体和干簧管靠得很近时，门磁传感器处于工作守候状态；当永磁体离开干簧管一定距离后，干簧管就会闭合，造成短路，报警指示灯亮的同时上传报警信号。

2.3.2.3　状态感知设备

一些状态感知设备的外形如图 2-25 所示。

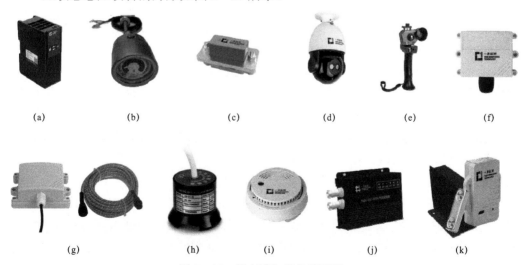

图 2-25　状态感知设备外形图

（a）抽湿机；（b）压力传感器；（c）倾角传感器；（d）一体化智能双视监控仪；（e）手持热像仪；
（f）噪声传感器；（g）无线水浸传感器；（h）光电水浸传感器；（i）无线烟感传感器；
（j）SF$_6$/O$_2$ 浓度探测器；（k）门磁传感器

2.4 智能配电设备电源技术

2.4.1 取能技术

安全、可靠、稳定、经济的电源取电技术是智能配电设备的一项共性技术，配电网因具有分布面广、线路分支多、城乡电网运行环境复杂等特点，导致智能配电设备的供电成为棘手的难题。为此，行业内研究实践了多种取能方案，有电压互感器取能（俗称PT取能）、电流互感器取能（俗称TA取能）、光伏取能、电容取能等。

2.4.1.1 电压互感器取能

电磁式电压互感器取能是配电网常见取能方式，广泛用作智能配电柱上开关和智能环网供电箱/室的取电电源。

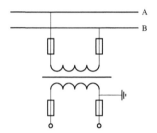

图2-26 电磁式电压互感器取能基本原理

1. 电压互感器取能原理

电磁式电压互感器由铁心、一次绕组和二次绕组组成。根据应用需求，采用不同接线方式，电磁式电压互感器取能基本原理如图2-26所示。

一次绕组与配电线路高压侧相连，根据电磁感应定律，在二次绕组中感应出二次电压，通过改变一次绕组及二次绕组的匝数，产生不同的匝数比，将一次侧高压转变成低电压，经过整流及保护稳压电路输出一个稳定的直流电压。

2. 电压互感器取能优缺点

电磁式电压互感器取能容量较大且电压比较恒定，因此，可以较好地满足目前智能配电设备实际应用需求。智能配电柱上开关较常选用300V·A、500V·A容量的电磁式电压互感器，智能配电环网箱/室因除了满足智能配电开关设备操作电源和配电终端供电需求外，柜内一般还会有小功率设备如除湿机等，则根据实际应用需求选择500V·A或1000V·A容量的电压互感器。

电磁式电压互感器因其本身阻抗很小，一旦二次绕组发生短路，电流将急剧增长而烧毁线圈。因此，电压互感器的一次绕组接有熔断器，二次绕组可靠接地，以免一二次绕组绝缘损毁时，二次绕组出现对地高电位造成人身和设备事故。

电磁式电压互感器其本质为带铁心的电感元件，如在容性配电线路中使用Y接线的电磁式电压互感器时，当系统发生扰动，可能会使得铁心元件进入磁通饱和区域，其等效电抗值减小，当电抗值与电力系统中的电容值参数匹配时，就容易发生铁磁谐振。电力系统发生铁磁谐振时，会使电压互感器端电压升高，电源中性点出现很大的位移电压，此电压将会在电压互感器开口辅助绕组上出现"虚幻接地"信号。此外，电压互感器铁磁谐振会使励磁电流大大增加，容易造成热击穿，破坏电压互感器的绝缘。因此，防止电压互感器产生谐振损坏一直是技术研究的重点。

对有一定容量要求的智能配电设备，电磁式电压互感器目前是较为理想的供电电源，但如果单纯为低功耗在线监测终端（如故障指示器）提供电源，这种方式则有成本高、体积大、安装不便捷的不足。

3. 抑制铁磁谐振的措施

针对电磁式电压互感器取能可能引起的铁磁谐振问题，工程上已采用在电压互感器高压侧中性点接非线性电阻或串单相电压互感器、系统中性点经消弧线圈接地、电压互感器开口三角形接阻尼电阻或改善励磁特性等措施来避免铁磁谐振的发生。

（1）电压互感器高压侧中性点接非线性电阻，是目前使用最多的消除谐振的方法，对抑制系统谐振过电压有全局的作用。电压互感器中性点串入电阻相当于每相电压互感器一次侧都串接电阻，能起到消耗能量、阻尼和抑制谐振的作用。

（2）电压互感器高压侧中性点串接单相电压互感器，即俗称的"4PT 接线法"。采用这种接线方式后，励磁电抗显著增大，原三相电压互感器励磁电感有变化时影响变小。在电网出现单相接地故障时，零序电压主要加在单相电压互感器上，三相电压互感器仍然承受相电压，所以，电压互感器铁心很难饱和而产生铁磁谐振。

（3）系统中性点经消弧线圈接地，相当于在电压互感器每一相励磁电感上并联一个消弧线圈的电感。由于它们都并接在零序回路中，其电感值较电压互感器相对地的电感小得多，相当于将电压互感器等效零序电感短路，打破了参数匹配的关系，使谐振不易发生。

（4）电压互感器开口三角形接阻尼电阻或分频消谐装置，通常情况下采用瞬时投入法，即在单相接地故障消失瞬间将阻尼电阻接入系统侧电压互感器开口三角。

2.4.1.2　电流互感器取能

1. 电流互感器取能原理

电流互感器取能就是在配电线路导线上加装穿心式的电流互感器，高压导线作为一次绕组，当通过较大电流时，在其周围将产生与之相应的交变磁场，经过铁心，在电流互感器的二次绕组上感应出一个二次电流。此电流通过整流、滤波及稳压后输出，为配电终端等用电设备提供电源，电流互感器取能原理如图 2-27 所示。

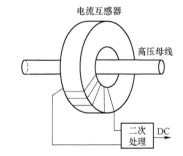

图 2-27　电流互感器取能原理图

2. 电流互感器取能技术特点

现阶段电流互感器取能有两种模式，一种不含有蓄电池，电流互感器取能电源直接从高压线路上感应获得二次电流，经过整流、滤波及稳压后直接为配电终端进行供电；另一种是将电流互感器取能装置与蓄电池相结合后对配电终端供电。当线路电流过小时，电流互感器取能装置所获得的电能不能达到配电终端的供电需求，则由蓄电池对配电终端进行供电。

当线路电流足够大时，电流互感器取能装置取得的电能一部分给配电终端供电，一部分电能用来给蓄电池充电。

电流互感器取能装置体积小、结构紧凑、成本低、安装较方便。

3. 电流互感器取能存在的问题

由于电流互感器取能装置是通过高压导线电流进行感应取能，所以，取能装置的稳定性易受到配电线路上电流大小的影响。

（1）一次电流的变化导致输出电压波动性大。

配电线路电流是随着用电负荷的变化而时刻变化的，所以电流互感器感应的二次电流也是随着一次电流的变化而变化，提供给配电终端的电压也随之变化。当电流过小，仅为1～2A时，TA取能装置取电效率低下，甚至不能取电。

（2）影响取能装置的安全性。

当配电线路上电流过大或出现短路故障时，电流互感器感应出来的二次电压将逐渐畸变成非常窄的脉冲状，不能为配电终端提供正常电源，同时随着铁心饱和程度的加剧，温度会迅速上升，极易将电流互感器取能线圈烧毁，影响配电终端的正常工作。

针对电流互感器取能存在的问题，工程上采取很多解决措施：如采用更为稳定的控制电路来保证电源的稳定性；改变铁心的结构来避免铁心的饱和，提高电流互感器的安全性；采用较高磁导率的铁心材料来降低取能装置的启动电流等。

4. 电流互感器取能的应用

电流互感器取能装置主要应用在：① 安装在配电线路高压侧的设备，如架空线路上的导线温度、微风振动、舞动、次档距振荡、张力、覆冰监测装置等；② 线路附近难于获取电源的设备，如电缆线路上的各类监测装置、环网柜内的监测设备等。

2.4.1.3 光伏取能

太阳能是一种绿色可再生的新能源，光伏发电是我们利用太阳能的主要方式。随着我国太阳能技术的不断发展，太阳能电池在电力行业各个领域得到了广泛的应用。在配电网中，一些户外在线监测设备的供电设备很多都采用了光伏取能的原理。

1. 光伏取能原理

光伏取能设备一般由太阳能电池、充放电系统及蓄电池三个部分组成，光伏取能原理如图2-28所示。

太阳能电池板在光照的条件下，可以产生电能。光照充足时，一部分电能给在线监测装置或者智能设备供电，一部分给蓄电池充电。光照不足时，在线监测装置及智能设

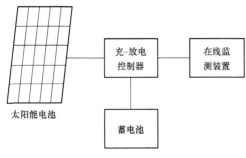

图2-28 光伏取能原理图

备由蓄电池供电。

2. 光伏取能的技术特点

能量来源于太阳能，因此相对于从线路取能，这种方式不直接与线路高压接触，没有绝缘方面的风险，且不消耗线路上的能量。现阶段光伏技术发展稳定成熟，结构简单，安装也较为容易。

3. 光伏取能存在的问题

（1）环境因素影响。

光伏取能方式最大的影响来源于环境因素。因能量完全来源于太阳的辐射，光照充足的地区，光伏取能的方式尚且可以满足一些在线监测装置或者智能设备的供电需求。但是在南方多阴雨多雾的天气条件下，太阳能电池板的供电功率经常会出现不足，智能设备的在线率也会直线下降。

（2）蓄电池寿命问题。

为了提供稳定的电源输出，不间断地为在线监测装置及智能设备供电，通常会采用太阳能电池板及蓄电池组合供电的模式。但现有蓄电池的寿命会随着充放电循环次数的增加而减少，也就意味着每隔几年就要更换一次蓄电池。这对量大且需要在户外长期稳定运行的在线设备是非常不方便的，会产生巨大的维护工作量。

（3）提供能量有限。

虽然近几年太阳能技术飞速发展，但是太阳能电池能量转换效率还是比较低的。为了提供更大的取电功率，就必须增加太阳能电池板的面积，但太阳能电池板面积增大，又增加了安装困难，因此光伏取能所提供的能量是有限的。

4. 光伏取能的应用

可用于配电网在线监测设备，如故障指示器、跌落熔断器监测设备、绝缘子污秽监测设备、线路智能终端监测设备等。

2.4.1.4　电容取能

为了解决电磁式电压互感器取能方式带来的二次出线易短路、铁磁谐振、安装和运行维护工作量大等问题，近年来，一种新型取能技术——电容取能技术得到了良好的应用。

1. 电容取能原理

电容取能有 C–L、C–CL、CVT 三种方式，原理如图 2–29 所示。

（1）C–L 方式。

C–L 方式是采用电容、变压器分压的取电方式，原理如图 2–29（a）所示。

通过高压电容 C 与变压器的一次侧串联分压，使得高压电容 C 承受较高的电压，变压器一次侧分得一个比较小的电压。再经过变压器二次降压、整流、滤波及稳压给智能终端设备供电。这种方法取能装置结构简单，体积小，易于安装，可靠性高。

（2）C–CL方式。

C–CL方式是采用高压臂分压电容C1及低压臂分压电容C2分压后经变压器变压的取电方式，原理如图2–29（b）所示。

高压臂分压电容C1承受较高的电压，将高压转换为较低的电压，再通过低压臂分压电容C2的容值将电压降为更小的一个值，再经过变压器的变压获得所需要的一个电压值。

这种方法要求高压臂分压电容及低压臂分压电容随温度、电压、频率等因素的变化而引起的性能变化要尽量一致，才能保证电容的分压比不会有太大的变化，从而保证更稳定地为终端设备进行供电。

（3）CVT方式。

CVT方式采用电容分压式电压互感器方式，原理如图2–29（c）所示。

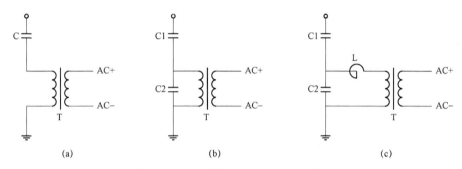

图2–29 三种电容取能方式原理图
（a）C–L方式；（b）C–CL方式；（c）CVT方式

这种结构与C–CL方式类似，只是在变压器的一次侧串联一个补偿电抗器，以消除电容带来的容性阻抗的影响，通过减小回路中的阻抗，提高输出电压的稳定性。然而，由于电抗器的接入会带来铁磁谐振的影响，所以，通常在二次侧会加装阻尼器来防止铁心饱和，消除谐振能量。这种方法结构较为复杂，体积较前两种方式较大，但是可以获取较高的取电功率。

2. 电容取能对配电网的参数影响

如果配电开关设备的电源采用电容取能供电，则每一只取电电容相当于增加了线路对地电容电流水平。因此，需要对电容取能对配电网参数的影响进行分析。

架空线路和电缆线路典型线路模型如图2–30所示。

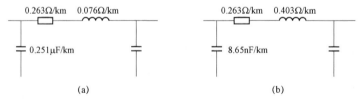

图2–30 架空线路和电缆线路典型线路模型
（a）电缆线路模型；（b）架空线路模型

变电站内：

（1）变电站 I 段母线共 10 条出线，每条出线 30km，均为架空线路。

（2）变电站 II 段母线共 10 条出线，其中 5 条出线为电缆线路，每条出线 5km；5 条出线为架空线路，每条出线 30km。

表 2-3 给出了采用不同容量电容取能时，对两种典型的配电网络产生影响的分析。

表 2-3　　　　　　　　不同线路采用不同容量电容取能的影响分析

| 三相对地并联电容 /nF | I 段母线（架空线路） | | | | II 段母线（电缆线路） | | | |
| | 正常运行 | | 单相接地故障 | | 正常运行 | | 单相接地故障 | |
	相电流/A	相电压/V	零序电流/A	零序电压/V	相电流/A	相电压/V	零序电流/A	零序电压/V
3.3	0.006	0.1	14.99	5971	0.006	0.002	41.45	5834
33	0.06	1.2	15.16	5973	0.06	0.023	41.61	5834
165	0.30	4.9	15.92	5982	0.30	0.11	42.33	5834
330	0.61	8.6	16.87	5992	0.61	0.23	43.23	5833
1000	1.84	33	20.78	6037	1.84	0.71	46.88	5831
5000	9.2	124	45.34	6305	9.2	3.45	68.55	5818

10kV 配电网线路正常运行状态下，三相对地并联电容会在负荷电流上叠加容性电流，提高线路对地电容电流水平，在长架空线路情况下使线路三相电压升高。线路负荷电流上叠加的容性电流随着对地并联电容增加逐渐变大。随着线路安装开关数量增多或线路开关取能功率较大，对地并联电容达到 5μF 时会产生 9.2A 的线路对地容性电流，且由于长线路的电容效应会引起线路三相电压升高达到 124V。

在线路发生单相接地故障时，由于电容取能的存在，也会增大线路的零序电容电流，同上所述，随着线路安装开关数量增多或线路开关取能功率较大，对地并联电容达到 5μF 时会使线路单相接地故障点入地电流增加 27A 以上，接地故障点弧光未能自动熄灭产生弧光过电压，使瞬时性故障演变为永久性故障。在中性点经消弧线圈接地系统中，接地故障零序电流的增加可能会导致消弧线圈补偿状态由过补偿变为欠补偿状态，产生谐振过电压甚至引发两相相间短路故障。

从以上数据分析来看，采用电容取能时，在电容参数和取电功率的选择上不宜过大，应事先进行参数的匹配分析，避免对电网正常运行造成不良影响。

3. 电容取能的特点

（1）安全性。电容取能避免了传统电磁式 TV 取能可能产生的铁磁谐振，受外界环境因素影响相对小，因此，对在过电压和雷击等恶劣天气下使用效果良好。

（2）节能性。电容取能相对于传统铁磁式 TV 取能方式，因电容本身不消耗线路有功，整体取能单元的损耗主要是取电变压器功耗，而小容量的取电变压器可以使整体取能单元损耗降低，因此更节能。同时，可以起到补偿电容作用，改善线路的感性阻抗。

（3）使用灵活。电容取能可选择单相取电、两相相间取电或者三相取电。当负载所需功率小时，选择单相电源取能；负载功率大时，选择两相或者三相电源取能。同时，可以根据电压输出要求，如直流或交流、电压等级等进行调整。

高压侧配电线路监测设备的功耗主要集中在传感器、微控制器、通信模块上。随着技术的发展，这些模块的功耗越来越低，通常设备在工作时耗能 0.75～10W，平均功耗 5W 左右。所以在考虑取能方案时，需要在满足所需功耗的同时降低体积和成本，提高产品稳定性。电容取能因不受外界环境和传输线电流的影响，且装置体积小、方便安装，可以满足为小功率监测设备提供稳定的电能。

电容取能单元可独立作成一个部件，也可以集成在配电设备中。如：将取能电容集成于断路器极柱内或将变压器及后续电路集成为一个模块安装在断路器箱体内。

当电容取能集成应用于配电设备时，需要充分考虑电容取能单元部件的可靠性，常规配电开关寿命一般不小于 10 年，集成了电容取能单元后智能配电设备的运行状态和使用寿命都有待于时间的检验。

4. 电容取能的应用

电容取能方式目前较多应用于柱上真空断路器，电容取能装置可集成于断路器本体，也可安装在断路器壳体两侧，还可以集成在断路器极柱或者气箱内部。

在图 2-31（a）中，将电容取能装置安装在柱上断路器极柱两侧，电容取能装置分别从 A、C 两相进行取能，每个装置取电功率为 3W，两相共同取电功率至少 6W。

（a）   （b）

图 2-31 电容取能真空断路器成套设备
（a）带电容取能装置的极柱真空断路器；（b）自供电装置（内置电容取能）的真空断路器

图 2-31（b）为 ZW20 型自供电真空断路器成套设备，开关本体内置电容取能单元，控制单元直接安装于开关本体底部航空连接器处。通过内置电容取能模块，能为配套低功耗配电终端提供 6W 能量。

2.4.1.5 其他取能技术

电压互感器取能、电流互感器取能、光伏取能和电容取能等方式是目前满足配电终端供电需求的一些方式，但激光取能、微波取能等无线取能技术的发展，也将会是解决取能的技术手段。

1. 激光取能

激光取能其实是在低压侧利用大功率的激光发生器产生激光，通过光纤将光能传递到高压侧，在高压侧利用光电转换装置，将光能装换为电能，再通过一系列的调整，输出稳定电压为设备进行供电。

这种供电方式不受线路上电压电流以及电磁干扰的影响，稳定可靠，噪声小，可以长期安全稳定地供电。但目前光电转换效率较低且造价成本高，并在配电网低压侧很难找到低压电源，因此，也限制了它的广泛应用。

2. 微波取能

微波取能是无线取能的一种方式，由功率源、微波发射装置及接收天线组成。由于微波在空气的传输过程中损耗极小，无线供能的方式实现起来也较为容易、简单，因此，微波取能在近年来得到了不断的发展。

然而，这种微波取能的方式要应用于高压输电线路上，还存在着许多的难题：一是安装在高压侧的接收天线形状及放置方式的设计，并且要做好绝缘设计；二是要考虑电磁兼容的问题，微波的传输会对线路上的检测设备的电子电路带来一定的干扰。如果能够解决了这些问题，那么微波取能的方式将会得到广泛的发展。

3. 超声波取能

超声波取能是近些年来才发展起来的一种供能手段，属于无线取能的一种方式。超声波取能是由驱动电源、电声换能器、声电换能器及电源变换器组成。驱动电源及电声换能器安装在低压侧，电声换能器由驱动电源驱动产生超声波，并通过传输介质远距离传输到高压侧的声电换能器，将声能装换为高频的电能，通过电源变换器转换为直流的电能，为智能终端设备进行供电。

这种超声波取能装置供电功率大，而且稳定、安全，不受线路上电压电流的影响，且产生的电磁干扰小。但是这种取能方式技术还不成熟，超声波设备造价成本高，而且转换效率低，所以这种取能方式目前还没有真正应用到配电网中。

4. 电场感应取能

随着芯片技术的发展，监测终端的功耗进一步降低，此外，对温度、压力等参数进行在线测量不需要持续进行，因此，取能电源也可以采用间隙式供电，先储能再利用。考虑到配电线路的电压是很稳定的，目前也在发展电场感应取能技术，这种方式供电稳定，受环境因素影响小，不需要蓄电池，寿命长，因此受到了普遍重视。

电场感应取能的基本原理是利用高压电力线的空间位移电流给电容充电，利用电容储能为测量装置供电。为了提高位移电流，往往需要在线路上安装一个金属感应板（有时也直接利用测量装置的外壳来充当感应极板）。

目前已有在隔离刀闸触点温升在线监测终端上应用电场感应取能技术，此技术针对间隔时间较长的采样终端供能是可行的，比其他取能方法更稳定，且较少受到环境的影响。但对于需要实时在线、持续工作的配电终端，感应取能的功率还不能满足需求。

2.4.2　后备电源技术

智能配电设备除了通过直接取电作为主供电源外，为避免因线路停电或外界环境变化导致主供电源无法正常取电，通常配置一定容量的储能型后备电源，并与主供电源无缝隙切换。后备电源可独立供电，以满足智能配电设备不间断供电的要求。主供电源正常取电时，可为后备电源充电。

本节将介绍一些常用的后备电源技术，比较各种类型电池的特点，展示一种双电源组合的后备电源方案。

2.4.2.1　蓄电池

1. 蓄电池概述

蓄电池是将化学能直接转化成电能的一种装置，可通过电池内部可逆的化学反应实现再充电。通常蓄电池是指铅酸蓄电池。铅酸蓄电池主要分为三类，普通铅酸蓄电池、干荷铅酸蓄电池和免维护铅酸蓄电池。铅酸蓄电池输出电压为DC12V，多组蓄电池可通过并联、串联组合后使用，以满足不同输出电压和容量的需求。

（1）普通蓄电池。电池极板由铅和铅的氧化物构成，内部电解液为硫酸的水溶液。优点是电压稳定、价格便宜，但存在比能量低（电池单位质量或单位体积所能输出的电能）、使用寿命短和日常维护频繁等缺点。

（2）干荷蓄电池。全称干式荷电铅酸蓄电池，主要特点是负极板有较高的储电能力，在完全干燥状态下，能将所得到的电量保存两年。使用时，只需加入电解液等待 20～30min 即可使用。这种电池在实际工程中使用较少，此处不做具体讨论。

（3）免维护蓄电池。亦称阀控式铅酸蓄电池，基本特点是使用期间不用加酸加水维护，电池为密封结构，不会漏酸或者排酸雾。电池盖子上设有单向排气阀（也叫安全阀），该阀的作用是当电池内部气压值超过设定定值时，排气阀自动打开，降低气压，然后自动关阀，保证空气不进入电池内部。

相比于普通铅酸蓄电池，免维护铅酸蓄电池具有对端子和线路的腐蚀较小、抗过充电能力强和电量储存时间长等优点。目前，配电终端的后备电源系统大多数采用免维护铅酸蓄电池，由于其价格在三种电池中最低，技术也较为成熟，成为配电终端后备电源的首选。

2. 蓄电池的使用

在配电网应用中，铅酸蓄电池作为后备电源，在投运后长期处于浮充状态。正常情况下，只有当线路停电时蓄电池才处于放电模式；在储能电机工作时，铅酸电池会短时间放电。由于蓄电池长时间的浮充状态会缩减使用寿命，通过配备专门的电源模块为电池充电，供电模块具备电池活化功能，可通过手动或远程进行控制活化。

图 2-32 为配电终端充电式电源模块工作框图。

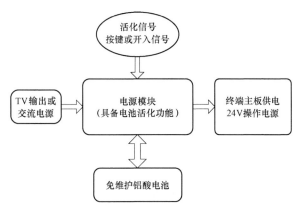

图 2-32　配电终端充电式电源模块工作框图

电源模块一般具有输出短路保护功能、充放电管理功能、过放电保护功能、短路保护功能、电池活化维护功能、多项告警和遥控功能等。

3. 铅酸蓄电池存在的问题

免维护铅酸蓄电池在实际应用中存在以下问题：

（1）电池寿命问题。目前，用户对配电终端后备电源的寿命要求较高，希望能够达到 8~10 年，特别是在户外环境温度下仍应保持相对较长的寿命，但免维护铅酸蓄电池的一般标称寿命 25℃时为 6 年左右，实际运行中往往使用不到 3 年就出现性能劣化的情况。因此，选择品质好的铅酸蓄电池非常重要。

（2）温度性能问题。受铅酸蓄电池原理的影响，当温度低于-20℃时，铅酸蓄电池内部的化学反应速率急剧下降，导致电池低温时充放电困难，电池性能低下。尤其在东北的寒冷环境，问题更加突出，因供电不足会导致智能配电设备通信异常、开关无法实现分合闸等问题。

虽然铅酸蓄电池存在上述缺陷，但由于它性价比高，应用技术相对成熟，因此，铅酸蓄电池在配电网后备电源应用领域依然作为主要的后备电源。

2.4.2.2　锂电池

锂电池作为后备电源，相对于铅酸蓄电池价格偏高，但使用寿命和能量密度要明显高于铅酸蓄电池。下面介绍几款主流锂电池优缺点及锂电池在配电网领域的发展前景。

1. 锂电池分类

锂电池是指电化学体系中含有锂（包括金属锂、锂合金和锂离子、锂聚合物）的电池。从目前使用的锂离子电池主流技术来看，主要有三元锂电池、聚合物锂电池和磷酸铁锂电池，它们的不同材料和结构特点会对电池制备技术与使用造成影响，从而能量密度、使用寿命、安全性都有不同。

（1）三元锂电池。三元锂电池是指正极材料使用镍钴锰酸锂三元正极材料的锂电池。三元复合正极材料前驱体产品，是以镍盐、钴盐、锰盐为原料，里面镍钴锰的比例可以根据实际需要调整。特点是能量密度大，循环次数达 1000 次，但是其弱点在于稳点性较差，如果内部短路或是正极材料遇水，都会有明火产生。目前的三元锂电池多采用钢壳封装，不容易受到外界破坏，安全性有了很大的提高。18650 锂电池在电动自行车、电动汽车和军工行业内应用越来越多。

（2）聚合物锂电池。聚合物锂电池正极材料除了采用锂电池的无机化合物，还可以采用导电高分子聚合物，锂电池使用电解液（液体或胶体）。所以聚合物锂电池在结构上采用铝塑软包装。相对于锂离子电池，它的安全性更好一些，一旦发生过充、老化，甚至破坏后，聚合物锂电池不会发生明火和爆炸，只会出现明显的鼓包和漏气的情况。所以目前的大多数智能手机多采用聚合物锂电池。

（3）磷酸铁锂电池。这是一种理想的动力电池，目前多用于电动汽车。能量密度要优于铅酸蓄电池，要比锂离子和聚合物锂电池差一些，循环次数达到了 2000 次以上。在安全性上，即便在高温或过充时也不会像钴酸锂一样结构崩塌发热或形成强氧化性物质，不容易发生燃烧、爆炸等危险，可以通过配以合理的结构设计进一步提高安全性，因此，磷酸铁锂电池在撞击、针刺、短路等情况下均不发生燃烧和爆炸，安全性能非常好。

在智能配电设备后备电源中，可选用磷酸铁锂电池和钢壳封装的三元锂电池，目前较多选用磷酸铁锂电池。由于聚合物锂电池封装形式为软包，很难对其进行二次封装固定，因此在手持产品中大量使用。

2. 锂电池的特点

锂电池与铅酸蓄电池相比，除了环保外，还具有以下优势：

（1）单体电压高，能量密度大。锂电池单体工作电压为 3.2V～4.2V。

（2）循环寿命长。磷酸铁锂电池的循环寿命可高达 2000 次以上，而普通铅酸蓄电池循环寿命为 300 次～500 次。

（3）可大电流充放电。磷酸铁锂电池多用于电动汽车等大功率场合，放电电流非常大，能够满足智能配电设备的分合闸需求。

（4）耐高温，使用安全。磷酸铁锂电池工作温度很宽（－20℃～75℃），磷酸铁锂电池解决了钴酸锂和锰酸锂碰撞时会发生爆炸的危险，降低了用户使用时的安全隐患。

然而，锂电池价格高，不能过放、过充。为了保证锂电池必需的电压范围，使用时会配套专用的锂电池保护板，这在设计上比铅酸蓄电池要复杂。

总之，锂电池成本要高于铅酸蓄电池，但在能量密度、使用寿命、安全性能上综合要优于铅酸蓄电池。随着智能配电设备的广泛应用，锂电池将逐渐成为后备电源的主流。

2.4.2.3　超级电容

1. 超级电容的原理

超级电容是利用电子导体活性炭与离子导体有机或无机电解液之间形成感应双电荷层原理制成的电容器。超级电容电荷距离远比传统电容器介质材料所能实现的距离更小，活性炭电极表面积成数量级增大，使得超级电容较传统电容而言具有超级大的静电容量，这也是其为超级电容的所在。

超级电容的等效电路图如图 2-33 所示。图中 R_p 为等效并联内阻、R_s 为等效串联内阻、C 为理想电容器。

等效并联内阻 R_p 决定了超级电容总的漏电大小，在电容长期储能的过程中其影响较大，也称之为漏电电阻。

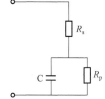

等效串联内阻 R_s 是指超级电容总的串联阻抗，在充放电过程中会消耗一部分能量，产生一定的热量，除此之外，因为阻抗两端的电压还会产生电压纹波。

图 2-33　超级电容等效电路图

2. 超级电容的分类

（1）按原理分类：双电层超级电容、赝电容型超级电容。

（2）按电极材料分类：平板型超级电容、绕卷型超级电容。

（3）按电解质类型分类：酸性电解质、碱性电解质、中性电解质。

3. 超级电容技术特点

（1）尺寸小，容量大。体积可以实现超小型化，特别适合小型化设备。

（2）使用温度范围宽。大多可达 $-40℃\sim+65℃$ 的宽温度范围，特殊的型号可以获得更宽使用温度。

（3）充放电性能好。不需特殊的限流和充放电控制回路，同时充放电的循环寿命超长。一般充电电池因其受电极反应速度的限制充放电电流小，充放电时间长，需要几个小时；对于双电层超级电容器来说，其不受充电电流限制，可以快速充电，几秒到几十秒即可充满。

（4）循环寿命长。充电电池的循环寿命仅为 300～500 次，而超级电容器充放电次数通常大于 10 000 次，双电层型甚至可达 500 000 次以上。

（5）环保无污染。超级电容器的原材料为环保型材料，是真正的环保储能器件。

4. 超级电容的应用方式

目前，很多配电终端采用低功耗设计，原来超级电容能量不足的问题得以克服，采用超级电容就可以满足智能模块和通信掉电后的供电需求了。

超级电容模组通过专用充电单元从原始能源端取能，提供能源时可快速高效释放超级电容中的能量，采用均压电路保护板将超级电容单体输出的宽范围电压调整至适合负载的稳定电压。由于超级电容在低温下可正常工作，加之储能器件本身几乎无需维护，因此，配电网中馈线终端 FTU、站所终端 DTU 和各类在线监测装置均可使用。

（1）单超级电容供电方式。

单超级电容供电方式适用于：① 在负载所需供能时间较短或负载功耗较低的场合；② 户外恶劣温度环境下但还需稍大负载的场合（如我国东北、西北严寒地带的户外配电线路上）；③ 一些维护不方便的场景。

（2）超级电容＋电池供电方式。

为了提高应急情况下的临时遥控处理能力，可以采用超级电容＋电池的供电方式。在电池能力不足时，超级电容能够提供大电流给配电终端临时供电。在采用电流互感器取能或光伏取能方式的场合，当光照充足或者线路负荷较高时，配套的超级电容即可满足要求，但当出现线路负荷较低、长期阴雨天等情况时，需要备用电池保障配电终端的供电。通过超级电容和备用电池的相互配合，既保证了配电终端稳定供电，也解决了长时间单纯使用电池导致电池性能大幅降低需要经常维护的问题。

配电终端在运行过程中会经常遇到短时断电情况，超级电容可以作为短时断电的备用电源。采用超级电容作为储能电源方案，最初是为了解决东北地区在严寒环境下配电终端断电后的短时工作问题。一方面受气温影响，常规后备电源的电池即使不考虑电池的寿命和维护，在严寒的冬季正常工作也是非常困难的，另一方面，配电终端放置电池的内部空间有限，由此需要采用模组稳定性好的电池并具有更高的能量密度，因此，超级电容模块成为较佳的选择。

2.4.2.4 电容型锂离子电池

锂离子电池主要是通过正极材料提供的锂离子在正负极之间脱出/嵌入来实现能量储存，属于法拉第反应，由于是化学反应，功率密度低且循环寿命有限。超级电容主要依靠双电层储存电能，其储能的过程并不发生化学反应而且这个过程进行得非常快，因此，超级电容充放电次数非常高、充放电速度快，但存在能量密度低的问题。如何将两种储能电池的优点结合起来，开发一种能量密度高、功率密度高、寿命长的电池成为研究的一个重要方向。

为了发挥上述两种储能电池充放电的优点，在锂电池的正极加入活性炭或其他高比表面积的材料，也就是加入超级电容作为正极材料，负极依然是锂电池的负极材料。这样虽然会降低电池的容量，但可以在保证容量不损失太多的前提下，使得电池的功率密度和循环性能明显提升。从原理上这种实现方式类似于电容与电池并联，由电池来提供容量，电容来保证短时间大电流放电，因此这种结构方式也叫内并联混合结构。

目前影响电容型锂离子电池性能的主要是双材料正极中电池材料和电容材料的选择、质量比例以及负极的种类。电池正极材料主要为磷酸铁锂材料，电容材料主要是选用活性炭。电池负极材料应用最多的还是石墨和碳酸锂，虽然硬碳作为负极材料可能会带来更高的倍率性能，但由于其首次库伦效率较低，须经过预处理才能具有应用价值，增加了其成本，故还需进一步研究改进。正极中活性材料配比、电池的正负极匹配等因素也对电容型锂离子电池的性能有重要影响，尤其是新材料像石墨烯和碳纳米管的出现，使新型电池有了大的提升空间。

电容型锂离子电池是一种在锂电池基础上发展起来的新型储能器件，具有超级电容与锂离子电池的优势，是一种很有市场前景的动力型电池。目前影响电容型锂离子电池性能的主要是双极材料，电容型锂离子电池的研究还是处于起步阶段，对电池与电容的耦合、正负极的匹配和电容型电池的储能机制等尚需深入研究。

2.4.2.5　智能电源管理

配电终端目前多采用 24V 或 48V 直流电源后备蓄电池组，随着智能配电设备的大规模应用，大量配电终端所带的电池组数量众多且分布广阔，这将导致二次维护成本增大，因此，配电终端后备电源的可靠性管理是配电网运行维护的一大工作。

铅酸蓄电池对充放电的要求不高，只需要通过电路进行低压和过压保护来避免铅酸蓄电池受损，因此，配电网领域目前依然较多使用铅酸蓄电池。但是，铅酸蓄电池长期处于浮充状态下，寿命会大大衰减。

近几年，锂电池开始逐渐取代传统的铅酸蓄电池作为配电终端的后备电源，电池管理系统（battery management system，BMS）也随之进入配电网应用领域。为了保证配电终端供电电源可靠性，对电池进行监控和充放电管理，当电池容量下降时上传报警信息，在电池即将失效时及时更换电池。同时，对小功率取能系统进行功率合理分配。

电池管理系统通过检测电池组中各单体电池的状态来确定整个电池系统的状态，并根据它们的状态对电池系统进行对应的控制调整和策略实施，实现对电池系统及各单体的充放电管理以保证电池系统安全稳定地运行。

电池管理系统的主要功能框图如图 2-34 所示，主要有电压和电量检测、电池均衡和通信功能。

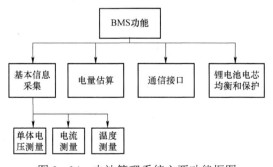

图 2-34　电池管理系统主要功能框图

（1）动态监测电池组的工作状态。

在电池充放电过程中，实时采集电池组中每块电池的端电压和温度、充放电电流及电池组总电压，防止电池发生过充电或过放电现象。同时，及时给出电池状况，挑选出有问题的电池，保持整组电池运行的可靠性和高效性。

（2）准确估测电池组的荷电状态。

准确估测电池组的荷电状态（state of charge，SOC），即电池剩余电量，保证 SOC 维持在合理的范围内，防止由于过充电或过放电对电池的损伤，并及时上传预报信息。

（3）通信功能。

测量获得的每节电池信息、电池组容量信息和温度信息等通过通信接口传送到总控单元，可以通过显示面板或后台系统指示整个电池系统的健康状态。

（4）单体电池间、电池组间的均衡和安全。

均衡是指在单体电池、电池组间进行均衡，使电池组中各个电池都达到均衡一致的状态。电池均衡一般分为主动均衡、被动均衡。目前 BMS 大多采用的是被动均衡，均衡技术是目前世界正在致力研究与开发的一项电池能量管理系统的关键技术。

安全是指保证锂电池不会过放、短路、过流等的保护，保证电池组维持健康的状态。

2.4.2.6　混合电源方案

对于配电终端取能功率充足的场景，当电池失效时，配电设备也能正常工作，这时后备电池的重要性体现不明显。然而，在一些小功率取能使用场景，前端供电功率非常有限，此时若后备电源不可靠，将会直接影响配电终端正常工作。在此，介绍一种小功率取能的组合电源方案。

在电池的选取中，铅酸蓄电池尽管便宜但最大的问题是寿命短、低温效果差，超级电容理论上可以充放电无限次、瞬时放电电流大、低温对充放电影响又不大，但是，超级电容的能量密度比较小。为了解决上述问题，把锂电池引入到电源系统中，设计了两种电池组合方案，即锂电池＋超级电容的混合后备电源方案。

首先简单介绍一下配电终端的负载特性。配电终端一方面需要支持主板测量和通信的电源，所需功率非常小且持续稳定。另一方面需要支持分闸、合闸、储能电源，这时需要短时间（15s 内）、大功率（100W 左右）的能量驱动，且不经常动作。根据一次侧供电特性，设计的锂电池＋超级电容电源解决方案如图 2－35 所示。

配电设备的分、合、储需要大功率电源，超级电容不受温度影响并能够提供大功率输出，因此，将超级电容作为设备的供电前端。通过设置供电优先级回路，在①、②回路中（当一次侧有电时，①回路中的开关打开），电压高者优先为配电终端主板供电。在③、④回路中，优先给超级电容充电，当电容充满时才开始为锂电池充电。同时，锂电池可以为超级电容充电，时刻保证电容为执行机构供电。

在这个方案中，超级电容作为配电终端运行和执行操作的主电源，锂电池作为后备电源。当电池电量消耗完毕时，此时若高压侧供电，超级电容残余的电量依然能保证配电终端的工作。

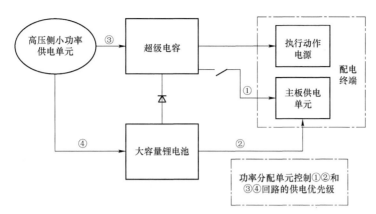

图 2-35　锂电池＋超级电容电源解决方案

2.5　智能组件集成技术

智能配电设备是传统一次配电设备与现代电力技术、微机控制技术、现代传感器技术、数字通信及计算机网络技术相互融合的产物，它不仅改变了传统电力开关设备的系统运行方式，而且影响到传统开关设备的工作机理和设计方法。

在 IEC/TR 62063：1999《高压开关设备和控制设备——电子及其相关技术在开关设备和控制设备的辅助设备中的应用》中，"智能开关设备"定义为"具有较高性能的开关设备和控制设备，配装有电子设备变送器和执行器，不仅具有开关设备的基本功能，还具有附加功能，尤其是在监测和诊断方面的功能"。

通俗地讲，智能开关设备就是由"常规的开关设备"和"智能组件"集合而成的设备。智能组件就是指一次开关设备的测量、控制、状态监测、计量、保护等各种附属装置的集合，包括一次设备的控制终端。

在智能配电设备中，智能组件主要指电压互感器/传感器、电流互感器/传感器、各类状态检测传感器或传感装置（可视化设备状态监测、绝缘性能监测、开关特性监测、温度在线监测）及配电终端（测控与保护功能）等。这些组件集成到配电开关设备后，会对配电开关的电场分布、电磁兼容等方面造成影响，因此，需要对智能组件集成到配电一次设备后，智能配电设备整体状态进行技术研究。

2.5.1　电压/电流传感器集成技术

为了满足配电设备一二次深度融合要求，采用交流电压/电流传感器来取代传统的互感器，以解决电磁式电压互感器存在的铁磁谐振过电压、电流互感器的磁饱和、动态范围小及频带窄等问题。交流电压/电流传感器一方面可以满足配电开关设备采样的高精度和宽范围要求；另一方面便于植入到配电开关设备内，从而实现安装维护的便利化。

对电子式电压/电流传感器（EVT/ECT）技术已有较多的研究，10kV 配电设备采用的交流电压/电流传感器基本原理依然基于常用的 EVT/ECT，但照搬高压 EVT/ECT 原理来做的交流电压/电流传感器不都完全适用于一二次融合开关成套设备，如基于光学原理以及逆压电效应的 EVT 等。根据智能配电设备一二次融合的要求，交流电压/电流传感器需要同时满足测量和保护的要求，运行变差要小，并且可以集成到配电设备内或浇注到极柱或绝缘件中。

近年来，电压传感器主流设计采用电阻分压型和电容分压型原理。

电阻分压型电压传感器的主要问题是必须采取完善的均压和屏蔽措施，否则开关对地杂散电容将对角差造成严重影响，稳定性也较差。而且电阻是发热元件，长期运行的热累积效应不可忽视，特别是浇注到开关的极柱中时，其热量更难散发，而温度又是影响电阻值稳定性的主要因素，因此需要考虑发热的影响。

电容分压型电压传感器则不存在这方面问题，其显著优点是对地杂散电容只会引入比差，不会引入角差。此外，高压引线等高压端的杂散电容会引入误差，该误差的方向与对地杂散电容引入的误差方向相反，因此可部分抵消；另外电容是无功元件，不会发热，温度特性更稳定。但电容分压需重点考虑滞留电荷问题，当线路因某种原因跳闸断开后，电荷将滞留在传感器电容上，必须在二次侧负载上采取措施，否则不能满足暂态性能要求。

电流传感器主要采用低功率线圈或罗氏线圈电流传感器，电流传感器的采集范围可以从 $0.2I_n$ 至 $30I_n \sim 40I_n$，因此，完全满足智能配电开关设备的保护、测量和计量要求。

在植入电流/电压传感器或其他智能组件后，需要充分考虑智能配电设备的电磁兼容，并对整体设备的电场分布进行分析，因此，电磁兼容和电场仿真技术应用尤为重要。

2.5.2　电磁兼容设计技术

智能配电设备因为是一次强电设备和二次弱电设备集成组合运行，因此，电磁兼容设计非常重要。

电磁兼容（EMC）是指在有限空间、有限时间、有限频谱资源条件下，各种用电设备可以共存且不使设备可靠性、安全性降低的性能。一个设备的电磁兼容能力，又称电磁兼容性，是指设备在其电磁环境中能正常工作且不对该环境中任何事物构成不能承受的电磁骚扰的能力。因此，产品的电磁兼容性一方面是指产品抵抗外部电磁干扰、保持正常工作的能力；另一方面是自身工作时不对其他产品造成干扰的性能，即抗扰性和干扰抑制。

电磁兼容包括电磁干扰（EMI）和电磁敏感度（EMS）两部分，其技术主要有电磁干扰与电磁环境、电磁干扰的耦合与传播、屏蔽理论及其应用、孔缝泄漏的预制措施、接地技术与搭接技术、滤波技术及其应用、电磁兼容标准与规范、电磁兼容性分析与设计和电磁兼容性试验与测量。

配电设备易受到的电磁干扰包括雷电等自然干扰源、工频电力设备、瞬态电磁脉冲、静电放电短路故障谐波电压、无线电通信以及人为干扰等，如图 2-36 所示。

配电开关设备本体主要包括一些机械

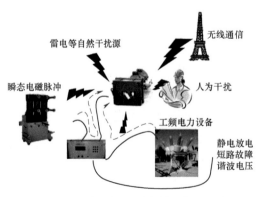

图 2-36　配电设备所受电磁干扰源示意图

和电气部件，抗电磁干扰的能力相对强一些。但在集成了各类智能组件后，尤其是大量包含着各类电子元器件的设备，又需要具备配电设备各类信息的采集、控制信息的收发处理等功能，这些智能组件自身又运行在高压开关设备近旁或内部，电磁环境严酷，因此，面临着复杂的电磁兼容问题。

智能配电设备的干扰源包括内部干扰源和外部干扰源。内部干扰源指智能配电开关集成了各种智能组件后自身存在的干扰源、线路工作以及设备操作时产生的干扰。外部干扰源主要指雷电以及电磁脉冲等系统外部电磁干扰源。因此，智能配电设备的电磁兼容能力更多取决于木桶原理短板的智能组件的兼容性，包括设备之间的接口。

总之，尽管各设备按照标准都有各自独立的电磁兼容试验，但智能配电设备整体电磁兼容试验更为重要。此外，智能配电设备的设计，更需要充分考虑各种干扰源对植入了各类智能组件的智能配电设备的影响。

2.5.3　电场仿真设计技术

智能化需求使配电开关设备内置越来越多的感知元件，包括电压互感器/传感器、电流互感器/传感器以及其他各类传感元件。早期的配电开关设备设计体积都比较大，一般会留有较大的绝缘裕量，开关内的电磁场分布对设备运行影响不是很突出，而开关整体电磁场分析又过于复杂，因此，很少进行专门的优化设计。

近年来，城市化带来的负荷增长与土地资源的矛盾，加之受维护、安装、成本等因素的影响，使得配电开关设备尤其是智能配电环网柜设备体积要求越来越小，紧凑的结构设计已成为主要的发展方向。如果配电开关的结构设计依然沿用早期粗放设计方式，即使花费较大精力将开关各个零部件可靠性提高，也难以突破配电开关设备整体可靠性的瓶颈。

为了减少配电开关内部电磁场对各类传感器件（如电压传感器、电流传感器等）弱信号的干扰、改善配电开关设备内部的电场强度分布、提高成套设备的整体运行可靠性，有必要建立配电开关集成智能组件后的设备内部的三维电磁场模型，对电磁场的分布进行数值仿真，模拟配电开关设备空间内部电场集中点以及薄弱点。根据仿真结果对配电开关设备进行结构与电场优化设计，增加设计裕度，从源头提高配电开关的可靠性。

应用电场分析软件进行仿真计算，对配电开关整体、电压互感器/传感器、电流互感器/传感器、出线端子等分别建模，实现对集成了互感器/传感器等智能组件后的配电开关电场分析和优化设计。

2.5.3.1　开关设备电场分析的有限元法

有限元法（finite element method，FEM）是一种计算机模拟技术，利用数学近似的方法，将连续的工程结构离散成有限个单元，用有限数量的未知量去逼近无限未知量，建立数学模型，形成节点载荷，引入边界条件，解算代数方程组，对真实物理系统进行模拟计算分析。有限元数值计算法广泛应用在力学、电场、热学和流体场中。

有限元法的基本思路是"一分一合"。剖分是为了把待解区域细化成小的单元进行分析，对要计算的对象进行网格划分（二维问题一般采用三角形单元或矩形单元，三维问题可采用四面体或多面体等），离散成有限个元素的集合，即化整为零；集合则是为了对整体结构进行综合分析，有限单元分片插值求解，再通过集合分析将有限单元解收敛至计算对象的精确解，即把剖分的单元集零为整。通过对计算模型的离散、组合、加上给定边界条件等，即可得到相应的模拟分析结果，如电场分布和电位分布。

由电磁场理论可知，各类电磁场的定解问题是由对应的电磁场方程组和定解条件组成的。若用有限元法求解，需首先确定与定解问题等价的泛函问题及变分问题。

针对配电设备中多层介质，介质均匀的区域仍可用泛定方程来描述，在介质分界面上通过分界面的边界条件联系。由于不同分界面条件相互抵消，所以有限元法非常适合求解多种介质共存时的电磁场问题，是解决集成了智能组件的配电开关设备电场优化的有效设计分析工具。

2.5.3.2 SF_6绝缘配电开关集成智能组件的电场分析

SF_6气体介电性能试验研究表明，均匀电场中 SF_6 气体的绝缘性能十分优良，增加气体间隙 d 或增加气体压力 p 都能显著提高间隙的绝缘能力，SF_6 气体在均匀电场中的绝缘破坏强度如图 2-37 所示。从图中可知，充 0.1MPa SF_6 气体压力的配电开关在均匀电场中的击穿场强控制上限可设为 88.5kV/cm。

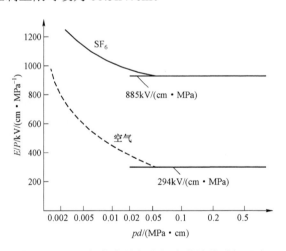

图 2-37　SF_6气体在均匀电场中的绝缘破坏强度

在实际应用中，采用 SF_6 气体的设备内多为不均匀电场状态，民主德国科学家 W·莫尔斯和 W·豪希尔德综合试验数据后，提出了采用工程耐电强度 E_{bt} 来评估稍不均匀电场中 SF_6 气体间隙的绝缘强度。

SF_6气体间隙工程击穿场强 E_{bt} 值见表 2-4，从表中可知，充 0.1MPa SF_6 气体的配电开关工程击穿场强控制下限可设为 65kV/cm。

表 2-4　　　　　　　　　　　　SF₆ 气体间隙工程击穿场强 E_{bt}

电压形式	$E_{bt}/$（kV/cm）
工频电压峰值	$65（10p）^{0.73}$
负极性直流电压	$65（10p）^{0.73}$
操作冲击电压（−250/2500μs）	$68（10p）^{0.72}$
雷电冲击电压（−1.2/50μs）	$75（10p）^{0.75}$

在 SF₆ 气体环境下，不同气压中尖角对放电特性的影响分布如图 2-38（a）所示。从图中可知，充 SF₆ 气体设备的电极表面形状（是否光滑、有无尖角）对电晕起始电压有很大的影响。尖角使间隙击穿电压下降，同样间距 d 及相同气压 p 条件下，尖角曲率半径 r 越小，击穿电压 U_b 越低，气压越大，尖角越容易引发放电。

对充 0.1MPa SF₆ 气体配电开关的电极在 50mm 间隙、半径 2.5mm 尖角时进行电场分布仿真，如图 2-38（b）所示。根据仿真结果，电极或绝缘件表面有尖角时的击穿场强控制下限值可设为 18.6kV/cm。

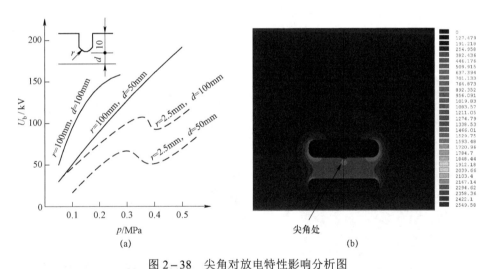

图 2-38　尖角对放电特性影响分析图
（a）不同 SF₆ 气压下尖角对放电特性的影响；（b）50mm 间隙下半径 2.5mm 尖角电场仿真图

1. 内置电压互感器时配电开关的电场分析

用户分界开关未内置电压互感器时的电场分布如图 2-39（a）所示，云图显示的开关内部电场强度基本低于 50kV/cm，绝缘安全可靠。

用户分界开关内置了电压互感器的电场分布如图 2-39（b）所示，根据开关各相切面电场分布计算结果可以看出，电压互感器所在区域云图显示电场强度明显增加（电场强度接近于 60kV/cm），主要产生在电压互感器与开关箱体的侧面和底面。

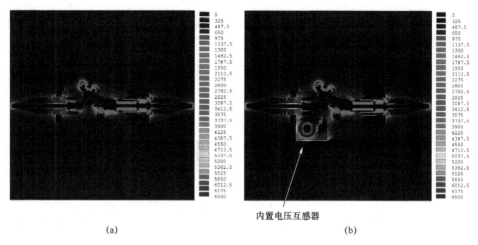

(a)   (b)

图 2-39　用户分界开关未内置 TV 及内置 TV 时电场分布图

（a）无内置 TV；（b）内置 TV

　　将内置电压互感器的区域电场分布放大如图 2-40（a）所示，图中显示电压互感器所在区域击穿风险较大，因此，需要针对内置电压互感器的用户分界开关进行电场分布优化设计。

　　为了改善用户分界开关的电场分布，在内置的电压互感器与用户分界开关的开关箱体侧面和底面之间增加隔弧板，从而使内置电压互感器区域电场分布得到了明显改善，如图 2-40（b）所示。

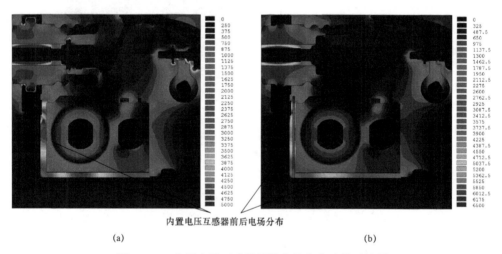

(a)   (b)

图 2-40　内置电压互感器区域电场分布改善对比图

（a）电压互感器区域电场分布；（b）增加隔弧板后电压互感器区域电场分布

2. 配电开关集成的电压传感器电场分析

　　智能配电开关设备集成的电压传感器电场分析如图 2-41 所示。

　　从图 2-41 中可以看出，内置高压电容后，电场集中点主要出现在高阶陶瓷容芯高压侧表面边沿处，最高场强 61.3kV/cm，低于控制场强下限 65kV/cm。由于容芯边沿倒圆角会影响到容值的变化，此处可通过将单容芯拆分成两个容芯串联的形式来增加高低压之间的绝缘距离，防止过电压造成高压电容击穿事故。

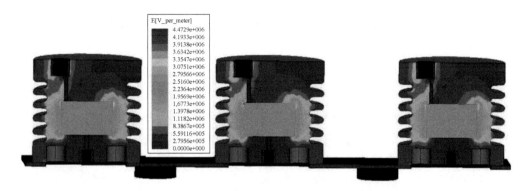

图 2-41　智能配电开关设备集成的电压传感器电场分布图

3. 集成电流传感器配电开关的电场分析

共箱式 SF_6 气体绝缘柱上真空开关在集成了电流传感器（位于左侧）后的内部电场强度分布如图 2-42 所示。

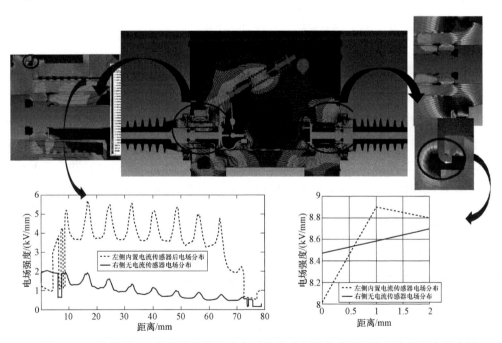

图 2-42　共箱式 SF_6 气体绝缘柱上真空开关集成电流传感器后内部电场强度分布图

从图 2-42 中可以看出，在柱上真空开关出线套管的左侧集成有穿芯式电流传感器，左侧出线套管和电子式电流传感器之间气隙最高电场强度约为 5.8kV/mm（即 58kV/cm），接近 SF_6 气体工程击穿场强 65kV/cm。而右侧没有安装电流传感器，右侧出线套管伞裙处最高电场强度约为 2.2kV/mm，远低于 SF_6 气体工程击穿场强。

同样从图中右下角坐标图可以看出，左侧密封圈附近 SF_6 域最高电场强度约为 8.85kV/mm 左右，右侧密封圈 SF_6 域附近最高电场强度约为 8.65kV/mm 左右，均接近 SF_6 气体均匀场强中的击穿场强 88.5kV/cm。

通过优化设计在出线套管内增设法兰屏蔽罩，SF_6 气体绝缘柱上真空开关内部电场强度分布如图 2-43 所示。

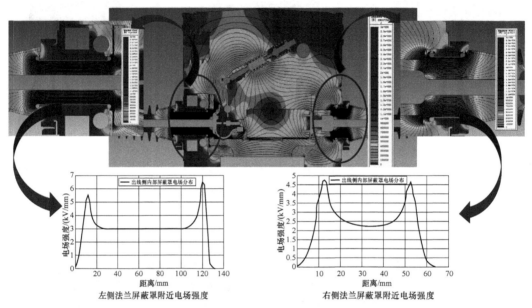

图 2-43 内置电流传感器的 SF_6 气体绝缘柱上真空开关优化设计后的电场强度图

从图中可以清晰地看出，优化后出线套管与壳体密封圈附近小气隙、电流传感器与左侧出线套管之间小气隙的电场分布明显得到改善，其最高电场强度从 3.2kV/mm 下降到 0.6kV/mm；左右出线套管与气箱壳体之间密封圈附近 SF_6 气隙电场强度明显减小，其最高电场强度分别从 8.85kV/mm 和 8.65kV/mm 下降到 0.3kV/mm 及 0.2kV/mm，都远小于 SF_6 气体工程击穿场强，改变了优化前环氧树脂及 SF_6 气隙组合绝缘电场强度分布不合理的状况，降低了小气隙的电场强度。

电场强度曲线可以看出左侧出线套管环氧树脂法兰屏蔽罩附近最高电场强度为 6.5kV/mm 左右；右侧法兰屏蔽罩附近最高电场强度为 4.8kV/mm 左右，均小于环氧树脂击穿电场强度，不影响环氧树脂绝缘件的绝缘水平。

2.5.3.3 集成了电流传感器的固体绝缘极柱式配电开关电场分析

极柱式配电开关内部采用环氧树脂绝缘，因此，将环氧树脂的击穿场强 18kV/mm 作为固封支柱开关内部场强的控制上限。当把电流传感器浇注在固体绝缘开关设备中时，电场云图显示支柱式配电开关设备的出线端子导电杆端面和电流传感器与环氧树脂绝缘层交界的区域电场强度较高。

在设计时，通过将导电杆外边沿进行倒圆角处理，电流传感器采用半导电纸包覆，再进行环氧树脂绝缘层浇注，可优化此边沿位置的电场分布。优化设计后的固体绝缘支柱式配电开关在集成了电流传感器后的电场分布如图 2-44 所示。

图 2-44（a）为极柱内部电场分布云图，图 2-44（c）为放大的内置电流互感器部位的电场线和电场云图。从图中可以看出，极柱开关加装了电流传感器后的内部场强最强的部位远远小于 18kV/mm，由此确认优化设计的极柱结构内部绝缘非常可靠。

固体绝缘配电开关极柱的外部是空气绝缘，在均匀电场中，空气击穿场强为 3kV/mm，根据设计经验值按照 2.5kV/mm 设计。图 2-44（b）为固体绝缘极柱外部电场分布云图，从图中可以看出，固体绝缘支柱式配电开关空气中场强的最强部位也远远小于 2.5kV/mm，由此确认优化设计的极柱结构外部空气绝缘也完全满足要求。

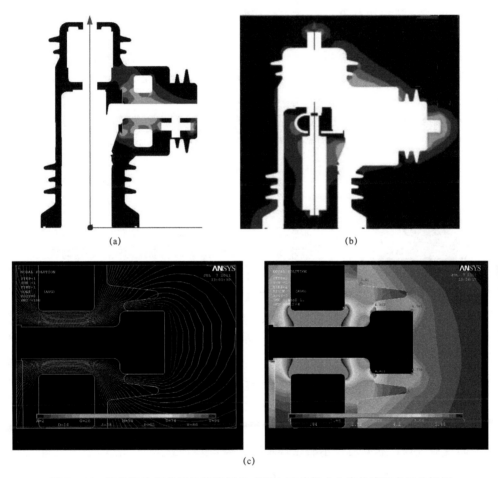

图 2-44　优化设计后的固体绝缘极柱式配电开关集成电流传感器电场分析图
（a）极柱内部整体电场分布云图；（b）极柱外部整体电场分布云图；
（c）内置电流传感器后电场线和电场云图

上面介绍了几款智能配电开关设备在设计时，采用有限元法对集成了电压、电流互感器/传感器在 SF_6 气体或环氧树脂绝缘介质中的电场强度进行仿真分析，通过优化设计，确保集成智能组件后，依然满足产品要求的绝缘强度。

2.5.4 三维产品虚拟设计技术

近年来，国内高压开关骨干企业逐步引入了数值仿真工具进行辅助产品设计，目前主要应用在对一次开关设备单物理场，如结构应力、机械运动、发热等特性的分析。随着智能配电开关设备大容量、模块化、集成化需求的不断增长，开关设备，特别是开关设备所处物理场复杂化，强弱电互相交织的金属封闭开关设备多物理场耦合计算问题日益凸显。

配电开关的动作特性是一个复杂的非线性过程，受到多种因素的影响。为了在小型化的基础上提升配电设备的可靠性，建立配电开关智能组件集成技术、电场优化设计技术、动/静态仿真分析的模型，开展虚拟设计技术是近年来经常采用的有效方法。

虚拟设计技术是一项新兴的工程技术，涉及系统动力学、计算方法与软件工程等学科。在产品设计阶段，实时并行地模拟出产品开发全过程及其对产品设计的影响，预测产品性能、制造成本、可制造性、可维护性和可拆卸性等，有利于更有效、更经济、灵活地组织制造生产，使设计和生产与布局更合理、更有效，从而提高产品设计的一次成功率，达到产品的开发周期及成本的最小化、设计质量最优化、生产效率最高化。

图 2-45 为采用虚拟设计技术进行开关设计的应用示意图。借助这些设计技术，可以建立配电开关产品机械系统的模型，以三维可视化方式模拟在现实环境下系统的运动和动力特性，并根据仿真优化和细化产品的设计与过程，从而为物理样机的设计和制造提供参数依据。

在配电开关的设计和开发中使用虚拟设计技术，通过动态仿真分析，不但可以检查构件之间机械和电气干涉，而且利用其参数化建模和分析功能，可以方便地找到对机构运动影响最大、敏感性最高的构件，从而实现优化设计。

图 2-45 虚拟设计开关极柱示意图

智能组件集成技术和虚拟设计技术的逐步成熟和推广应用，必将进一步提升智能配电设备的可靠性设计和制造技术的完善发展。

2.6 一二次设备接口技术

因接口可靠性而引起配电开关设备拒动、误动是造成早期配电自动化实用效果不佳的原因之一。接口可靠性差的主要原因有：一次配电开关和二次配电终端分开采购，较多情况是不同的厂家供货，设备匹配性不佳；线路上存量开关设备的电动开关早期缺乏接口设计、手动开关设备改造加装电动机构，都需要通过端子排接线，从而造成接线复杂易错、现场施工及后续维护工作量大等问题。

尽管后续电力公司开始采用一二次成套智能配电开关设备招标，使配电开关设备自动化的可靠性得到了一定的提升，然而，因标准和规范对接口部分只约定了基本的功能和性能指标，导致不同厂家设计生产的同类设备也存在一定的差异，普遍存在一二次设备接口标准化低、扩展性兼容性较差、运维备品备件不通用的情况。

近年来，随着配电网智能化建设的快速推进，大量的智能配电设备入网投运，智能配电设备一二次接口问题日益突出，无论是设备的性能稳定性、功能一致性，还是设备的维护易操作性，都对智能配电设备标准化、一体化、一二次融合等方面提出了更高的要求，为此，国家电网公司从 2016 年开始推行配电设备一二次融合技术方案，其中一个重要举措就是将一二次设备接口实现标准化，使一二次设备之间可以即插即用，不同厂家的同类型设备可以互换兼容。

2.6.1　一二次设备接口要求

智能配电设备的一二次设备接口是指位于配电一次设备、配电终端以及电压互感器三者之间，物理上通过结构连接实现设备间的桥梁枢纽作用，电气上可以实现信号互通、相互影响的部分。

物理连接主要通过电缆（或导线）与航空接插件、电缆（或导线）与接线端子等连接类型实现。电气接口按功能可分为电源/电压接口、遥信控制接口、电流接口、通信接口、后备电源接口、配电一次设备接口等。

接口要求在物理上可以对接、电气定义一致、电气参数（包括电压、电流、功率等）能相互匹配，绝缘性能、电磁兼容指标、接口防护等级满足标准要求，不同接口需要设计防误插功能，整体接口需要具有良好的户外适应性及维护的便利性。

智能配电设备的一二次设备接口需实现接口的可靠性、通用性、精简性、兼容性、小型化、先进性，即：

（1）从整体结构、电气接口、功能定义和配置、运行维护等方面，充分考虑设备整体运行的稳定性、安全性，达到可靠性目标。

（2）可以通过调整运行参数、切换开关、压板等方式实现功能灵活配置，对负荷开关、断路器等不同配电一次设备类型，根据成套设备在线路中不同的安装位置（首台、分段、联络、分界），可灵活设置为不同的馈线自动化模式，实现通用性。

（3）通过优化不同类别产品功能，实现不依赖于控制方式、应用模式、通信方式和操动机构等差异化的应用，实现接口的精简化。

（4）满足工业化生产和自动化检测要求，统一电气接口尺寸和定义，实现接口结构小型化，定义标准化，兼容性强。

（5）满足技术先进性要求，接口可支持电子式传感器及就地数字化等新技术的应用。

2.6.2 结构工艺标准化

2.6.2.1 接口结构工艺标准化要求

标准化要求规定了电气接口采用航空接插件形式连接，调试接口采用 RJ45 形式。根据国家电网公司一二次融合技术方案，智能配电柱上开关设备和智能配电环网柜设备的一二次接口采用不同的结构形式，要求不同厂家连接器可互配，并规定了兼容互配的关键尺寸。

柱上开关设备和馈线终端 FTU 的连接电缆双端预制，全部采用航空接插件形式。柱上开关设备和馈线终端 FTU 安装插座，连接电缆安装插头，航空插头结构示意如图 2-46（a）所示；环网柜和站所终端 DTU 的连接电缆双端全部采用矩形连接器，矩形连接器结构示意如图 2-46（b）所示。

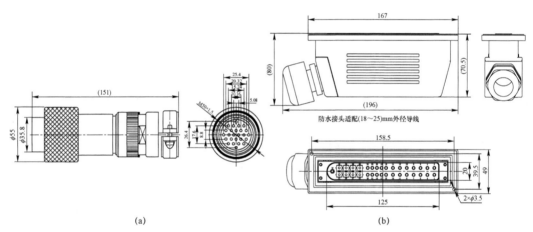

图 2-46　配电设备用接插件结构示意图（单位：mm）
(a) 航空插头；(b) 矩形连接器

接插件采用航空插头形式时，配电终端安装航空插座，连接电缆采用航空插头。配电设备采用的航空接插件类型主要有 4 芯、5 芯、6 芯、6 芯防开路、10 芯、14 芯、26 芯和以太网航空接插件。插针与导线的端接采用焊接方式及灌胶密封方式，航空接插件插头、插座采用螺纹连接锁紧，各功能具有接口防误插功能。

一二次设备接口部分的航空接插件的结构要求见表 2-5，接插件技术参数见表 2-6。

表 2-5　　　　　　　　　　航空接插件结构要求

类型	3、4、5 芯	6 芯	6 芯防开路	10 芯	14 芯	26 芯	以太网
插座	针式	针式	针式	针式	针式	针式	孔式
插头	孔式	孔式	孔式	孔式	孔式	孔式	针式
锁定方式	螺纹锁定	螺纹锁定	卡口锁定	螺纹锁定	螺纹锁定	螺纹锁定	卡口锁定

表 2-6　　　　　　　　　　　　接 插 件 技 术 参 数

类型	航空接插件						以太网接插件	
	3芯、4芯、5芯	6芯	6芯防开路	10芯	14芯	26芯	两侧 RJ45	三芯
额定电流	≥20A	≥20A	≥40A	≥20A	≥10A	≥25	—	≥1A
工作电压	250V（AC）						—	≥220V（AC）
耐电压	2000V（AC）						≥500V（AC）	≥1500V（AC）
传输速率	—						≥100Mbit/s	—
工作温度	−40℃～105℃							
相对湿度	90%～95%（40℃±2℃时）							
盐雾	5%NaCl 雾气中 96h							
密封性	头座配合 0.5m 水深 0.5h 不渗水（防雨淋）							
振动	10～2000Hz，147m/s²，瞬断≤1μs							
冲击	加速度峰值 490m/s²，瞬断≤1μs							
抗拉力	≥500N							
机械寿命	≥500 次							
绝缘电阻	常态下≥2000MΩ						常态下≥500MΩ	
材料	接触件铜合金镀金							
基体硬度	维氏（HV）≥170［布氏（HB）≥160］							
接触电阻	≤2mΩ	≤0.75mΩ	≤1mΩ	≤2mΩ	≤3mΩ	≤2mΩ	≤20mΩ	≤7.5mΩ

一二次接口通过结构工艺标准化，对配电一次设备、配电终端接口的芯数、接插件个数、传输信号量做了明确规定。

2.6.2.2　连接器

连接器是一二次接口的关键部件，一般由接触件、绝缘体、壳体、密封件、连接环（或者导向键）以及电缆附件组成，其基本性能主要有电性能、机械性能和环境性能。电性能主要考察正常连接后电参数是否满足使用要求；机械性能主要关注结构及电性能受机械应力（振动、冲击、加速度等）的影响程度；环境性能主要关注结构和电性能受环境的影响程度，包括温度冲击、潮湿、高温、低温、盐雾等影响因素。根据不同的应用场景，正确地选用连接器是保证智能配电设备各部件之间可靠连接的重要保证，选用时除了要考虑连接器所占空间和尺寸限制外，还需考虑电参数、机械参数、自然环境参数。

航空插头/座（简称航插）是智能配电设备目前普遍使用的一二次接口连接器，对设备安全可靠运行起到了关键作用，航插的选用需考虑以下几方面的性能：

（1）防水性能。

智能配电设备应用场景多样，航插有柜内（室内）使用，也有户外使用，在极端情况下可能还会有水浸等情况，因此，航插必须具有较高的防水性能。

航插防水性能主要由密封元件实现，密封元件一般使用硅胶材料，可以保证可靠的密封性、耐候性以及良好的弹性恢复力、长使用寿命。

（2）耐环境性能。

耐环境性能是航插的主要性能之一。航插在户外使用时，需要保证在经历含盐雨水侵蚀、阳光（紫外线）的辐照、污秽等各种环境后，其插拔性能、电气导通性能等参数都能够维持于正常状态。

航插的耐环境性能主要由其外壳材质及表面镀层来保证，目前主要的外壳材质及镀层有铜合金镀铬、铝合金镀铬、不锈钢钝化（较少应用）。

铜合金镀铬因其优良的综合性能，使用最为广泛；不电镀的铜合金具有优良的耐腐蚀性能，电镀后其耐蚀性能更佳。铝合金镀铬，如果使用的是型材铝（变形铝），则耐环境性能很好；如果使用压铸铝合金，则其耐腐蚀性能大大降低，铝合金镀铬的镀层易起皮。不锈钢钝化性能最优，但其加工难度大，价格贵，目前使用较少。

（3）使用寿命。

配电设备使用寿命可达 20 年或更长，因此要求配套航插的使用寿命与配电设备使用寿命相匹配。为保证航插的长期使用性能，航插的外壳材质、电镀层、接触件材质及密封性能必须满足长期可靠工作的要求。

接触件的电镀层一般采用电镀镍底，再电镀金，电镀金的耐腐蚀性能及耐磨性能优良；接触件的插针使用黄铜即可满足要求；接触件的插孔所用材质很关键，较多使用锡青铜作为插孔的基材，锡青铜的弹性性能优良，在长期受力情况下，应力松弛程度小，可以满足长寿命的要求。

2.6.3 电气设计标准化

接口的电气性能是否匹配良好，直接影响着智能配电设备控制和信号采集的可靠性。

以智能配电开关设备为例，一次配电开关设备及配电终端间相关的电气接口有电源接口、控制接口、电流信号接口、电压信号接口、状态量接口，如图 2-47 所示。

电源接口包括内置（外置）TV 电源接口、后备电源接口；控制接口包括分闸、合闸、储能三个最基本的接口；状态量接口包括（远方就地、保护投退等）硬压板的逻辑接口、开关位置接口及其他开关量接口。

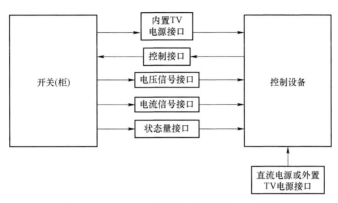

图 2-47　配电开关设备电气接口示意图

1. 电源接口

标准化设计规定了智能配电设备的交流电源、直流电源、后备电源、其他配套电源的技术参数要求。为了优化智能配电设备的供电电源配置，目前也采用电容分压取电、电流取电、太阳能取电等取电技术。

主电源和后备电源输出需要同时满足为配电终端、通信设备、线损模块、开关分合闸提供工作电源，且电源输出和输入应电气隔离。一般柱上开关配套电压互感器电源输出容量大于等于 300V·A，短时容量大于等于 500V·A/s；环网柜配套电压互感器输出容量大于等于 3×300V·A。

后备电源采用免维护阀控铅酸蓄电池、超级电容或锂电池。馈线终端 FTU 后备电源额定电压一般为 DC 24V，站所终端 DTU 后备电源额定电压一般 DC 48V。

2. 电压电流接口

目前，智能配电设备的电压、电流信号大多采集模拟量信号进行传输，模拟量通过电压/电流互感器或电子式传感器采集，如：配电一次设备本体配置电流互感器（A/B/C/0）和零序电压传感器，提供电流信号 I_A、I_B、I_C、I_0（保护及测量合一）和零序电压信号 U_0；或配置 1 组电子式电压传感器和 1 组电子式电流传感器，提供 U_{aA}、U_{bB}、U_{cC}、U_0（测量、计量）电压信号，I_{aA}、I_{bB}、I_{cC}、I_0（保护、测量、计量）电流信号。

为了进一步提升信号传输质量，目前，智能配电设备也在尝试一些数字化传输技术，如在开关内部集成数字化模块，将采集到的模拟量转换成数字量后再进行传输。

标准化设计规范规定了电压互感器、电流互感器、电子式零序电压传感器的技术参数，电子式电压传感器、电子式电流传感器的数据采集要求以及传感器数字化单元的技术要求。

3. 控制回路接口

智能配电设备的控制回路接口类型包括：储能接口、合闸接口、分闸接口。控制回路接口标准化的核心是开关设备操动机构电压等级、功耗与配电终端电源输出能力的匹配。因此，需要对智能配电设备的额定电压、短时负载、持续时间等技术参数进行规范。

表 2-7 给出了最常用电磁式操动机构控制回路要求。

表 2-7　　　　　　　　最常用电磁式操动机构控制回路要求

智能配电柱上开关设备配套电源	电源管理模块输出要求	额定 DC 24V，额定功率≥50/80W，短时输出功率≥300W，持续时间≥15s
	配套操动机构电源要求	分/合闸/储能电源：额定 DC 24V，短时输出24V/10A，持续时间≥15s
智能配电环网柜设备配套电源	电源管理模块输出要求	额定 DC 48V，额定功率≥100W，短时输出功率≥500W，持续时间≥15s
	配套操动机构电源输出要求	分/合闸/储能电源：额定 DC 48V，短时输出≥48V/5A，持续时间≥15s

4. 状态量接口

状态量接口主要是指智能配电设备内部元件开合状态的信息采集接口。状态量一般有合、分两个状态，通常以闭合状态为状态量的名称。例如：储能状态的含义指开关储能完后，储能辅助开关处于闭合时的状态；合闸状态的含义指开关合闸后，位置辅助开关处于闭合时的状态。表 2-8 列出了常见状态量类型。

表 2-8　　　　　　　　　常 见 的 状 态 量 类 型

信号量位置	重要度	备注
配电一次开关合闸位置状态量	重要	
配电一次开关分闸位置状态量	重要	
储能状态量（储能/未储能）	重要	双弹簧操动机构型断路器通常提供储能信号；单弹簧操动机构型负荷开关通常提供未储能信号
接地开关合闸位置状态量	重要	通常提供的是合闸信号
接地开关分闸位置状态量		
隔离开关状态量	一般	
气体浓度（压力）报警状态量	一般	开关设备内气压；零表压的推荐选用气体浓度报警信号；非零表压的推荐选用气体压力报警信号
熔丝熔断状态量	一般	
柜门开启状态量	一般	
远方/就地状态量	一般	

2.7　设备通信及协同控制技术

2.7.1　通信设备

智能配电设备需要集成通信模块或配套通信设备，从而实现配电设备之间、与变电站设备之间或与配电自动化主站系统之间的互动应用。因此，通信方式的选择将决定智能配电设备在设计和成套时通信模块或通信设备的集成方案。

早期的配电自动化通信，受通信条件的限制，较多采用 FSK 双绞线通信方式。20世纪 90 年代，随着以太网和光纤通信技术的发展应用，工业以太网通信开始在城市核心区配电网通信中使用，工业以太网交换机安装在配电终端的通信箱内，实现了就地的智能配电设备与配电主站的通信。

21 世纪初，无线公网通信由语音业务发展到数据业务，GPRS 通信方式出现。GPRS通信模块标准化设计，体积小、功耗低，建设和维护均较容易，开启了无线通信在配电自动化通信中的应用。无线公网通信发展到 3G，数据业务通信性能明显增强，然而 3G通信有较长时延，无法解决实时性和可靠性要求，因此，在配电自动化通信中主要用于两遥数据的信息交互。

2010 年，EPON 通信技术在电力系统开始应用，因其采用无源通信，可靠性大为提升，从而逐步替代工业以太网技术成为配电自动化新建光纤通信网络的主流。EPON 网络中，与配电终端集成的是 ONU 设备，其大小和安装方式与工业以太网交换机类似。

2016 年前后，4G 通信技术因兼容了 GPRS 通信模块的功能、接口和安装尺寸成为配电自动化无线通信的主流。

可靠、实用的通信系统一直是智能配电网建设的难点之一，智能配电设备所采用的通信技术和设备，更是关系到配电网运行过程中节点信息传送的安全和可靠。近年来，无线通信方式、高可靠性的光纤等有线通信方式在不同场景得到了广泛的应用，但光纤通信的通信设备功耗较大、故障率较多，建设和维护成本较高；无线公网通信建设、维护费用明显降低，但通信设备布点量大面广、运行环境复杂、无线信号不稳定、通信时延长，使得配电网整体通信可靠性仍无法很好地保证。因此，无论是采用光纤通信还是采用无线通信方式，在投资、可靠性两方面均需要进一步提升。

2019 年，5G 通信技术开始试点，其具有时延小、通信可靠性高的优点且安装尺寸与 4G 通信模块接近。在接口上，因通信实时性要求的不同，有 2 种不同的形式，一种兼容现有的 4G 通信模块，一种采用网络通信接口。未来，5G 通信技术将会在配电自动化通信有更好的应用前景。

2.7.1.1　常用通信设备

根据配电自动化不同场景应用需求选择通信方式，需要配套不同的通信设备。

1. EPON 通信设备

基于以太网技术的 EPON 通信系统由光线路终端 OLT、光网络单元 ONU 和无源分光器 POS 三部分组成，相应 EPON 通信设备外形如图 2-48 所示。

| (a) | (b) | (c) |

图 2-48　EPON 通信设备

（a）光线路终端 OLT；（b）光网络单元 ONU；（c）无源分光器 POS

EPON 采用上下行对称通信方式，带宽为 1.25GHz，其上行方向（ONU 到 OLT）的传输时延小于 1.5ms，下行方向（OLT 到 ONU）的传输时延小于 1ms。EPON 技术综合了 PON 技术和以太网技术的优点，具有技术简单、设备造价适中、传输时延低、可靠性高、传输距离长、抗电磁干扰等优点，是目前配电网自动化通信接入的较佳方式，一般应用于对通信要求较高的城市核心区、站房、环网柜等场所，架空线路的关键节点也有少量应用。

OLT 一般安装于变电站机房内，ONU 安装在配电站所终端 DTU 的通信箱内。ONU 的电源功率约为 15W，但其启动功率高达 25W 以上，因此，DTU 的通信电源功率需设计在 30W 以上。

2. 工业以太网通信设备

使用工业级以太网交换机（简称光端机）环网模式组网，工业以太网双环网通信示意如图 2-49 所示。

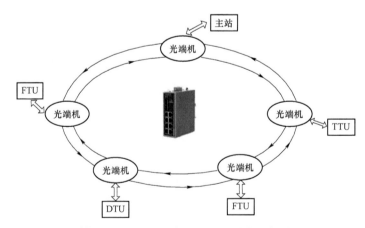

图 2-49　工业以太网双环网通信示意图

环上的各个节点共享 100/1000MHz 带宽，传输数据时，交换机固有时延小于 10ms；当网络通信发生故障时，采用 RSTP 或 MSTP 激活冗余备份链路，恢复网络连通性时，每个交换机的最长时延不超过 50ms。该方案一般应用于对通信要求较高的站房、环网柜等场所。

工业以太网通信系统具有 2 条独立光纤通信通道，属于自愈环网，环网采用 FDDI 协议。

当 2 条光纤链路都正常时，通信数据可以在链路上选择任一方向传输，环网双网运行，业务流量方向相反。

当单根光纤故障时，另一光纤链路继续运行，故障光纤上下游光端机的通信链路实现环回，转发故障光纤链路在本节点接收到的数据。

当相邻两台光端机之间的光纤被切断时，则故障光纤两侧的光端机分别转发另一环网上本光端机接收到的数据，执行环回功能，原来的双环网重新形成一个单环网，保证各光端机之间仍能正常通信。当某台光端机故障时，与故障光端机相邻的两台光端机分别转发另一环网上本光端机接收到的数据，执行环回功能，形成单环网，保证正常光端机仍能正常通信。

在配电自动化系统中，光端机安装于变电站机房内或站所终端 DTU 的通信箱内，一般光端机的电源功率约为 10W。

3. 无线公网通信设备

无线公网通信是指由电信部门建设运营、维护管理、面向社会开放的通信系统，主要指 GPRS、3G、4G、5G 等通信。

GPRS 系统平均业务速率可达 10～60kbit/s；3G 的平均业务速率约为 2Mbit/s；4G 的平均业务下载速率可达到 100Mbit/s，上行速率可达到 50Mbit/s。无线公网通信的传输时延与技术体制、公网负荷、终端分布、地域特点、气候环境等因素有关，一般在 10ms～2s 之间。

无线公网通信在架空线路和低压线路领域应用较广泛，对在城市核心区有采用光纤通信系统的配电室和环网柜，有时在线路上会有个别点的光纤还没有铺设到，采用无线公网是一个便捷的补充通信手段。

目前，配电自动化无线通信系统建设主要采用 4G 通信。4G 通信模块有裸板和盒式两种结构，两种装置如图 2-50 所示，均支持 GSM、GPRS、CDMA2000、TD-SCDMA、W-CDMA、TD-LTE 等无线通信模式，具备双卡双待功能。

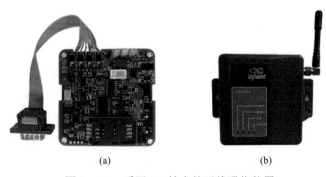

图 2-50　采用 4G 技术的无线通信装置

（a）裸板式无线通信模块；（b）盒式无线通信模块

在选用无线通信模块时，待机（保持在线，无数据通信）功耗需小于 1W；数据通信平均功耗（保持在线）宜小于 2W，最高不大于 5W；启动及通信过程中瞬时最大功耗应小于 5W。

采用无线公网通信的配电终端需具备基于内嵌安全芯片实现的信息安全防护功能，以满足 2014 年国家发展和改革委员会颁布的《电力监控系统安全防护规定》等安全防护要求。

无线公网通信在使用中会存在以下问题：

（1）通信异常的原因查找困难。与有线通信相比，无线公网通信在出现异常时，缺乏快速准确的故障定位手段。为了快速找出故障点，配电终端配套的无线通信模块需要有完善的数据信息监视，如天线信号强度、拨号状态、线路状态、发送/接收的数据等。

（2）公网通信状态不稳定、时延大。在对配电开关进行遥控操作时，由于遥控选择命令与遥控执行命令的间隔一般会超过 1min，因此，需要通过将配电终端遥控选择时间设置长一些来保证可靠性。

（3）无线通信模块稳定性要求高。配电网点多面广，维护成本高，因此，选择成熟稳定的通信模块是后续降低维护成本的重要保障。

近两年，5G 通信开始进入实质性的应用，5G 通信具有增强移动宽带（Gbit/s 速率）、低时延高可靠（毫秒级时延）、超大连接（百万级连接）三大核心技术优势，5G 通信系统的传输速率峰值可达 10Gbit/s 以上，传输时延小于 1ms，连接数 $10 \times 10^6/km^2$，高速移动性达 500km/h。

5G 的三大领先核心技术和网络切片技术的应用能更好地满足配电网安全、可靠的业务需求，进行更高强度的安全隔离，定制化安排分配资源，超大数据传输能力满足配电物联网技术发展要求，是电力系统通信未来非常适合的通信方式。

4. 载波通信设备

载波通信 PLC 是利用电力线传输数据信号的一种技术，主要采用正交频分复用 OFDM 调制方式，按传输信号的电力线路电压等级分为高压、中压、低压电力线载波通信。载波通信采用主从轮询通信方式，实时性与网络节点数目有关，且受到信道质量、通信速率和通信规约限制。

（1）中压电力线载波通信。

中压电力线载波通信将待传输的信息经过耦合装置调制到 10kV 配电线路，并沿电力线传输，接收端通过耦合装置获取并解调原始信息。10kV 配电线路的干扰和噪声较小，中压电力线载波通信性能稳定，但耦合装置的体积较大、费用较高。

中低压窄带 PLC 工作带宽为 3~500kHz，通信传输速率 1.2~300kbit/s；配电自动化通信一般采用中压窄带 PLC。在使用中压窄带 PLC 时，物理层传输速率为 10kbit/s 的情况下，从载波机到主载波机的传输时延为 1~2s，实时性较低。

（2）低压窄带电力线载波通信。

低压电力线载波通信将待传输的信息经过耦合装置调制到 400V 配电线路，并沿电力线传输,接收端通过耦合装置获取并解调原始信息,低压电力线窄带载波通信频率范围为 9～500kHz。低压窄带低速载波通信通常采用频移键控 FSK、相移键控 PSK 等调制方式,通信传输速率一般在 1kbit/s 以下;低压窄带高速载波通信通常采用正交频分复用 OFDM 调制技术,通信传输速率在 1～10kbit/s。

（3）高速电力线载波通信。

高速电力线载波 HPLC 通信主要采用 OFDM＋Turbo 编码作为核心技术,其传输频段在 12MHz 内,物理层传输最高速率可达 10Mbit/s。与工作频带为 9～500kHz 的低压窄带载波通信相比,HPLC 通信的优势在于通信速率高、传输时延小,抗多径传输及抗噪声干扰能力强,因此,HPLC 是本地通信技术的重要发展趋势。

HPLC 通信模块外形如图 2-51 所示,主要应用于电力物联网通信的边、端设备,如配变终端、电能表及用电信息采集设备。

图 2-51　HPLC 通信模块外形
(a) 内置式；(b) 盒式

我国在 2016 年颁布了 Q/GDW 11612—2016《低压电力线宽带载波通信互联互通技术规范》,是国际上首个专门面向电力业务应用的高速载波通信标准,HPLC 技术在配电物联网边、端信息互联上应用前景广阔。

5. 微功率无线通信设备

微功率无线通信指发射功率不超过 50mW、工作频带为 470～486MHz、具备 7级中继深度自组网功能的无线通信网络。微功率无线通信的信道带宽 100kHz,通信传输速率不超过 10kbit/s,通信距离易受地域特点、电磁环境、气候环境等多种因素的影响。

微功率无线通信模块外形如图 2-52 所示,可集成于配变终端中,实现低压边、端信息交互。因微功率无线通信较易受环境的影响,因此,一般在低压无线抄表、物联网边、端通信等场景应用较多。

图 2-52　微功率无线通信模块外形

2013 年,国家电网公司发布了 Q/GDW 11016—2013《电力用户用电信息采集系统通信协议　第 4 部分:基于微功率无线通信的数据传输协议》;2016 年,国家能源局发布了 DL/T 698.44—2016《电能信息采集与管理系统　第 4-4 部分:通信协议—微功率无线通信协议》。上述标准借鉴了 IEEE

802.15.4g 物理层参数和 MAC 层通信协议，增加网络层和应用层协议，可实现微功率无线通信模块之间的互联互通。

2.7.1.2 应用不同通信设备的通信方式对比

表 2−9 给出了不同通信方式应用特点的对比。

表 2−9　　　　　　不同通信方式应用特点对比表

方式	EPON	工业以太网	4G 无线公网	中压 PLC	微功率无线
带宽	1.25GHz	100/1000MHz	5MHz	500kHz	100kHz
速率	1.25Gbit/s	100/1000Mbit/s	上行 5Mbit/s 下行 15Mbit/s	1.2～300kbit/s	10kbit/s
时延	上行 1.5ms 下行 1ms	20～200μs	30～100ms	0.4～2s	无实时要求
可靠性	高	较高	中	中	低
安全性	高	高	较高	较高	中
部署周期	长	长	中	长	短
通信距离	20km	单模 40km	不受限制	1000m	1000m
建设成本	高	较高	低	中	极低
运维成本	较高	高	低	中	极低
成熟度	高	高	高	较高	较高

2.7.1.3 配电设备运行环境对通信设备的要求

配电自动化系统常见通信架构如图 2−53 所示。

应用于配电设备的通信网络按通信场景分为远程通信网和本地通信网。远程通信网包括光纤（EPON 技术、工业以太网）、电力无线专网、无线公网 4G/5G 等，是配电终端 DTU、FTU、TTU 与配电自动化主站的通信网络；应用于开关站、配电室等内部配电设备之间的通信网是本地通信网，主要包括载波、RS−485、微功率无线等通信。

配电设备运行环境条件比较差，温/湿度环境恶劣、电磁干扰大，不能与变电站等室内恒温机房条件相比；配电终端设备类型多，接口和通信要求多样。因此，对通信设备有着较高、特殊的要求，需要针对配电设备应用场景合理选配和设计通信设备。

1. 通信环境要求

智能配电柱上开关和环网柜设备配套的通信设备一般安装于户外，需长期承受暴晒、雨雪、冰雹、大风、雷电等气候条件。夏季太阳直晒时，环境温度高达 60℃ 以上；冬季严寒时，环境温度可达零下几十度。开关站和配电室的智能配电设备虽然在室内运行，但都没有很好的机房条件，运行环境仅比室外稍好，因此，这些通信设备都承受着电磁干扰、振动及严酷的高湿高热复杂运行环境，需要具备高等级的 IP 防护性能、防电磁干扰能力和工业级的运行温/湿度环境能力，以保证通信的可靠性和稳定性。

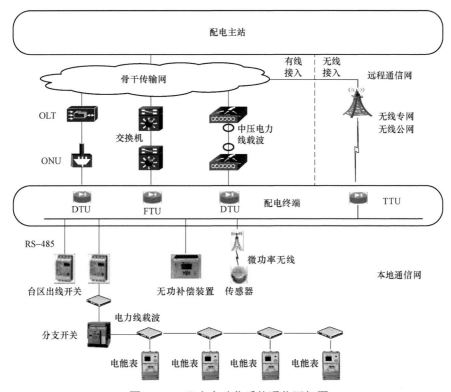

图 2-53　配电自动化系统通信网架图

2. 安装形式要求

目前架空线路一般采用户外罩型结构的馈线终端 FTU。当采用无线公网通信方式时，通信模块（包括天线）内置于采用不饱和树脂材料的罩式箱体内，整体达到 IP67 防护等级，如图 2-54 所指示位置。当采用光纤通信方式时，光通信模块一般安装于光纤通信箱内，采用盒式通信模块，IP 防护性能比罩式箱体要差一些。

图 2-54　内置无线通信模块的 FTU

当开关站和配电室内智能配电设备配套通信时，无线和光纤通信一般都采用盒式通信模块，安装在站所终端 DTU 箱体内。需要注意的是，因环网柜外箱体是金属箱体且良好接地，形成了电磁屏蔽，当采用无线通信时，天线必须外置于环网柜箱体。

3. 通信接口要求

配电设备通信模块的接口，由配电终端的通信方式决定。配电终端一般具备 RS-232

串口和以太网电口，因此，通信模块至少应具备这两种接口中的一种。对 3G/4G 无线通信方式，通信模块具备串口即可满足要求；对 5G 无线通信方式，采用以太网接口；对光纤通信方式，一般采用以太网接口，在早期的应用中也有采用串口，但现在已不使用了。

当通信模块内置在配电终端时，通信接口采用软线连接；当选择外置方式时，通信接口采用航空接插件和专用电缆连接，以确保通信连接的可靠性。

4. 电源功耗要求

智能配电设备通信模块的电源，一般由配电终端直接提供。由于配电终端自身功耗要求，因此，提供给通信模块的电源功率不大。配电终端电源电压一般为 DC 24/48V，所以要求通信模块具备 24～48V 宽范围工作电压，功耗要尽量小。为了适应通信模块在启动、数据发送时瞬时功耗大的特点，配电终端的输出电源需要具有高的瞬时带载能力。一般对无线通信模块的功耗要求平均不超过 1W，最大不超过 5W；光纤通信模块（EPON 的 ONU）功耗要求不超过 15W。

5. 通信方式要求

架空线路的配电设备通信一般采用无线专网/公网通信方式，通信模块内置在配电终端内，在城市核心区有条件的地方采用光纤通信方式（EPON 通信）。

站室用配电设备相对基建条件较好，在易铺设光纤时，采用 EPON 通信方式；在不具备铺设条件时，采用无线通信方式。

配电台区等本地通信网采用 HPLC、微功率无线、HPLC＋RF 双模方式等通信方式，根据配变终端、融合终端、出线开关、无功补偿装置、分支开关、进线总开关、分布式电源、充电桩等设备之间的实际应用场景进行选择。

2.7.2 通信规约

配电自动化主站、通信系统、智能配电设备的终端层构成一个完整的配电网智能化信息交互传输处理系统，其中，通信系统是实现数据传输的通道。通信系统将主站的控制命令准确、实时地传送到众多的配电终端，将远方的配电设备运行数据信息传输到配电主站。

要实现配电主站和配电终端之间的信息交互，除了需要可靠的通信通道之外，良好的通信规约（即通信协议）是配电主站和配电终端之间进行高效、可靠信息交互与控制的核心与关键。

配电主站与智能配电设备主要通信规约包括 IEC 60870–5–101 通信规约、IEC 60870–5–104 通信规约、IEC 61850 通信规约、CDT 规约、Modbus 规约、DL/T 645 规约、MQTT 物联网通信规约等。

2.7.2.1 常用通信规约

1. IEC 60870–5–101 通信规约（简称 IEC 101 规约）

IEC 60870–5–101 通信规约是配电自动化系统的主要通信规约之一。采用 GPRS/4G 等无线公网通信方式的馈线终端 FTU、配变终端 TTU 等配电终端大多采用 IEC 101 通信规约。

IEC 101 规约的参考模型是 EPA 结构，根据 ISO 的 OSI 七层标准模型转化而来。考虑到传输效率，IEC 101 规约使用的参考模型只有 3 层，即应用层、链路层、物理层。

IEC 101 规约在具体应用时，可以选择非平衡式或平衡式两种通信模式。当选择非平衡式传输方式时，IEC 101 规约是问答式规约，只有主站端可以作为启动站，常用于配电主站与配电终端、变电站与控制中心或者不同系统之间的串行数据通信；当选择平衡式传输方式时，主站端和配电终端都可以作为启动站，需采用全双工通信通道。

IEC 101 规约主要使用串行通信方式，通过 FCB 的翻转进行数据确认，通过校验字节进行报文差错控制，具有良好的单帧重传机制。IEC 101 规约适用于比较复杂的无线通信环境，在通信时延较大时，也能保持数据的传输。

IEC 101 规约固定帧格式见表 2-10。帧校验和 CS 为链路控制域与链路地址域的八位位组算术和，不考虑进位。

表 2-10　　　　　　　　　　　　　　IEC 101 规约固定帧格式

启动字符（10H）
控制域（C）
地址域（A）
帧校验和（CS）
结束字符（16H）

IEC 101 规约可变帧长格式见表 2-11。长度 L 为用户数据区八位位组的个数，帧校验和 CS 为用户数据区的八位位组算术和，不考虑进位。

表 2-11　　　　　　　　　　　　　　IEC 101 规约可变帧长格式

起始字符（68H）		↑	
长度 L		固定长度	
长度 L		的报文头	
起始字符（68H）		↓	
控制域（C）		控制域	用户数据区
地址域（A）		地址域	
用户数据		应用层	
帧校验和（CS）		帧校验和	
结束字符（16H）			

2. IEC 60870-5-104 通信规约（简称 IEC 104 规约）

IEC 60870-5-104 通信规约也是配电自动化系统的主要通信规约之一。采用 EPON、工业以太网等光纤通信方式的站所终端 DTU 等大多采用 IEC 104 通信规约。

IEC 104 规约的参考模型源于开放式系统互联 ISO–OSI 参考模型，采用了 5 层。IEC 104 规约是将 IEC 101 规约的应用服务数据单元（ASDU）用网络规约 TCP/IP 进行传输的标准，该标准为远动信息的网络传输提供了通信规约依据。

IEC 104 规约使用以太网通信方式，可以一次性发送多条数据帧，应用于配电主站和配电终端之间、调度系统和子站之间的通信，使用光纤以太网通信通道或公网无线路由通道。

IEC 104 规约基本帧格式见表 2–12。

表 2–12 IEC 104 规约基本帧格式

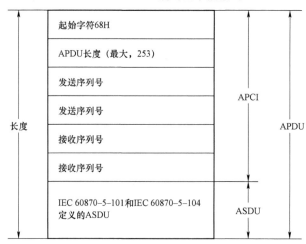

IEC 104 规约的帧结构包括三种类型：I 格式帧、S 格式帧、U 格式帧。

I 格式为编号的信息传输功能帧格式，其 APDU 至少包含一个 ASDU，I 格式的控制域见表 2–13。

S 格式为编号的监视、确认功能帧格式，其 APDU 只包括 APCI，S 格式的控制域见表 2–14。

U 格式为未编号的控制（包括启动、停止、测试）功能帧格式，其 APDU 只包括 APCI，在同一时刻，TESTFR、STOPDT 或 STARTDT 中只有一个功能可以被激活，U 格式的控制域见表 2–15。

表 2–13 I 格 式 的 控 制 域

8	7	6	5	4	3	2	1	
发送序列号 N（S）							0	八位位组 1
发送序列号 N（S）								八位位组 2
接收序列号 N（R）							0	八位位组 3
接收序列号 N（R）								八位位组 4

表 2－14　　　　　　　　　　　　　　S 格 式 的 控 制 域

8	7	6	5	4	3	2	1	
0						0	1	八位位组 1
0								八位位组 2
接收序列号 N（R）							0	八位位组 3
接收序列号 N（R）								八位位组 4

表 2－15　　　　　　　　　　　　　　U 格 式 的 控 制 域

8	7	6	5	4	3	2	1	
TESTFR		STOPDT		STARTDT		1	1	八位位组 1
确认	生效	确认	生效	确认	生效			
0								八位位组 2
0						0		八位位组 3
0								八位位组 4

3. IEC 61850 通信规约

相对于其他通信规约，IEC 61850 不单纯是一个通信规约，还是数字化变电站的标准。该标准通过对变电站自动化系统中对象的统一建模，采用面向对象技术和独立于网络结构的抽象通信服务接口，增强了设备之间的互操作性，可以在不同厂家的设备之间实现无缝链接，大大提高了变电站自动化安全稳定运行水平，实现了完全互操作。IEC 61850 通信规约规范了网络通信、变电站内信息共享和互操作、变电站集成与工程实施。

近年来，配电终端开始尝试采用 IEC 61850 通信规约，主要用于配电自动化设备即插即用和故障保护事件信息的快速传输。

GOOSE 是 IEC 61850 标准中满足变电站自动化系统快速报文需求的一种机制，采用心跳报文和变位报文快速重发相结合，通过多播方式传送。GOOSE 报文的传输过程与普通的网络报文不同，它是从应用层经过表示层编码后，直接映射到底层的数据链路层和物理层，而不经过网络层和传输层。这种映射方式避免了通信堆栈造成的传输延时，从而保证了报文传输的快速性。

GOOSE 采用发布者/订阅者通信结构，此通信结构支持多个通信节点之间的对等直接通信。与点对点通信结构和客户/服务器通信结构相比，发布者/订阅者通信结构是一个或多个数据源（即发布者）向多个接收者（即订阅者）发送数据的最佳解决方案，尤其适合数据流量大且实时性要求高的数据通信。

智能分布式配电终端就是以 IEC 61850 的 GOOSE 机制为基础的一种智能配电终端。当线路发生故障时，配电终端可以即时将自身检测到的线路故障信息在 10ms 内通知到同线路的其他同类配电终端，接收到完整线路故障信息的配电终端结合线路拓扑关系，对故障区段进行定位，然后自动跳开故障区段两侧的智能配电开关，从而可以达到在

150ms 以内快速隔离故障，极大地缩短了故障停电时间。

4. DL/T 645 通信规约

DL/T 645—2007《多功能电能表通信协议》是多功能电能表与数据终端设备进行数据交换的通信规约。

DL/T 645 通信规约帧格式见表 2-16。

表 2-16　　　　　　　　　　　　DL/T 645 通信规约帧格式

起始字符	地址域						起始字符	控制域	长度域	数据域	帧校验和	结束字符
68H	A0	A1	A2	A3	A4	A5	68H	C	L	DATA	CS	16H

5. Modbus 通信规约

Modbus 通信规约是一种串行通信协议，是工业设备中应用最广泛的通信协议之一，监测仪表、传感、采集探头等设备较多使用 Modbus 通信规约进行通信。

Modbus 规约采用主站查询从站的方式，一般使用屏蔽双绞线、RS-485 通信接口方式，数据传输距离比较长，可达 1000m 以上。Modbus 支持较多类型的电气接口，物理接口可以是 RS-232、RS-485、RS-422、RJ45，还可以在各种介质上传送，如双绞线、光纤、无线射频等，适应性很广。

ModBus 规约通过存储器地址读写数据，采用 CRC 校验进行报文检查，协议格式较为简单紧凑，格式规范易传输，通俗易懂、使用容易、开发简单，适用于串口、网络等多种载体，适合简单的交互场景。

Modbus 帧格式见表 2-17。

表 2-17　　　　　　　　　　　　Modbus 帧 格 式

设备地址	功能码	起始地址 H	起始地址 L	地址 H	地址 L	CRC 校验 H	CRC 校验 L

6. CDT 通信规约

CDT 通信规约是一种电力系统早期使用的通信规约，主要用于主站与子站之间的通信，报文类型是循环式的，最多可以传送 256 个遥测数据或 512 个遥信数据。

CDT 通信规约帧格式见表 2-18。

表 2-18　　　　　　　　　　　　CDT 通信规约帧格式

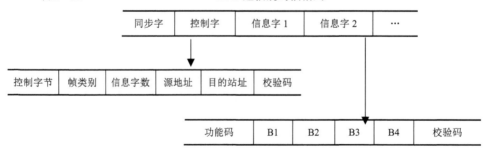

CDT 规约目前使用比较少，部分小电流接地选线设备、直流屏还保留着这种通信方式。

7. MQTT 物联网通信协议

消息队列遥测传输协议（message queueing telemetry transport，MQTT）是一种基于客户端/服务端架构的发布/订阅（publish/subscribe）模式的消息传递协议。1999年，由 Andy Stanford-Clark（IBM）和 Arlen Nipper（Cirrus Link）撰写了该协议的第一个版本。该协议非常轻量、代码占用存储空间极低，能够一对多消息分发，是为解决硬件计算能力有限、工作在低带宽、网络运行不稳定的远程传感器和控制设备通信而设计的协议，是低功耗、电池容量有限、设备之间流式传输数据的首选协议。

在 MQTT 协议中，一个 MQTT 数据包由固定报文头、可变报文头、消息体三部分构成，见表 2-19。

MQTT 协议数据包结构如下：固定报文头存在于所有 MQTT 数据包中，表示数据包类型及数据包的分组类标识。可变报文头存在于部分 MQTT 数据包中，数据包类型决定可变报文头是否存在及其具体内容。消息体存在于部分 MQTT 数据包中，表示客户端收到的具体内容。MQTT

表 2-19　MQTT 数据包结构示意

固定报文头
可变报文头
消息体

传输的消息体可分为两部分，主题和消息体。主题，即消息的类型，订阅者订阅后就会收到该主题的消息体。消息体，即消息的内容，是指订阅者具体要使用的数据。

在配电物联网应用中，云主站与边设备之间的通信通常采用无线公网或专网、光纤进行通信，对通信速率、传输可靠性有较高的要求。配电网通信网络节点数量多、覆盖范围广，通信网络状态存在不稳定因素，采用 MQTT 协议可实现配电网云主站与边设备之间的良好通信、有效支撑边设备即插即用功能。

MQTT 协议的主要特点：① MQTT 协议具备很小的传输消耗和协议数据交换，最大限度减少网络流量；异常连接发生时，能通知到相关各方，很好地匹配了配电网云主站与边设备之间的通信需求；② 采用 MQTT 协议可以极大减少系统的配置工作量，仅需要配置 MQTT 服务器即可，不需要为多类、海量的物联网边设备配置通信协议，大幅降低了维护工作量；③ 采用 MQTT 协议，有利于边设备的快速接入和互联互通操作。

2.7.2.2　配电终端的交互通信

配电终端的数据交互是指配电终端与其他设备（包括主站、其他配电设备等）之间，通过命令问答或者因出现重要突发事件而主动发起的数据传输与应答响应。

1. 配电终端与主站系统的数据交互

配电终端与配电主站（包含调试软件）的数据传输，对数据的实时性、传输速度要求较高，主要采用专用线路交互的方式。当建立通信链路之后、释放链路之前，即使配电终端与配电主站之间无任何数据传输，整个通信链路仍不允许其他设备共享；一旦通信链路建立，通信双方的所有资源（包括链路资源）均用于本次通信，除了少量的传输延迟之外，不再有其他延迟，具有较好的实时性。这种方式线路交互设备简单，用户数据透明传输。缺点是通信链路的利用率较低，并且不提供任何数据缓冲功能，要求通信双方自行进行通信速率的匹配。

10kV 架空线路智能配电设备与主站之间一般采用无线公网通信方式，目前均采用 4G 通信，使用平衡式 IEC 101 通信规约。

10kV 架空线路馈线终端 FTU 工程现场维护，一般采用 RS–232 通信方式，使用与主站通信一致的 IEC 101 规约维护。在实际应用中，10kV 架空线路馈线终端 FTU 安装位置较高，在现场采用 RS–232 连接极不方便，特别是对通信模块内置的馈线终端 FTU，难以拔掉与通信模块连接的 RS–232 串口通信线，因此，需要采用蓝牙（bluetooth）等近距离无线维护的模式，蓝牙的传输距离可达 10m，增强型传输距离可达 100m，完全满足配电网工程现场维护的要求。

馈线终端 FTU 通信接口一般配置 2 个以太网接口、2 个 RS–232 接口，可选配 1 个蓝牙近距离无线维护接口，配置蓝牙掌机（或通信 App）以便于维护。某些特殊地区，如要用到射频遥控功能，需要增加射频通信模块。

10kV 电缆线路监控装置主要采用集中式站所终端 DTU 或分散式站所终端 DTU，与主站之间可使用无线、光纤等通信模式。若使用无线公网通信方式，则采用 IEC 101 通信规约；若使用光纤通信方式，则采用 IEC 104 通信规约。

电缆线路配电终端的现场维护接线便捷，通过 RS–232 或者 RJ45 直接连接即可。

站所终端 DTU 一般配置 2 个网络接口、4 个串口（软件可配置 RS–232/RS–485 通信模式，且支持 RS–232 和 RS–485 复用通信线）。

2. 配电终端与外接设备的交互

10kV 配电线路特别是电缆线路，安装有大量其他的智能设备（如网络表、电缆头光纤测温等），这些设备也需要将数据上送至配电主站，当现场安装有配电终端时，可以借配电终端通信通道，将数据上送至配电主站。

外接设备接入配电终端时，单台设备可以通过 RS–232 或 RS–485 接入。一种类型的设备采用一个配电终端的通信接口。同类设备数量较多时，采用 RS–485 串接的方式接入。

外接设备接入一般采用报文交换方式。这种方式不独占线路，多个用户的数据可以通过存储和排队共享一条通信线路，利用率很高；支持多点传输（一个报文传输给多个用户，在报文中增加"地址字段"，中间节点根据地址字段进行复制和转发）；中间节点可进行数据格式的转换，方便接收站点的收取；增加了差错检测功能，避免出错数据的无效传输等问题。缺点是由于"存储–转发"和排队，增加了数据传输的延迟；任何报文，即使非常短小的报文（如交互式通信中的会话信息），都必须排队等待，不同长度的报文要求不同长度的处理和传输时间；报文交换难以支持实时通信和平衡式通信的要求。

需要接入外接设备的配电终端以站所终端 DTU 为主，提供 4 个串口（RS-232/RS-485 复用），外接设备一般采用 Modbus 规约。不同设备采样点寄存器地址不同，需要根据设备进行定制采集，并将采样数据归并到站所终端 DTU 的点表中；少数外接设备使用 IEC 101 通信规约。

对于 RS-232 接口的外接设备，有两种采集模式。一种是定时召唤，按一定时间间隔不停采集数据并更新到站所终端 DTU 总点表中，在主站总召时，直接从站所终端 DTU 点表中上送。一种是主站下达总召命令时，站所终端 DTU 转发到外接设备，数据返回后由站所终端 DTU 汇总上送。

使用 RS-485 接口的外接设备，由于 RS-485 是半双工模式，只能采用定时召唤模式。RS-485 串接设备时，保持一个串口串接同一类设备，并将外设地址从 1 开始顺序设置，这样可以极大地简化采集程序的实现和参数配置。RS-485 串接设备，理论值可以接入 128 台，实际工程应用中，1 个 RS-485 接口挂接太多设备容易导致召唤时间过长、缓冲溢出等一系列问题，建议 1 个 RS-485 接口外接设备不超过15 台。

2.7.2.3　通信点表与参数

1. 通信点表

配电终端的通信点表分为原始点表与转发点表两种。原始点表是设备本身数据，加外接设备数据组成的原始三遥表，包括当前配电终端的全部通信数据。转发点表由配电主站提供，是主站要求配电终端上送的数据内容。原始点表在确定终端类型及外设后就可以确定，属于固定点表；转发点表是工程可配置的点表，可根据主站及使用地域的不同，进行灵活配置，部分数据还支持合并、分拆、取反等功能。

配电终端采集的遥测数据为 10kV 开关设备的二次值，大部分主站要求上送的为一次值，因此，转发点表需要支持系数配置和计算功能（系数需要根据现场的变比来设定），将采样的开关侧二次值转换为 10kV 线路的一次值。

2. 通信参数

配电终端通信参数分为主站通信参数、自定义参数两个部分。

主站通信参数需要根据主站的规约要求进行配置，由于各主站对规约有不同的设置，如链路地址字节数、传输原因字节数、公共地址可设置、方向位自适应等，配电终端需要有足够的灵活性来适应主站的不同配置要求，主站通信参数见表 2-20。

表 2-20　　　　　　　　　　　主 站 通 信 参 数

参数类型	参数说明
端口参数	终端 IP 地址、终端端口、串口波特率/校验位/数据位/停止位
工程参数	终端链路地址、公共地址、遥控类型、参数类型、遥测类型等
IEC 104 规约配置参数	公共地址字节数、信息体地址字节数、传送原因字节数、T1、T2、T3 等
IEC 101 规约配置参数	链路地址字节数、传送原因字节数、重发次数、重发间隔等

自定义通信参数，主要是应对外接设备接入的参数配置（Modbus、IEC 101 规约），自定义通信参数见表 2-21。

表 2-21   自 定 义 通 信 参 数

参数类型	参数说明
端口参数	串口波特率、校验位、数据位、停止位
工程参数	串口工作模式、串口通信规约、外接设备数目
IEC 101 规约配置参数	终端链路地址字节数、信息体地址字节数、传送原因字节数、遥控类型、重发次数、重发间隔等

2.7.3　协同控制

馈线自动化 FA 是配电自动化的重要组成部分，FA 功能的实现离不开智能配电设备强大功能的支撑，需要继电保护控制技术、配电终端之间、配电终端与配电主站之间相互协同控制。

我国各地经济发展差异大、配电线路运行环境多样复杂，因此，馈线自动化 FA 发展模式具有地域化、因地制宜的特点。早期受通信能力的影响，较多采用基于就地重合式 FA 的电压时间型、电流计数型等模式。随着光纤通信技术的发展，主站集中型 FA 在城市核心区逐步广泛应用。

总结国内应用的馈线自动化 FA 方案，按信息处理方式一般分为主站集中型馈线自动化和就地型馈线自动化。就地型馈线自动化按智能配电设备故障处理是否依赖于通信手段及设备采用的保护方式，一般又分为就地重合式、智能分布式、级差保护式等。就地重合式由早期电压时间型、电流计数型、电压电流型模式，发展到自适应综合型、重合闸后加速型、选线选段型及解决分支分界的看门狗型等，智能分布式有速动型、缓动型等，级差保护式有时间级差保护型、电流级差保护型等。

智能配电设备的功能设计和应用，根据电力部门技术方案需求匹配选择对应的功能模式。

2.7.3.1　主站集中型馈线自动化控制技术

1. 主站集中型馈线自动化原理

主站集中型馈线自动化是指由主站通过通信系统收集所有配电终端的运行信息，并结合配电线路拓扑，分析、确定故障区段及位置，然后下发控制命令使故障区段两侧的配电开关执行分闸操作，故障后段的联络开关执行合闸操作，从而实现线路故障区段的隔离和恢复线路非故障区域的供电。

主站集中型 FA 依赖实时、可靠的通信系统，对配电终端功能要求较简单，只需具备故障检测功能、三遥功能及足够长时间的后备电源即可。

主站集中型 FA 故障处理如图 2-55 所示，当线路 C 区发生故障，线路智能配电设备上送故障信息。主站确定故障发生在 C 区，命令环网柜 HK02 中的 Q4 开关及分段开关 QL1 分闸隔离故障，命令联络开关 QL-L 合闸，恢复非故障区间供电。

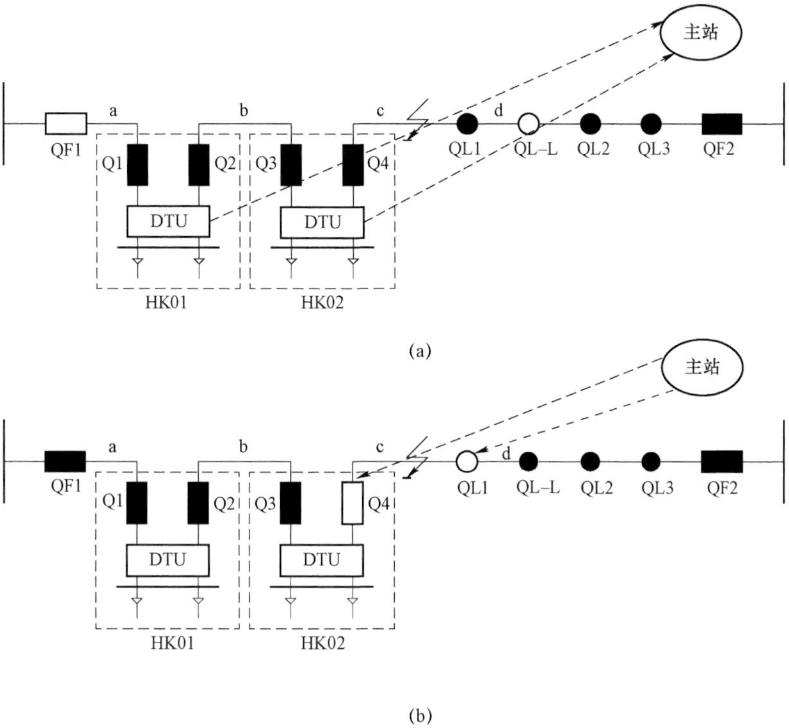

图 2-55 主站集中型 FA 故障处理说明示意图
（a）c 区发生故障时上送信息；（b）主站命令 Q4、QL1 分闸

2. 主站集中型馈线自动化实施要求

主站集中型馈线自动化 FA 以配电主站系统为馈线自动化功能的控制中心，由配电主站完成故障定位并控制智能配电设备完成故障隔离和恢复供电。这种模式的优点是线路故障定位迅速，并能快速实现非故障区段自动恢复送电，一般在 2min 内即可完成全部故障处理过程，开关动作次数少，线路停复电次数少。

然而，这种方式对配电主站的依赖度较高，为可靠完成主站集中型 FA 功能，必须具备以下特征：

（1）坚强可靠的主站系统。全天候正常运行，确保配电线路发生故障时，配电主站均处于正常的工作状态。

（2）实时可靠的通信系统。全天候正常传输，确保随时将线路故障和状态信息实时上送配电主站，配电主站控制命令可靠下达至配电终端。

（3）可靠的后备电源系统。故障发生时，因站内出线断路器保护动作，线路配电设备会立即失电。这时，智能配电设备在线路失电状态下，仍能够向配电主站传输线路故障和状态信息、接收配电主站控制命令并可靠执行分合闸操作。根据现行标准要求和运行情况，在线路停电后，后备电源需确保配电终端可持续工作 8h 以上；一般采用普通铅酸电池作为后备电源，容量为24V、7A·h，但使用寿命较短；也有少数要求较高的地区采用磷酸铁锂电池、超级电容作为后备电源，但停电持续工作时间较短，磷酸铁锂电池为2~4h，超级电容为15~30min。

（4）可靠的故障检测算法。不误报、漏报故障信息，确保配电主站能够获得完整正确的线路故障信息，从而正确启动FA并准确定位故障区域。

主站集中型FA的实现，需要依赖于配电主站软硬件性能和功能、通信传输性能、配电终端的工作状态等不同位置、多环境条件、长链路的可靠性，以上任何环节出现故障或异常，将导致主站集中型FA功能的异常。所以，在选用主站集中型FA功能的配电线路管理中，配电主站、通信、智能配电设备都需要进行非常到位的日常维护。

为正确定位故障区段，主站集中型馈线自动化还需要建立正确的线路拓扑关系。然而，因配电网涉及面广，线路拓扑关系改变较频繁，需要确保主站系统内的线路配电设备拓扑关系与现场的实际情况高度一致。目前，通过采用自下而上的拓扑自动成图与校验技术，确保主站系统内线路拓扑与现场实际的线路拓扑一致。

3. 可靠性设计

主站集中型馈线自动化故障诊断算法利用配电终端上送的故障信号，通过线路拓扑，搜寻故障线路上有故障告警信号的配电开关，从而定位故障区间。由于配电终端通信或自身缺陷，有时会导致配电终端上送故障信号漏送、误送。需要通过建立合理的逻辑原则，辅助故障诊断算法提高故障区间判定的准确性。

根据存量现场数据分析统计，主站集中型FA未能正常启动故障处理的原因大致有以下几点：① 现场保护跳闸的配电开关信号漏送或是跳闸信号与保护信号上送的延时太长，未能达到时间配合的阈值要求；② 设备挂了牌；③ 系统拓扑状态与实际不一致，如系统是环网，现场实际非环网（经常是因为手动开关的状态不对）；④ 线路属性设置了不启动FA；⑤ 其他（系统运行状态异常等）。针对上述情况，配电主站可以利用线路上所有配电终端遥测、遥信信息进行容错分析，增强故障判断的容错性。

故障判断容错性之高疑似性停电判断，需要满足以下任一条件：① 收到馈线开关分闸信号；② 收到负荷开关跳闸信号，且开关处于故障区间的供电路径上；③ 收到电流突变事件6个或以上；④ 收到无压告警配电开关2个或以上，且占应该动作个数的60%以上；⑤ 收到电压突变配电设备2个或以上，且占应该零压突变个数的60%以上。

故障判断容错性之中疑似性停电判断，需要满足以下任一条件：① 收到电流突变事件3到5个；② 收到无压告警开关2个或以上，且占该动作个数的30%~60%；③ 收到电压突变设备2个或以上，且占该电压突变个数的30%~60%；④ 出线开关电流突变发生，且线路上没有可以上送电压突变的设备以及没有可以上送无压告警的设备。

当以上条件成立，则判定为现场发生了停电。若检查到系统未启动FA时，再综合其他的信息分析系统未启动FA的原因，并推出一条可疑故障发生的记录，防止漏判。

2.7.3.2　就地重合式馈线自动化控制技术

就地重合式馈线自动化 FA 不需要主站参与，依赖于智能配电设备自身的故障保护功能实现故障判断、隔离和供电恢复。就地重合式 FA 不依赖于通信，早期的应用模式有电压时间型 FA、电压电流型 FA、电压–电流时间型 FA，近 10 年来，在电压时间型和电压电流型技术基础上衍生发展了自适应综合型 FA、基于断路器的重合闸后加速型FA、选线选段型 FA 等模式。

下面以自适应综合型馈线自动化技术为例，介绍一下其主要控制技术原理。

1. 自适应综合型馈线自动化 FA 原理

自适应综合型 FA 遵循"无压分闸、来电延时合闸"的电压时间型 FA 基本原理，与变电站馈线开关 QF 重合功能的配合，来实现故障定位、隔离和非故障区域恢复供电。此外，结合了短路/接地故障检测技术与故障路径优先处理控制策略，配合变电站馈线开关二次合闸，自适应实现多分支多联络配电网架的故障定位、隔离和恢复。

自适应综合型 FA 故障处理说明如图 2－56 所示。图中，QF 为出线开关，QL1～QL6为分段开关；QF–Y1、QF–Y2 为分界开关；QL–L1、QL–L2 为联络开关。

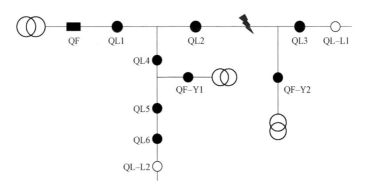

图 2－56　自适应综合型 FA 故障处理说明示意图

故障处理过程如下：① QL2 与 QL3 之间发生短路故障；② QF 跳闸，QL1～QL6 失压分闸，QL–L1 单侧失压启动联络点延时合闸计时；③ QF 第 1 次重合，QL2、QL3（检测到故障）依次执行短延时（7s）合闸，QL4～QL6（没检测到故障）依次执行长延时（50＋7s）合闸；④ QL2 合闸到故障点，QF 检测到故障信号再次跳闸。QL1 失压分闸，QL2 失压分闸（在 Y-时间内失压执行分闸闭锁）；QL3 检测到瞬压闭锁，隔离故障点；⑤ QF 第 2 次重合，QL1 短延时合闸；⑥ QL4～QL6 依次执行长延时后合闸；⑦ QL–L1 执行联络点短延时后合闸，恢复非故障区域供电。

2. 自适应综合型 FA 关键技术

（1）关键逻辑和算法。

自适应综合型 FA 故障判断的关键逻辑功能为延时顺送电和瞬时加压闭锁功能，如

图 2-57 所示。

就地重合式配电开关设备一般设有三个时间判据：X-时间是指从开关一侧加压开始到开关执行合闸的延时时间，即合闸前无故障确认时间；Y-时间（又称故障检测时间）是指开关合闸后的故障检测时间，即无故障的确认时间；Z-时间是用于判断是否停电的确认时间。

延时顺送电功能时序逻辑如图 2-57（a）所示，主要用于处在分段模式的配电设备。配电开关感知到一侧电压后，启动延时合闸时间（X-时间）确认，一般设为 7s 的整数倍。在计时过程中，如果出现瞬时电压小于 Z-时间（一般设 3.5s）的中断，需要累加计时；如果出现大于 Z-时间的中断，需要重新计时。计时完成后开关关合。

瞬时加压闭锁功能时序逻辑图如图 2-57（b）所示，配电开关在延时顺送计时（X-时间）过程中检测到瞬时电压信号，延时顺送计时结束后开关不关合，进入闭锁状态。[通过手动或遥控（合）操作、瞬时加压侧来电可解除闭锁]。

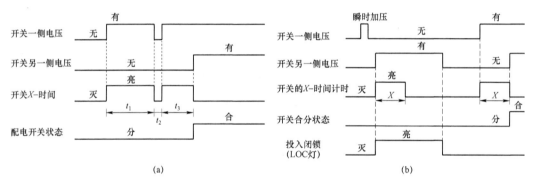

图 2-57 自适应综合型 FA 故障判断的关键逻辑功能
（a）延时顺送电时序逻辑图；（b）瞬时加压闭锁时序逻辑图
注：$t_1 + t_3 = X$-时间，$t_2 < Z$-时间。

（2）参数识别法单相接地故障检测技术。

为确保自适应综合型 FA 接地故障检测的准确性，需采用可靠的单相接地检测算法并配套相关一二次硬件设备。

我国接地系统有小电阻接地系统、消弧线圈接地系统和不接地系统。小电阻接地系统发生故障时，接地故障电流较大，可以通过零序电流时间法检测和判定。消弧线圈接地系统、不接地系统属于小电流接地系统，接地电流不明显，采用零序电流时间法容易误判或漏判故障，一般需采用参数识别法等基于零序暂态的方法检测接地故障。

3. 可靠性设计

（1）一二次成套设备一体化设计。

为了满足转供电和检测对侧瞬时电压（用于闭锁）需求，在线路两侧需要配置电压互感/传感器；因需要采集接地故障信息，当接地系统为消弧线圈接地系统时，需要配置电子式零序电压传感器。

（2）可靠的瞬压检测电路设计。

采用自适应综合型 FA 的配电终端，需要具备当配电终端无电源时可靠的瞬压检测能力。此时，当配电开关设备 QL2 合闸到故障点时，故障点后侧的配电开关 QL3 需要在配电终端不工作的情况下，可靠检测出故障点瞬时加压过程，闭锁配电开关 QL3 的负荷侧加压延时合闸功能。这样，可以避免当联络开关 QL–L1 转供电合闸后，故障点后侧的配电开关 QL3 因负荷侧来电启动延时合闸功能关合到故障点，造成二次停电事故。

一般将电压大于或等于 $30\%U_n$、在 X–时间内持续时间大于或等于 40ms 的电压脉冲称为瞬压。为确保配电终端在停电状态下瞬压检测的可靠性，一般采用具有记忆功能的硬件电路来检测线路的瞬时加压事件。

2.7.3.3　智能分布式馈线自动化控制技术

1. 智能分布式馈线自动化 FA 原理

智能分布式馈线自动化 FA 不需要主站参与，依赖于智能配电设备之间的相互逻辑协同来实现故障判断、隔离和供电恢复。智能分布式 FA 通过线路上相邻负荷开关/断路器的相互信息交互，对故障点定位后自动隔离故障区间并恢复供电。按故障处理的速度（在线路出口断路器 QF 动作之前或之后完成故障处理），智能分布式 FA 一般分为速动型、缓动型两种。

智能分布式 FA 模式要求通信系统具有对等式通信功能，对配电终端的通信要求实现点对点通信。通过分布式 FA 配电终端之间的故障处理逻辑，实现故障隔离和非故障区域恢复供电，故障处理完成后再将故障处理结果上报给配电主站，配电主站不参与 FA 的逻辑与控制。

智能分布式 FA 线路故障处理的判定基于"N 者有其一"原理。

位于非变电站出口的节点，"N 者有其一"的故障判定是指其相邻的 N 个节点中有且只有一个检出线路故障电流，则其为故障邻近节点，需分闸隔离故障。

位于变电站出口节点，"N 者有其一"的故障判据是指包含自身在内的 N 个节点中有且只有一个检出线路故障电流，则其为故障邻近节点，需分闸隔离故障。

如图 2–58 所示，当故障发生在 Q1、Q2 之间时：

（1）"N 者有其一"之变电站出口节点 Q1 的故障判定。

以 Q1 为中心画圈如图 2–58（a）所示，包络其相邻节点和自身（Q1、Q2），Q1 对应的 FTU（或 DTU）以此 N 个节点作子集。Q1 检测到故障电流，Q2 未检测到故障电流，满足"二者有其一"条件，则 Q1 为故障邻近节点，执行分闸操作。

（2）"N 者有其一"之非变电站出口节点 Q2 的故障判定。

以 Q2 为中心画圈如图 2–58（b）所示，包络其相邻节点（Q1、Q3、Q5），Q2 对应的 FTU（或 DTU）以此 N 个节点作子集。Q1 检测到故障电流，Q3、Q5 未检测到故障电流，满足三者有其一条件，则 Q2 为故障邻近节点，执行分闸操作。这时，如果 Q2

未检测到故障电流，则故障在 Q2 上游区间；如果 Q2 检测到故障电流，则故障在 Q2 下游区间。

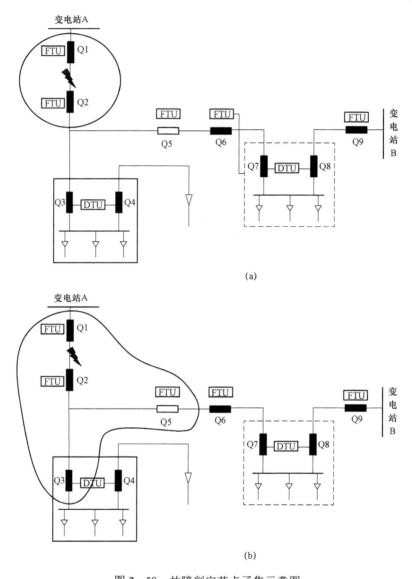

图 2-58　故障判定节点子集示意图

（a）变电站出口节点故障判定子集示意图；（b）非变电站出口节点故障判定子集示意图

2. 智能分布式 FA 关键技术

快速可靠的通信技术是智能分布式 FA 的关键技术。为了在变电站出口开关动作前完成故障隔离，智能分布式 FA 对故障处理时间的要求非常高。配电终端的线路故障检测时间需要约 50ms，一次配电开关动作时间约 40ms，考虑到线路出口开关的后备保护所需的冗余时间（50ms），配电终端之间的总通信时间应控制在 50ms 以内。

3. 可靠性设计

（1）通信的可靠性设计。

智能分布式 FA 具备"IEC 61850＋GOOSE"对等通信功能，需采用 HSR、PRP 组网，双环网主、备通信方式。当任何一段网络连接中断时，在 50ms 内快速切换至备用通信网络，以满足数据通信零切换时间要求，确保通信的可靠性。

（2）现场仿真测试功能。

配电线路分支多、距离长、布线复杂，相应的通信网络也比较复杂，智能分布式 FA 需要配置相邻节点的拓扑关系，很容易出现配置错误的情况，影响其正确性。因此，采用智能分布式功能的配电终端需具备现场仿真测试功能，在现场不停电条件下，可在仿真环境中模拟各种线路故障，验证智能分布式 FA 故障处理功能的正确性，并辅助发现通信连接错误、拓扑配置错误等情况。

2.7.3.4 级差保护式馈线自动化控制技术

级差保护式馈线自动化技术是基于变电站保护原理发展到配电线路上的故障处理和保护方案，因涉及大量继电保护技术，本系列丛书《智能配电网继电保护技术》分册会有深入探讨，在此不做赘述。

第3章
中压变电站馈线智能设备及
开关站智能化

变电站具有变换电压等级、汇集电流、分配电能、控制电能流向、调节电压等功能。智能化变电站技术一直是电力系统自动化技术发展的重点，中压变电站内的远程控制终端（remote terminal unit，RTU）通过监控测量站内设备的各类信息，为调度自动化系统服务，同时也为配电自动化系统提供支撑，中压变电站馈线设备智能化与配电线路智能化应用密切相关。

本章将介绍中压变电站馈线智能开关设备、选线装置和中压变电站母线延伸点的开关站（开闭所）智能化应用。

3.1 中压变电站馈线智能开关设备

我国变电站的发展大致经历了五个阶段，如图3-1所示。

第一阶段，采用模拟仪器仪表、传统人工操作，是不具备自动化能力的变电站发展阶段；第二阶段，采用就地模拟监视操作，是局部自动化变电站发展阶段；第三阶段，以数字式为基础，应用微机控制，是实现综合自动化变电站发展阶段；第四阶段，具有电子式采集能力和信息标准化能力，是数字化变电站发展阶段；第五阶段，集成智能设备、实现协同互动、态势感知和高级应用分析，是智能化变电站发展阶段。

变电站开关设备的发展伴随着变电站智能化要求，同步向着智能化水平提升方向发展。

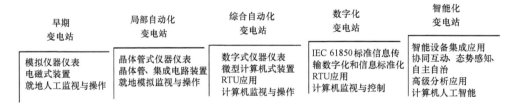

图3-1 变电站智能化发展历程

中压变电站开关设备是满足电流承载、开合、分配能力的一次配电设备。作为机电设备，其技术发展一直围绕着电气和机械两个方向研究，即一方面解决使用中的操作过电压、涌流幅值高、绝缘等电气问题，另一方面解决结构、制造、材料、工艺等方面不足带来的开关设备拒动、误动等机械问题。据统计，大约 30% 的大面积停电和 75% 的非计划停运都与开关设备有关。

早期的开关设备因技术和经济原因，缺乏精准控制和状态感知的能力，不能支持配电网实现智能化管理。近 10 年，中压配电设备向着功能集成化、结构一体化、信息数字化的方向发展，推进了中压配电开关的智能化设计。

中压变电站智能开关设备是对变电站开关柜为主的成套设备进行智能组件合理配置，通过整体设计实现对变电站开关设备的智能控制和在线监测。智能变电站按物理结构可分为三层：设备层、传感器层和智能电子装置（intelligent eletronic device，IED）层，其中 IED 层是实现智能控制、信息互联的关键层。

从配电自动化的发展看，中压变电站是配电自动化系统的信息数据汇聚点，起着承上启下的作用。中压变电站智能设备通过 IED 层上传各种数据信息，并接收配电自动化主站下发的命令。

在我国配电自动化发展初期，中压变电站设置有配电子站，作为配电自动化系统的中间层设备，实现所辖范围内的信息汇集处理、故障处理、通信汇集等功能。在随后的配电自动化技术实践应用中，国内配电自动化系统逐渐取消了中压变电站内的配电子站设备。国外（如日本）的配电自动化系统，为了实现有效的分层管理和满足就地化的可靠性要求，目前依然在中压变电站设置配电子站。

近年来，随着物联网技术的发展，配电网边、端设备具备了采集大量信息的能力，这些信息如果直接上送到配电主站，会给配电自动化系统带来巨大的通信压力。此外，配电云主站技术发展通过一些功能下沉到边、端设备来提高系统的运行可靠性，因此，根据配电网规模管理需求，很多地区又开始了在中压变电站设置类似于配电子站的中间层设备的实践。

3.1.1　中压变电站馈线开关设备智能化需求

3.1.1.1　中压变电站开关设备现状

中压变电站内的开关设备数量庞大、内部空间紧凑。中压开关设备在考虑一次结构、二次设备、传感器成本、可靠性因素以及变电站 IED 功能等方面，与高压设备侧重点会有所不同，因此，不能简单地将应用于高压开关设备的智能化技术直接移植到中压开关设备中。

早期在智能开关柜的研究中，受技术实力的限制往往忽略了从系统层面对智能中压开关设备 "自顶向下" 的设计，从而导致一二次设备技术融合度不高，不能满足智能化设备 "一体化、标准化、模块化" 的需求。

2009 年，国家电网公司启动了智能变电站试点工程建设，先后出台了智能变电站、智能开关设备的技术导则、技术规范和检测方法，变电站开关设备智能化水平得到了很大提升。通过变电站设备规范化管理和智能化技术的应用，提高了设备使用寿命、减少了设备检修次数，从而合理控制设备检修和更新费用，减少非计划停电次数，降低运行成本，提高运营效益。

在实际应用中，中压变电站开关设备依然存在绝缘发热、拒动误动等问题，也存在终端安装分散、接线复杂、通信功能差、智能化功能缺失等问题，主要体现在：

（1）中压变电站一次开关设备。

设备数量庞大，备品配件储备困难，检修工艺要求高、检修周期限制严格，电力企业检修人员压力大；设备投运后长期运行，因设备内部状况不易直观检查，难以准确掌握设备真实状态，设备缺陷预知性处理仍处于探索阶段；由于空间限制，难以开展带电作业，设备故障后恢复供电周期较长，且部分设备因需返厂检修，修复成本高。

（2）中压变电站二次设备。

元件一般工作在低电压、小电流条件下，易受到变电站电磁场干扰和影响；二次设备与一次设备各单元关联性强、逻辑关系复杂，控制系统易造成开关误动、拒动；二次设备较一次设备更新换代快得多，备品配件种类繁多，也给维护、改造带来诸多困难；二次设备不仅在本变电站内关联配合，还要在变电站间配合，对信息通道、网络间整体协调要求高；二次设备中的保护、自动化设备是电网的最后"屏障"，一旦出现问题，往往造成电网事故扩大，影响巨大。

3.1.1.2 配电自动化对开关设备智能化要求

自动化技术的应用，使变电站开关设备向一二次深度融合成为必然。智能开关设备除了具备常规开关设备基本功能外，还需具有：① 灵敏准确获取信息的感知功能；② 对获取信息的处理能力；③ 对处理结果的思维判断能力；④ 对判断结果进行有效操作的能力。

变电站开关设备的提升可以通过几个方面进行：① 提高变电站开关设备自身的可靠性：从元件、工艺、结构、材料等方面入手。② 提升开关设备的智能化水平：实现开关设备状态特征参量的全面准确采集；研究智能操控技术，实现可移开部件、隔离开关、接地开关的电动操作；研究开关设备状态监测、智能判断、控制、保护、传动单元模块化和一体化技术。③ 研究新型一体化智能开关设备。

未来，中压变电站馈线开关设备向功能集成化、结构一体化发展，传统意义上一二次设备的融合将更加紧密，界限更模糊。在开关设备内嵌入智能传感单元和智能组件，使之具备了测量、控制、保护、监测、自诊断等功能，通过数字化、网络化实现在自动化系统中的信息共享，更进一步向着大容量、小型化、组合化、智能化发展。

3.1.2 中压开关柜的智能化

开关柜智能化首先应当满足传统开关柜的基本功能要求，解决中压开关设备存在的问题，保证其性能稳定可靠；在此基础上具备附加功能，尤其在监测和诊断上，如反映变电站开关运行状态的物理量（绝缘、发热、机械特性等）。

3.1.2.1　中压开关柜运行常见问题

中压开关柜长期持续带电运行，开关柜的结构设计、材料、制造、装配等自身质量因素以及运行环境下温度、湿度、负荷大小、小动物破坏、外力等影响，都会引发中压开关柜的运行故障。

1. 中压开关柜的绝缘放电问题

中压开关柜的绝缘放电主要体现在绝缘子闪络、导体对地或相间闪络等。

制造和装配质量对中压开关柜整体耐压水平影响很大，安装工艺不良是引起电缆头放电的重要原因。中压开关柜运行环境不良造成的绝缘放电主要体现为污闪，特别是一些工业发达地区和沿海地区，绝缘子、套管等部位易积污秽，当湿度较大时很容易引发污闪。

2. 中压开关柜的发热问题

中压开关柜的发热主要是导电回路的发热，包括导体发热、接头发热和涡流发热。

导体发热主要体现在主母线的发热。当运行电流较大、高负荷期间，往往会造成主母线发热明显。此外，中压开关柜母线多采用铜排或铝排，如果导体杂质含量高、电阻率较大，也会加重主母线的发热。

接头发热主要是因为接头接触不良问题。较常出现的部位有开关主刀口接触部位、手车的触头部位、开关引线连接部位等，接触部位的电化学腐蚀也是接头发热的重要原因之一。

此外，中压开关柜的负荷电流会导致柜体钢板中产生较大的环流，引起钢板产生涡流发热。线路负荷越大，中压开关柜运行电流越高，这时的涡流损耗也就越多。

3. 中压开关柜机械传动操动机构故障

传动操动机构故障主要是机构变形弯曲、连杆拉断、传动销子断裂、拐臂断裂等机械故障，因连杆刚度小、锈蚀等问题带来的机械振动大，手车开关触臂和触座中心不对中或滑动导轨上下前后不平行带来的错位等问题。严重时，会引发操动机构卡涩，导致中压开关柜拒分、拒合。

4. 中压开关柜电器组件故障

中压开关柜电器组件故障包括开关柜避雷器、电压互感器、带电显示器等电器组件发生的故障。

避雷器因密封不良，潮湿空气进入造成内部阀片性能老化、瓷套污染等，避雷器泄漏电流上升会造成内部放电。电压互感器安装不当造成的二次侧短路、铁磁谐振过电压等会引发设备故障。

中压开关柜的智能化设计将围绕着对开关柜本体电气、机械特性以及运行环境的监测展开。

3.1.2.2 中压开关柜智能化设计

智能中压开关柜要求对电压、电流就地化高精度采集，并采集能够监测设备运行状态的非电气量，实现保护、控制、在线监测、计量和通信。

（1）电压、电流信号采集。

在电压、电流信号采集中，可采用电子式互感器代替电磁式互感器，电子式互感器测量准确度高，测量保护范围内完全线性且传输性能好；输出小信号就地数字化，满足了设备信息全程数字化处理需求。

（2）温度在线监测。

中压开关柜在线测温装置由测温传感器、信号采集装置组成，测温传感器、信号采集装置在开关柜内就地布置。在线测温装置的安装位置以不影响高压开关设备本体的正常运行、维护和检修为原则。测温传感器与信号采集装置之间可采用无线通信。

（3）断路器机械特性在线监测。

断路器机械特性在线监测主要采集断路器的分合闸时间、分合闸速度、开距、超程、行程曲线、分合闸线圈电流曲线及电机电流曲线等实时数据，在线判断分合闸过程中的刚分/刚合点，监视断路器是否正常工作，记录并统计断路器分合闸次数，就地数字化处理上传。

断路器机械特性在线监测装置电源可取自开关柜柜顶直流母线，配置独立快分开关。装置通过 RS-485 屏蔽电缆经航空插头接入辅助监测就地模块，输出分合闸时间、分合闸速度、开距、超程等参数以及行程曲线、分合闸线圈电流曲线、电机电流曲线等实时数据。

（4）电动控制。

电动底盘车用离合器和电动接地开关用离合器配备智能操控装置，可实现电动操作和手动操作分离，在远方/就地状态自由切换。

电动底盘车用离合器在推进过程中具备故障回退及告警功能，在退出过程中如发生故障，则底盘车保持不动并告警，同时具备过电流保护、复位、自检和急停等功能。

电动接地开关用离合器可实现电机分合闸控制、分合闸位置信号传输、电机故障保护、操作异常故障报警及自检功能，具备复位、急停和分合闸限位功能。

电动底盘车和电动接地开关电动机采用齿轮传动和全封闭设计，对应控制单元堵转电流、堵转时间、故障时间可调，具备故障监视和报警功能，手动操作时闭锁电动操作回路。

（5）弧光保护监测。

为了防止中压开关柜内部燃弧故障可能造成的危害，通过配套开关柜分布式、多判据弧光快速保护及灭弧装置，实现在极短时间内消除弧光故障，避免开关柜受损着火。

开关柜弧光保护装置由母线弧光保护与电缆室弧光保护组成，实现开关柜母线及电缆室弧光故障综合快速保护。未配置母线保护的空气绝缘高压开关柜，每段母线可配置一套独立的母线弧光保护装置；馈线柜、电容器柜、电抗器柜、所用变（接地变）柜保护测控装置可集成电缆室弧光保护功能。

（6）手车与中压开关柜配合监测。

监测断路器手车是否与中压开关柜配合到位，可有效预知蛮力操作导致的横梁变形等情况。

3.1.2.3　中压智能开关柜

中压智能开关柜由变电站内的交流金属封闭开关设备和相应的控制设备构成。12kV 交流金属封闭开关设备的内部结构和外形图如图 3－2 所示。

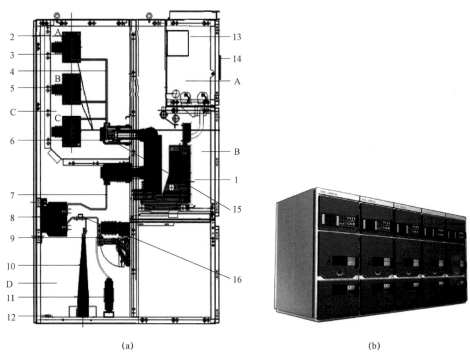

图 3－2　12kV 交流金属封闭开关设备的内部结构和外形图

（a）内部结构；（b）外形

1—断路器电动手车；2—穿墙套管；3—主母线；4—上支母线；5—EVT/支撑绝缘子；6—触头盒；

7—下支母线；8—ECVT/CT；9—电动接地开关；10—外接高压电缆；11—避雷器；12—主接地；

13—多功能 IED；14—人机交互 HMI；15—触头测温；16—母排测温；

A—辅助及控制回路；B—断路器手车室；C—母线室；D—电缆室

断路器电动手车是交流金属封闭开关设备的核心部件，也是智能化的重点。在现有断路器的基础上，配套新型传感器和控制装置构成的断路器电动手车可实现智能化应用，一体化智能断路器电动手车如图 3－3 所示。

断路器电动手车控制单元由数据采集、智能识别和调节装置 3 个基本模块组成，通过一体化设计实现采集运行数据、检测缺陷和故障、故障前预警。

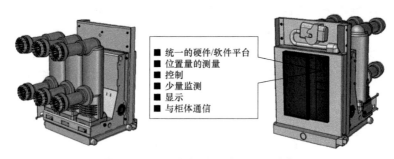

图 3-3 一体化智能断路器电动手车

对智能开关柜传动机构进行优化设计，提升其机械寿命和电寿命一直是主要的课题。采用流场分析、电场分析软件等工具，通过优化植入智能组件的开关柜气流场、电场分布，如优化开关柜自然对流流道、降低大电流下温升等，可提升智能开关柜的安全裕度。

智能化开关柜的基本构成如图 3-4 所示。

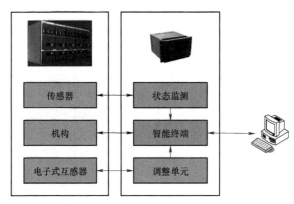

图 3-4 智能化开关柜基本构成

交流金属封闭开关设备配套了电动操动机构、电压/电流互感器/传感器等各类传感装置，通过智能终端采集状态监测信号和电气信号实现保护、监测和控制。断路器手车/功能手车、接地开关/三工位开关远程控制自动分合，触头/母排温升可在线监测，实时监视断路器、接地开关等主设备运行状态，定期监控维护，优化定期检修/故障检修周期。

3.2 配电网选线设备

配电网网架结构复杂薄弱、故障发生率较高。据统计，90%的停电和故障扰动发生在配电网，其中，发生单相接地故障的概率最高，导致了大约 70%以上的非计划停电。

当小电流接地系统的配电网发生单相接地故障时，由于三相间的线电压大小和相位不变，故障电流很小，因此，可以不立即切除故障，传统运行方式允许带故障继续运行 1～2h，这样可以不影响对负荷的连续供电，提高供电可靠性。但此时，健全相对地电压升高至正常时的 $\sqrt{3}$ 倍，异常电压可能会引发配电系统线路上的绝缘薄弱点劣化。若长时间带故障运行，由于接地点接触不良，可能产生瞬时燃熄的间歇性电弧放电，并在一定条件激励下产生谐振过电压。系统过电压会对电力设备造成损害，甚至使故障发展为两点接地短路，影响系统的安全运行。

配电网单相接地故障多为发展型、渐变型故障，其故障特征存在变化快、干扰因素多的特点，需要单相接地故障处置的综合判据。对中性点采用非有效接地的运行方式，因单相接地故障电流较小，故障选线困难，实现故障区域定位的难度大。这时，变电站智能选线设备能否正确检测出小电流单相接地故障并隔离故障所在的线路，对提高供电可靠性意义重大。更进一步，如果能够实现单相接地故障自愈处理，则可以大大降低故障巡线的难度，有效地提高配电网的自动化水平，并能减少单相接地故障引发相间短路的发生概率，减少停电损失、进一步提高供电可靠性。

变电站智能选线设备所采用的单相接地故障选线原理种类繁多。根据所采用信号的不同，可以分为外加信号法和故障信号法两大类。

外加信号法可分为强注入法和弱注入法。故障信号法又可分为利用故障稳态信号法和利用故障暂态信号法。注入信号法、残流增量法、中电阻法属于稳态选线，而暂态电量法、行波法属于暂态选线。

如果根据所用信号的来源，选线方法又可分为主动式选线和被动式选线两大类。其中，主动式选线方法需要安装专用设备或需要其他设备配合，改变一次系统运行状态以利用其产生的附加信号，或者向系统注入特有信号实现选线。被动式选线方法不需要任何其他设备配合，仅依靠系统故障产生的信号实现选线。注入信号法、残流增量法、中电阻法属于主动式选线，而暂态电量法、行波法属于被动式选线。

表 3-1 给出了变电站单相接地故障选线原理对比。

表 3-1　　　　　变电站单相接地故障选线原理对比

比较项目	注入信号法	稳态信号法	暂态信号法	参数识别法
适用范围	各种接地系统	中性点不接地系统	各种接地系统	各种接地系统
辅助设备	增加辅助设备或改变系统结构	无	无	无
信号频带	特定信号	基波或低次谐波	特定频带高频信号	宽频带信号
是否依赖其他支路判别出故障支路	依赖	依赖	依赖	不依赖
采样频率	一般	低	高	高
是否适用于电压过零点故障	是	否	否	是
硬件平台	复杂	简单	较复杂	总线式硬件平台，易扩展、易升级

续表

比较项目	注入信号法	稳态信号法	暂态信号法	参数识别法
人工干预	需要运行人员按支路逐项检测	不需要	不需要	不需要
可用于瞬时性故障	否	否	是	是
原理特点	外加信号或改变系统结构增大故障量	故障信号	故障信号	基于健全线网架结构模型识别

对于单相接地故障选线原理的研究，多年来取得了大量的成果。但是，因为配电网系统自身的复杂性，根据现有选线原理制造的选线装置还不能完全适应各种运行条件，现场应用误判、漏判时有发生。

近年来，国内专家学者研究的暂态量特征分析法已成为一种行之有效的解决单相接地故障区段定位的方法。该方法着眼于零序网络的电气特征量，需要提取零序电压、零序电流的故障暂态特征，互感器具有较好的幅频传变特性。

依据上述各类原理设计应用的变电站选线设备种类繁多，有站内中性点通过阻尼电阻投退、并联低电阻等方式进行选线的成套装置，有主动干预型消弧装置、集中/间隔选线装置以及选相后利用柔性电力电子设备熄灭接地故障点电弧的接地故障柔性消弧处置装置等。

尽管各个变电站选线开关设备采用的原理不同，但是，从对通信系统有无依赖和安装方式上可划分为集中式和就地型智能选线设备两大类。

3.2.1 集中式智能选线设备

集中式智能选线设备是将变电站内连接同一母线的所有出线的电气量集中到一台智能终端或中心管理单元或主站进行分析处理的装置。一般而言，集中式智能选线设备只需要采集母线的零序电压和各条出线开关的零序电流信号。为保证信号采集的可靠性，大都采用集中接线方式，将各个出线开关的零序电流汇集接到一台选线装置上。

集中式智能选线设备通过横向比较故障时刻的各条变电站出线的故障特征（包括零序电流幅值、方向、暂态量等），可准确辨识出故障线路。因此，集中式智能选线设备在变电站选线中的应用非常成熟。

集中式智能选线设备的典型应用示例如图 3-5 所示。在变电站同一母线的出线处安装采集装置，通过无线或有线的方式将各个采集装置组建成星形或环形的通信网络，最后将所有出线采集装置的信息汇集到中心管理单元或主站进行小电流接地故障的判别。这种方式对通信的依赖程度非常高，采用无线通信方式可以大大降低出线开关信号采集的布线，安装更加方便快捷。

在变电站 4 条馈线 F1、F2、F3、F4 的出线开关处安装智能终端 S1、S2、S3、S4。当发生单相接地故障时，各智能终端将本地采集的电压、电流信息通往无线网络传输到配电主站。配电主站在采集完各智能终端上传的单相接地故障检测信息和波形后，对故障线路进行综合判断，可直接判断出故障线路为馈线 F2。

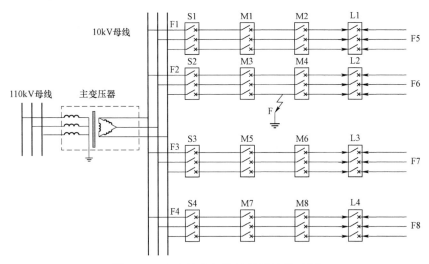

图 3-5　变电站单相接地故障选线示例

3.2.2　就地型智能选线设备

就地型智能选线设备依靠本地的故障信息进行单相接地故障的检测与识别。就地型智能选线设备安装非常方便，只需要在变电站各条出线首端安装。

以图 3-5 所示的线路为例，变电站的 4 条馈线 F1、F2、F3、F4 的出线开关处安装具备单相接地故障就地检测的智能终端 S1、S2、S3、S4。当发生单相接地故障时，各智能终端基于本地采集的电压、电流信息，可直接判断出单相接地故障线路并直接控制出线开关跳闸或告警指示，即位于馈线 F2 的智能终端 S2 可直接就地判断馈线 F2 为故障线路，而其他非故障线路的出线开关不动作。

就地型智能选线设备安装简单，使用方便，但是该装置不能横向与其他出线的智能终端进行故障特征的比较，缺乏综合的故障判断，对故障选线的准确率不如集中式智能选线设备。如果能解决好暂态选线原理过度灵敏的问题，充分利用其自举性，就地型智能选线设备具有更广泛的应用场合和应用前景。

3.3　故障相接地型熄弧选线装置

单相接地故障处理包括瞬时性接地可靠熄灭电弧和永久性接地准确选线。近年来，在配电网单相接地选线和区段定位方面已经取得了许多研究成果，如稳态量法、暂态量法和注入法等。但由于消弧线圈只能补偿工频容性电流，为了可靠熄灭电弧，这些方法均需要采取跳闸措施，对供电可靠性会产生不利影响。

故障相接地型（又称为主动转移型）熄弧装置为及时、可靠地熄灭单相接地电弧开辟了新的途径，它不需要跳闸就可以熄灭电弧，瞬时性接地时可以不影响连续供电，已在爱尔兰、捷克等欧洲国家应用，近年来也在中国浙江、辽宁、江苏、陕西等的电力系统中得到应用，并列入国家电网公司推荐采用的方式之一。同时，故障相接地型熄弧装置在工作过程中会对系统的单相接地特征产生较大的扰动，可以为单相接地故障检测提供更加显著的电气量特征，从而实现熄弧和选线功能的有机结合。

3.3.1 基本原理

故障相接地型熄弧选线装置部署在变电站内，其作用是在配电系统发生单相接地以后，根据需要控制将接地相母线经开关直接短暂接地以可靠熄灭故障点电弧，并且控制将配电网中性点经中电阻短暂接地，以方便站内选线以及站外馈线上的选段、定位和隔离。实际应用中，每段 10kV 母线宜配置一台故障相接地型熄弧选线装置。

故障相接地型熄弧选线装置的组成如图 3-6 所示，由下列主要元件构成：接地软开关（由开关 S1 和 S2、电阻 R 构成）、接地变压器 T、随调式脉冲消弧线圈 L、中电阻 R_z 及其投切单相接触器 K、电压互感器 TV 及其熔断器、主控制器、接入断路器 QF 等。其中，接地变压器为可选配置，若站内已有接地变压器，则可直接利用而不必在故障相接地型熄弧选线装置中冗余配置；脉冲消弧线圈也为可选配置，可以直接利用变电站内的消弧线圈，但是若选配该脉冲消弧线圈，则对消除接地切换过程中的暂态过程抑制更加有利。接入断路器 QF 亦为选配，也可利用变电站出线断路器构成，用作当故障相接地型熄弧选线装置内部故障时快速装置。

故障相接地型熄弧选线装置的控制逻辑如图 3-7 所示。

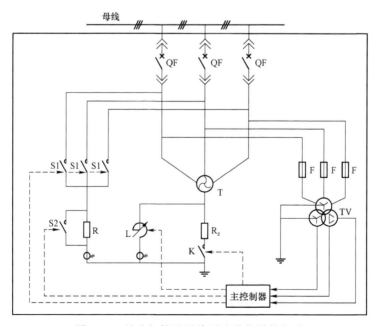

图 3-6　故障相接地型熄弧选线装置的组成

当检测到零序电压超过阈值，则表明故障相接地型熄弧选线装置覆盖的零序系统范围内发生了单相接地。

为了尽快熄灭电弧避免危害升级，故障相接地型熄弧选线装置迅速判断出接地故障相，并控制故障相接地软开关经软导通过程将故障相金属性接地，从而可靠熄灭电弧。

经短暂延时 t_1（t_1 一般可设置为 1～3s）后，故障相接地型熄弧选线装置控制故障相接地软开关经软开断过程而断开，并判断零序电压是否超过阈值，若否，则表明这是一次瞬时性单相接地，已经处理完毕可以恢复正常运行；若是，则表明这是一次永久性单相接地，需继续进行后续处理。

对于永久性单相接地的情形，故障相接地型熄弧选线装置控制短暂投入中性点中电阻（除故障点过渡阻抗外，接地变压器和中电阻整体阻抗一般应小于 30Ω），并利用中电阻投切过程扰动量实现选线，此时位于馈线上馈线终端 FTU、站所终端 DTU、故障指示器可以检测到零序电流和零序电压变化信息，从而进行选段定位和隔离。

3.3.2　关键技术

1. 软开关技术

X 相接地开关的组成如图 3-8 所示。其中，S1、S2 为开关，R 为中间电阻（一般可取 100～140Ω）。

当需要将 X 相金属性接地时，先控制合开关 S1，将该相过渡到经电阻 R 接地，然后再控制合开关 S2，实现 X 相金属性接地。上述过程称为"软导通"。

当需要断开 X 相金属性接地时，先控制分开关 S2，将该相过渡到经电阻 R 接地，然后再控制分开关 S1，实现相与地彻底断开。上述过程称为"软开断"。

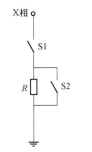

图 3-8　X 相接地软开关组成

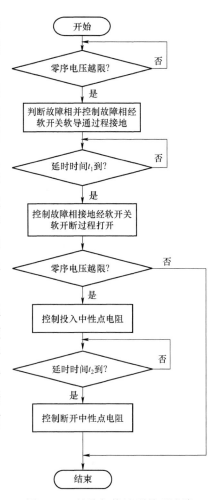

图 3-7　故障相接地型熄弧选线装置的控制逻辑

2. 单相接地选相错误的防护及校正

故障相接地型熄弧选线装置在将故障相金属性接地时，若单相接地选相错误，将导致相间短路接地。接地故障相的软导通控制是实现选相错误防护及校正的有效手段。

以将 B 相单相接地误选为 A 相单相接地为例，当控制故障相接地型熄弧选线装置 A 相"软导通"接地时，先控制 A 相的开关 S1 合闸，将该相过渡到经电阻 R 接地，此时由于实际接地相为 B 相，会导致 A、B 两相经电阻 R 相间短路接地，由于 R 的限流作用，短路电流既不造成危害（最大一般不超过 100A），又足以被可靠检测出，当控制器检测到在 A 相的开关 S1 合闸导致发生相间短路接地后立即将 A 相的 S1 打开，有效实现选错相时的安全防护。只有当 S1 合闸后未检测到相间短路接地特征时才执行下一步，控制合 A 相的开关 S2，最终实现 A 相金属性接地。

若控制 A 相 S1 合闸后检测到"合错相"，在立即将 A 相的 S1 打开后，可继续尝试将其他相别的 S1 合闸，重复上述过程，最终正确地将接地相金属性接地。

3. 接地切换的暂态过程抑制

故障相接地型熄弧选线装置在判断出单相接地相后，若控制接地相开关直接接地（即硬开关），在接地开关合闸过程中可能出现幅值较高的高频电流，给配电系统带来暂态冲击并对二次设备造成干扰，硬开关闭合时流过接地开关的高频放电电流如图 3-9（a）所示；采用软开关技术后，软导通时流过接地开关 S1 的高频放电电流如图 3-9（b）所示，采用的软开关技术能有效地抑制高频放电电流。

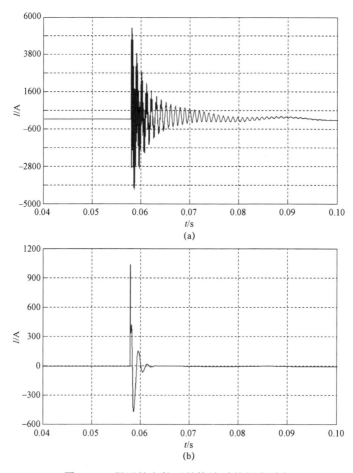

图 3-9　硬开关和软开关接地时的暂态过程

（a）硬导通时流过接地开关的高频放电电流；（b）软导通时流过接地开关 S1 的高频放电电流

3.3.3　与线路沿线单相接地选线及保护终端的配合

1. 工频零序电流保护配合

工频零序电流保护配合方法，是利用故障相接地型熄弧选线装置在投入中性点中电阻后，单相接地点上游的工频零序电流增大的特点，启动变电站及单相接地故障所在馈线沿线的工频零序电流保护，采用时间级差配合实现选择。

对于只在变电站 10kV 出线断路器配置了零序电流保护的情形，可以实现选线跳闸；对于馈线分段开关也配置了零序电流保护的情形，可以实现选段跳闸。值得注意的是，即使实现了选段跳闸，单相接地区段也没有被彻底隔离，因为仅仅隔离了上游端点，而没有隔离下游端点；因而只有单相接地区段上游的供电得以维持，而即使在单相接地区段下游存在健全区段，它们的供电也被中断。

对于图 3 – 10 所示的配电网，虚线内为故障相接地型熄弧选线装置，变电站和馈线分段处均配置了具有工频零序电流保护功能的配电终端，从馈线末端（分支）到母线方向其延时时间分别为 0s、Δt、$2\Delta t$ 和 $3\Delta t$。

假设如图 3 – 10（a）发生永久性 C 相单相接地，故障相接地型熄弧选线装置首先将 C 相经"软导通"金属性接地以熄灭电弧，如图 3 – 10（b）所示。延时一段时间后，经"软开断"断开 C 相金属性接地，因是永久性故障电弧复燃，故障相接地型熄弧装置在中性点投入中电阻倍增零序电流，单相接地位置上游的零序电流保护全部启动，如图 3 – 10（c）所示。Δt 后上游距离接地位置最近的零序电流保护动作跳闸，上游其余零序电流保护返回，随后中性点投入的中电阻退出，如图 3 – 10（d）所示。

工频零序电流保护配合方法的优点在于可以直接利用已经配置在变电站和馈线上的常规工频零序电流保护装置实现单相接地选线跳闸或选段跳闸；其不足之处在于抗过渡电阻能力较差，并且中性点投入中电阻增大单相接地故障点上游的零序电流的同时，也增大了接地电流的能量和破坏力，若其能够引发保护动作跳闸则问题不大，否则如果长期处于这个状态，则可能产生严重的后果。因此，中电阻的投入维持时间不宜太长，一般不超过 1～2s，此期间若无跳闸需上报信号。实际上，缩短投入时间也可显著减小中电阻的体积和质量。

2. 故障相接地增量原理和故障相接地断开增量原理配合

故障相接地型熄弧选线装置在工作过程中对系统产生了较大的扰动，恰当利用这个扰动并通过一二次配合可解决配电网单相接地故障选线、定位和选段跳闸问题。

一般情况下，馈线接地点都存在较大的过渡电阻（即使裸线直接落到接地扁铁也存在几十欧姆的接地过渡电阻），而变电站内的接地电阻则很小（一般小于 1Ω）。因此，故障相接地型熄弧装置在变电站内故障相接地后，零序电压会升至很高，导致健全线路和故障线路接地点下游的零序电流增大，而故障线路接地点上游的零序电流减小。利用故障相接地后和接地前零序电流变化，可进行单相接地选线和定位。对于故障线路接地点上游的保护装置，可采用时间级差配合实现选段跳闸，这种方式称为故障相接地增量原理。

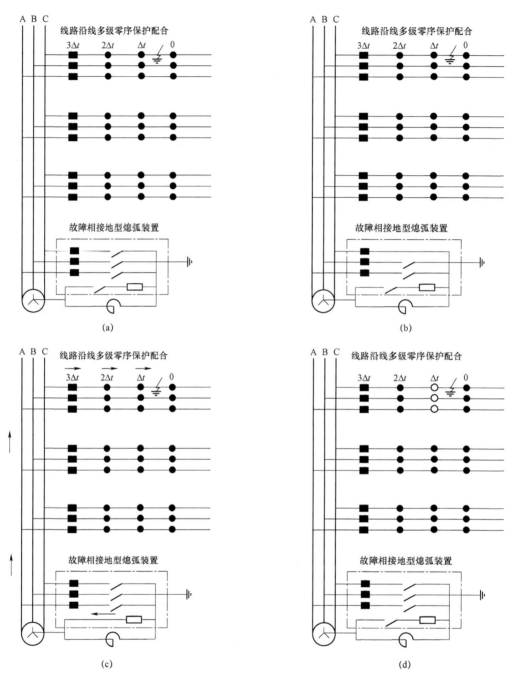

图 3-10 熄弧倍增工频零序电流保护法永久性单相接地的处理过程

在故障相接地断开前，先将在中性点投入中电阻，然后再断开故障相接地，如果是永久性接地故障，则随着故障相接地的断开，故障线路接地点上游零序电流增大，健全线路和故障线路接地点下游零序电流减少，利用此特征可进行单相接地选线、定位和保护，称这种方式为故障相接地断开增量原理。

无论故障相接地增量原理还是故障相接地断开增量原理，对故障相接地和断开的感知都是前提条件。

对于变电站内安装的故障相接地型熄弧选线装置，由故障相接地型熄弧选线装置发出故障相接地或断开指令，可确切感知故障相接地和断开的时刻，增量检测的启动不存在问题。

对于安装于馈线开关处的配电终端，需依靠故障相接地和断开时零序电压的变化感知。根据故障相接地增量原理，在低阻接地时，故障相接地与否引起零序电压变化小，典型参数下，接地过渡电阻在 30Ω 以下时，引起零序电压变化将不足 10%，有可能造成启动困难，但实际当中极少发生这么低过渡电阻接地的情形。对于故障相接地断开增量，则不存在启动困难。因为故障相接地断开前的零序电压为零序网络综合阻抗（包括所有出线对地等效电容、中性点对地阻抗在内）和母线故障相接地电阻的分压，故障相接地断开后的零序电压为零序网络综合阻抗和馈线接地过渡电阻的分压，即使在故障相接地断开前投入中性点中电阻可能会使得零序电压稍有降低，但故障相接地断开前后零序电压的降低依然明显。

此外，在故障相接地后，健全线路的零序电流都会增大，但是故障线路接地点上游的零序电流在下列情况下可能不会减小甚至反而增大，可能会导致故障相接地增量原理判断不出故障接地线路。

（1）由于故障相接地熄弧过程中并不破坏线电压而使用户正常供电，负荷电流导致变电站内故障相接地点和馈线故障接地点存在压差，两个接地点间会出现环流，当馈线故障接地点发生在较长的馈线下游、接地过渡电阻很小且负荷较重的情形时，在故障相接地后，有可能增大线路接地点上游的零序电流。典型参数下，接地过渡电阻在 30Ω 以下时才有可能发生，但是实际当中极少发生这么低过渡电阻接地的情形。

（2）在采用随调式消弧线圈的情况下，由于故障相接地后，故障馈线失去补偿，当其自身电容电流较大的情形下，在故障相接地后，故障线路接地点上游的零序电流有可能反而增大。

此外，由于消弧线圈的作用，故障相接地后零序电压的变化需要经历一个暂态过程，也会对故障相接地增量原理产生影响。对于故障相接地断开增量原理的应用，由于在故障相接地断开前投入中性点中电阻，在故障相接地断开时，有效缩短了暂态过程的时间常数，使得检测更加容易些。

故障相接地断开增量原理只在永久性故障时才启动，对时间级差保护配合非常有利，但是在瞬时性故障时无法实现选线和定位功能。

综上所述，故障相接地增量原理和故障相接地断开增量原理需要联合使用，前者用于瞬时性接地时选线和定位，后者用于永久性故障时选段跳闸。尽管前者相比后者存在少许判断困难的场景，但是因仅是针对瞬时性故障，不利影响也不大。

3.3.4　现场应用案例及测试情况

故障相接地型熄弧选线装置在西安某 A 110kV 变电站以及宝鸡某 B 110kV 变电站进

行了试点应用并开展了现场测试。

现场测试采用如图 3-11 所示的单相接地试验装置及试验接线方案。

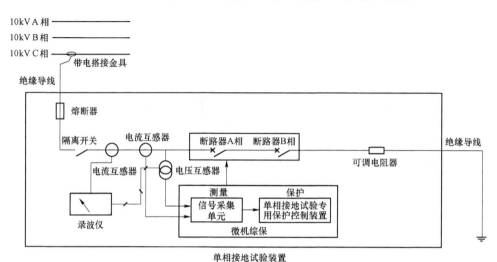

图 3-11　单相接地试验接线示意图

开展了金属性接地、非金属性接地（过渡电阻可调）、间歇性接地三种类型试验，测试验证故障相接地型熄弧选线装置功能和性能，试验项目见表 3-2。

表 3-2　　　　　　　　　　　　现场单相接地试验项目

序号	测试项目	序号	测试项目
1	瞬时非金属性接地（过渡电阻 250Ω）	9	瞬时非金属性接地（过渡电阻 1500Ω）
2	永久非金属性接地（过渡电阻 250Ω）	10	瞬时非金属性接地（过渡电阻 2000Ω）
3	瞬时金属性接地	11	瞬时非金属性接地（过渡电阻 2500Ω）
4	永久金属性接地	12	间歇性接地（过渡电阻 250Ω，0.8s）
5	瞬时非金属性接地（过渡电阻 500Ω）	13	间歇性接地（过渡电阻 500Ω，0.8s）
6	永久非金属性接地（过渡电阻 500Ω）	14	间歇性接地（过渡电阻 250Ω，10s）
7	瞬时非金属性接地（过渡电阻 1000Ω）	15	间歇性接地（过渡电阻 500Ω，10s）
8	永久非金属性接地（过渡电阻 1000Ω）		

测试结果表明，在零序电压启动判据能够满足的前提下，故障相接地型熄弧选线装置动作可靠，对于瞬时性单相接地可以做到可靠熄弧，对于永久性单相接地可以做到准确选线。但测试同时也表明，对于容性电流水平较高的系统，若消弧线圈补偿不到位，即使是在较低的过渡电阻下，也有可能零序电压特征达不到启动判据，从而导致单相接地故障处理流程无法启动。具体如下：

（1）A 变电站实测初始容性电流达 130A，在 500Ω 以下过渡电阻时装置可以正确动作，瞬时性故障消弧，永久性故障先消弧，后选线跳闸，500Ω 以上过渡电阻时由于零序电压过小，未达到启动条件，装置未动作。

（2）B 变电站由于电容电流较小，在较大的过渡电阻时仍满足零序电压启动条件，因此直到 2500Ω 过渡电阻时仍能正确启动，做到快速消弧、正确选线。

试验过程典型录波数据如图 3-12 所示。

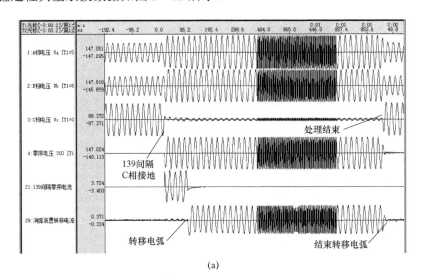

(a)

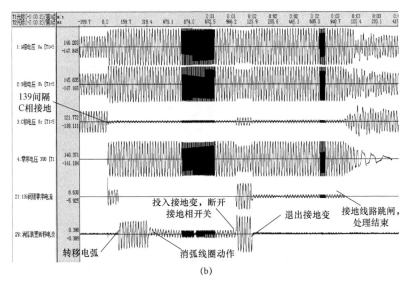

(b)

图 3-12　故障相接地型熄弧选线装置现场试验过程典型录波图

（a）瞬时性故障处理时序图（金属性接地）；（b）永久性故障处理时序图（金属性接地）

3.4　开关站智能化

开关站是由上级变电站直供、出线配置带保护功能的断路器、对功率进行再分配的配电设备及土建设施的总称，开关站进线一般为两路电源，设母联开关。在不同地区，开关站的名称（如有称开闭所、开闭站等）和含义有可能略有差异，本书中，开关站指中压变电站出线第一个节点以一定数量开关设备为主体的集群站。

为了解决中压变电站出线数量不足、出线走廊受限制问题，同时保证变电站容量有效送出，变电站出线将电能集中输送到开关站，再由开关站多路出线把电能转送出去，以增加开关站周边用户的供电电源，因此，中压开关站是中压变电站母线的延伸。作为配电线路中间联络枢纽，中压开关站通过接受和重新分配 10kV 出线，减少上级变电站出线走廊和间隔，其便于控制、调度调节的优势明显。

我国 10kV 开关站的建设起步于 20 世纪 70～80 年代，一些大城市和经济发达地区，电力需求快速增长，原有配电网电源点满足不了区域对电力的需求，因此通过建设开关站来缓解上述矛盾。初期开关站所用的设备以变电站二次侧中压设备为主，如配少油断路器开关柜。80 年代末 90 年代初，设备逐步由少油断路器过渡到空气负荷开关柜，体积大大减少，操作简单。到了 90 年代中后期，结构紧凑、灭弧性能更好的真空负荷开关成为主要设备，逐步取代空气负荷开关，通过配套电动操动机构和电压互感器、电流互感器及各类传感装置，为后续智能化奠定了基础。

3.4.1　开关站典型技术方案

各地开关站的建设因地制宜，有多种开关站配置方式。开关站中压电力设备的主接线基本上采用单母线开关分段的接线，每个开关站的两段母线电源进线分别来自不同的变电站中压母线或大型变电站两段分列运行的中压母线，使每个开关站的两端母线分属两个电源，两段母线之间设有分段开关配置备用电源自动投入装置，两段母线互为后备以提高供电可靠性。

开关站每段母线的连接回路包括电源进线、向下一级开关站转供的电源出线、电压互感器回路以及数回负荷配出线，常用的开关设备是金属铠装高压开关设备。

为了规范开关站的建设，2016 年国家电网公司在《配电网工程典型设计 10kV 配电站房分册》规定了 10kV 智能开关站典型设计技术方案组合，见表 3-3。

表 3-3　　　　　　　　　　10kV 智能开关站典型设计技术方案组合

方案	电气主接线	10kV 进出线回路数	设备选型
KB-1	单母线分段（两个独立单母线）	2 进（4 进），6～12 回馈线	金属铠装移开式
KB-2	单母线三分段	4 进，6～12 回馈线	金属铠装移开式

10kV 智能开关站典型线路方案如图 3-13（a）、（b）所示。

方案 KB-1 采用单母线分段或两段独立的单母线接线，10kV 进线 2 或 4 回，馈线 6～12 回，设备选用 12kV 智能金属铠装移开式开关柜，电缆进出线。

方案 KB-2 采用单母三分段接线，10kV 进线 4 回，馈线 6～12 回，设备选用 12kV 智能金属铠装移开式开关柜，户内双列布置，电缆进出线。

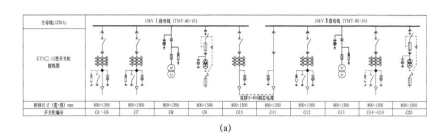

(a)

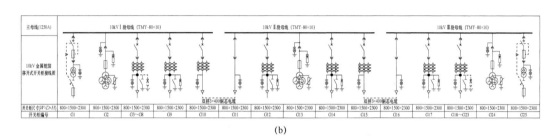

(b)

图 3-13　国家电网公司规范的开关站典型建设方案
（a）方案 KB-1；（b）方案 KB-2

3.4.2　开关站智能化配置

　　开关站的智能化配置要求在一次方面，开关柜内选用优质真空断路器或负荷开关，操动机构一般采用动作性能稳定的弹簧储能机构，具备手动和电动操作功能，满足综合自动化接口要求，可配置包含温度测量等功能在内的在线监测装置。在二次方面，配置继电保护装置的开关站选用微机型保护测控一体化装置，并有通信口，对于接有分布式电源的线路，可配置方向保护，母联开关具有备自投和后加速保护。

　　开关站一般不单独配置 DTU 等配电终端，可以通过配置了远动通信装置开关柜的保护测控一体化装置汇总信息上送，实现配电主站对站内中低压电网设备的各种远方监测和控制。

　　开关站分布范围广，且大多采用无人值守，发生故障时不易被察觉。目前，智能开关站通过加装智能传感器对开关站内设备、环境进行远程监控，达到早期预警、智能运维的目的，智能开关站在线监测方案如图 3-14 所示。

　　智能开关站可以根据需要汇集门禁监控、火灾报警、防盗报警、水位越界报警（可以联动水泵抽水）、环境温/湿度监测与控制、视频监控、机器人巡检等多项功能。通过在开关站安装具备无线、无源、低功耗特性的各类传感器，充分感知运行环境状况、开关设备运行状态、电缆运行状态，降低人员现场巡检周期。

　　在智能开关站中可采用非介入式传感器，很多传感器监测实施时需要停电安装，非介入式传感器可以在带电的情况下安装，如在柜体表面加装非介入式温度监测传感器，结合 3D 柜体温度场分析得出的柜体表面和内部温度分布结果，间接反映开关内部温度情况。

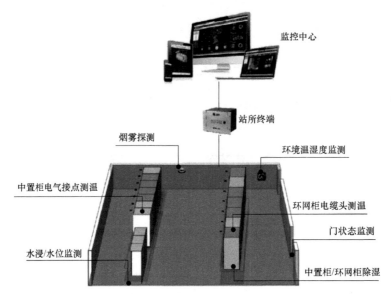

图 3-14   智能开关站在线监测方案

总之，智能开关站设备应符合易集成、易扩展、易升级、易改造、易维护的工业化应用要求，主要设备状态信息应进行采集并可视化展示，以高速网络通信平台为信息传输基础，自动完成信息采集、测量、控制、保护、计量和监测等基本功能，并可根据需要支持电网实时自动控制、智能调节、在线分析决策、协同互动等高级应用功能，为电网设备管理提供基础数据的支撑。

高可靠性的站内开关设备是开关站坚强的基础，综合分析、自动协同控制是开关站智能化的关键，设备信息数字化、功能集成化、结构紧凑化、检修状态化是发展方向，运维高效化是最终目标。智能开关站未来的目标是一次设备智能化、系统高度集成化、信息交换标准化、运行控制自动化、保护控制协同化和分析决策在线化。

第4章

智能配电柱上开关设备

配电柱上开关设备在配电网架空线路中起到了分段、联络、分支三种不同的作用。根据线路负荷大小和长短，合理选择开关类型及分段点位置；根据线路运行安全和自动化功能要求，选择智能配电柱上开关成套设备。

本章将概述智能配电柱上开关设备的技术发展，介绍目前国内常用的断路器和负荷开关及智能化设计和配置后的应用特点，概要介绍智能配电开关设备一二次联调检验，对比智能配电柱上开关设备与普通配电柱上开关设备的特点。

4.1 配电柱上开关设备智能化技术发展

配电柱上开关属于配电网架空线路中的一次执行设备，有柱上断路器、柱上负荷开关、柱上隔离开关等。目前，满足配电自动化应用的柱上开关设备以柱上断路器和柱上负荷开关为主。

4.1.1 配电柱上开关设备基础技术发展

配电柱上开关设备基础技术有导流技术、开断技术、绝缘技术和传动技术等，主要应用场景是线路分段、线路联络和分支 T 接。因此，其技术发展路线是按照配电开关设备基础技术发展和应用场景的自动化、智能化技术要求而发展的。

按开关技术应用的灭弧介质分类，配电柱上开关设备主要有柱上油开关、柱上空气开关（有产气、压气、磁吹等方式）、柱上 SF_6 开关、柱上真空开关等。其灭弧介质的变迁，代表了配电柱上开关的发展趋势，是支撑配电开关智能化技术应用的基本趋势。

20 世纪 80 年代初，配电柱上 SF_6 开关应用于中压领域取代油绝缘开关设备，是配电开关设备高可靠性、小型化、免维护应用需求所带来的设备技术变化。SF_6 气体具有很强的电负性，因此拥有很好的绝缘、灭弧性能，应用于电力行业具有绝缘耐受性能高、热传导性好、热稳定性高且惰性、对周围环境（如潮湿、高海拔、污染等区域）不敏感、可循环使用等特性，因此，SF_6 开关在中压配电领域应用广泛。然而，SF_6 气体温室效应问题突出，被指定为抑制排放气体，为此，寻找替代 SF_6 气体灭弧和绝缘的技术研究成为电力开关行业主要研究方向。

随着真空灭弧技术和灭弧室制造工艺技术的成熟，真空灭弧室开始逐步替代 SF_6 气体灭弧，成为中压配电网开关设备主流的灭弧手段。

在绝缘技术方面，干燥空气或其他环保气体绝缘方式、复合绝缘方式等以其经济性和环保性成为配电柱上开关设备绝缘技术的发展方向。为了满足配电柱上开关设备绝缘可靠性和小型化应用需求，三相共箱式充气绝缘结构和固体绝缘支柱式结构成为主流配电开关结构形式。

配电柱上开关的操动机构，从机电特性上分，主要有电磁操动机构、弹簧操动机构、永磁操动机构。电磁操动机构曾经是少油断路器主流操动机构；弹簧操动机构的优点是能量输出稳定且要求的电源容量小，目前是配电开关的主要操动机构；永磁操动机构因其机械结构简化、活动部件少，机械可靠性提高显著，适于频繁操作。

为满足配电自动化的需求，无论采用哪种操动机构，都需要具备电动操作控制、电量测量及状态信号输出接口等基本功能，且操动机构应满足频繁操作要求。

随着微处理器技术、计算机和控制技术、传感器技术、通信网络技术、取能技术、线路保护技术等新技术的发展，我国配电柱上开关设备也加速向自动化成套和一二次融合智能化方向发展。

4.1.2　智能配电柱上开关设备应用技术发展

针对配电网架空线路的网架结构、应用地域以及配电自动化发展阶段应用需求的差异，配电柱上开关设备智能化成套形成了多种应用模式。

1. 基于重合技术的配电柱上开关设备

基于重合技术的配电柱上开关设备依靠开关设备自身的自动化功能，通过设备间的相互动作配合，实现自动检测和隔离线路故障点，具备配电自动化基本功能。这个阶段早期配电开关设备有重合器和分段器等，主要特点是不依赖于建设通信网络和配电主站。

这类配电柱上开关以就地自动化为主，与配电自动化主站系统互动信息相对较少，就地化特点明显。具体体现在：① 在电网发生故障时，可以不依赖于通信发挥作用，只需就地化可靠性保证，进行自动化功能整定配合。正常运行时，通信系统仅监视正常线路的电压、电流，不能优化运行方式。② 调整运行方式需要到现场对设备重新整定。③ 预设好了恢复健全区供电方式，不能实现优化运行。④ 大部分馈线自动化方案，隔离故障需要经过多次重合闸，会对设备有一定的冲击，并且影响用户的用电感受。

2. 基于通信技术的配电柱上开关设备

基于通信技术的配电柱上开关设备充分运用通信功能，进行配电柱上开关设备和配电自动化主站系统的配合，完成遥信、遥测、遥控、遥调，实现馈线自动化。通过利用配电主站系统级的研判操控，完成配电网正常运行时的监测、故障状态时的优化处理（故障隔离、负荷转供及状态恢复），实现配电网区域或全网的运行监控。

3. 基于传感技术和网络通信的配电柱上开关设备

此类设备在最新计算机技术、传感技术、网络通信技术及物联网技术的支撑下，配合配电网数据采集和监控系统（supervisory control and data acquisition，SCADA）、配电地理信息系统（geographic information system，GIS）、馈线自动化、需求侧管理、调度仿真、故障呼叫服务系统和运维服务管理等一体化的综合自动化系统，实现馈线分段控制、电容器组调节控制、用户负荷控制、远方自动抄表、设备状态和线损管理等多方位监控管理功能，即一二次融合智能配电柱上开关设备的功能。

上述不同应用模式的智能配电柱上开关设备，可以满足用户灵活选择实现主站集中型馈线自动化或就地型馈线自动化（如就地重合式、智能分布式馈线自动化等）。

自动化、智能化、模块化是配电柱上开关技术发展的基础，为满足用户应用需求的不断变化，配电柱上开关设备将向多方位技术融合模式发展，并开始成为真正意义上的智能设备，为未来智能电网全面自动化发展打下良好的基础。

4.1.3 一二次融合智能配电柱上开关设备要求

近年来，配电柱上开关设备全面展开了一二次融合的技术提升，使其向着更加满足智能化应用的方向发展。

智能配电设备的一二次融合技术就是将实现配电网主回路功能配电设备的一次回路和对一次回路设备进行保护、控制、测量设备的二次回路通过合理方式设计、连接和优化，以解决智能配电设备的功能效率、安全可靠、使用配合、现场调试协调以及运维效率等问题。

一二次融合智能配电设备可通过二次设备内置或集成安装于一次配电设备，互感器/传感器、配电终端与配电开关一体化设计，以高可靠、少（免）维护为目标，来实现配电设备的智能化、标准化和集成化。

一二次融合智能配电柱上开关具备配电自动化的"三遥"或"二遥动作型"功能，线损管理的电能计量与统计功能，事件、定点、极值等记录功能以及电源管理功能，通信安全管理及远方维护功能，内嵌安全防护芯片，故障监测告警功能及保护跳闸、重合闸和后加速保护功能；还支持小电流接地系统的单相接地故障监测及选线选段功能，支持多种就地式馈线自动化 FA 功能，支持无线通信状态、终端状态等设备状态自监测功能，支持配电设备即插即用功能，支持设备自描述及唯一标识。

通过将体积小、高精度、高可靠性的电压/电流传感器（EVT/ECT）内置于开关本体，可实现对配电线路电压、电流的精确采集，馈线终端内置线损计量模块支持线损计量功能；通过应用电子式防跳跃及分、合闸回路监视装置，优化馈线终端的后备电池充放电管理装置，从而实现馈线终端收发信号稳定、控制输出精确、电源供电可靠等功能要求；为提高无线通信的可靠性，馈线终端通信要求支持双 4G 全网通（双卡、五模），可配置支持移动/联通/电信 4G 无线网络的双卡双通模块，实现无线通信的双通道、双卡备份或支持高速、低功耗、低延时 5G 通信。

上述性能和功能的提升可以支持一二次配电设备真正实现接口、电源和功能等方面的成套与融合。

4.2 典型智能配电柱上开关设备

配电自动化发展初期，智能配电柱上开关设备大量选用柱上负荷开关以满足馈线自动化故障处理时的多次动作和负荷转供频繁操作的需求。近年来，由于断路器技术的逐渐成熟，设备标准化程度高且成本越来越低，架空线路智能化设备开始大量选用柱上断路器。

以下将介绍共箱式柱上真空断路器、支柱式柱上真空断路器、柱上 SF$_6$ 断路器、柱上真空负荷开关、馈线终端 FTU 及连接电缆和柱上开关配套电源的结构、原理、智能化技术特点等。

4.2.1 共箱式柱上真空断路器

共箱式柱上真空断路器是一类在 10kV 架空配电线路上应用最多的柱上断路器，其智能化应用的产品发展如图 4-1 所示。

第一代共箱式柱上真空断路器以 ZW6/ZW8 型真空断路器为代表，主要结构是三相主回路共箱密封、空气绝缘、独立的弹簧操动机构室，断路器自带保护跳闸功能，外形如图 4-1（a）所示。

第一代共箱式柱上真空断路器体积较大，因操动机构工艺水平限制以及机构室的非密封设计，断路器的操动机构长期工作在户外，极易发生机构锈蚀卡滞等情况，上杆维护维修的工作量大。

1998 年，国内引进了日本东芝电压-时间型馈线自动化技术的 VSP5 型真空自动配电开关，因其独特的自动化设计和长达 15 年的全密封免维护结构，获得了电力用户的广泛认可。基于东芝 VSP5 型配电开关外形和结构特点，国内开发了以 ZW20 型为代表的第二代共箱式真空断路器，外形及内部结构如图 4-1（b）所示。

ZW20 型共箱式真空断路器采用真空灭弧、SF$_6$ 气体绝缘，箱体和机构罩模具成型，高、低压回路和电动操动机构均密封在 SF$_6$ 气体内，内置满足配电自动化需求的三个单相电流互感器，全密封结构设计保证了户外柱上各种运行环境的长期免维护性。

通过配套馈线终端 FTU 和电压互感器 TV，构成了智能配电柱上开关成套设备，是目前一二次融合智能配电柱上开关设备标准化选型的基础产品。

在智能配电柱上开关融合化、规范化理念推进下，ZW20 型共箱式真空断路器内置了相电流互感器、零序电流互感器和零序电压传感器，可以准确测量配电线路相电流、零序电流、零序电压等交流模拟量，进一步满足配电线路运行状态实时监测要求，提高了故障识别能力，形成了第三代满足智能化需求的共箱式柱上真空断路器，如图 4-1（c）所示。

随着电子传感技术的快速发展，共箱式真空断路器通过内置电子式电压/电流传感器，实现线路电压和电流信号采集的全电子化，以宽范围、高精度的信号采集能力提升了故障检测能力，进一步满足测量准确性、支持线损计算等功能要求，通过选用电容取能方式来优化智能配电柱上开关设备的电源，形成了目前一二次融合的第四代共箱式柱上真空断路器，如图 4-1（d）所示。

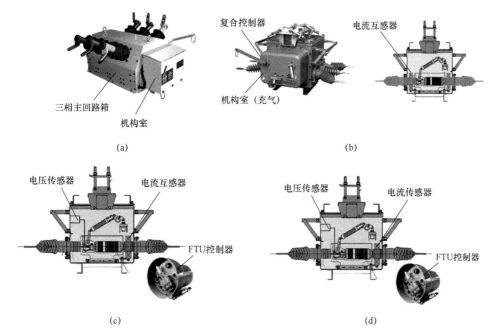

图 4-1　共箱式配电柱上真空断路器智能化产品发展

（a）第一代产品；（b）第二代产品；（c）第三代产品；（d）第四代产品

表 4-1 对比了不同阶段共箱式柱上真空断路器在结构与绝缘方式、操动机构、互感器/传感器配置、自动化接口、控制器配置和自动化功能等方面的变化，可以清晰地看出共箱式柱上真空断路器的智能化发展脉络。

表 4-1　　　　　　　　共箱式柱上真空断路器智能化技术演变对比表

项目	第一代产品	第二代产品	第三代产品	第四代产品
代表产品	ZW6/ZW8 型	ZW20 型		
结构与绝缘方式	三相主回路共箱密封空气绝缘	三相主回路共箱密封 SF$_6$ 气体绝缘		
操动机构	独立弹簧操动机构室	SF$_6$ 气体全密封弹簧操动机构室		
互感器/传感器配置	3 个单相保护电流互感器	3 个单相保护/测量电流互感器	（1）三相电流和零序电流组合式互感器；（2）零序电压传感器	（1）三相电流和零序电流传感器；（2）三相电压传感器（选配）；（3）电容取能装置（选配）
自动化接口	端子排接线	航空插头接线（26 芯）	航空插头接线（标准化 26 芯）	
控制器/馈线终端/电源	自带复合控制器	自带复合控制器或馈线终端 FTU（基本功能）	馈线终端 FTU（基本功能＋单相接地故障处理能力）	馈线终端 FTU（基本功能＋单相接地故障处理能力＋线损）
		配套电压传感器 TV（又称电源变压器）		可采用电压互感器 TV 或电容取能装置

续表

项目	第一代产品	第二代产品	第三代产品	第四代产品
自动化功能	带保护的断路器	满足配电自动化基本功能应用	满足一二次融合设备要求	电压和电流信号采集全电子化，满足高精度、宽范围数据采集、线损等一二次深度融合要求

ZW20 型共箱式柱上真空断路器基本结构原理、智能化技术特点和应用简要介绍如下。

4.2.1.1 本体结构

ZW20 型共箱式柱上真空断路器由主导电回路、绝缘系统、密封系统、操动机构组成，如图 4-2 所示。

断路器的主导电回路 [见图 4-2（a）] 从进线端子经导电夹、软连接、真空灭弧室到出线端子，主回路中的真空灭弧室完成线路的开断功能。

进出线端子的绝缘套管采用环氧树脂和硅橡胶整体浇注，在 A、C 两相采用羊角套管结构设计，保证了良好的外绝缘并缩小了开关体积。箱体内的 A、B、C 三相回路利用绝缘盒设计实现三相隔离，操动机构通过绝缘拉杆传动实现对灭弧室的合分闸控制。

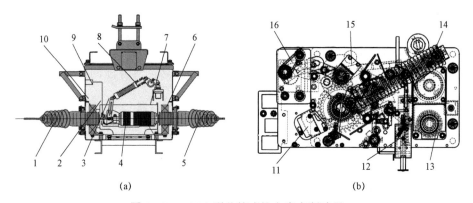

图 4-2 ZW20 型共箱式柱上真空断路器
（a）内部结构图；（b）电动弹簧操动机构
1—进线端子；2—导电夹；3—软连接；4—真空灭弧室；5—出线端子；6—电流互感器/传感器；
7—绝缘盒；8—绝缘拉杆；9—电压传感器；10—外壳体；11—行程开关；12—分合闸线圈；
13—储能电机；14—合分闸储能弹簧；15—输出凸轮；16—手动储能轴

断路器的导电回路和操动机构均密闭在充满零表压 SF$_6$ 气体的全封闭金属壳体内，避免了机构工作在户外环境易出现的锈蚀卡滞故障问题，提高了设备的整体绝缘水平，防护等级可达到 IP67。

4.2.1.2 操动机构及电气控制原理

ZW20 型共箱式柱上真空断路器一般配套电动弹簧操动机构，如图 4-2（b）所示。

电动弹簧操动机构由储能电机、合分闸储能弹簧、分合闸线圈、输出凸轮、手动储能轴、辅助行程开关等部件组成，完成手动、电动储能和分合闸操作。

电动弹簧操动机构电气控制原理如图 4-3 所示。

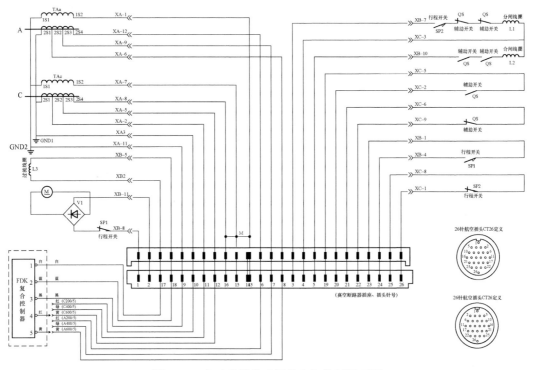

图 4-3 电动弹簧操动机构电气控制原理图

注：1. 虚线部分为使用复合控制器过流跳闸保护时的接线方法。

　　2. 图中所标的辅助开关 QS、行程开关的状态均为分闸未储能的状态。

　　3. 计测用电流互感器出厂时已用短路环 M 短接，使用时解开，不用计测信号时，确保短路环短接牢靠。

合闸时，先通过储能电机（AC 220V 或 DC 24、DC 48V）对合闸弹簧进行储能，断路器合闸储能时间在 10s 左右；再由合闸线圈（AC 220V 或 DC 24、DC 48V）解锁机械锁扣装置，释放合闸弹簧中能量，通过输出凸轮驱动开关合闸，合闸完成后由合闸锁扣装置实现保持。

分闸时，由分闸线圈（AC 220V 或 DC 24、DC 48V）解锁机械锁扣装置，断路器在分闸弹簧和触头弹簧的作用力驱动下，完成分闸动作。

ZW20 型柱上真空断路器单独使用时，其断路保护控制由复合控制器完成。如果线路出现短路故障电流，断路器内置的电流互感器将采集故障电流信号送至复合控制器，复合控制器经事先设置好的延时及定值判断后，接通过流脱扣线圈，电磁铁动作，推杆顶动断路器机构的脱扣杆，使分闸半轴与分闸掣子之间的约束解除，断路器自动分闸。复合控制器控制断路器实行定时限值分闸，避免开关合闸时因涌流或线路瞬时过流产生的误分闸。

在配电自动化应用中，复合控制器退出，由馈线终端 FTU 实现上述保护控制，并完成配电自动化相关应用功能。

ZW20 型真空断路器的标准化控制接口采用 26 芯航空插头，电气定义见表 4-2。

表 4-2　　　　智能配电开关控制接口标准化 26 芯航空插头针脚电气定义

图示	开关针号	标记	含义
	1-2	CN-/+	储能-/+
	3-4	HZ-/+	合闸-/+
	5-6	FZ-/+	分闸-/+
	7-10	$I_a/I_b/I_c/I_n$	A/B/C/公共相电流
	11-12	I_0/I_{0com}	零序电流/公共端
	13-14	—	—
	15-16	QY/QYCOM（SF_6火弧开关适用）	低气压闭锁/公共端
	17-18	TV-/+（可选）	内置 TV-/+
	19	YXCOM	遥信公共端
	20	HW	合位
	21	FW（可选）	分位
	22	WCN	未储能位
	23-24	U_0/U_{0com}	零序电压/公共端
	25-26	—	—

4.2.1.3　主要技术特点

1. 智能化基本配置

ZW20 型共箱式柱上真空断路器箱体内置 1 套电子式零序电压传感器和 1 组电磁式电流互感器，提供 U_0、I_a、I_b、I_c、I_0 零序电压和电流信号；内置 1 套电子式三相相电压传感器和零序电压传感器、1 组电子式电流传感器，提供 U_a、U_b、U_c、U_0 和 I_a、I_b、I_c、I_0 及有功及无功功率，实现对真空断路器自身监测和对线路的智能感知。

2. 操动机构可靠性

ZW20 型柱上真空断路器的电动弹簧操动机构具有功率小、质量轻的特点，较好地满足了配电自动化应用要求。

3. 全密封绝缘

用全密封的箱体把真空断路器本体和操动机构安装在充满了 SF_6 气体的环境内，这种设计方式不仅仅满足了主回路绝缘要求，同时带电部分不外露，高压、低压回路和操动机构均密封在干燥的 SF_6 气体中，增强了相绝缘、相对地绝缘，解决了灭弧室表面凝露、机构锈蚀及拒动等问题，可以满足智能化设备长期户外运行的可靠性、安全性和长期少（免）维护需求。

4.2.1.4　应用场景

ZW20 系列智能断路器在不同应用场景成套时，开关本体的传感器/互感器、电动操动机构、电缆以及外部电源、馈线终端等的组合都会有所不同。

主要应用场景有：① 在馈线首端作为出口断路器，与变电站极差配合，实现故障监测、隔离及非故障区域恢复供电功能。② 在分段点作为分段断路器，与变电站配合通过相应的功能逻辑，实现故障监测、隔离及非故障区域恢复供电，如图 4-4（a）所示。③ 在联络点作为联络断路器，与变电站配合实现自动转供电功能。④ 在分支线作为用户分界断路器（看门狗），实现界内单相接地故障切除、相间故障隔离。⑤ 在分支线选用电容取能分界断路器，优化杆上成套设备，如图 4-4（b）所示。

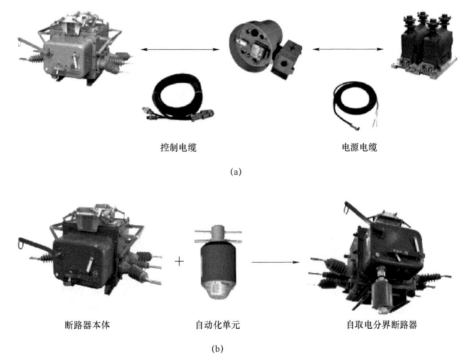

控制电缆　　　　　　　　　　　电源电缆

(a)

断路器本体　　　　　　　自动化单元　　　　　　自取电分界断路器

(b)

图 4-4　两种 ZW20 型系列智能真空断路器成套示意

（a）常用 ZW20 型智能断路器成套；（b）新型自取电分界断路器成套

4.2.2　支柱式柱上真空断路器

支柱式柱上真空断路器是指采用固封极柱结构封装灭弧室等导电部件的真空断路器，国内 10kV 架空配电线路大量使用的典型产品是 ZW32 型支柱式柱上真空断路器系列产品。

在配电自动化建设初期，为了满足城乡配电网改造对柱上真空断路器简洁、轻量化需求，中国电力科学研究院开关所在借鉴国外支柱式重合器、分段器产品结构及外形特点基础上，主持设计了一款小型化、无油的固体绝缘柱上真空断路器。

图 4-5　早期 ZW32 型柱上真空断路器外形

这款 ZW32 型柱上真空断路器采用三相分立固封极柱方式，内置真空灭弧室、外置电流互感器等导电部件，是早期简约型支柱式真空断路器的代表，其外形如图 4-5 所示。

随着环氧树脂材料以及真空灭弧室固封极柱技术的逐步成熟，支柱式柱上真空断路器的性能得到了很大的提升，其不同阶段的智能化产品发展如图 4-6 所示。

ZW32 型柱上真空断路器通过增加外置电流互感器构成满足配电自动化需求的第一代自动化产品，如图 4-6（a）所示。真空灭弧室与绝缘筒采用灌封结构，外置组装式电流互感器，操动机构以电动弹簧操动机构为主，配复合控制器，实现线路过流的就地保护。

为了提高支柱式柱上真空断路器的可靠性，结构上采用了极柱与电流互感器一体浇铸方式，操动机构选择比弹簧操动机构更简洁的永磁操动机构，形成了第二代满足智能化应用的 ZW32 型柱上真空断路器，如图 4-6（b）所示。

为进一步提高电压、电流的采样精度，实现零序电压和零序电流的采集，ZW32 型柱上真空断路器通过在支柱内置相电流及零序电流互感器和电压传感器，提供满足线路故障检测、测量、线损采集等要求的信号，形成了传感集成化的第三代 ZW32 型柱上真空断路器，如图 4-6（c）所示。

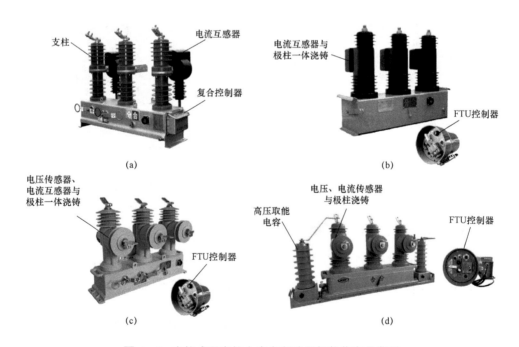

图 4-6　支柱式配电柱上真空断路器智能化产品发展
（a）第一代产品；（b）第二代产品；（c）第三代产品（d）第四代产品

在实际应用中，柱上配电开关设备的电源一直是成套设备可靠性的痛点，作为取能装置的电磁式电压互感器（也称电源变压器）始终存在故障率较高的问题，传感技术的逐步成熟推进了高压电容取能技术与柱上真空断路器本体的一体化设计，形成了第四代ZW32 型柱上真空断路器，如图 4-6（d）所示。

ZW32 型柱上真空断路器因其体积小、质量轻、外观简洁，是目前选用较多的智能配电柱上开关设备。

表 4-3 对比了不同阶段支柱式柱上真空断路器在结构与绝缘方式、操动机构、互感器/传感器配置、自动化接口、控制器配置和功能等方面的变化，可以清晰地看出支柱式柱上真空断路器的智能化发展脉络。

表 4-3   支柱式柱上真空断路器智能化技术演变对比表

项目	第一代产品	第二代产品	第三代产品	第四代产品
代表产品	ZW32 型	ZW32 衍生系列产品		
结构与绝缘方式	（1）三相支柱式结构，安装在机构箱体上，支柱采用上下绝缘筒设计；（2）真空灭弧室采用灌封或包封工艺安装在上绝缘筒内	（1）三相支柱式结构，安装在机构箱体上；（2）真空灭弧室、电流互感器一体浇注成固封极柱		
操动机构	弹簧操动机构	弹簧操动机构或永磁操动机构		
互感器/传感器配置	外置组装式两相保护电流互感器	三相保护/测量电流互感器	（1）三相电流和零序电流互感器；（2）零序电压传感器；	（1）三相电流和零序电流传感器；（2）三相及零序电压传感器（选配）；（3）外置或内置电容取能装置（选配）
自动化接口	端子排接线	航空插头接线（16 芯或 26 芯）	航空插头接线（标准化 26 芯）	
控制器/馈线终端/电源	自带复合控制器	自带复合控制器或馈线终端 FTU（基本功能）	馈线终端 FTU（基本功能＋单相接地故障处理能力）	馈线终端 FTU（基本功能＋单相接地故障处理能力＋线损）
		配套电压互感器 TV（又称电源变压器）		可采用电压互感器 TV 或电容取能装置
自动化功能	带保护的断路器	满足配电自动化基本功能应用	满足一二次融合设备要求	电压和电流信号采集全电子化，满足高精度、宽范围数据采集、线损等一二次深度融合要求

ZW32 型支柱式柱上真空断路器基本结构原理、智能化技术特点和应用简要介绍如下。

4.2.2.1 本体结构

ZW32 型支柱式柱上真空断路器由主导电回路、绝缘系统、操动机构、壳体组成。

主导电回路从进线端子经过真空灭弧室、软连接、电流互感器/传感器到出线端子，主回路固封极柱内的真空灭弧室完成负荷开断。

绝缘系统主要由环氧树脂浇注真空灭弧室构成的固封极柱与绝缘拉杆组成，设计了三相分立结构保证安全的电气间隙，外绝缘加装伞裙可以进一步提高绝缘可靠性。

操动机构可选择弹簧操动机构或永磁操动机构，采用电动弹簧操动机构的极柱式柱上真空断路器结构如图 4-7 所示，采用永磁操动机构的支柱式柱上真空断路器结构如图 4-8 所示。

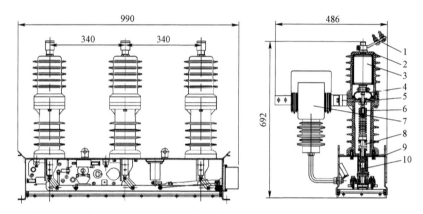

图 4-7　支柱式柱上真空断路器（配套电动弹簧操动机构，单位：mm）

1—出线端子；2—固封极柱绝缘体；3—真空灭弧室；4—软连接；5—导电杆；6—绝缘拉杆；
7—电流互感器；8—超程弹簧；9—箱体；10—弹簧操动机构

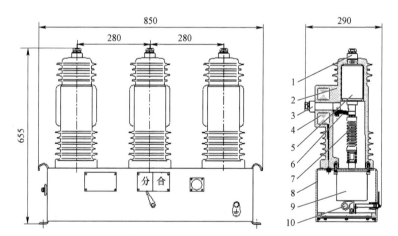

图 4-8　支柱式柱上真空断路器（配套永磁操动机构，单位：mm）

1—进线端子；2—固封极柱；3—出线端子；4—电流互感器；5—真空灭弧室；6—软连接；
7—绝缘拉杆；8—箱体；9—永磁机构；10—手动分闸装置

由于支柱式柱上真空断路器的真空灭弧室浇注固封在支柱内断口不可见，为提升其绝缘可靠性且安装方便，ZW32 型柱上真空断路器设计了可一体化安装的隔离开关，典型产品外形结构如图 4-9 所示。

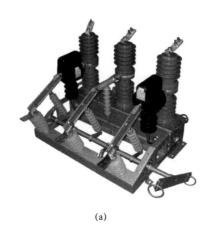

(a)　　　　　　　　　　　　　　　　(b)

图 4-9　带隔离开关支柱式柱上真空断路器外形图

（a）ZW32 型断路器（弹簧操动机构，带隔离开关）；（b）ZW32 型断路器（永磁操动机构，带隔离开关）

隔离开关采用组件模块化设计，与断路器本体之间可自由拆卸、组合安装，不影响断路器本体单独应用，隔离开关与断路器本体之间设有机械联锁结构，在断路器合闸状态下隔离开关闭锁分闸，隔离断口开距设计要大于 200mm。

4.2.2.2　操动机构

1. 弹簧操动机构

ZW32 型支柱式真空断路器配套弹簧操动机构的电气控制原理与共箱式真空断路器相类似，但其弹簧操动机构因控制灭弧室运动的传动方式有所不同，动作原理是有差异的。

一款 ZW32 型支柱式真空断路器的弹簧操动机构如图 4-10 所示。弹簧操动机构由储能电机、储能轴、凸轮、分闸半轴、合闸弹簧、合闸线圈、分闸线圈、过电流脱扣线圈、行程开关等部件组成。

储能时，电机带动小齿轮旋转，通过齿轮之间机械传动，带动合闸弹簧储能。当储能到一定位置时驱动爪打开，同时行程开关切换，电机停止转动，机构完成储能动作并保持。

合闸时，通过合闸手柄或给合闸线圈通电动作，使得挚子失去平衡，合闸弹簧释放能量，经过凸轮作用，输出拐臂驱动开关主轴完成合闸动作。

分闸时，通过分闸手柄或给分闸线圈通电动作，分闸半轴旋转，扣件失去平衡，分闸弹簧释放，输出拐臂驱动开关主轴完成分闸动作。

分合闸状态机构动作位置如图 4-10（b）所示。

2. 永磁操动机构

以 ZW32 型柱上真空断路器常用的一款单稳态永磁操动机构为例，结构如图 4-11（a）所示。

当合闸线圈通电时，产生一个与永磁体同向的磁场，带动了动铁心向下运动，实现合闸操作，依靠永磁体的磁力吸附动铁心，实现合闸保持，同时分闸弹簧储能，合闸过程磁路如图 4-11（b）所示。

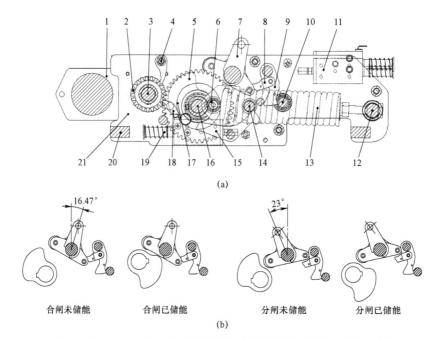

(a)

合闸未储能　　　合闸已储能　　　分闸未储能　　　分闸已储能

(b)

图4-10　ZW32型支柱式真空断路器的弹簧操动机构结构示意图

（a）操动机构内部结构图；（b）分合闸状态机构位置图

1—储能电机；2—小齿轮；3—储能轴；4—止逆棘爪；5—大齿轮；6—储能保持滚子；7—输出拐臂；8—合闸保持掣子；

9—分闸掣子；10—分闸半轴；11—分闸脱扣器；12—挂簧轴；13—合闸弹簧；14—合闸半轴；15—合闸掣子；

16—主轴；17—圆轮；18—离合板；19—合闸脱扣器；20—支撑柱；21—夹板

当合闸线圈反向通电时，产生一个与永磁体反向的磁场，抵消永磁体的磁场，同时分闸弹簧释放能量，分闸弹簧带动铁心向上运动，实现分闸操作，分闸过程磁路如图4-11（c）所示。

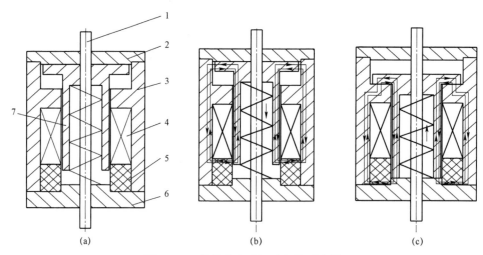

(a)　　　　　(b)　　　　　(c)

图4-11　单稳态永磁操动机构示意图

（a）结构组成；（b）合闸过程磁路图；（c）分闸过程磁路图

1—输出杆；2—上端盖；3—支撑体；4—合闸线圈；5—永磁体；6—下端盖；7—动铁心

　　ZW32 型支柱式真空断路器配套单稳态永磁操动机构的电气控制原理如图 4-12 所示。

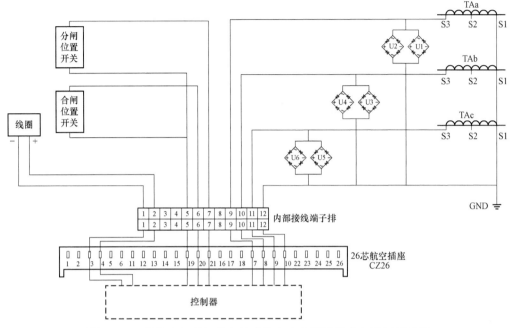

图 4-12　单稳态永磁机构支柱式柱上真空断路器电气控制原理图

　　ZW32 型支柱式柱上真空断路器亦采用了标准化 26 芯航空插头控制接口，信号定义同表 4-2。

4.2.2.3　智能化应用取能方案

　　柱上真空断路器为了满足对架空线路线损测量、零序方向保护等智能化应用的要求，一般配套外置电磁式电压互感器。近年来，支柱式柱上真空断路器最先开展了利用电容式电压传感器作为取能电源与支柱式真空断路器的一体化设计。电容取能支柱式柱上真空断路器有电容式电压传感器内置和外置两种方式，外形图如图 4-13 所示。

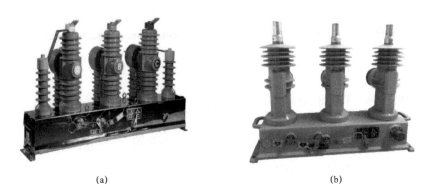

(a)　　　　　　　　　　　　　　　　(b)

图 4-13　电容取能支柱式柱上真空断路器外形图

（a）传感器外置式；（b）传感器内置式

电容取能内置式的支柱式柱上真空断路器内部结构如图 4-14（a）所示，电容取能单元结构如图 4-14（b）所示。

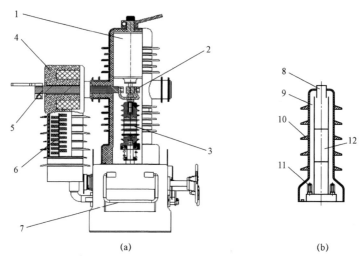

图 4-14 电容取能内置式支柱式真空断路器结构示意图

（a）内部结构图；（b）电容取能单元内部结构图

1—真空灭弧室；2—软连接；3—绝缘拉杆；4—电流传感器；5—导电连杆；6—电压传感器；
7—开关壳体及操动机构；8—铜螺栓；9—环氧树脂；10—硅橡胶；11—铜嵌件；12—电容

采用电容取能方式的柱上真空断路器因选用的电压/电流传感器将电流测量、电压测量及采集保护部分融为一体，因此，采集范围广，组件更小型化。在精度方面，直接输出小电压信号，减少了误差源。电压、电流、零序电流及零序电压测量精度均可达到 0.5 级。特别是在高温环境及北方寒冷的低温条件下，仍然可以保证测量精度。采集数据满足了有功功率、无功功率、功率因数、频率、电能量的计算要求，灵敏的量测感知可供智能配电柱上开关准确快速地隔离线路故障。

4.2.2.4 主要技术特点

（1）智能化基本配置。按标准化配置要求选用高精度、宽范围的电压/电流传感器。

（2）全密封绝缘。采用三相独立支柱式真空灭弧结构，外绝缘材料具有良好憎水性，支柱、电压/电流传感器等均采用一体化环氧树脂浇筑的绝缘结构，电压/电流传感器内部加装均压屏蔽网，整机局部放电达到 10pC 以下，可以适应高污秽等级下架空线路恶劣环境。

（3）操动机构可靠。采用弹簧操动机构时，机构采用直动传输，零部件数量有所降低，储能电机功率小，分合闸能耗低；采用永磁操动机构时，机构零部件少，结构和控制原理简单，分闸速度快，可满足多级级差馈线自动化保护应用需求。

（4）电容取能。采用电容取能技术具有以下优点：① 不受线路负荷影响，易安装，电源输出稳定性较高，并且线路停电时可提供合闸操作电源；② 避免传统电磁式电压互感器 TV 的铁磁谐振，过电压能力强；③ 电容取能不消耗线路有功，减少线路损耗；

④ 开关双侧配备取能电容，同时可进行相电压测量，用于开关进出线两侧的有压无压识别。然而，电容取能技术是近几年起步试点的新技术应用，其对智能配电柱上开关设备整体使用寿命和运行长期稳定性的影响，还有待时间检验。

4.2.3　柱上 SF$_6$ 断路器

柱上 SF$_6$ 断路器是配电线路常用的柱上开关设备，LW3 型或 SFG 型柱上 SF$_6$ 断路器是响应国家电网有限公司一二次融合成套柱上断路器入网新要求而开发的新一代 SF$_6$ 断路器。

柱上 SF$_6$ 断路器一般采用内充 0.3～0.4MPa 表压（20℃时）的 SF$_6$ 气体灭弧和绝缘，通过配套电流互感器/传感器、电压传感器，满足了配电自动化要求。

常用的柱上 SF$_6$ 断路器外形如图 4-15 所示。

(a)　　　　　　　　　　　　　　　(b)

图 4-15　柱上 SF$_6$ 断路器外形图

（a）SFG 型；（b）LW3 型

4.2.3.1　断路器本体结构

以 SFG 型柱上 SF$_6$ 断路器为例，断路器由主导电回路、绝缘系统、操动机构、密封系统、壳体组成，内部结构示意图如图 4-16 所示。

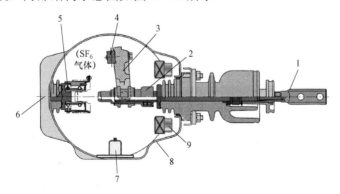

图 4-16　SFG 型柱上 SF$_6$ 断路器内部结构示意图

1—进线端子；2—动触头；3—绝缘拐臂；4—驱动轴；5—静触头；6—出线端子；
7—电压传感器；8—壳体；9—电流传感器

主导电回路从进线端子经动触头、静触头到出线端子，断路器内部采用在 SF$_6$ 气体内旋转灭弧方式熄弧。由于内部充有 SF_6 气体，因此壳体密封要求高，目前，采用不锈钢材质的壳体焊接通过机器人全自动化生产线加工，以保证高精度、高品质和高度一致性。根据自动化使用场景需求内置电压传感器、电流互感器/传感器。

4.2.3.2 操动机构

柱上 SF_6 断路器配套的电动弹簧操动机构实物照片如图 4-17 所示。

图 4-17　柱上 SF_6 断路器配套的电动弹簧操动机构实物照片

柱上 SF_6 断路器实现开关合分的主要电气控制元件包括操作电机、合闸开关、分闸装置、分闸线圈、合闸弹簧、分闸弹簧、储能凸轮轴限位开关、储能轴用电动机限位开关、分闸线圈用开关等，其动作时序图如图 4-18 所示，不同配电开关设备采用的电动弹簧操动机构机械动作原理和电气控制原理相类似，在此不多赘述。

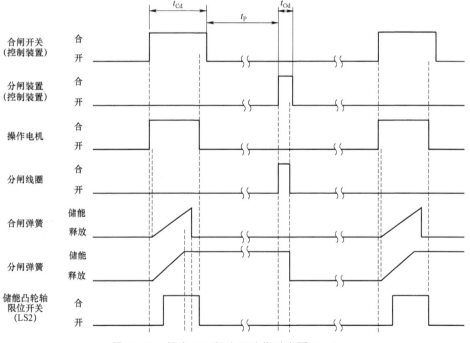

图 4-18　柱上 SF_6 断路器动作时序图（一）

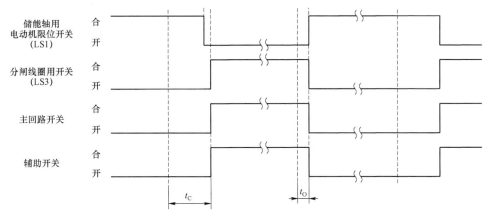

图 4-18　柱上 SF_6 断路器动作时序图（二）

t_C—合闸时间，2s 以内（85%～110%电压）；t_{Cd}—合闸指令时间，2.5s（推荐值：2.5～3s）；

t_O—分闸时间，100ms 以内（60%～120%电压）；t_{Od}—分闸指令时间，0.2s 以上

（推荐值：0.2～0.3s）；t_p—合分闸指令量小时间间隔，0.1s 以上

　　因 SF_6 断路器要求的操作功小，因此操动机构动作时，对零部件产生的冲击小，不易产生疲劳损坏，通常可达到 2 万次机械寿命。

4.2.3.3　主要技术特点

　　智能柱上 SF_6 断路器成套设备一般由柱上 SF_6 断路器、馈线终端 FTU、电压互感器和控制电缆组成，如图 4-19 所示。该成套设备具有以下技术特点：

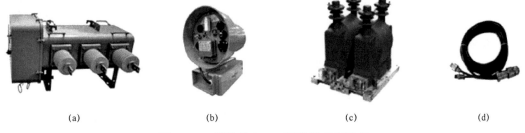

| (a) | (b) | (c) | (d) |

图 4-19　智能柱上 SF_6 断路器成套设备

（a）柱上 SF_6 断路器；（b）馈线终端 FTU；（c）电压互感器；（d）控制电缆

　　（1）智能化配置。柱上 SF_6 断路器按标准配置了高精度宽范围的零序电压/电流互感器、零序电压/电流互感器或配置零序、相序一体化传感器，可以内置取电电容及压力、位置等传感器，与馈线终端 FTU 配套实现智能化。

　　（2）长寿命设计。柱上 SF_6 断路器操作功小，设计寿命满足 30 年运行。此外，柱上 SF_6 断路器合闸没有弹跳及引起的过电压，适用于投切电容器设备；通过在线检测 SF_6 气压状态，发生气密不良，可及时进行预防维护。

4.2.4　柱上真空负荷开关

　　负荷开关与断路器的不同之处在于它不能开断短路电流，可以切断负荷电流，但开

关断口的绝缘性能比较高。在配电自动化应用中，特别适合在配电线路频繁切换、转供负荷及馈线自动化功能要求频繁动作的场景。

国内自动化用柱上真空负荷开关较多采用从日本东芝电压–时间型自动配电开关VSP5 产品衍生出的 FZW28 系列产品，由于该产品在自动化技术应用上有其独特的特点，下面以该系列产品为例进行介绍。

与共箱式柱上真空断路器的结构相类似，柱上真空负荷开关采用真空灭弧、SF$_6$ 气体绝缘、全密封结构设计。针对配电自动化应用中存在的取能问题，为了避免在配电线路上大量使用蓄电池带来的寿命问题和维护工作量，这款负荷开关设计了满足配电终端不使用蓄电池的"来电即合、无压释放"的电磁操动机构。

常用的智能柱上真空负荷开关有分段真空负荷开关和分界真空负荷开关两种，外形图如图 4–20 所示。

(a)   (b)

图 4–20　智能柱上真空负荷开关外形图
(a) 分段真空负荷开关；(b) 分界真空负荷开关

4.2.4.1　本体结构

分段真空负荷开关内部结构如图 4–21（a）所示。图中，负荷开关导电回路由真空灭弧室和用于保证开断可靠性的内置隔离断口串联组成，密闭在 SF$_6$ 气体内。

不同于一般柱上开关设备，负荷开关出线采用了全密封浇铸锥型瓷套电缆方式，使带电部分处于全密封状态，可以解决柱上开关户外运行的污秽问题，在满足绝缘安全和免维护要求的同时，缩小了体积。开关内置三相穿芯式电流互感器，用以实现过流保护及线路电流的测量。

用户分界负荷开关基于分段负荷开关结构，将小型化的电压互感器与开关进行一体化内置设计，如图 4–21（b）所示，内置相零一体式电流互感器，可同时采集相电流、零序电流。

4.2.4.2　操动机构

柱上真空负荷开关配套的操动机构一般分为电磁操动机构和弹簧操动机构两种。

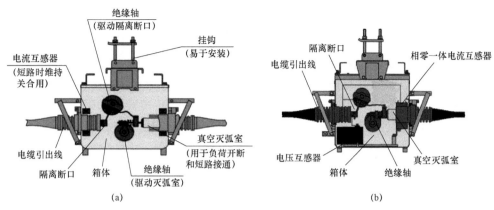

图 4-21　柱上真空负荷开关内部结构图

（a）分段负荷开关；（b）分界负荷开关

这个系列开关两种机构最大的特色是具备真空负荷开关的真空灭弧室断口和隔离断口的串联异步联动操作。负荷开关在合闸时，先合隔离开关，再合真空灭弧室；分闸时，先分真空灭弧室，再分隔离开关，真空灭弧室和隔离开关的分合时间差一般为 15～40ms。这种结构设计，使真空灭弧室小断口下增加了一个内置隔离断口，极大地保证了真空负荷开关断开时的断口绝缘可靠性。

1. 电磁操动机构

分段负荷开关的电磁操动机构具有"来电关合、无压释放"特性，因电动合闸是靠电磁线圈直接驱动，无储能过程，因此反应迅速，机械寿命在 1 万次以上。

电磁操动机构由合闸（维持）线圈、铁心、接触器、行程开关、运动支架、弹簧及弹簧拉杆等部件组成。

电动合闸是线圈通电产生电磁力使铁心运动，推动运动支架向右合闸；同时压缩弹簧储能作为分闸能，当合闸（维持）线圈失电，弹簧释放能量向左把运动支架压回分闸位置。分闸状态如图 4-22（a）所示，电动合闸状态如图 4-22（b）所示。由内置电流互感器为合闸线圈提供保持电流，确保开关后端线路故障时，在上级断路器没分闸之前处于合闸状态。

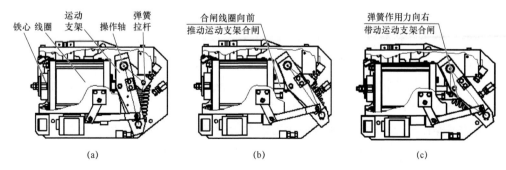

图 4-22　电磁操动机构三种动作状态

（a）分闸状态；（b）电动合闸状态；（c）手动合闸状态

手动合、分闸是依靠操作轴带动弹簧拉杆旋转，从而弹簧拉杆带动弹簧旋转过中后，弹簧释放合闸作用力使开关合闸。手动合闸状态如图4-22（c）所示。手动合闸作用力只由弹簧提供，合闸线圈的得电失电不会影响合分状态。手动分闸主要是手柄控制操作轴带动弹簧拉杆旋转，弹簧拉杆带动弹簧旋转过中后，弹簧释放分闸作用力使开关分闸。

内置隔离断口和真空灭弧室通过在操动机构同一运动支架设计两个运动导槽，使真空断口、隔离断口互为闭锁，隔离开关先于灭弧室触头合闸，后于灭弧室触头分闸，并保证了隔离开关与真空灭弧室的分合时间差。

2. 电动弹簧操动机构

当配套电动弹簧操动机构时，其动作原理主要依靠操动机构上的机械锁扣装置保持负荷开关的合闸、分闸、储能状态，通过手动或者电动触发脱扣装置，将储存的弹簧机械能量释放，通过输出凸轮驱动开关动作。

电动弹簧操动机构结构相对较复杂，如图4-23所示。

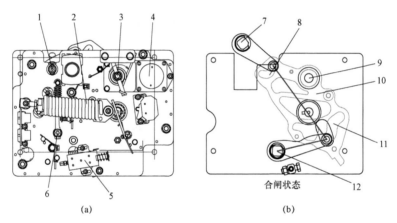

图4-23　柱上双断口真空负荷开关电动弹簧操动机构

（a）双断口电动弹簧操动机构；（b）双断口动作关系

1—合分指示轴；2—储能弹簧；3—储能轴；4—储能电机；5—分闸线圈；6—合分闸锁/脱扣装置；7—隔离刀轴；
8—隔离刀轴运动轨迹；9—转动中心；10—运动支架；11—主轴运动轨迹；12—真空断口主轴

电动弹簧操动机构主要组成部件有储能弹簧、储能电机、储能保持装置、合分闸锁/脱扣装置、输出凸轮等设计有双断口联动设计。

通过运动支架上隔离刀轴和主轴两条精巧的运动轨迹8、11，实现隔离刀轴和主开关真空断口主轴始终按固定的操作顺序进行异步联动运动，合闸状态双断口动作关系如图4-23（b）所示。

当分闸操作时，运动支架沿转动中心逆时针旋转，真空断口主轴先转动，带动真空开关先分闸；而隔离刀轴要等运动支架转动一段空行程，保证真空断口分闸后，隔离断口才会分开。

当合闸操作时则正好相反，运动支架沿转动中心逆时针旋转，隔离刀轴先转动，真空断口主轴要等运动支架转动一段空行程，保证隔离刀轴先合到位，真空开关断口才合上。

4.2.4.3　电气控制原理

电磁操动机构柱上负荷开关电气控制原理图如图 4-24 所示。

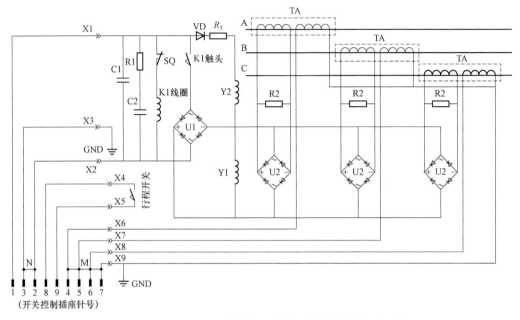

图 4-24　电磁操动机构柱上负荷开关电气控制原理图

注：M、N—短路环，其中 M—计量 TA 二次线圈短接用。在不使用 TA 输出信号时，应确保短路环短接牢靠。

当额定操作电压（AC 220V）输入到负荷开关控制接口插针 1 和插针 2 之间时，控制继电器 K1 的线圈通电，K1 的触头关合，这时合闸线圈 Y1 通电，负荷开关闭合。开关合闸后，其操动机构的行程开关 SQ 断开，控制继电器 K1 失电。这时 K1 的触头断开，操作电流经串联电阻 R3、维持线圈 Y2 和关合线圈 Y1 后，变成维持电路。开关以一个较低的电流保持维持合闸状态。线路失电时，合闸线圈 Y1 断电，负荷开关直接分闸。

配套电磁操动机构的负荷开关具备非遮断电流保护功能，即开关后端线路短路故障失压、并有故障电流（该电流大于 700～1400A）流过时，开关维持合闸，确保负荷开关不分断短路故障电流，该功能实现负荷开关的自我保护。

4.2.4.4　主要技术特点

1. 智能化配置

分段负荷开关设备安装双侧电压互感器，分界负荷开关设备在电源侧安装电压互感器，内部安装高精度、宽范围的零序电压/电流互感器，或配置零序、相序一体化传感器，满足线路的短路、过流、单相接地等各种故障检测判断以及线损计量要求。根据需要内置取电电容及压力、位置等传感器，满足智能化需求。

2. 机构联动安全设计

开关内置隔离断口与灭弧室串联异步联动，操动机构与之匹配设计，使开关具有非

147

遮断电流保护功能，当检测到流过负荷开关的故障电流时，闭锁跳闸回路，从而避免负荷开关开断大于额定电流的负荷，同时也加大了真空灭弧室分闸时断口距离，增加设备整体的安全性。

3. 避免使用蓄电池

取能一直是困扰着自动化的一大难题，大量蓄电池的采用，寿命与配电开关设备难匹配，维护工作量大。因此，分段负荷开关设计了一款操动机构具有"来电关合、无压释放"功能，通过选择以电压–时间型为基础的馈线自动化，彻底避免了蓄电池的使用，保证了智能配电设备成套使用的长寿命运行，这是一个值得借鉴的思路。

4. 馈线终端功能化特点

配套的馈线终端通过以下功能设计，配合"来电即合、无压释放"型电磁操动机构配电柱上开关实现馈线自动化。

（1）延时功能。这款馈线终端设计了 3 个可整定的延时时间，X–时间、Y–时间、Z–时间。X–时间是对柱上负荷开关在合闸前，需要对其电源侧进行无故障确认的时间；Y–时间是对柱上负荷开关在合闸后，需要对负荷侧进行无故障确认时间；Z–时间是具备停电的确认时间，设计应小于重合闸时间。

（2）分段点 S 模式功能。馈线终端在分闸且无闭锁状态时，当开关的电源侧来电，按 X–时间延时后合闸；当在延时 X–时间内失压时，设置反向闭锁；当延时在 X–时间内检测到受电侧瞬时电压，则设置正向闭锁，开关不关合；开关合闸确认 Y–时间内，若检测到线路失压，则设置合闸闭锁；线路从其闭锁侧再来电时，开关不会延时自动关合。

（3）环网点 L 模式功能。对于位于环网点设置了 L 模式的馈线终端，当两侧来电时，延时解除闭锁并维持开关在分闸状态；开关由两侧带电进入单侧失电状态时，开关延时关合，若延时过程中受电侧出现瞬时电压，则设置闭锁不关合。

（4）具备不同条件下的遥信功能。馈线终端具有 X–时间闭锁遥信、Y–时间闭锁遥信、两侧有压闭锁遥信、残压闭锁遥信、瞬时加压闭锁遥信、多次重合闸闭锁遥信、遥控分闭锁遥信、分段/联络模式（S/L 模式）遥信功能。

（5）分段/联络功能的投退。馈线终端可通过硬压板和软压板的方式实现分段/联络功能的投退。

4.2.5 馈线终端 FTU 及连接电缆

配电柱上开关配套控制器/馈线终端 FTU、电压互感器/电子式取能装置和连接电缆，构成了智能配电柱上开关成套设备，馈线终端 FTU 是智能化应用的核心控制单元。

4.2.5.1 馈线终端 FTU

柱上开关用配电终端的发展经历了从配套简单的控制元件（如复合控制器），到就地式故障检测控制器如时限式故障检测控制器（fault detect relay，FDR），最终形成了满足不同功能应用的柱上配电终端——馈线终端 FTU。近年来，配电物联网技术推进了配电终端开始向着物联网化终端方向发展。

（1）产品结构。FTU 早期主要以箱式结构为主，20 世纪 90 年代末从日本东芝引进了真空自动配电开关成套设备，其 FDR/RTU 采用了独特的户外耐气候性、免维护的罩式结构，得到了电力用户的广泛认可，由此形成了目前标准化设计中可以选用的两大结构——标准化罩式和箱式结构。

（2）电气接口。初期只设计有电压接口、控制接口，为了满足测量和通信需求，增加了电流接口和串行通信接口。随着配电自动化技术和通信技术的发展，目前的 FTU 具有电压接口、控制接口、电流接口、串行通信接口、网络通信接口和后备电源接口。

（3）终端定值和模式设定。早期由安装在 FTU 上的旋钮开关/拨杆开关就地完成，目前，根据需要可以选择设计就地的旋钮开关/拨杆开关/拨码/液晶和后台软件进行现地操作或远程整定完成。

（4）通信方式。配电终端（FTU、DTU、TTU）从采用串行通信系统扩展到串行/网络型通信系统。

（5）采集方式。模拟量的采集方式由原来采用电磁式电压/电流互感器采样发展到现在可采用电磁式互感器和电子式传感器（电压/电流）方式，并开始向着数字化输出的方向发展。

（6）电源系统。配电终端的电源系统采用 AC 200V/DC 48V/DC 24V，终端的后备电源早期主要采用低成本的铅酸蓄电池，目前根据应用场合，可通过组合铅酸蓄电池、超级电容或锂电池等后备电源方案来满足应用需求。

（7）系统软硬件架构。配线终端的主控系统软件架构由中断加循环的模式发展到基于嵌入式实时操作系统的多任务并发模式。近年来，物联网技术发展正在推进终端产品硬件标准化、平台化，软件由标准化的系统软件平台加应用软件（application，App）组成，可实现真正意义上的"高内聚、低耦合"，这将为配电终端软件的开发和维护带来极大的方便。

以罩式馈线终端 FTU 产品发展为例，不同阶段罩式 FTU 外形和底盖（面板）的电气接口状态见表 4-4。

表 4-4　　　　不同阶段罩式 FTU 外形和底盖（面板）的电气接口状态

序号	名称	实物图	底盖（面板）
（a）	时限式故障检测控制器 FDR		

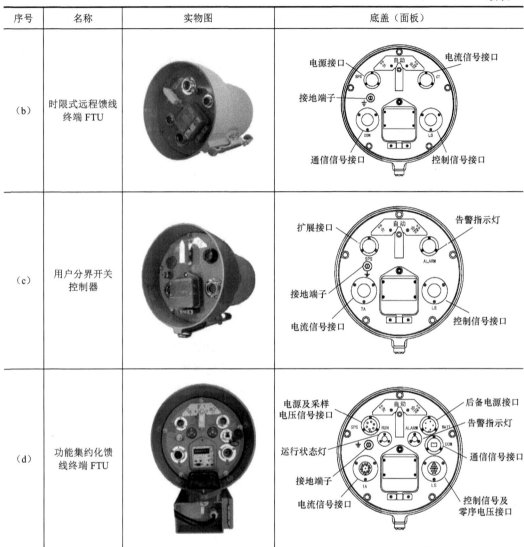

序号	名称	实物图	底盖（面板）
（b）	时限式远程馈线终端 FTU		电源接口　电流信号接口 接地端子 通信信号接口　控制信号接口
（c）	用户分界开关控制器		扩展接口　告警指示灯 接地端子 电流信号接口　控制信号接口
（d）	功能集约化馈线终端 FTU		电源及采样电压信号接口　后备电源接口 运行状态灯　告警指示灯 接地端子　通信信号接口 电流信号接口　控制信号及零序电压接口

时限式故障检测控制器 FDR 是在通信手段有限条件下，针对架空线路就地型馈线自动化应用而设计的，FDR 以户外应用的便捷性和免维护性为目标，仅有电压接口和控制接口，见表 4-4（a）。

FDR 不进行电压、电流模拟量采集，采用由电压互感器提供的 AC 220V 电源，无后备电源以避免采用蓄电池带来的安全隐患和维护费用，无通信功能。通过采样两侧电压信号、设定检测时限，利用重合时序的整定配合，实现时限顺送/逆送功能（分段点功能，简称 S 功能）、环网点功能（简称 L 功能）、S/L 模式切换、手动操作开关分合闸和指示及定值设定等功能，是一款简单实用的馈线自动化开关用控制终端。

在 FDR 功能特点基础上，通过增加了相/零序电流采集、电流型故障检测、串行通信和三遥等功能，设计了时限式远程馈线终端 RTU，见表 4-4（b）。

这个系列的配电终端增加了电流接口，并具有 RS-232 串行通信接口和无线通信功能（2G/3G）。通过与具有零序电压检测的电压互感器和电磁机构配电开关配合使用，采集电压/电流模拟量，用重合时序整定配合方式，完成配电线路短路故障的自动隔离；与变电站绝缘监测配合，完成单相接地故障点自动隔离；其远方通信功能，实现设备的远程合、分控制并完成对线路状态的监测。

同一时期针对用户分界点功能需求，设计了用户分界开关用馈线终端（俗称看门狗终端），见表 4-4（c）。用户分界开关馈线终端与内置 TV 的弹簧操动机构配电开关配合使用，安装于配电线路用户进线的责任分界点抑或分支线、末端线路位置，具备故障检测、保护控制和通信功能，可以隔离被控线路的单相接地故障和相间短路故障。

馈线自动化技术多元化发展和配电终端主板能力的提升，配电终端开始进入了功能集约化阶段，这一阶段的配电终端集测量、保护、监控、馈线自动化多功能为一体，主要采用无线通信（3G/4G/5G）和网络通信方式，见表 4-4（d）。

这一阶段的馈线终端具备了馈线自动化模式（就地型、集中型、智能分布式）选择、三段式保护控制、网络通信、故障录波、线损计量及液晶显示等功能，电源系统增加了直流后备电源供电，后备电源支持铅酸蓄电池、超级电容和锂电池，可以配套电动弹簧操动机构、永磁/磁控操动机构的断路器/负荷开关。

近几年，国家电网有限公司从配电终端整体结构、电气接口、功能定义和配置、运行维护方面进行了标准化设计，统一外观尺寸和电气接口，功能上明确了馈线自动化、"三遥"、数据处理、安全防护、三段式保护、故障录波、线损计量等标准化要求，新增了北斗/GPS 对时和定位、开关合分闸、储能电压/电流状态检测等功能，形成了标准化产品。

标准化罩式馈线终端 FTU（非液晶板和液晶板）的实物和底盖接口如图 4-25（a）、（b）所示，接口如图 4-25（c）所示。标准化的箱式结构和面板如图 4-25（d）、（e）所示。

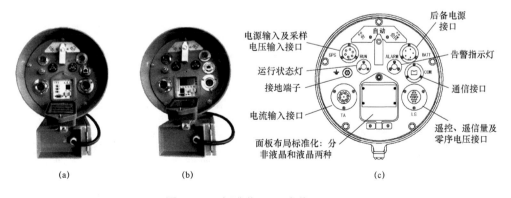

(a)　　　　　　　　(b)　　　　　　　　(c)

图 4-25　标准化 FTU 实物（一）

(a) 非液晶板；(b) 液晶板；(c) 罩式终端底盖

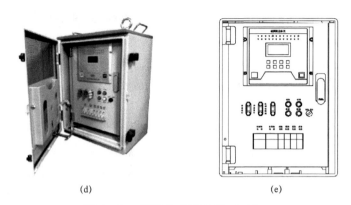

(d)   (e)

图 4-25   标准化 FTU 实物（二）

（d）箱式馈线终端 FTU；（e）箱式馈线终端面板

4.2.5.2   连接电缆

连接电缆是智能配电柱上开关、配电终端和电压互感器之间安全可靠衔接的重要部件。最常用的连接电缆有两根，一根是连接智能配电柱上开关与配电终端 FTU 之间的电缆，采用分叉方式，将连接开关控制接口的 26 芯插头分成一根 4 芯电缆到 FTU 的电流接口，一根 10 芯电缆到 FTU 的控制接口，如图 4-26（a）所示；另一根是电压互感器与配电终端之间的 3 芯连接电缆，如图 4-26（b）所示，连接电缆的标准配置长度是8m。

此外，根据使用需求有时会配备后备电源与配电终端 FTU 的连接电缆，如图 4-26（c）所示；通信设备与配电终端 FTU 的连接电缆，如图 4-26（d）所示。

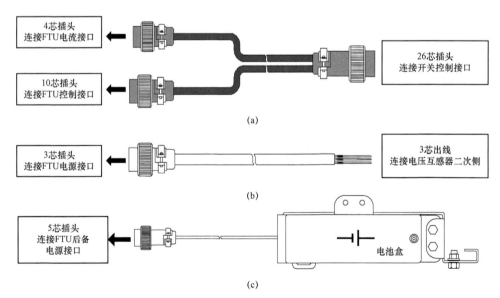

(a)

(b)

(c)

图 4-26   智能配电柱上开关成套设备连接电缆示意图（一）

（a）开关与配电终端 FTU 的连接电缆；（b）电压互感器与配电终端 FTU 的连接电缆；

（c）后备电源与配电终端 FTU 的连接电缆

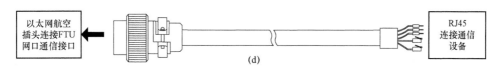

图 4-26　智能配电柱上开关成套设备连接电缆示意图（二）

（d）通信设备与配电终端 FTU 的连接电缆

4.2.6　柱上开关设备配套电源

电压互感器/传感器可用于智能配电柱上开关设备的配套电源，根据应用场景和设备电源功率要求进行选择，最基础的电源是电磁式电压互感器，亦称为电源变压器。

智能配电柱上开关设备常用的电磁式电压互感器有单相 TV、双组单相 TV 和三相五柱式 TV，输出功率有 50V·A、150V·A、200V·A、300V·A、500V·A 等。

一般在变电站出线首台出线开关位置、分支或用户支线位置的配电柱上开关配置单相 TV（接电源侧），如图 4-27（a）所示。在线路的分段或联络点（除出线开关首台位置）一般配置双组单相 TV，推荐接线方式是两个单相 TV 分别接开关两侧不同相（如电源侧接 AB 相、负荷侧接 BC 相），如图 4-27（b）所示。用户分界开关配置内置型单相 TV，如图 4-27（c）所示。

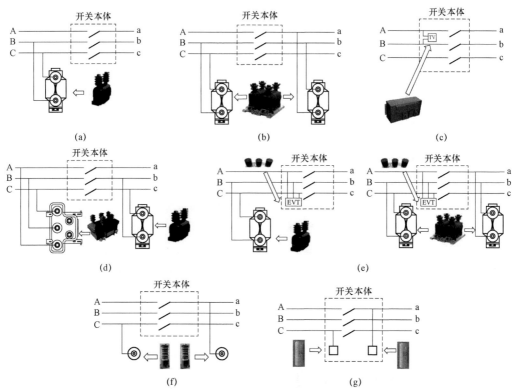

图 4-27　常用智能配电柱上开关设备取能装置的接线示意

（a）开关电源侧配套单相 TV；（b）开关两侧配套双组单相 TV；（c）开关内置式单相 TV；（d）零序电压测量用三相五柱式 TV（单侧或双侧）；（e）带电子式电压传感器的单侧或双侧 TV；

（f）外置电容取能柱；（g）内置电容取能

为了解决主干线单相接地故障自动隔离问题，一些配电自动化应用场景选用了三相五柱式 TV，以满足对零序电压信号采集需求，如图 4-27（d）所示。

采用三相五柱式 TV 虽然满足了零序电压信号采集的要求，但是在电线杆/塔上安装重达 180kg 的三相五柱式 TV，质量是单相 TV 的 4~6 倍，体积大、成本高、安装不便、接线复杂且易接错，给后续的维护管理带来了诸多问题。

随着传感技术的快速发展，电子式零序电压传感器以其体积小、精度高、测量带宽大、可内置等优点，替代三相五柱式 TV 的零序电压采样功能，开关采样采用内置零序电压传感器，配套电源采用单相 TV，根据需要配置单侧电源或双侧电源采样，如图 4-27（e）所示。

智能配电开关设备一二次深入融合技术，推进了电容取能技术应用于柱上开关的发展，智能配电柱上开关进入了无电磁式电压互感器时代。通过内置或外置一体化电容取能柱，优化了架空配电线路柱上设备的电源及安装方式，如图 4-27（f）、（g）所示。电容分压式取能装置输出功率根据需要选择 1V·A、3V·A、5V·A、10V·A、15V·A、20V·A 等。

电容取能技术的应用可以有效提升成套设备的可靠性，降低户外 TV 安装及维护的工作量，但电容取能装置内置于具有十五年以上设计运行寿命的配电开关内，其寿命与开关设备的匹配性还有待于在实际运行环境下时间的检验。

4.3　智能配电柱上开关设备的应用

中压配电网架空线路根据主干线路和分支分界线路使用的位置，将智能配电柱上开关从变电站出口首台开关开始，分别按出线开关、分段开关、联络开关、分支分界开关来区分。

从国内外配电网设备应用经验和经济效益分析来看，配电线路在主干线上设置分段开关和联络开关，能够有效地提高供电可靠性；配电线路在分支线上设置分支分界开关，可以有效地减少分支线故障波及主干线及对其他分支线造成的影响。一般情况下，架空线路 1 台馈线终端 FTU 只对 1 台配电柱上开关进行分合闸控制和运行数据的采集。

架空线路智能配电柱上开关需要根据应用场景、接线方式和馈线自动化模式来选择。

4.3.1　配电线路智能开关配置原则

4.3.1.1　线路配置原则

（1）主干线路配电柱上开关可根据负荷大小和线路长短，经济合理地安排和选择分段数、分段点和联络点、配电开关类型（断路器或负荷开关），较常采用 2 开关 3 分段、单联络或多联络接线方式。

（2）根据安装地点选择额定电流、开断和关合短路电流能力、动热稳定电流及持续时间。为了适应配电网容量不断提高的需求，断路器短路电流开断容量一般选择 20kA 及以上。

（3）根据网架结构和使用功能，配置配电终端功能，正确整定其保护配合（重合次数、分段计数、电流门限、延时时间等），实现馈线自动化功能。

（4）根据架空线路应用环境特点，智能配电柱上开关设备要求坚固耐用、免维护及环保，因此，需要综合考虑开关本体的绝缘介质（SF_6 气体或固体绝缘等）、灭弧介质（真空或 SF_6）、机构类型（电磁、弹簧或永磁等）及结构防护等级（如 IP67）、机械寿命和电寿命等性能要求，特别需要关注配电终端在户外环境的使用寿命与配电开关设备的匹配性。

4.3.1.2　常用接线方式下开关设备的配置

常用接线方式下，线路分段的开关设备配置可参考以下原则。

1. 单电源辐射（树干式）接线方式

目前，我国城郊接合部和广大的农村地区还大量采用单电源辐射（树干式）接线方式，如图 4-28 所示。

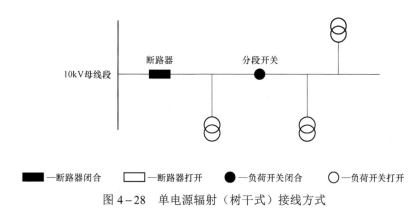

图 4-28　单电源辐射（树干式）接线方式

一般主干线分 2～3 段，负荷较密集地区每 1km 分 1 段，远郊区和农村地区按所接配电变压器容量每 2～3MV·A 分 1 段，根据应用需求选择智能断路器或负荷开关。

2. 单环网接线方式（手拉手接线）

单环网接线方式是目前城市里广泛采用的接线方式，如图 4-29 所示。这种模式中两个电源可取自同一变电站的不同母线或不同变电站母线，采用环形接线，开环运行。

一般主干线分 2～3 段，配置 2 台出口断路器、1 台联络开关，根据需要配置分段开关。线路故障或电源故障时，通过联络开关切换操作可实现负荷转供。

这种接线模式下，线路备用容量为 50%，即正常运行时，每条线路最大负荷只能达到该线路允许载流量的 50%。

3. 多分段多联络接线方式

多分段多联络接线方式应用在负荷密度高、重要负荷地区，如图 4-30 所示。可根据需要加大电源点和联络备投的力度，提高供电可靠性。

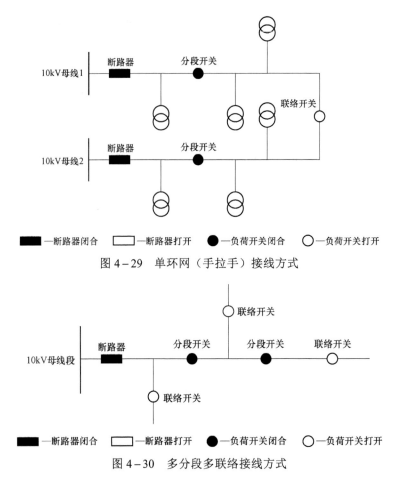

图 4-29 单环网（手拉手）接线方式

图 4-30 多分段多联络接线方式

多分段多联络接线方式中应用较多的是三分段三联络方式，这种方式中三个联络开关的电源一般来自不同变电站母线或其中 2 路来自同一变电站不同母线，联络开关开环运行。一条馈线配置 1 台出线断路器，两条馈线之间配置 1 台联络开关，并根据需要配置分段开关。

在接线模式下，线路的备用容量为 66%，即正常运行时，每条线路最大负荷只能达到该线路允许载流量的 66%。

4.3.2　主要设备技术参数

目前，智能配电柱上开关设备一二次融合标准化配置有分段/联络断路器成套设备、分段/联络负荷开关成套设备、分界断路器成套设备、分界负荷开关成套设备四大类。

按照标准化要求，分段/联络开关内置各一组高精度、宽范围的电压/电流传感器，提供 U_a、U_b、U_c、U_0（测量、计量）电压信号和 I_a、I_b、I_c、I_0（保护、测量、计量）电流信号，开关两侧外置 2 台电压互感器供电，或采用新型取能装置。分界开关至少内置 A、C 相电流互感器和零序电流互感器，在电源侧外置 1 台电压互感器。

4.3.2.1　柱上断路器/负荷开关常规技术参数

12kV 柱上断路器/负荷开关常规技术参数见表 4-5。

表 4-5　　　　　　　　　　12kV 柱上断路器/负荷开关常规技术参数

类型		断路器	负荷开关
额定电压/kV		12	
额定电流/A		630	
额定短路开断电流/kA		20、25	
额定短路开断电流开断次数/次		≥30	
额定短时耐受电流及持续时间/（kA/s）		20/4、25/4	16/4、20/4、25/4
额定峰值耐受电流/kA		50、63	40、50、63
额定短路关合电流/kA			40、50、63
额定工频 1min 耐受电压	相对地/kV	42	
	相间/kV	42	
	断口间/kV	48	
额定雷电冲击耐受电压 （1.2/50μs）峰值	相对地/kV	75	
	相间/kV	75	
	断口间/kV	85	
控制和辅助回路电压		DC 24V	AC 220V（电磁机构） DC 24V（弹簧机构）
机械寿命/次		≥10 000	
柱上开关自动化接口要求		26 芯航空插头从开关本体引出电压、电流及控制信号及位置信号	

4.3.2.2　架空线路馈线终端 FTU 技术要求

馈线终端 FTU 典型技术参数指标见表 4-6。

表 4-6　　　　　　　　　　馈线终端 FTU 典型技术参数指标

序号	项目		参数指标
1	运行环境条件	工作温度	-40℃～+70℃
		相对湿度	10%～100%
2	装置电源	工作电源	AC 220V±20%、50Hz、双路
		后备电源	免维护阀控铅酸蓄电池：额定电压 DC 24V，单节电池大于或等于 7Ah，使用寿命大于或等于 3 年，保证停电后分合闸操作 3 次，维持配电终端及通信模块至少运行 8h
			超级电容：应保证停电后分合闸操作 3 次，并维持配电终端及通信模块至少运行 15min
3	模拟量输入标称值	交流电压	线电压：AC 100V/AC 220V（TV）
			相电压：AC 100V（TV）；AC 3.25/√3 V（EVT）
		零序电压	AC 100V（TV）；AC 6.5/3V（EVT）

序号	项目		参数指标
3	模拟量输入标称值	相电流	AC 1A/5A（TV）；AC 1V（ECT）
		零序电流	AC 1A/5A（TV）；AC 0.2V（ECT）
		频率	50Hz
4	开关测控容量		遥测：3 相电压（或 2 个线电压），3 相电流、零序电压、零序电流； 遥信：不少于 3 个，包括开关分位、合位和未储能等遥信； 遥控：2 路（分闸、合闸）
5	电压测量精度		相电压：≤0.5%； 零序电压：≤0.5%； 线电压：≤0.5%
6	电流测量精度		相测量值：≤0.5%（≤1.2I_n）； 相保护值：≤3%（≤20I_n）； 零序电流：≤0.5%
7	有功功率、无功功率精度		≤1%（1 级）
8	遥信电源		DC 24V
9	遥信分辨率		≤5ms
10	软件防抖动时间		10～1000ms 可设
11	交流电流回路过载能力		1.2I_n、连续工作；20I_n、1s
12	交流电压回路过载能力		1.2U_n、连续工作；2U_n、1s
13	守时精度		每 24h 误差应不大于 2s
14	功耗		（1）核心单元正常运行直流功耗≤10W（不含通信模块、线损模块和电源管理模块）； （2）整机运行功耗≤20V·A（不含通信模块、线损模块和后备电源充电）
15	通信接口	RS–232	≥2 个
		RJ45 以太网络	≥2 个
16	配套电源	电源管理模块	长期稳定输出≥50W；短时输出≥300W/15s
		通信电源	额定电压 DC 24V，长期稳定输出≥15W；短时输出≥20W/50ms
		操作电源	弹操机构：额定电压 DC 24V，短时输出≥10A/15s，16A/100ms
			永磁机构：额定电压 DC 110V/DC 220V/DC 380V，输出容量不小于 60A，持续时间≥60ms
17	通信规约		（1）DL/T 634.5101—2002； （2）DL/T 634.5104—2009。 磁控机构：额定电压 DC 220V/DC 380V，输出容量不小于 30A，持续时间不小于 40ms

4.3.2.3 互感器/传感器技术参数

1. 电磁式互感器通用技术参数

（1）电磁式电压互感器。

单相电压互感器和三相电压互感器的技术参数见表 4−7。

表4-7　　　　　　　　　　　　　电磁式电压互感器参数

参数	单相电压互感器	三相电压互感器
额定电压比	10kV/0.22kV	10kV/0.22kV/0.1kV
准确级	3	10kV/0.22kV 绕组 3 级； 10kV/0.1kV 绕组 0.5 级
额定容量	≥300V·A	10kV/0.22kV 绕组额定容量≥300V·A； 10kV/0.1kV 绕组额定容量≥50V·A

（2）电磁式电流互感器。

电磁式电流互感器和零序电流互感器参数见表4-8。

表4-8　　　　　　　　电磁式电流互感器和零序电流互感器参数

类型	变比	准确度	容量/（V·A）
电流互感器	600/5（1）	5P10（0.5）	≥5
零序电流互感器	20/1 100/1	10P5	≥1
		5P5	≥1

2. 电子式传感器技术参数

（1）电子式电压传感器参数见表4-9。

表4-9　　　　　　　　　　　　　电子式电压传感器参数

参数	数值
额定电压比	相电压：（10kV/$\sqrt{3}$）/（3.25V/$\sqrt{3}$）； 零序：（10kV/$\sqrt{3}$）/（6.5V/3）
准确级（含线缆）	相电压：0.5 级；零序电压：3P 级
温度范围	−40～70℃
局部放电	10pC，14.4kV
负载阻抗	终端输入阻抗＞10MΩ； 配电线损采集模块输入阻抗＞10MΩ； 组合输入阻抗＞5MΩ
与开关组合后绝缘电阻（开关相对地）	＞1000MΩ

（2）电子式电流传感器参数见表4-10。

表4-10　　　　　　　　　　　　　电子式电流传感器参数

参数	数值
额定变比	相：600A/1V；零序：20A/0.2V
准确级（含线缆）	相：保护 5P10 级、计量 0.5S 三合一兼容； 零序：＜1%（1%I_n～120%I_n），保护 10P10 级
实现方式	低功耗电磁式
负载阻抗	≥20kΩ
温度范围	−40℃～70℃

4.3.3 不同馈线自动化模式下主干线智能配电柱上开关设备的配置

本节概要介绍主干线路下主站集中型 FA 和就地型 FA 对智能配电开关设备的要求，特别是就地型 FA 的就地重合式，如电压–时间型、电流–电流型、自适应综合型等，对智能配电柱上开关设备的配置要求会略有差别。

1. 主站集中型馈线自动化

主站集中型 FA 需要智能配电开关设备和配电主站的紧密配合并借助于通信手段。当线路发生故障时，配电主站将根据智能配电开关设备采集上传的正常和异常信息，判定故障发生区域，全自动、半自动或人工方式控制开关分合，隔离故障区域、恢复非故障区域的供电。

主站集中型 FA 对变电站馈线开关的保护配置无特别要求，主干线路智能配电柱上升关设备可采用配套电动弹簧操动机构或永磁操动机构的断路器或负荷开关，需要具备标准的配电自动化接口，设备定值可以统一配置，当线路运行方式调整时不需要重新设定，馈线终端需要具有高可靠和高实时性的通信能力。

2. 就地型馈线自动化

就地型馈线自动化不依赖于配电主站的故障处理策略，在配电线路发生故障时，通过智能配电设备的保护配合、时序配合或设备间相互通信的判断，隔离故障区域、恢复非故障区域供电并上报处理过程和结果。

重合器式 FA 一般将变电站馈线开关视为重合器功能并配置多次重合闸，通过检测电压、电流等电气量判断故障，结合配电开关的时序操作或故障电流记忆等手段，在不依赖于配电主站和通信的情况下，就地实现故障定位和隔离。

（1）电压–时间型 FA。

电压–时间型 FA 以智能配电开关设备检测的电压信号和相应的时间状态为判据，与变电站馈线断路器重合闸保护配合，依靠设备自身的逻辑判断功能，实现故障处理。

基本过程为：事故发生时，变电站馈线开关跳闸，线路开关失压分闸。在变电站第一次重合闸后，线路开关按时序来电延时合闸，并根据合闸前后的电压保持时间，确定开关前后端是否存在故障点并执行闭锁隔离功能。变电站二次重合后，恢复非故障区间的供电。根据线路条件，逻辑判断是否需要启动联络开关合闸投入，实现故障后端健全区间的供电。

电压–时间型 FA 常规配置 2 次重合闸（根据需要有些地区也有配置 3 次重合闸），配置 1 次重合闸时馈线首台分段开关的延时时间（X–时间）需要特别整定。线路开关可采用配套电动弹簧操动机构或电磁操动机构的断路器或负荷开关，设备的定值与接线方式有关，当线路运行方式调整时需要重新校验。设备要求具有"失压分闸、来电延时合闸"的功能，即可自行就地完成故障定位和隔离。

（2）电压–电流型 FA。

电压–电流型 FA 有多种实现模式，以采用后加速保护的电压–电流型 FA（也称为合闸速断型）为例，事故发生时，变电站馈线开关跳闸，线路开关失压分闸。当变电站第一次重合闸后，线路开关按时序来电延时合闸，合闸瞬间启动速断保护，确定故障点并隔离。

电压–电流型 FA 常规配置 1 次重合闸，变电站馈线开关保护动作时限不少于 0.3s。主干线分段开关采用电动弹簧操动机构或永磁操动机构的断路器，配置后加速保护，与变电站出线断路器保护形成时间级差配合，具有"失压分闸、来电延时合闸"的功能。设备的定值与接线方式有关，当线路运行方式调整时需要重新校验。变电站一次重合闸即可处理瞬时故障和永久故障。

（3）自适应综合型 FA。

自适应综合型 FA 以电压、时间和故障电流信息为判据，对故障路径进行优先处理，与变电站馈线断路器重合闸保护配合，依靠设备自身的逻辑判断功能，实现故障处理。

基本过程为：事故发生时，变电站馈线开关跳闸，线路开关失压分闸。在变电站第一次重合闸后，线路开关按时序来电延时合闸，根据合闸前后的电压保持时间和故障电流信息，确定故障点并隔离。

自适应综合型 FA 常规配置 2 次重合闸，配置 1 次重合闸时馈线首台分段开关的延时时间（X–时间）需要特别整定。线路开关采用电动弹簧操动机构或电磁操动机构的断路器，设备定值自适应，当线路运行方式调整时不需要重设。设备具有"失压分闸、来电延时合闸"的功能，具备接地故障处理能力，可自行就地完成故障定位和隔离。

4.3.4　用户分支分界开关设备的应用

中压配电线路中，因某一用户侧的事故（主要是接地事故）而波及 10kV 架空配电主干线路的现象时有发生，继而造成全线路停电。在架空配电线路和用户支线的责任分界点之间安装用户分支分界开关设备，可以防止支线或用户侧事故波及电力公司的配电主干线路，提高配电网的供电可靠性。

分支分界线路根据与主干线 T 接处的不同，分为分支分界线路 T 接和用户分界入口 T 接。应用在分支分界线路的开关称为分支分界开关，应用在用户分界入口的开关称为用户分界开关。

分支分界开关一般选用断路器，功能同用户分界断路器。用户分界柱上开关可选负荷开关，也可选断路器。采用分界负荷开关，可自动切除开关负荷侧单相接地故障和自动隔离负荷侧相间短路故障；采用分界断路器，可自动切除开关负荷侧单相接地故障和相间短路故障。

用户分界开关 QL–F1 一般安装在用户出口位置、分支分界开关 QF–F1 一般安装在线路大分支的第一级位置，如图 4–31 所示。用户分界开关配置 1 台电压互感器 TV 安装在电源侧取电并采集线路电压信号（亦可采用其他取电或采样方式）。

当分界开关选择分界断路器成套设备时，配电终端需具备相间故障处理和小电流接地系统单相接地故障处理功能，可直接跳闸切除用户侧相间短路故障和接地故障，具备 3 次重合闸功能。

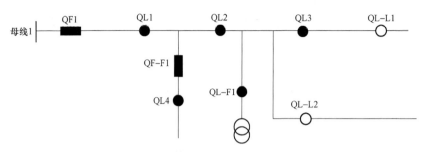

图 4 – 31 用户分界开关安装位置示意图

当分界开关选择分界负荷开关成套设备时，配电终端需具备自动隔离用户侧相间短路故障、自动切除用户侧接地故障，满足非遮断电流闭锁应用要求。

近十几年来，用户分界开关大量安装在 10kV 配电线路用户进户线的责任分界点处或符合要求的分支线 T 接处，有效地实现了对分界点后用户故障的快速隔离。特别是针对城市供电半径受限制造成的一些用户类型复杂、用电状态多变的分支线路和临时用电场所，发挥了很好的作用。

用户分界开关原型开发产品如图 4 – 32 所示，产品基于日本用户分界技术理念、由国内自主研发。开关内部配置了电压互感器和零序电流互感器，操动机构采用了电磁机构带脱扣分闸机构，主回路真空灭弧室和隔离断口通过机构实现串联异步联动，两端保留了瓷套浇铸一体化电缆引出，开关内充满 SF_6 气体。

该开关是一款简洁的、具备内置安全隔离断口的免维护产品，安装维护便利。图 4 – 32（b）所示用户分界开关为在北京某条路口主干线出现多条分支线路用户现场用电的使用场景。

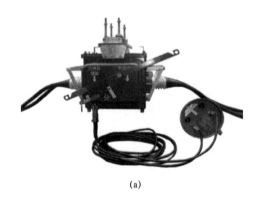
（a）

（b）

图 4 – 32 用户分界负荷开关成套设备
（a）用户分界开关原型开发产品；（b）现场应用

国家电网有限公司近几年在进行配网设备标准化设计和配电一二次融合设备技术方案及技术规范编制，其中明确了分界开关的成套、基本配置和功能：① 分界断路器成套设备由断路器本体、馈线终端 FTU、电压互感器 TV 和连接电缆组成；② 开关本体应内置高精度、宽范围的电流传感器和零序电压传感器，应提供 I_a、I_b、I_c、I_0（保护及测量合一）电流信号和零序电压 U_0 信号；在电源侧配置 1 台电磁式电压互感器 TV，为成套设备提供工作电源和线路电压信号；③ 分界断路器具备相间故障处理和小电流接地系统单相接地故障处理功能，可直接跳闸切除用户侧相间短路故障和接地故障，具备 3 次重合闸功能。标准化的分界断路器成套设备构成如图 4－33 所示。

控制电缆　　　　　　　　　电源电缆

图 4－33　标准化分界断路器成套设备

4.3.5　重合器和分段器的应用

早期，基于重合器–分段器的就地型 FA 可分为三种模式：重合器与重合器配合模式、重合器与电压–时间型分段器配合模式、重合器与过电流脉冲计数型分段器配合模式。

在 20 世纪 90 年代，基于重合器–分段器的就地型 FA 从国外引进后在一定范围内试点运用，为国内馈线自动化的应用打下了良好的技术实践基础。但随着国内配电自动化技术发展和建设思路逐步成熟，早期引进的馈线自动化模式有些已进行了改进升级，有些已很少应用了。但上述三种模式目前在欧美、日本和韩国还在应用，主要有以欧美国家配电自动开关设备应用为代表的电流–时间型（IT 型）设备，以日本配电自动开关设备应用为代表的电压–时间型（VT 型）设备以及韩国在日本技术基础上发展的电压–电流–时间型（VIT 型）设备。电压–时间型（VT 型）和电压–电流型模式的基本原理在 4.3.3 已有涉及，这里仅简要介绍电流–时间型（IT 型）重合器与过电流脉冲计数型分段器的配合模式。

重合器、过电流脉冲计数分段器方式在欧美国家使用较多。重合器能够检测相过电流和相对地过电流状态，并能在过电流持续超过设定时间时断开线路，并能通过一次或多次自动重合线路恢复运行。分段器没有能力开断故障电流，因此必须与重合器或断路器配合使用。分段器将在经过预定的计数后，在重合器再重合闸前，无电流分闸。

重合器、分段器按相数分，可分为单相和三相，绝缘类型有油、环氧树脂或 SF_6，控制类型有液压、电子或磁性制动器。当负荷为单相时，使用单相重合器、分段器。

重合器与过电流脉冲计数型分段器配合方式如下：

当线路发生故障时，重合器首先跳闸，分段器维持在合闸位置。当分段器感受到流过故障电流时，分段器控制器的过流脉冲计数器启动计数 1 次。控制器计数值根据实际应用需求整定可以分闸的计数次数，当达到整定值时，分段器在重合器再重合闸前，无电流分闸，隔离故障。重合器再次重合，恢复健全区段供电。这种方式适用于辐射型架空和电缆线路，具有快速切除故障的特点，但开关动作频繁，因此对开关性能要求较高。

一条辐射型馈线如图 4－34 所示，馈线出线首端位置安装一台重合器 A，安装 3 台分段器 B、C、D，设定的计数次数为 2 次。

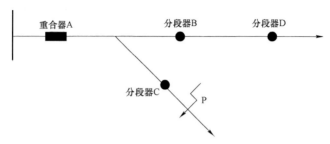

图 4-34　重合器与过电流脉冲计数型分段器配合模式

正常运行时，重合器 A 和各分段器均处于合闸位置。

当 P 点发生瞬时故障时，重合器 A 跳闸，分段器 C 计数过电流 1 次，由于没有达到整定值，分段器 C 保持在合闸位置。经过一段时间，重合器 A 第一次重合，恢复线路正常供电。分段器 C 在设定的延时后，计数器清零，恢复至初始状态。

当 P 点发生永久性故障时，重合器 A 跳闸，分段器 C 计数过电流 1 次并保持合闸位置。重合器 A 第 1 次重合，由于再次重合到故障点，重合器 A 再次跳闸。这时，分段器 C 计数过电流 2 次，分段器 C 在重合器第 1 次重合跳闸后还未启动第 2 次重合前，无流分闸，隔离了故障区段。重合器第 2 次重合闸，恢复健全区段的供电。

这种方案应用在长距离辐射状配电线路中，是一种经济、高效、实用的馈线自动化方式。国内如江苏、宁夏在一些场合也有尝试应用智能脉冲型重合器馈线自动化方案。

4.3.6　智能配电柱上开关设备应用场景综述

模拟一条包含本章各类智能配电柱上开关设备的线路，如图 4-35 所示。线路上配置了出线断路器 QF1、主干线分段断路器 QF2、主干线分段负荷开关 QL1～QL2、联络负荷开关 QL-L1、分支线分界断路器 QF-F1、分支线分界负荷开关 QL-F1 和分支线用户分界负荷开关 QF-Y1。

馈线出线断路器 QF1 配置二次重合闸，设速断保护、带时限过流保护、零序保护装置。速断和过流保护动作时间整定为 0.3s，零序保护时间整定为 1s。一次重合闸延时 5s，二次重合闸延时 60s，二次重合闸闭锁时间为 5s。在馈线主干线上设置一台馈线自动化分段断路器 QF2，带时限保护（过电流：0.15s，零序：0.6s）和二次重合闸功能。

在主干线上设置馈线自动化分段负荷开关 QL1、QL2，实现自动隔离故障区域。分支线分界断路器 QF2 设置在主干线的分支线首端，带时限保护（速断：0s，零序：0.3s）和二次重合闸功能，主要作用是隔离分支线上发生的故障。

分支分界负荷开关 QL-F1 安装在分支线首端，主要作用是隔离发生在分支线上的故障。

分支线用户分界负荷开关 QL-Y1～QL-Y3 装设在 10kV 架空配电线路分支线与用户的责任分界点位置，具有分断负荷电流以及自动隔离单相接地故障的功能。

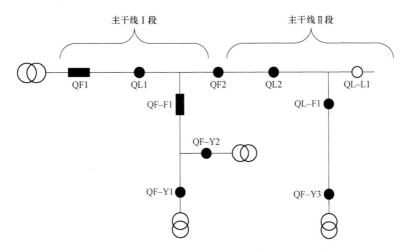

图 4-35　模拟馈线自动化典型应用方案示意

■—断路器合闸状态　　□—断路器分闸状态　　●—负荷开关合闸状态　　○—负荷开关分闸状态

QF1—出线断路器；QF2—分段断路器；QL—分段负荷开关；QL-L—联络负荷开关

QF-F1—分支线分界断路器；QL-F1—分支分界负荷开关；QL-Y1—分支线用户分界负荷开关

QL-L1 为联络负荷开关（正常运行时处于分闸状态），用于与其他变电站或同一变电站不同母线间的联络。

各区间故障处理过程介绍如下。

1. 主干线分段断路器电源侧发生故障

主干分段断路器 QF2 电源侧故障隔离过程见表 4-11，隔离故障恢复供电所需时间 70s。

表 4-11　　　　　　　　　主干线分段断路器 QF2 电源侧故障隔离过程

QF2 和 QL1 之间发生永久故障	
QF1 保护动作跳闸，QL1、QL2、QF-F1、QF-Y1～QF-Y3 在失压后分闸	
QF1 在 5s 后重合闸	

165

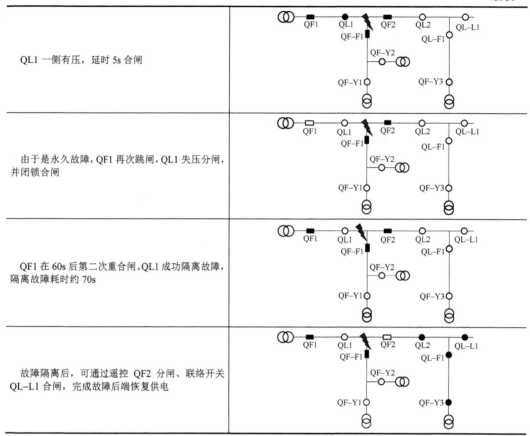

QL1 一侧有压，延时 5s 合闸	
由于是永久故障，QF1 再次跳闸，QL1 失压分闸，并闭锁合闸	
QF1 在 60s 后第二次重合闸。QL1 成功隔离故障，隔离故障耗时约 70s	
故障隔离后，可通过遥控 QF2 分闸、联络开关 QL-L1 合闸，完成故障后端恢复供电	

2. 主干线分段断路器负荷侧发生永久故障

主干分段断路器 QF2 负荷侧故障隔离过程见表 4-12，隔离故障恢复供电所需时间 70s。

表 4-12 　　　　　　　主干线分段断路器 QF2 负荷侧故障隔离过程

QL2 和 QL-F1 之间发生永久故障	
QF2 保护动作跳闸，QL2、QL-F1、QF-Y3 失压后快速分闸	

续表

QF2 在 5s 之后重合闸	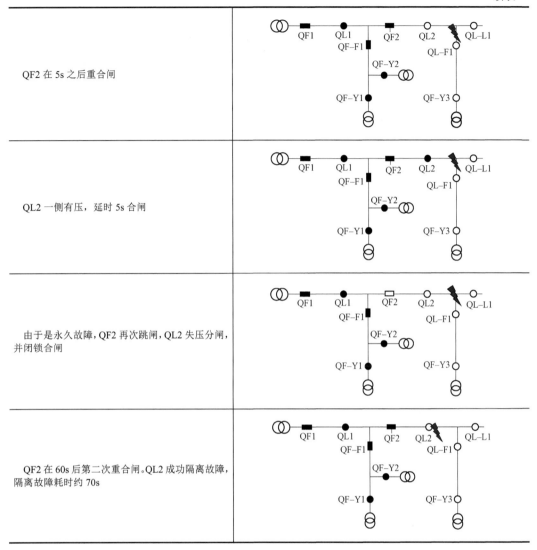
QL2 一侧有压，延时 5s 合闸	
由于是永久故障，QF2 再次跳闸，QL2 失压分闸，并闭锁合闸	
QF2 在 60s 后第二次重合闸。QL2 成功隔离故障，隔离故障耗时约 70s	

3. 分支线分界负荷开关负荷侧发生永久故障

分支线分界负荷开关 QL-F1 负荷侧发生永久故障隔离过程见表 4-13，隔离故障恢复供电所需时间 75s。

表 4-13　　　　分支线分界负荷开关 QL-F1 负荷侧发生永久故障隔离过程

QL-F1 和 QF-F3 之间发生永久故障	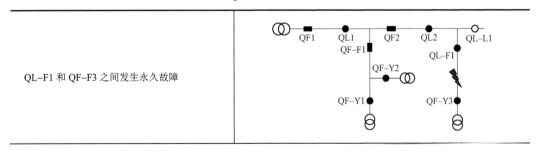

续表

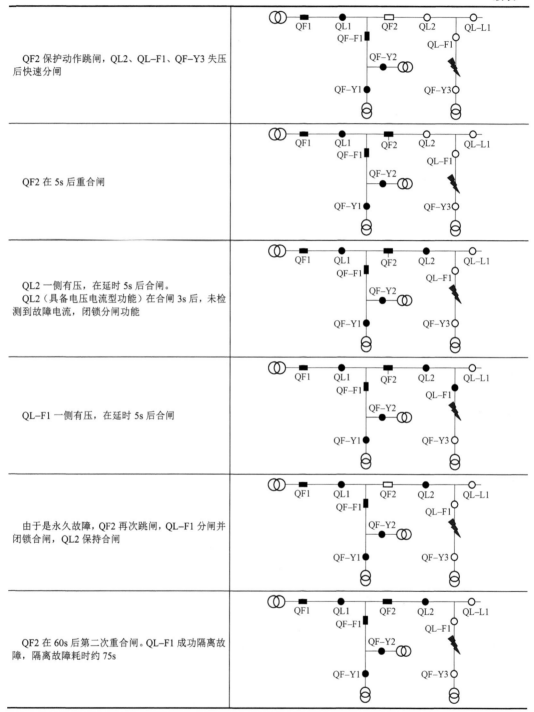

QF2 保护动作跳闸，QL2、QL-F1、QF-Y3 失压后快速分闸	
QF2 在 5s 后重合闸	
QL2 一侧有压，在延时 5s 后合闸。 QL2（具备电压电流型功能）在合闸 3s 后，未检测到故障电流，闭锁分闸功能	
QL-F1 一侧有压，在延时 5s 后合闸	
由于是永久故障，QF2 再次跳闸，QL-F1 分闸并闭锁合闸，QL2 保持合闸	
QF2 在 60s 后第二次重合闸。QL-F1 成功隔离故障，隔离故障耗时约 75s	

4. 分支线分界断路器负荷侧发生永久故障

分支线分界断路器 QF-F1 负荷侧发生永久故障隔离过程见表 4-14，隔离故障恢复供电所需时间 5s。

表 4–14　　　　分支线分界断路器 **QF–F1** 负荷侧发生永久故障隔离过程

QF–F1 与 QF–Y1/QF–Y2 之间发生永久故障	
QF–F1 保护动作跳闸	
QF–F1 在 5s 后重合闸	
由于是永久故障，QF–F1 再次跳闸并闭锁合闸。QF–F1 成功隔离故障，隔离故障耗时约 5s	

5. 分支线用户分界负荷开关用户侧发生永久故障

分支线用户分界负荷开关 QF–Y3 用户侧发生永久故障隔离过程见表 4–15，隔离故障恢复供电所需时间 80s。

表 4–15　　　　分支线用户分界负荷开关 **QF–Y3** 用户侧发生永久故障隔离过程

QF–Y3 后的用户发生永久故障	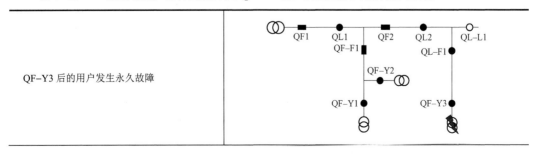

若是单相接地故障，QF-Y3 跳闸隔离故障，其余开关不动作。 若是相间短路故障，QF2 保护动作跳闸，QL2、QL-F1、QL-Y3 失压后快速分闸	
QF2 在 5s 后重合闸	
QL2 一侧有压，在延时 5s 后合闸。QL2 在 3s 后闭锁分闸功能	
QL-F1 一侧有压，在延时 5s 后合闸。QL-F1 在 3s 后未检测到故障电流，闭锁分闸功能	
QF-Y3 一侧有压，在延时 5s 后合闸	
由于是永久故障，QF2 保护动作跳闸，QF-Y3 分闸并闭锁合闸功能，QL2、QL-F1 保持合闸	

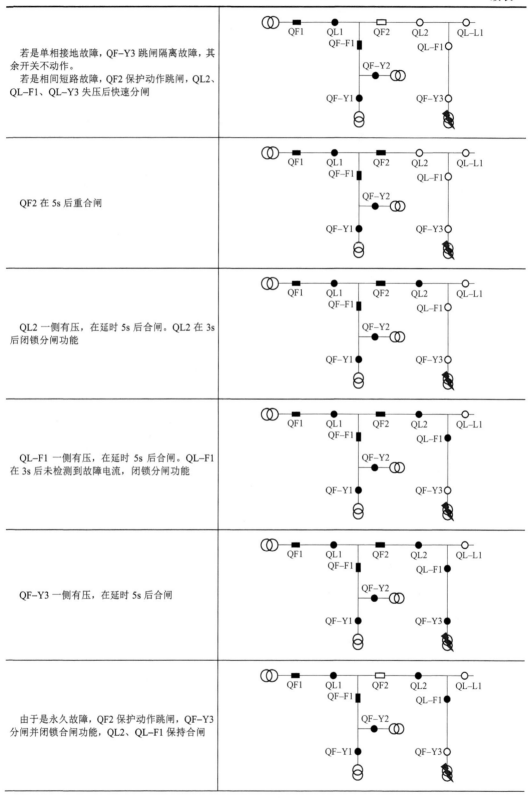

续表

QF2 在 60s 后第二次重合闸。QF-Y3 成功隔离故障，隔离故障耗时约 80s	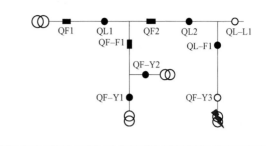

上述模拟馈线自动化方案综合介绍了不同功能的智能配电柱上开关设备，包括出线断路器 QF1、分段断路器 QF2、分段负荷开关 QL1 和 QL2、联络负荷开关 QL-L1、分支分界断路器 QF-F1、分支分界负荷开关 QL-F1 和用户分界负荷开关 QF-Y1～QF-Y3 在线路不同位置时的馈线自动化应用效果。

从上述方案开关设备功能设置中可以看出：

（1）利用分段断路器 QF2 将主干线分为两段，第二区段发生故障时，由分段断路器 QF2 自动跳闸，不会引起变电站出线断路器跳闸，可以减少变电站出线断路器 50% 的跳闸次数，缩小了故障引发的停电范围，并保障了第一区段线路的正常供电。

（2）设备组合应用后，只有在出线断路器到第一个分段断路器（负荷开关）之间区域发生永久性故障时，馈线出线开关重合不成功。其余区域发生故障时，馈线自动化功能都将很好地完成故障隔离。馈线出线开关重合成功，变电站出线开关重合成功率可达到 90% 以上。

（3）分段开关（负荷开关或断路器）当配置了电压-时间型馈线自动化模式时，开关具有来电逐级合闸、失压分闸的功能；当选用电压-电流型馈线自动化模式时，具有合闸后检测到后侧无故障电流、实现分闸闭锁功能。电压-电流型模式与电压-时间型模式相比，减少了恢复供电时逐级合闸的时间，从而减少了非故障区段的停电时间。

（4）用户分界负荷开关的应用，有效隔离了用户侧单相接地故障，不会引起上一级线路跳闸，减少了用户出门事故。

（5）方案设计理念是实时故障就地处理，无需依赖通信手段；配合通信时，可完成配电开关设备的实时监控，并将开关动作和故障信号发送配电主站系统，实现故障的快速定位。

在城市化进程快速推进中，虽然城市内的配电网逐步从架空线路改为电缆线路，但是由于架空入地成本高，有些老旧城区架空入地改造难，而且，我国目前农村配电网大部分是架空线路，因此，架空线路仍将是我国配电网的主要供电线路之一。

配电柱上开关设备作为架空线路电能传输的重要节点，其设备的选型和应用直接决定了架空配电线路电网供电效率和供电可靠性。

4.4　智能配电柱上开关设备的试验和检验

尽管智能配电柱上开关设备针对配电开关、配电终端、传感器/互感器等设备分别都有相应独立的型式试验、出厂试验及交接试验标准要求，但配电柱上开关成套后构成了一体化的智能设备，其综合试验和检验尤其重要。

4.4.1　配电设备常见的试验类型

智能配电开关设备的检验一般分为型式试验、出厂试验、到货检测、交接试验、大修试验、预防试验等。

型式试验是根据产品技术标准，对产品的各项指标进行全面试验和检验，以评定产品的质量是否全部符合国家有关标准和产品技术条件要求，并对产品的可靠性、维修性、安全性、外观等进行数据分析和综合评价。

出厂试验是电力设备生产厂家根据国家有关标准和产品技术条件规定的试验项目，对每台产品进行的检查试验。试验目的在于检查产品设计、制造、工艺的质量，防止不合格产品出厂。每台设备应由制造厂家出具齐全合格的出厂试验报告。

到货检测、交接验收试验、大修试验是指试验部门、安装部门、检修部门对新投设备、大修设备按照有关标准及产品技术条件或相关规程、规定进行的试验。新设备在投入运行前的交接验收试验，用来检查产品有无缺陷、运输中有无损伤等，大修后设备的试验用来检查检修质量是否合格等。

预防性试验是指设备投入运行后，按一定周期由运行部门、试验部门进行的试验，目的在于检查运行中的设备有无绝缘缺陷和其他缺陷，与出厂试验及交接验收试验相比，主要侧重绝缘试验。

目前，大多数供电企业开始实行状态检修模式，状态检修将试验分为例行试验和诊断性试验。例行试验，是指通过获取设备状态量评估设备状态、及时发现事故隐患而定期进行的各种带电检测和停电试验。诊断性试验，是指巡检、在线监测、例行试验等发现设备状态不良、或经受了不良工况、或受家族缺陷警示、或连续运行较长时间为进一步评估设备状态进行的试验。

4.4.2　试验和检验面临的问题

经过了二十多年的配电网自动化建设，特别是近十年智能配电网建设的大规模推进，大量的智能配电设备在配电网中投入运行，早期智能配电设备将一二次设备简单组合带来的运行维护质量问题、一二次设备不同厂家产品故障的责任纠纷越来越多，一二次设备缺乏联调测试机制的问题也越来越突出。智能配电设备成套或融合后的整体检验检测，在制度、标准、执行等方面都需要建立起相应的检测方法及联调测试机制。

总结前期智能配电开关设备在试验和检验上面临的一些问题：

（1）智能配电设备（一次设备和二次设备的整体）缺乏进行全功能、全过程的试验验证。由于测试设备集成度不高，仅在绝缘、量测、传动、抗干扰开展整机检测，缺少一二次设备联动检测机制。

（2）智能配电设备的传动，远程通信是一个重要的能力。因此，除了通过试验室发送控制指令进行开关设备操作的功能和能力验证，还应进行智能设备上传站级信息的接收检验和正确性验证。

（3）准确度、带载和传动试验问题。一二次设备自身精准度存在问题或一二次设备匹配度不够高，如零序电压和零序电流误差超标、配套电源不满足负荷运行要求，现场测试会出现电压采样误差大、电压二次回路的安全隐患、大量接入电阻分压式电压传感器对线路绝缘的影响、电量记录不正确等问题。

（4）标准要求开关电源电压按 65%～85%操作电压进行测试，整机试验电源有时难达到。

（5）早期配电柱上开关设备的操作功耗、储能方式、接口等一二次设备不匹配，兼容性、扩展性、互换性差，测试系统需要多个配套工装。

（6）线路故障保护及隔离的方式和原理多样化（如电压型、电流型、分布智能型等），需要综合考虑一二次设备的功能性能配合。

4.4.3　一二次成套设备检验要求

一二次成套设备的检验还没有比较全面的标准可以遵循，根据 GB/T 11022—2011《高压开关设备和控制设备标准的共用技术要求》、GB 50150—2016《电气装置安装工程电气设备交接试验标准》、GB/T 1984—2014《高压交流断路器》、GB/T 3804—2017《3.6kV～40.5kV 高压交流负荷开关》、GB/T 25284—2010《12kV～40.5kV 高压交流自动重合器》、GB/T 13729—2019《远动终端设备》、DL/T 593—2016《高压开关设备和控制设备标准的共用技术要求》、DL/T 596—1996《电力设备预防性试验规程》、DL/T 402—2016《高压交流断路器》、DL/T 721—2013《配电网自动化远方终端》、DL/T 844—2003《12kV 少维护户外配电开关设备通用技术条件》、DL/T 1390—2014《12kV 高压交流自动用户分界开关设备》等标准，表 4－16 汇总了不同试验阶段一二次成套设备试验需要检测的项目。

表 4－16　　　不同试验阶段一二次成套设备试验需要完成的检验项目汇总

序号	检验项目	型式试验	出厂试验	到货检测	现场交接试验、大修试验	预防试验
1	结构与外观检查	●	●	●	●	○
2	绝缘试验	●	●	●	●	●
3	关合和开断能力的验证	●	○	●	○	○
4	短时耐受电流和峰值耐受电流试验	●	○	●	○	○
5	机械操作和机械特性测量试验	●	●	●	●	○
6	回路电阻测量	●	●	●	●	○

序号	检验项目	型式试验	出厂试验	到货检测	现场交接试验、大修试验	预防试验
7	温升试验	●	○	●	○	○
8	防护等级检验	●	○	●	○	○
9	密封试验	●	●	●	○	○
10	内部电弧试验	●	○	●	○	○
11	电磁兼容性试验（EMC）	●	○	○	○	○
12	辅助和控制回路的附加试验	●	●	●	●	○
13	无线电干扰电压试验	●	○	○	○	●
14	外部接口试验	●	●	●	○	○
15	充气隔室的压力耐受试验和气体状态测量	●	●	○	○	○
16	非金属隔板和活门的试验	●	○	○	○	○
17	气候防护试验	●	○	○	○	○
18	耐受腐蚀试验	●	○	○	○	○
19	环境试验	●	○	○	○	○
20	控制装置的基本功能性能试验	●	●	●	○	○
21	控制装置的振动试验	●	●	●	○	○
22	电源带载能力试验	●	●	●	●	○
23	互感器局部放电测量	○	●	●	○	○
24	成套设备传动功能试验	●	●	●	○	○
25	成套设备电流电压采样准确度试验	●	●	●	○	○
26	成套设备短路故障处理功能试验	●	●	●	○	○
27	成套设备接地故障处理功能试验	●	●	●	○	○
28	电气、气动和液压辅助装置的试验	○	●	○	○	○
29	现场安装后的试验	○	●	○	○	○
30	现场充流体后的流体状态测量	○	●	○	○	○
31	现场安装后与站控层系统联调试验	○	●	○	○	○

注 ●表示规定必须做的项目；○表示规定可不做的项目。

智能配电开关设备作为模块化、一体化设备，需要特别关注电磁兼容（一次设备对二次设备的影响）、绝缘匹配（二次设备在高压环境下的绝缘薄弱点）、传感和量测（各类量测信号的准确度、控制信号的有效性等）、传动能力（测试其基本功能、远程控制和远程通信功能）、配套电源的匹配能力（如是否能够独立满足配电终端线损模块、配套通信模块、正常开关机模块等同时运行）以及接地故障识别、馈线自动化功能等。

为了推进智能配电开关设备有效地一二次融合，保证开关设备具备较高的运行质量及良好的互联互通性，国家电网有限公司运检部和中国电力科学研究院有限公司（简称中国电科院）对一二次融合设备的调试和检测做了一系列要求。目前已形成的测试规范有 T/CES 034—2019《12kV 智能配电柱上开关试验技术条件》、Q/GDW 11836—2018《12kV~40.5kV 智能化交流金属封闭开关设备和控制设备技术规范》等。

用于 10kV 智能配电开关成套设备常规测试系统，一般由三相多功能程控功率信号源、三相标准电能表、升压器、高压基准电压互感器、高压隔离电流互感器和互感器校验仪等组成，一二次智能配电设备测试系统示意如图 4-36 所示。

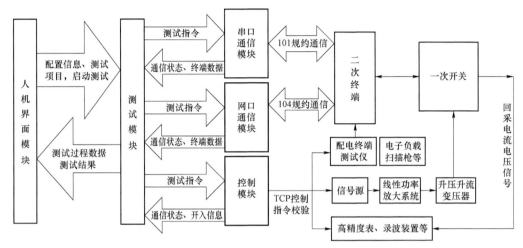

图 4-36　一二次智能配电设备测试系统示意图

智能配电设备常规测试系统主要用于智能配电柱上开关、断路器、计量箱、10kV 一体式高压电能表、配电线损采集模块的误差校准及成套整体检定，为完善柱上开关成套设备测试、提高成套设备的稳定性奠定了基础。

一二次融合智能配电柱上开关设备常规测试系统主要进行以下 3 类项目检测：

（1）准确度。主要对一次互感器/传感器精度，二次终端精度及成套精度检测。

（2）传动功能试验。基本功能试验、瞬时电压反向闭锁试验及"三遥"功能试验。

（3）故障检测与处理试验。包括参数配置功能试验、接地故障检测、短路故障检测、重合闸功能试验、非断保护功能试验等。

实际上，智能配电开关设备在制造过程中，其生产检验成套设备的测试系统不仅包含以上检测项目，还需要对以下项目进行检测：① 绝缘电阻试验；② 工频耐压试验；③ 雷电冲击试验；④ 一二次接口配置检测；⑤ 配套电源带载能力试验；⑥ 防抖动功能试验；⑦ 电磁兼容试验；⑧ 馈线自动化功能试验；⑨ 上传站级信息的接收检验和正确性验证。

目前，智能配电开关设备常规测试系统可以检验出产品的一些设计缺陷，对提高产品质量有着十分重要的意义。随着今后在线检测技术发展和应用成本的进一步降低，可逐步支持全在线、1/2 或 3/4 在线检测系统的接口功能。

智能配电环网柜设备的试验和测试与智能配电柱上开关设备试验和测试相类似，只是需要根据配置的配电终端结构形式不同（集中式站所终端 DTU 和分散式站所终端 DTU），对一二次接口配置分别试验和检测，同时根据应用需求对扩展功能（如智能分布式 FA、北斗/GPS 对时、智能电源管理、状态监测等）进行试验及检测。

4.5 智能配电柱上开关设备与普通开关设备的比较

智能配电柱上开关设备的一次部分具有普通配电柱上开关的所有功能，二次部分包含了智能控制自动化和在线监测部分，其构成要素如图 4-37 所示。

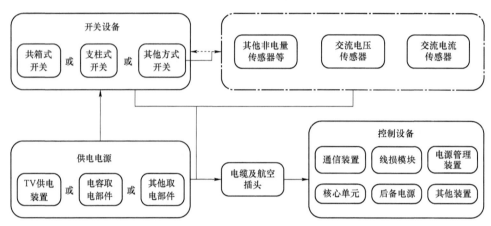

图 4-37 智能配电柱上开关设备的构成要素

智能配电柱上开关设备与普通配电柱上开关设备的对比见表 4-17。

表 4-17 智能配电柱上开关设备与普通配电柱上开关设备的对比

项目		普通配电柱上开关设备	智能配电柱上开关设备
定义		一种机械开关设备，能够关合、承载和开断正常电路及规定过载条件下的电流，也能在规定时间内关合、承载和开断规定的异常电流，如短路电流（注：负荷开关能够关合但不能开断短路电流）	具有较高性能的开关设备和控制设备，配装有电子设备变送器和执行器，不仅具有开关设备的基本功能，还具有附加功能，尤其是在监测和诊断方面的功能
关键技术		关合与开断技术； 绝缘技术； 操动机构技术； 控制技术	关合与开断技术； 绝缘技术； 操动机构技术； 控制技术； 组件集成技术； 测量、控制、保护、计量技术； 状态监测技术； 通信及协同控制技术
主要配置	操动机构	手动或电动操动机构（弹簧）	电动操动机构（电磁、弹簧、永磁等）
	互感器	电磁式电流互感器（两相或三相）	两侧电压互感器/传感器（三相+零序）； 电流互感器/传感器（三相+零序）
	传感器		各类状态检测传感器或传感装置； （可视化设备状态监测、绝缘性能监测、开关特性监测、温度在线监测等）
	取能	电磁式电压互感器 TV	TV/TA/电容取能或太阳能取能等
	控制单元	复合控制器	配电终端
	通信		无线 4G/5G、北斗 BDS 或光纤等

续表

项目	普通配电柱上开关设备	智能配电柱上开关设备
基本功能	开关基本功能： 关合、承载和开断正常线路及规定过载条件下的电流； 断路器能在规定时间内关合、承载和开断规定的异常电流	普通开关基本功能； 自动化功能，主要有： "三遥"（或"四遥"）功能； 馈线自动化（故障诊断、故障定位、就地隔离）； 单相接地故障处理； 高精度线损分段式管理（计量）； 状态检测功能等
发展方向	大容量； 小型化； 绿色环保； 长寿命（机械寿命和电寿命）	较高性能的开关设备和控制设备； 低功耗、快速性； 结构（含接口）标准化、模块化； 从集成到融合的一体化； 全状态感知（温度、局部放电、机械特性等）； 数字化开关； 全生命周期管理（智能运维）

　　智能配电柱上开关设备作为支撑智能配电网自动化应用的基础单元，将持续进行智能感知能力的提升，如通过气体状态、机械特性、线圈电流监测录波等状态检测、分析评估，设备本身是否存在缺陷及严重程度定量评估，从而采取措施消除缺陷隐患。

　　未来，对智能配电柱上开关可实施的状态监测项目还很多，有机械方面的、有电气方面的，有一次方面的、有二次方面的，如触头电烧蚀监测、导体连接处温度、机械振动、局部放电，后备电源、通信状态等监测分析。

　　当然，应当指出的是，为了实现智能化功能，智能配电柱上开关设备内置的传感器件以及配电终端等以电子元器件为主的采集控制模块或装置的使用，需要充分考虑电子元器件的使用寿命问题。因电子产品元器件的环境适应性、运行寿命等各方面的技术限制，目前与普通配电柱上开关运行要求的寿命还不能很好匹配，相关智能元件、标准制定和运行经验还在研究探索和丰富中，配电柱上开关的智能化工作仍然任重道远。

　　普通配电柱上开关走向智能化，是科技发展之必然。智能配电开关设备在充分满足配电设备自身运行可靠性的前提下，通过插上智能化的翅膀，达到进一步提升配电网运行可靠性的目的，并助力电力企业精益化的管理。

第 5 章
智能配电环网柜设备

中压配电网在电缆线路中使用负荷开关柜、负荷开关–熔断器组合电器柜或断路器柜等交流金属封闭开关设备组柜，用于环网供电系统，故称环网柜。

通常，我们把每个对应一路进线或出线的环网柜称为环网单元柜，把几路负荷开关、断路器、负荷开关–熔断器组合电器设计在同一封闭气箱内的环网柜，称为共箱型环网柜。由一个或多个环网柜连接组成置于箱体内的环网供电单元，安装在户外环境时，称为环网箱；主要用于配电线路分接分支的配电设备称为分接箱。

环网柜是电缆线路完成连接、分段、保护和控制的金属封闭开关设备，担负着把线路上不同变电站或同一变电站不同母线两回或者两回以上馈线相互连接形成环路供电并提供多路用户馈线的任务，环网柜较少用于辐射网。智能配电环网柜（箱）是保证配电自动化安全可靠运行的重要设备。

本章将概述环网柜智能化技术发展需求，介绍目前智能化常用的环网柜设备、智能配电环网柜（箱）、智能环网柜（箱）典型应用，对比不同类型环网柜技术及智能化特点。

5.1 环网柜智能化技术发展需求

5.1.1 环网柜技术的发展

环网柜最早在欧美国家地区开始设计使用，主要是为了解决城市快速发展、电网负荷密度增大带来的供电问题。通过环网接线、开环运行方式，改善单电源供电的缺陷，并将用电负荷进行合理分配，缩短供电半径，提升用户端供电质量。

早期环网柜以负荷开关为主，如空气灭弧负荷开关，包括充油式、产气式和压气式。产气式环网柜由于开断负荷时弧光外露、电寿命较低，检修维护工作量大，且分合小电流能力较弱；压气式环网柜因开断负荷时弧光外露、操动机构不易被设计成电动机构、机械寿命低、可靠性不高等缺陷，目前都已停用或少用了。

1978 年德国汉诺威博览会上，由德国 Driescher 公司首推了一款 Minex 型环网柜，采用了 SF_6 气体绝缘和灭弧，因性能优越且体积小、占地空间小，得到了广泛认可。随后许多国家的环网柜制造厂家开发出了各具特色的 SF_6 环网柜，SF_6 环网柜得以大量应用。

"九五"期间，随着城市配电网电缆化发展进程的加快，国内开始使用以 SF_6 环网柜为主的配电设备。早期以引进环网柜为主，按技术设计来源（地区）分为美式环网柜和欧式环网柜。

美式环网柜一般采用美式共箱式设计，多路进出线设计在同一箱体中，结构紧凑，通过全密封预制式电缆连接件，安装简单，抗外力和防爆能力较强，体积小、免维护。

欧式环网柜分气包单元式环网柜和共箱式环网柜，气包单元式环网柜使用环氧树脂浇注而成的壳体或不锈钢制成的壳体，负荷开关密封在充有 SF_6 气体的壳体内，通过顶部母线扩展接口实现自由扩展和组合；共箱式环网柜壳体一般采用 3mm 不锈钢板用氩弧焊焊接而成，主母线、负荷开关、组合电器单元密封在同一个 SF_6 气室内。

2000 年后，环网柜开始了国产化进程。环网柜最初是以满足配电线路架空入地需求的手动负荷开关柜和负荷开关-熔断器组合电器柜为主，随着配电自动化的深入推进，环网柜操作方式逐步由手动操作到开始选用电动操动机构。真空灭弧技术进入配电领域，环网柜开始采用断路器柜组柜。全社会对环保意识的加强，固体绝缘技术、环保气体绝缘技术的应用催生出环网柜更多的绝缘结构形式。

近年来，智能配电环网柜（箱）设备发展快、应用广。2016 年国家电网有限公司根据新的发展要求进行了配电网设备标准化设计的一系列工作，为环网柜智能化应用奠定了良好的基础，但是满足一二次深度融合需求的智能环网柜设备还有很多技术需要进一步提升。

5.1.2　环网柜的基本组成

环网柜用于分合负荷电流、开断短路电流及变压器空载电流、一定距离架空线路或电缆线路的充电电流，起控制和保护作用，可实现环网供电、分支或用户分界点的 T 接、重要末端配电室的供电。

环网柜一般由开关室、操动机构室、电缆室和二次室组成。

开关室由密封在金属壳体或同一环氧树脂内的各功能单元主开关回路（包含隔离开关和接地开关）及其回路间的母线等组成。

操动机构室位于环网柜的正面，根据需要匹配手动或电动操动机构，接地开关配有手动弹簧操动机构。

二次室是安装继电保护元件、仪表、控制电路等二次元件及特殊要求二次设备的空间。

电缆室由电缆套管、电缆及相应附件组成的单独金属封闭隔室，根据功能需求可以安装相应的电流互感器及避雷器等元器件。

环网柜面板上设置有常规的指示和操作按钮，并设有模拟母线、开关状态的显示牌。主开关与隔离开关、接地开关之间具有联锁装置，防止误操作。

环网柜按照功能可分为负荷开关单元柜（C 柜）、负荷开关-熔断器组合电器单元柜（F 柜，简称组合电器柜）、断路器单元柜（V 柜）、TV 单元柜（TV 柜，俗称 PT 柜）、计量单元柜（M 柜）、电缆连接单元柜（D 柜）。

在城市负荷密集区域的配电室会采用双母线环网供电，用于母线联络的单元柜与标准柜型略有不同，有母线联络负荷开关单元柜（用 S_L 柜标识）或母线联络断路器单元柜（用 S_V 柜标识）。

模块化的环网单元柜柜型简图见表 5-1。环网柜组柜时，各单元柜的排列方式一般采用简称字母顺序标识，如 CCVVTV，表示两路负荷开关柜、两路断路器柜、一路 TV 柜自左向右排列组成的环网柜。

表 5-1   环网单元柜柜型简图

名称	负荷开关单元柜	负荷开关-熔断器组合电器单元柜	断路器单元柜	TV 单元柜
简称	C 柜	F 柜	V 柜	TV 柜
柜型简图				
名称	计量单元柜	电缆连接单元柜	母线联络负荷开关单元柜	母线联络断路器单元柜
简称	M 柜	D 柜	S_L 柜	S_V 柜
柜型简图				

负荷开关柜（C 柜）能够关合、承载和开断正常电缆线路及规定过载条件下的电流，也能在规定时间内承载规定的异常电流，如短路电流。

负荷开关-熔断器组合电器单元柜（F 柜）一般用于保护容量小于 800kV 的变压器，出线单元接入变压器总容量超过 800kV·A 时，宜配置断路器及继电保护。

负荷开关-熔断器组合电器柜用撞击器分闸操作时，可以开断转移电流；由分励脱扣器分闸操作时，可以开断交接电流。熔断器撞击器与负荷开关脱扣器之间的联动装置在任一相撞击器动作时，负荷开关应可靠动作，三相同时动作时，不应损坏脱扣器。

断路器单元柜（V 柜）的主要作用是关合、承载和开断正常负荷线路，并能在线路发生故障时，在规定时间内承载和开合短路电流，同时用于各种容量的变压器保护。

TV 单元柜（TV 柜）内根据需要配套单相或三相电压互感器 TV，通过三工位负荷开关或三工位隔离/接地开关与母线连接，用于采集配电线路电压和零序电压，并可为其他环网柜提供取能和控制电源。

计量单元柜（M 柜）根据需求配置不同变比的计量级电流、电压互感器（两台或三台）和电能表，实现供电线路的分段电能计量。

电缆连接单元柜（D 柜）将电缆线路提升到柜体上部与母线连接，方便后续各环网单元柜供电连接。早期的环网柜采用母线铜排进行电缆线路的提升，亦称为母线提升柜。

母线联络负荷开关单元柜（S_L 柜）和母线联络断路器单元柜（S_V 柜）用于环网供电单元内线路分段、提升和双母线的联络，满足不同供电运行方式切换要求，在故障时实现负荷转供。母线联络柜一般选用断路器单元柜，在无继电保护要求时，可选用负荷开关柜。

环网柜中的负荷开关通常具有三工位（合闸、分闸、接地），实现切断负荷、隔离电路、可靠接地。SF_6 灭弧方式的负荷开关可实现三工位，但真空灭弧的负荷开关只能切断负荷、隔离电路，因真空断口绝缘距离小，所以通常在真空开关前或后串联一个隔离开关，构成隔离断口，后端配置一组两工位接地开关。

环网柜每路单元柜均配套带电显示器，现场实时监测是否处于带电状态。可选配带电闭锁装置，避免带电操作接地开关或误入带电单元，保证作业安全。对于采用充气方式的环网柜，根据需要配套压力表、密度表或浓度表，以监测箱体内气体压力或浓度是否正常。根据需要可配套故障指示器、避雷器等。

环网柜有单柜、二回路、三回路、四回路、多回路组柜等方案，环网柜组柜方案示例简图见表 5-2。

表 5-2　　　　　　　　　　　　　环网柜组柜方案示例简图

组柜方案	CCFFTV	CCCCTV
组柜简图		
含义	两进两出一 TV 环网柜：进线负荷开关柜；出线组合电器柜	一进三出或两进两出或三进一出一 TV 环网柜：四路均为负荷开关柜
组柜方案	CCVVTV	CCMVVTV
组柜简图		

组柜方案	CCVVTV	CCMVVTV
含义	两进两出一 TV 环网柜：进线负荷开关柜；出线断路器柜	两进两出一计量一 TV 环网柜：进线负荷开关柜；出线断路器柜
组柜方案	TVCCVVS$_v$ VVCCTV	
组柜简图		
含义	双电源供电用环网柜，两进两出一 TV 柜＋联络柜＋两进两出一 TV 柜：进线负荷开关柜，出线断路器柜，联络柜采用母线联络断路器柜	

5.1.3 环网柜智能化需求

随着我国城市配电线路电缆化进程的不断加快，越来越多的环网柜进入到城市配电网成为骨干设备。环网柜具有各单元柜功能模块化，易于安装扩展；各部件排列紧凑、集成设计，土地面积、空间利用率高；设备可见断口，可快速区分开关合分状态；全密封、全绝缘结构设计等特点，为提升城市配电网供电能力发挥了重要作用。

经过十几年配电网电缆化大规模改造，大量存量的环网柜已运行到寿命中期，这些环网柜智能化普及程度不足，主要表现在早期环网柜缺乏电动操动机构、没有配备可以采集信息的传感设备、缺乏可用的数据通道和供智能设备用的本地电源等，存量环网柜亟需智能化改造来配合运维解决在线监测、故障判断预警等需求。

无论是存量还是新增环网柜，运行环境带来的故障隐患（如比较突出的凝露问题）和负荷不均衡带来设备自身可靠性问题，都是引发配电线路故障的一大隐患。因此，围绕着环网柜集成设计带来的运行安全可靠性提升和自动化响应能力（有效监控、协同故障处理等）成为环网柜智能化的重点工作。

1. 环网柜运行安全可靠性的提升

环网柜运行现场环境复杂多变，在实际运行过程中，会出现凝露、污秽、盐雾、发霉、浸水等多种问题，特别是环网柜电缆室、二次室、机构室受影响较为严重。为了有效监控环网柜自身运行的可靠性，需要了解环网柜常见故障情况，并针对性地配置相应的监控传感设备。

环网柜常见的故障主要分为热故障、绝缘故障和机械故障。

（1）热故障。环网柜内开关的软连接、电缆接头、隔离开关触点等部位因装配不当、环境氧化等造成接触电阻过大，从而导致绝缘件烧蚀甚至酿成火灾。统计表明，50%～65%的电缆事故都是电缆接头过热、老化所致。

（2）绝缘故障。绝缘故障多为环境污秽严重、绝缘材料老化、电缆装配不当导致应力及绝缘气体泄漏等因素引起。如以 SF_6 为绝缘介质的环网柜，绝缘气体一旦发生泄漏，极大可能造成设备短路故障。

（3）机械故障。因环网柜的机构受到潮气腐蚀、弹簧操动机构长期拉伸影响，机构性能出现不同程度的下降，导致操作时发生机构拒动、卡涩，影响机构活动行程和分合闸速度。当发生故障需要环网柜开断时，有可能合分迟缓或失败，造成故障扩大。

尽管环网柜一般安装有带电显示器、故障指示器等监测装置，但各装置独立工作，需要现场检查，传统的人工巡检很难发现上述潜在的隐患。借助各类传感和监测技术（如T 接头处温度的传感、气体压力密度的监测、局部放电监测、动作特性测试等），可以有效发现问题，防患于未然。通过合理植入各类针对上述常见问题监测用传感器，将环网柜运行工况多维度数据有效上传，实现环网柜精准的在线运维。

2．自动化响应能力

组柜是电缆线路配电开关设备使用的一个特点。由于配电开关设备智能化应用过程中，根据网架结构、应用地域、应用需求和负荷状况的差异形成了多种自动化应用模式，因此，不同功能单元柜组柜构成的同一环网柜（箱），每个开关单元柜都可以根据应用需求设置不同的自动化功能。组柜后的智能环网柜运行状态比柱上开关复杂，高效的运行和维护都需要智能化手段支撑。

首先，需要解决环网柜设备组柜后的绝缘配合、电磁兼容、寿命匹配等问题，通过植入传感器采集信息及采用宽范围的电流和电压检测、高精度的功率和电能质量测量，实现对环网柜（箱）的状态评估和其管理区域配电网实时状态的全面感知；其次，智能环网柜的功能设计和匹配需要提升其配电自动化响应能力，包括单元柜的馈线自动化模式、单相接地故障检测方案、环网柜（箱）不同单元柜间的自动化功能匹配等。此外，电缆线路的环网柜（箱）之间、架空电缆混合线路的各环网柜（箱）中的单元柜与柱上开关之间都需要设计其馈线自动化协同应用能力。

近几年，围绕着配电环网柜的智能化运维和自动化应用开展了大量的工作。基础工作包括环网柜如何实现装置级互换、工厂化维修、即插即用和自动化检测等。智能化工作主要以提升环网柜智能化配置，通过植入智能传感设备、应用开关设备健康状态专家诊断系统，实现设备运行状态的在线监测和主动管控，执行个性差异化运维和主动检修管理；通过一二次深度融合技术，实现灵活、可配置的馈线自动化功能，提升自动化响应能力等。

未来，高性能、小型化的智能配电环网柜设备通过应用新材料满足绿色环保社会发展需求，通过融合多种传感器技术构成多功能组合电气设备，实现物联网技术下融合创新应用带来的配电网应用和管理提升。

5.2　典型智能环网柜

环网柜按灭弧方式分为 SF_6 环网柜和真空环网柜，按绝缘介质分为 SF_6 绝缘、固体绝缘、环保气体绝缘（含干燥空气绝缘）环网柜等。

环网柜实现智能化的基础是：① 主开关设备通过配套电动操动机构，实现电动分合闸控制；② 每路进出线单元柜根据功能需要配置电流互感器/传感器、电压互感器/传感器实现线路电流、电压信号的采集；③ 根据不同类型单元柜监控的需求，植入或配备各类传感器（如温/湿度、气体压力或浓度、局部温度和局部放电、机械特性等）监测设备运行状态及健康水平等。

5.2.1 SF_6 环网柜

SF_6 环网柜是指采用 SF_6 气体灭弧的环网柜，密闭在 SF_6 气体内的配电开关具有很好的开断性能，设备使用寿命可长达 20 年，国内近年来大量使用了 SF_6 环网柜。

SF_6 环网柜早期多采用手动操动机构，随着对存量环网柜开关操动机构的改造升级以及增量采用带电动操动机构的环网柜，越来越多的 SF_6 环网柜满足配电自动化建设要求。

SF_6 环网柜按绝缘方式可分为全绝缘 SF_6 环网柜和半绝缘 SF_6 环网柜。

5.2.1.1 全绝缘 SF_6 环网柜

全绝缘 SF_6 环网柜是国内使用较多的环网柜，采用 SF_6 气体作为绝缘和灭弧介质，通过灭弧栅装置进行灭弧，具有良好的绝缘和开断性能。

全绝缘 SF_6 环网柜有单元型和共箱型两种组柜方案，充有 SF_6 气体的不锈钢气箱密闭封装了负荷开关、组合电器、断路器等一次主开关元件，因全密封充有正压气体，需要配备压力表。下面以单元型全绝缘 SF_6 环网柜为例，做一个简单介绍。

1. 基本结构

单元型全绝缘 SF_6 环网柜包含负荷开关单元柜、组合电器单元柜、断路器单元柜、TV 单元柜、电缆连接单元柜、计量单元柜 6 类典型供电单元柜，各单元柜一次方案图见表 5-3。

表 5-3　　　　　　全绝缘 SF_6 环网柜一次方案图汇总

序号	1	2	3	4	5	6
方案名称	负荷开关单元柜	组合电器单元柜	断路器单元柜	TV单元柜	电缆连接单元柜	计量单元柜
一次接线图						

全绝缘 SF_6 环网柜 6 类单元柜产品结构示意图如图 5-1 所示。

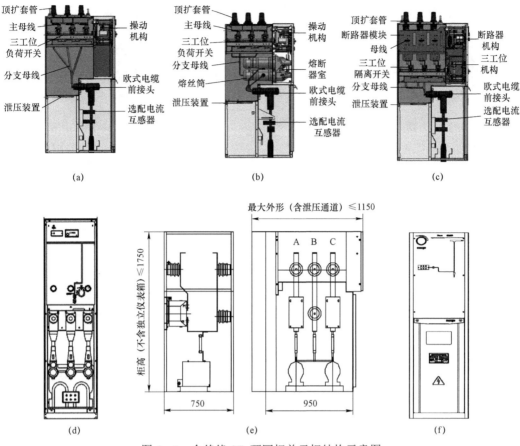

图 5-1　全绝缘 SF_6 环网柜单元柜结构示意图
（a）负荷开关单元柜；（b）组合电器单元柜；（c）断路器单元柜；（d）TV 单元柜；
（e）计量单元柜；（f）电缆连接单元柜

（1）负荷开关单元柜。

负荷开关单元柜采用了三工位 SF_6 灭弧负荷开关，负荷开关模块及灭弧栅外形如图 5-2 所示。负荷开关配套三工位电动弹簧操动机构，有机械联锁装置和明确的开关状态指示。

（2）组合电器单元柜。

组合电器单元柜的三工位 SF_6 灭弧负荷开关串接三相熔断器仓，配套独立的辅助接地开关，用于小容量（小于 800kV·A）变压器保护，负荷开关配套三工位电动弹簧操动机构。

（3）断路器单元柜。

断路器单元柜的断路器模块采用真空灭弧室，如图 5-3 所示，下接三工位隔离接地开关。可采用传统的窝卷电动弹簧操动机构，也可配备改良后的电动弹簧操动机构（如 CTB、CT20 等）。隔离、接地开关匹配了三工位隔离接地手动弹簧操动结构，通过机械五防联锁防止误操作。

（4）TV 单元柜。

TV 单元柜内的电压互感器 TV 与母线的连接通过三工位负荷开关或三工位隔离接地开关完成，可采集配电线路电压和零序电压。

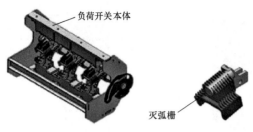

图 5-2　负荷开关模块及灭弧栅示意

图 5-3　真空灭弧断路器模块外形图

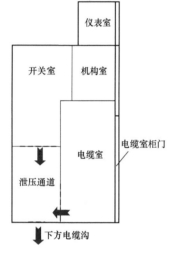

图 5-4　故障电弧泄压通道方向
示意图

（5）计量单元柜。

计量单元柜根据需求配套不同变比的电流/电压互感器（两台或三台）及电能表，满足一次线路电能计量并提供自动化系统采集需要的电气量信号。

（6）电缆连接单元柜。

电缆连接单元柜方便地实现进出线扩展或者避雷器的连接，可安装环形电流互感器、接地故障指示器等，为配电自动化系统提供监测信号。

2. 泄压设计

全绝缘 SF_6 环网柜气箱底部设计有泄压装置，柜体后下部位设计有电缆室的泄压室及通道，一般电缆室套管高度离地不小于 650mm。为了保证安全，环网柜设计了故障电弧泄压通道，故障电弧压力的释放方向朝向后方或电缆沟，如图 5-4 所示。

3. 扩展连接

全绝缘 SF_6 环网柜各单元柜或共箱型环网柜通过顶部扩展（绝缘母线）或侧部扩展（母线连接器）进行组柜母线连接扩展，常见的扩展连接方式如图 5-5 所示。

(a)

(b)

图 5-5　组柜母线扩展连接方式
（a）侧部扩展；（b）顶部扩展

4. 智能化组柜

全绝缘 SF$_6$ 环网柜会使用多回路共箱型环网柜，并根据应用需求采用环网单元柜扩展，实现多种柜型的组合。在智能化升级改造中，保留原多回路共箱型环网柜，通过并柜智能化环网单元柜，配套 DTU 实现改造升级，完成馈线自动化功能。

示例一款采用 2 个环网单元柜、1 个四回路共箱型环网柜、通过母线顶部扩展方式连接组柜的全绝缘 SF$_6$ 环网柜，外形及一次接线图如图 5-6 所示。

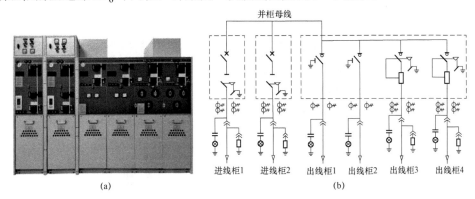

图 5-6　全绝缘 SF$_6$ 环网柜（2 路进线单元柜＋4 路出线共箱柜）

（a）外形图；（b）一次接线图

配套了集中式 DTU 的两进四出共箱型全绝缘 SF$_6$ 环网柜（含 TV 单元柜），外形和一次接线图如图 5-7 所示。

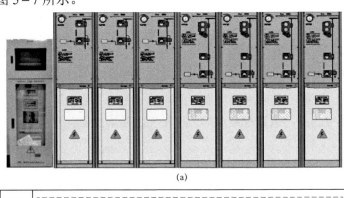

(a)

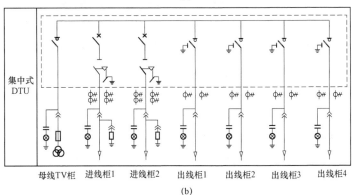

(b)

图 5-7　智能化两进四出共箱型全绝缘 SF$_6$ 环网柜

（a）外形图；（b）一次接线图

5.2.1.2　半绝缘 SF_6 环网柜

半绝缘 SF_6 环网柜（亦称空气绝缘环网柜），主开关采用 SF_6 气体绝缘，柜内采用空气绝缘，由负荷开关室、操动机构室、电缆室、母线室和二次室组成，如图 5-8（a）所示。

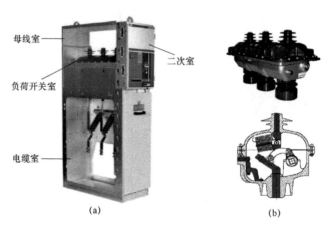

图 5-8　半绝缘 SF_6 环网柜
（a）负荷开关单元柜；（b）气包式负荷开关外形及内部结构示意图

主开关模块封装在充满 SF_6 气体的气包内实现灭弧和绝缘，主母线外露置于空气绝缘环境内。主开关模块一般用三工位负荷开关或负荷开关–熔断器组合电器，配备操动机构和联锁，柜体采用插接式拼装。

气包式三工位负荷开关如图 5-8（b）所示。气包外壳有两种：一种是由全环氧树脂浇注而成；另一种是上壳体采用环氧树脂来保证绝缘等级、下壳体用不锈钢制成以保证母线室和电缆室之间的隔离和接地，一般在气包壳体上设有开关触头位置观察孔和气压监测的压力表。

半绝缘 SF_6 环网柜包含电缆连接单元柜、负荷开关单元柜、组合电器单元柜、TV 单元柜、计量单元柜 5 类典型供电单元柜，无断路器单元柜。一次方案图与全绝缘 SF_6 环网柜相应柜型相同。

半绝缘 SF_6 环网柜的负荷开关单元柜、组合电器单元柜、TV 单元柜、电缆连接单元柜结构如图 5-9 所示。

（1）负荷开关单元柜。

采用三工位气包式负荷开关匹配三工位电动弹簧操动机构。

（2）组合电器单元柜。

采用三工位气包式负荷开关串接一组熔断器，加一台独立的辅助接地开关。当气包内的接地开关关合时，使熔断器上触头接地，同时，独立的辅助接地开关关合，使熔断器下触头接地。操动机构为双弹簧式，具有熔断器熔断自动跳闸功能。

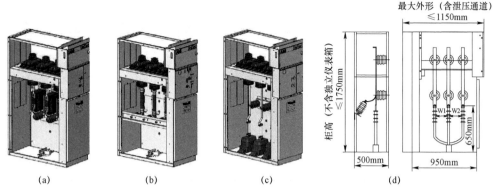

图 5-9　半绝缘 SF_6 环网柜结构示意图
(a) 负荷开关单元柜；(b) 组合电器单元柜；
(c) TV 单元柜；(d) 电缆连接单元柜

当组合电器单元柜保护的变压器低压侧为单电源供电（不存在反送电）时，下接地开关目的是保证更换熔断器时，熔断器两端可靠接地，下接地开关无关合能力。当组合电器单元柜保护的变压器低压侧为双/多电源供电时，下接地开关具有短路关合、短时耐受和峰值耐受电流的能力。

（3）TV 单元柜。同全绝缘 SF_6 环网柜的 TV 单元柜。

（4）电缆连接单元柜。如图 5-9（d）所示。

（5）计量单元柜。同全绝缘 SF_6 环网柜的计量单元柜。

半绝缘 SF_6 环网柜由于没有断路器单元柜方案，不能满足多种馈线自动化方案应用需求，目前只针对存量改造，已少有新增应用。

5.2.2　SF_6 绝缘真空环网柜

SF_6 绝缘真空环网柜采用真空灭弧、SF_6 气体绝缘，一定程度减少了 SF_6 气体的使用量。这个结构的产品把所有带电部件及开关封闭在不锈钢的气室内，通过充额定气压 0MPa 或微正压的 SF_6 气体，使气室体积缩小、结构紧凑，实现了少（免）维护设计。

1. 基本结构方案

SF_6 绝缘真空环网柜包含负荷开关单元柜、组合电器单元柜、断路器单元柜、TV 单元柜、电缆连接单元柜、计量单元柜 6 类典型供电单元柜，各单元柜一次方案图见表 5-4。

SF_6 绝缘真空环网柜的负荷开关单元柜、组合电器单元柜、断路器单元柜结构如图 5-10 所示。

表 5-4   SF₆绝缘真空环网柜一次方案图汇总

序号	1	2	3	4	5	6
方案名称	负荷开关单元柜	组合电器单元柜	断路器单元柜	TV单元柜	电缆连接单元柜	计量单元柜
一次接线图	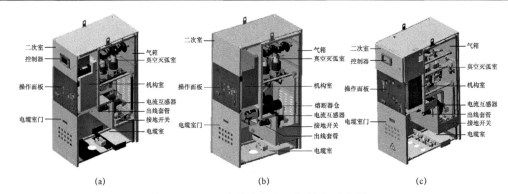					

图 5-10　SF₆绝缘真空环网柜结构示意图
(a) 负荷开关单元柜；(b) 组合电器单元柜；(c) 断路器单元柜

负荷开关单元柜和断路器单元柜分别采用真空负荷开关和真空断路器作为主开关模块，根据开关类型和应用需求配套电磁操动机构、电动弹簧操动机构或永磁操动机构；组合电器单元柜采用真空负荷开关+熔断器组合方案；TV 单元柜、计量单元柜及电缆连接单元柜同 SF₆ 环网柜对应柜型。

2. 智能化组柜

以图 5-11 所示 SF₆绝缘真空环网柜（配主站集中型 DTU）为例，介绍内部主要电器元件位置和用途。

（1）电流互感器。安装于开关单元柜气箱内，每个开关单元柜装一组，为 DTU 提供本单元柜三相电流、零序电流和保护电流信号。

（2）按钮指示灯。安装于开关单元柜的二次室，面板有合闸按钮、分闸按钮、合闸指示灯、分闸指示灯、储能指示灯，提供开关单元柜本地合/分闸操作，指示灯指示开关状态。

（3）故障指示器。安装于开关单元柜的二次室，现地指示本单元高压电缆故障状态（三相短路/接地故障）。

（4）电流表。安装于开关单元柜的二次室，现地显示本单元柜三相电流。

（5）二次电缆连接室。开关单元柜、TV 单元柜与集中式 DTU 双端预制电缆的连接与走线通道。

图 5-11　SF$_6$绝缘真空环网柜内部电器元件位置图

1—电流互感器；2—按钮指示灯；3—故障指示灯；4—电流表；5—二次电缆连接室；6—电压互感器；
7—集中式 DTU；8—除湿器；9—电压表；10—通信室；11—照明灯

（6）电压互感器。三相五柱式电压互感器，提供操作电源、三相采样电压和零序电压信号。

（7）集中式 DTU。具备遥测、遥信、遥控、故障检测、合环监测、电能质量监测、智能分布馈线自动化、设备状态监测、软硬件加密通信、线损计量、故障录波和设备在线管理等功能，实现环网柜及线路信息的采集处理和监控。

（8）除湿器。除湿控制器安装于开关柜二次室，除湿器本体安装于电缆室和/或二次室。目前多采用排水型除湿器，利用温差大易凝露的特点，使空气中水分冷凝在凝水面上，再通过排水孔排出箱外。

（9）电压表。安装于单元柜的二次室，与电压转换开关配合，切换显示三相线电压。

（10）通信室。安装于集中式 DTU 顶部，用于安装环网柜配套的通信设备。

（11）照明灯。安装于电缆室，提供电缆室区域照明。

5.2.3　固体绝缘真空环网柜

固体绝缘技术的研究起始于 20 世纪 50 年代，瑞士、荷兰等国家将固体绝缘技术应用于固体绝缘母线、固体绝缘电压互感器等，20 世纪 50 年代末期开始出现固体绝缘真空环网柜。日本东芝公司于 1999 年研发了高性能的环氧树脂及浇注技术，2002 年开发出 24kV 固体绝缘真空环网柜。国内于 2007 年开始在北京进行了首台 10kV 固体绝缘真空环网柜的应用试点。

固体绝缘真空环网柜是用固体绝缘材料将真空灭弧室等一次回路全部贯通包覆起来的一种中压开关柜，集外固封、绝缘封闭母线和控制模块微型化为一体，是开关领域一个重大的创新。固体绝缘技术的采用将电气设备的安全绝缘距离缩小，从而缩小了环网柜的体积，同时还避免了 SF$_6$ 气体的使用，固体绝缘材料可适应各种恶劣环境，如高海拔和寒冷地区等。因此，固体绝缘技术虽然起步较晚，但近年来发展较快。

固体绝缘真空环网柜按绝缘体结构可分为三相分立绝缘体（分箱型）和三相共箱绝缘体（共箱型）；按绝缘体表面处理分为带导电屏蔽层和不带导电屏蔽层；按隔离接地

开关绝缘方式分为空气绝缘和真空绝缘。

下面以三相分立空气绝缘隔离/接地开关的固体绝缘真空环网柜为例，做一个简单介绍。

固体绝缘真空环网柜的柜体亦分为开关室、操动机构室、母线室、二次室、电缆室，如图5-12所示。

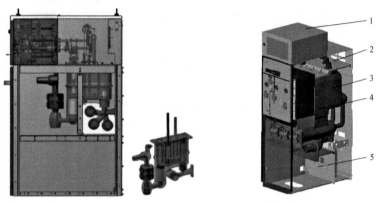

图5-12　固体绝缘真空环网柜结构示意图

1—二次室；2—母线室；3—开关室；4—操动机构室；5—电缆室

开关室是核心开关模块封闭隔室。固体绝缘真空环网柜核心开关模块包括传动系统、绝缘系统、主开关及接地/隔离开关，是完成固体绝缘真空环网柜所有动作状态的最基本结构，如图5-13所示。核心模块采用全密封结构，传动箱、绝缘模块、封板紧固在一起，之间放置了密封圈，可防止潮气、灰尘等进入其内部，防护等级可达到了IP67。

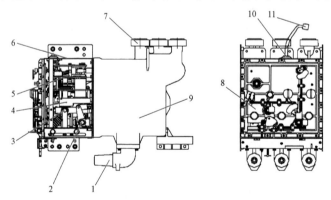

图5-13　固体绝缘真空环网柜核心开关模块示意图

1—出线套管；2—隔离机构操动模块；3—接地机构操动模块；4—电机；5—主开关操动机构；6—传动箱；
7—主母线套管；8—封板总成；9—绝缘模块；10—航空插头；11—连接插拔头

操动机构室与主开关室紧密配合，以保证环网单元柜良好的传动性能和密封性。

母线室是由母线及母线套管等组成的单独金属封闭隔室，母线连接各个单元柜并汇聚分配电流，母线被绝缘材料包敷，外表面涂覆用作接地的导电或半导电层。

二次室和电缆室配置和功能与其他环网柜相同。

1. 基本结构方案

固体绝缘真空环网柜包含负荷开关单元柜、组合电器单元柜、断路器单元柜、TV单元柜、计量单元柜、电缆连接单元柜 6 类典型供电单元柜,各单元柜一次方案图见表 5-5。

表 5-5　　　　　　　　　固体绝缘真空环网柜一次方案图汇总

序号	1	2	3	4	5	6
方案 名称	负荷开关 单元柜	组合电器 单元柜	断路器 单元柜	TV 单元柜	计量 单元柜	电缆连接 单元柜
一次 接线 图	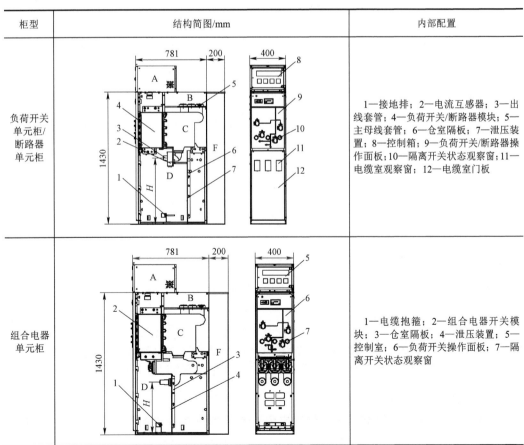					

(1)真空负荷开关单元柜、组合电器单元柜、真空断路器单元柜。

固体绝缘真空环网柜的负荷开关单元柜、组合电器单元柜、断路器单元柜的内部配置见表 5-6。

表 5-6　　　　　　　　　固体绝缘真空环网柜主要单元柜内部配置表

柜型	结构简图/mm	内部配置
负荷开关 单元柜/ 断路器 单元柜		1—接地排;2—电流互感器;3—出线套管;4—负荷开关/断路器模块;5—主母线套管;6—仓室隔板;7—泄压装置;8—控制箱;9—负荷开关/断路器操作面板;10—隔离开关状态观察窗;11—电缆室观察窗;12—电缆室门板
组合电器 单元柜		1—电缆抱箍;2—组合电器开关模块;3—仓室隔板;4—泄压装置;5—控制室;6—负荷开关操作面板;7—隔离开关状态观察窗

固体绝缘真空环网柜的绝缘模块上内置有高压带电显示传感器。

随着断路器成本的不断降低，固体绝缘真空环网柜的组合电器单元柜目前已少有应用。

（2）固体绝缘 TV 单元柜。

固体绝缘 TV 单元柜配有固体绝缘负荷开关或隔离开关将 TV 与母线相连，开关通过手动弹簧操动机构实现分合闸控制，结构示意图如图 5-14 所示。

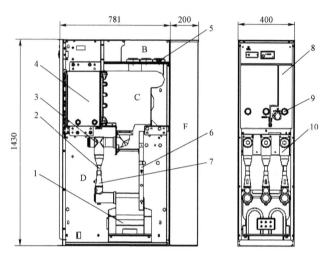

图 5-14　固体绝缘 TV 单元柜结构示意图（单位：mm）

1—电压互感器；2—连接电缆；3—出线套管；4—操动机构；5—绝缘母线；6—隔板；
7—TV 肘型插头；8—面板；9—观察窗；10—电缆头

固体绝缘 TV 单元柜配置单相或三相电压互感器的一次方案图如图 5-15 所示。

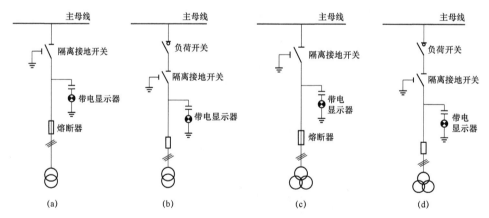

图 5-15　固体绝缘 TV 单元柜配套单相或三相电压互感器一次方案图

（a）隔离开关＋单相 TV 柜一次方案图；（b）负荷开关＋单相 TV 柜一次方案图；
（c）隔离开关＋三相 TV 柜一次方案图；（d）负荷开关＋三相 TV 柜一次方案图

（3）固体绝缘计量单元柜。

固体绝缘计量单元柜选用了全绝缘电流、电压互感器，与全绝缘母线连接，安装了三相电能表，结构简图和一次接线图如图 5-16 所示。

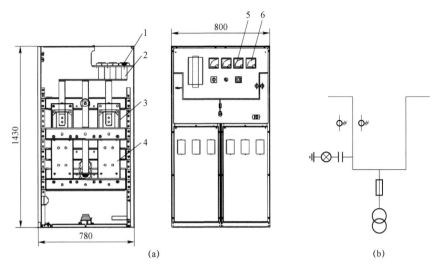

图 5-16　固体绝缘计量单元柜结构示意图（单位：mm）

（a）结构简图；（b）一次接线图

1—母线；2—绝缘支柱；3—电流互感器；4—电压互感器；5—电流表；6—电压表

2. 固体绝缘真空环网柜隔离接地方案

（1）上隔离上接地或下隔离下接地方式。

固体绝缘真空环网柜的开关单元柜有上隔离上接地或下隔离下接地方式。

上隔离上接地方式中，隔离接地开关布置于负荷开关或断路器与母线之间，如图 5-17（a）所示。停电操作顺序为：① 分负荷开关或断路器；② 分隔离开关；③ 合接地开关；④ 合负荷开关或断路器，完成出线侧接地。

下隔离下接地方式中，隔离接地开关布置于负荷开关或断路器与出线侧之间，如图 5-17（b）所示。停电操作顺序为：① 分负荷开关或断路器；② 分隔离开关；③ 合接地开关，完成出线侧接地。

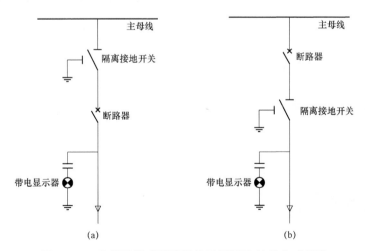

图 5-17　负荷开关或断路器单元柜隔离/接地方式示意

（a）上隔离上接地方式；（b）下隔离下接地方式

（2）隔离接地开关绝缘方式。

固体绝缘真空环网柜按隔离接地开关绝缘方式分空气绝缘和真空绝缘两类。由于隔离接地开关的结构和绝缘方式的不同，环网柜在技术方案、环网柜结构、成本、应用等方面有以下区别。

1）空气绝缘方式。采用空气绝缘隔离接地开关的固体绝缘真空环网柜，是目前使用最多的产品。这种绝缘方式是以固体绝缘材料＋空气作为外绝缘，结构简单、成本低，总体结构与 SF₆ 气体绝缘环网柜相似。单元间的连接采用固体绝缘母线连接，固体绝缘母线分为两种：一种是采用铜棒与硅橡胶合成的硬连接方式；另一种是采用软电缆的方式。为了适应恶劣环境条件下使用，有些产品将高压主回路再次密封在充干燥压缩空气的不锈钢密封箱体内。

断路器或负荷开关单元柜内装有采用空气绝缘、具有可见断口的隔离接地开关。隔离接地开关按运动方式分为具备接地关合能力的快速旋转运动隔离接地开关和不具备接地关合能力的直线运动隔离接地开关。

2）真空绝缘方式。采用真空绝缘隔离接地开关的固体绝缘真空环网柜，隔离接地开关的功能由三工位真空灭弧室或两个独立真空灭弧室来完成。采用这类方式的环网柜技术含量高、体积小、结构简单，但成本较高。

采用真空绝缘隔离接地开关的固体绝缘真空环网柜结构主要有以下几种方式：① 主开关真空灭弧室和空气绝缘三工位隔离接地开关方式；② 三工位真空灭弧室（主开关＋接地）方式；③ 主开关三工位真空灭弧室（主开关＋隔离）和专用接地开关真空灭弧室组合方式；④ 主开关真空灭弧室、隔离开关真空灭弧室、接地开关真空灭弧室组合方式。

方式① 结构简单，但受外界环境条件变化影响较大；方式② 结构简单，不易受外界环境条件变化的影响，但三工位真空灭弧室和操动机构结构复杂、缺少隔离断口；方式③ ④ 的标准化程度高，隔离/接地开关与断路器的动作时间同时缩短，可更快地适应电力系统负荷切换，但由于三个开关全采用真空灭弧室，成本高。

（3）智能化组柜。

两进两出＋集中式 DTU 固体绝缘真空环网柜外形和一次接线图如图 5-18 所示。

 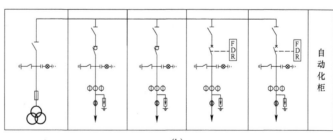

(a) (b)

图 5-18　两进两出＋集中式 DTU 固体绝缘真空环网柜

（a）外形图；（b）一次接线图

5.2.4　环保气体绝缘真空环网柜

环保气体绝缘真空环网柜是将真空灭弧室、隔离开关、接地开关等封装在采用环保气体绝缘密闭气室内的环网柜。

常用的环保气体包括压缩干燥空气、氮气 N_2、N_2 和少量 SF_6 的混合气体，也有采用如四氟甲烷 CF_4、二氧化碳 CO_2、ABB 公司研制的新型混合气体（用某种环保气体混合物取代 SF_6，成分未公开，设备生命周期内 CO_2 排放量最多可减少 50%）、阿尔斯通公司的 g3 气体（g3 气体是由阿尔斯通与 3M 公司合作开发针对电网的绿色环保 SF_6 替代气体，与 SF_6 气体相比，g3 气体对全球变暖影响减少了 98%）等。

环保气体绝缘真空环网柜有断路器单元柜和负荷开关单元柜，无组合电器单元柜。每个单元柜可选择配置上隔离上接地或下隔离下接地方式，采用真空灭弧。目前较常采用洁净干燥空气或 N_2 作为绝缘介质，具有绿色环保、低温环境下不会出现液化风险、环境适应性广等特点。因此，能满足智能配电设备小型化、环保性、免维护、高可靠、长寿命需求。

环保气体绝缘真空环网柜有正压型和常压型两种柜型。正压型环网柜气箱压力为微正压（≤0.2MPa），且在零表压情况下，依然能满足开关所需的绝缘性能；常压型环网柜气箱内部压力保持与外界环境压力一致。

1. 基本结构方案

以微正压干燥空气绝缘的环保气体绝缘真空环网柜（下隔离下接地方式）为例进行介绍。

环保气体绝缘真空环网柜包含负荷开关单元柜、断路器单元柜、TV 单元柜、电缆连接单元柜、计量单元柜 5 类典型，主要单元柜外观和一次方案图见表 5－7。

表 5－7　　　　环保气体绝缘真空环网柜主要单元柜外观及一次方案图

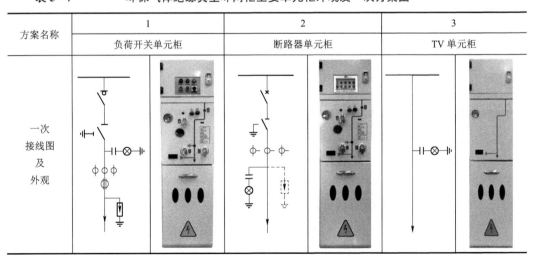

采用干燥空气绝缘的环保气体绝缘真空断路器单元柜结构示意如图 5－19 所示。

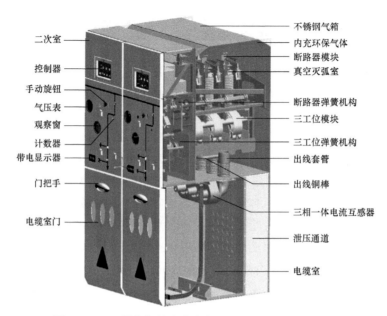

图 5-19 干燥空气绝缘真空断路器环网柜结构示意图

负荷开关单元柜的结构与断路器单元柜的结构基本一致,主要差别在主开关选用了断路器用真空灭弧室还是负荷开关用真空灭弧室。TV 单元柜、电缆连接单元柜、计量单元柜与 SF_6 环网柜相应柜型相同。

干燥空气绝缘的负荷开关/断路器单元柜由真空负荷开关/断路器和双断口式隔离接地三工位开关组成,采用不锈钢气箱密封,防护等级 IP67。因为导电回路无任何绝缘材料包封,气箱内部电场均匀,正压型方案一般需配备压力表。

负荷开关/断路器配置电动弹簧操动机构,实现电动分合闸控制。为了提高隔离开关断口的绝缘水平和接地开关的接地关合能力,采用双断口隔离接地三工位开关,并设计有隔离接地触头位置观察窗,保证断口可视安全。配备三工位一体式操动机构,实现隔离接地开关的合闸、分闸和接地,通过"五防"机械联锁避免误操作。

由于环保气体的湿度会直接影响绝缘,因此,智能环保气体绝缘真空环网柜解决方案需要增加对气体湿度的监测和控制。

2. 环保气体绝缘真空环网柜需要解决的技术问题

(1)绝缘问题。采用环保气体(如干燥空气或 N_2 气体)后,由于其绝缘性能低于 SF_6 气体(如 N_2 气体绝缘性能仅为 SF_6 气体的 1/3),因此需要特别关注开关设备的绝缘特性。设计上通过电场优化设计来保证设备场强尽量均匀,可采用如金属屏蔽等降低电场的措施。工艺制造上为保证绝缘强度,通过采用自动氦检漏及充气设备以及机器人焊接等工艺制造设备来保证制造品质。

(2)接地关合问题。采用环保气体绝缘后,负荷开关单元柜或断路器单元柜配套的三工位隔离接地开关,其接地关合能力会受到影响,采用真空灭弧室来增强关合能力是一个成熟的替代方案。采用下隔离下接地方式需要对隔离接地开关的触头增加灭弧装置,提高其在环保气体中的关合能力;采用上隔离上接地方式,通过操作主开关就能实现接地关合满足技术要求，但这种操作方式要先合上接地开关，再合主开关来实现接地，不符合我国现行电力安全操作规程要求。因此，需要研究新型的开关结构，使环保气体绝缘真空环网柜的接地关合既能满足技术要求，又符合电力用户操作使用规范。

（3）温升与散热问题。环保气体绝缘真空环网柜的特点就是将高压元件密封于不锈钢气箱内，负载电流产生的热量只能通过有限的对流、传导和辐射方式进行散热，因此，相对于传统式（或敞开式）空气绝缘需要适当降低设计电流密度。不同气体温升裕度有很大的差别，同样条件下的 SF_6 气体与 N_2 或干燥空气相差 10K 以上。因此，温升控制是环保气体绝缘真空环网柜设计的一个挑战。

（4）混合气体的回收与选用问题。环保气体绝缘真空环网柜采用混合气体，其中也包含了 SF_6 与环保气体的混合，不同比例混合气体回收装置、如何补漏气、产品维护维修措施、产品废弃后有害物质的处理等，都是在环保气体绝缘真空环网柜应用中需要研究解决的课题。

3. 智能化组柜

两进四出配套集中式 DTU 的环保气体绝缘真空环网柜外形如图 5-20 所示。

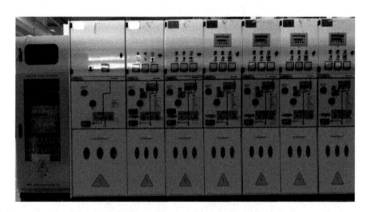

图 5-20　两进四出配套集中式 DTU 的环保气体绝缘真空环网柜外形图

5.2.5　电缆分接箱

电缆分接箱是一种用来对电缆线路实施分接、分支、接续及转换电路的配电设备，多用于户外。电缆分接箱以其简洁、全绝缘、全密封、少（免）维护等特点，得到了广泛的应用。

电缆分接箱可分为两类：一类是普通电缆分接箱，箱体内仅有对多分支电缆端头进行全绝缘连接的附件，结构简单、体积较小、功能单一；另一类是带开关电缆分接箱，箱内带一台配电开关，除了完成普通分接箱功能外，还可以实现线路关合和开断，通过配置电压互感器和配电终端实现电缆分接箱的智能监控。

5.2.5.1　普通电缆分接箱

普通电缆分接箱分欧式电缆分接箱和美式电缆分接箱，进线与出线在电气上连接在一起，电位相同。电缆分接箱内含 A、B、C 三相，电路结构相同，顺排在一起，普通电缆分接箱外形及典型电气接线图如图 5-21 所示。

普通电缆分接箱通过分层结构设计，减少了电缆在安装过程的交叉，带电指示器、电缆型故障指示器安装在箱体内部，在箱体上留有观察使用窗，可方便地进行观察、核相等。

普通电缆分接箱内部有电缆固定夹、接地端子、电缆保护帽，高压带电部分被全绝缘接头密封。分接箱壳体的防护等级一般为 IP33，箱体的底部设有通风百叶窗，百叶窗内有防护网，以保证满足防护等级要求下良好的通风散热。

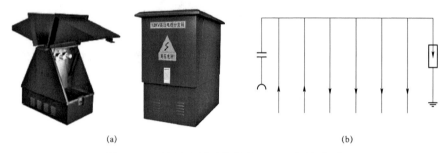

(a)   (b)

图 5-21　普通电缆分接箱外形及电气接线图
（a）外形；（b）电气接线图

5.2.5.2　带开关电缆分接箱

带开关电缆分接箱由进线电缆室、配电开关、出线电缆室组成，实现电缆分接和线路负荷的开合。通过配套电压互感器和配电终端，构成智能电缆分接箱，完成馈线自动化等功能。

智能电缆分接箱按应用功能可分为主干线智能电缆分接箱（亦称主干线分段柜）和用户分界电缆分接箱。

主干线智能电缆分接箱，一般配套一台电动负荷开关，进出线各配置 1 台 TV；用户分界电缆分界箱，开关可选用断路器或负荷开关，配电动弹簧操动机构，进线配置 1 台电源侧 TV。

带开关电缆分接箱电气接线图如图 5-22 所示。

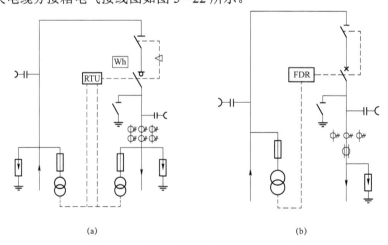

(a)   (b)

图 5-22　带开关电缆分接箱电气接线图
（a）主干线智能电缆分接箱；（b）用户分界电缆分接箱

1. 主干线智能电缆分接箱

主干线智能电缆分接箱的开关将电缆线路分隔为电缆进线侧和电缆出线侧两部分空间，分接箱外箱体上设有若干个活动门，分别为方便开关设备便利操作、电缆连接器件的安装施工或维护检修而设计。外壳一般采用不锈钢钢板多道折弯焊接结构，可以实现电缆的 T 型分接。

主干线智能电缆分接箱在电缆线路原有设备（如环网箱）不具备改造升级条件时，在电缆线路合适位置（可按 2 开关 3 分段布点原则）串接几台智能电缆分接箱，一方面实现电缆线路分接、分支，完成线路控制、转换及运行方式改变，另一方面又可以设置成满足配电自动化应用的分段或联络点，实现电缆线路馈线自动化功能。

2. 用户分界电缆分接箱

用户分界电缆分接箱将 T 接电缆回路分隔为进线电缆侧和出线电缆侧（或用户侧），安装在 10kV 电缆线路用户支线的责任分界点，防止支线或用户侧事故波及电力公司的配电主干线路。

用户分界电缆分接箱开关可选用断路器或负荷开关，开关采用真空灭弧，上部连接隔离开关、下部连接接地开关。通过在分接箱内置电流、电压互感器及配电终端，实现电缆线路故障检测、保护控制和通信功能。

配置了负荷开关型的用户分界电缆分接箱能实现用户侧的接地故障快速切除、短路故障隔离，配置了断路器型的用户分界电缆分接箱能实现用户侧的接地和短路故障快速切除。

用户分界电缆分接箱不仅适用于电缆线路用户进线的责任分界点，也适用于符合要求的分支线路和末端线路，特别是供电单一的用户支线。因为一台开关包含了进出线电缆回路，比采用进出线都带开关的环网柜经济实用。

3. 应用场景

带开关的电缆分接箱结构紧凑、占地面积小且经济、投资少。主干线电缆分接箱特别适用架空线路入地改造工程，实现电缆线路馈线自动化，近年来，在贵州、中山等地大量应用。用户分界电缆分接箱在配电分支线路和末端用户的配网自动化改造中被广泛应用，如北京、贵州、山东、天津、佛山等地。带开关电缆分接箱产品外形图如图 5-23 所示。

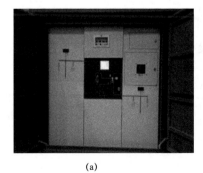
(a)

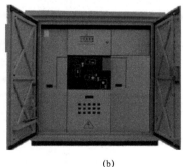
(b)

图 5-23 带开关电缆分接箱产品外形图

（a）主干线电缆分接箱；（b）用户分界电缆分接箱

5.2.6　环网柜智能化配置

环网柜智能化配置基本要求如下：

（1）用于主干线分段、联络和分界功能的开关单元柜必须配套电动操动机构，以支撑实现远方/就地操作；同时应具备手动操动功能，配置就地操作按钮和指示灯；对于保护动作速度要求快或操作过于频繁的配电设备，选配永磁操动机构可实现快速分合闸和频繁操作。

（2）主干线分段单元柜和馈线单元柜通过配套装设高精度、宽范围的电流采样传感装置，采集三相电流、零序电流；母线单元柜装设高精度、宽范围的电压采样传感装置和取电装置，采集三相电压、零序电压，以满足保护、测量、计量等功能。当采用电磁式互感器应配置电流表、电压表，采用电压/电流传感器应配置数显表。一般环网柜电流互感器/传感器采用穿心结构安装于环网柜进出线套管处，电压互感器或传感器通过负荷开关或隔离开关与环网柜母线连接。对于固体绝缘真空环网柜，可考虑设计成把电压/电流互感器/传感器与固体绝缘体一体化浇注集成。

（3）主干线分段单元柜、馈线单元柜需装有能反映进出线侧有无电压、具有联锁信号输出功能的带电显示装置。当线路侧带电时，应有闭锁操作接地开关及开启电缆室门的装置。

（4）正压或气体灭弧的环网柜需配备气体压力或密度继电器实时监控气包或气室内部气体压力是否正常，气体压力监测装置应配置状态信号输出触点，支持远方监测。

（5）根据需要配套电缆头温度监测、柜内环境温度湿度监测、局部放电监测、机构运动特性监测等传感器装置，以有效监测环网柜运行状态，满足智能运维需求，并可辅助进行故障预防和状态检修。

5.3　智能配电环网柜（箱）

在配电网工程建设中，不同类型环网单元柜组柜，配套相应的配电终端、智能传感器和通信设备，构成了智能配电环网柜（箱）。

智能配电环网柜（箱）主要由环网柜本体及外箱体、配电终端（集中式 DTU 或分散式 DTU）、各类互感器/传感器、通信设备、各类电缆接线接口等组成，如图 5-24 所示。

5.3.1　标准化环网柜（箱）

5.3.1.1　典型设计技术方案

《国家电网公司配电网工程典型设计　10kV 配电站房分册（2016 年版）》规范了 10kV 环网室内环网柜和环网箱的典型设计技术方案组合，摘录见表 5-8 和表 5-9。

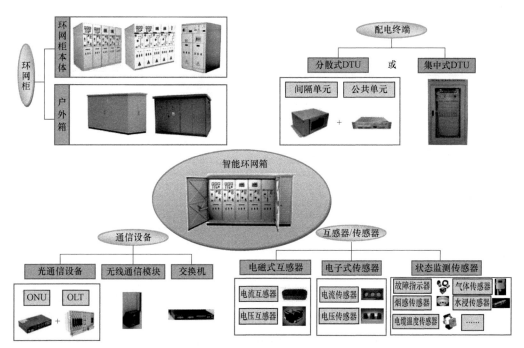

图 5－24　智能环网柜（箱）组成图

表 5－8　　　　　　　　　　　　10kV 环网室典型设计技术方案组合

方案	电气主接线	10kV 进出线回路数	设备选型	布置方式
HB-1	单母线分段 （两个独立单母线）	2 进（4 进） 2～12 回馈线	进线负荷开关， 馈线负荷开关或断路器	户内 单列布置
HB-2	单母线分段 （两个独立单母线）	2 进（4 进） 2～12 回馈线	进线负荷开关， 馈线负荷开关或断路器	户内 双列布置
HB-3	单母线三分段	4 进 6～12 回馈线	进线负荷开关， 馈线负荷开关或断路器	户内 双列布置

表 5－9　　　　　　　　　　　　10kV 环网箱典型设计技术方案组合

方案	电气主接线	有/无电压互感器	设备选型	配电自动化
HA-1	单母线	无电压互感器 无电动操动机构	进线负荷开关， 出线负荷开关	
HA-2		有电压互感器 有电动操动机构	进线负荷开关， 出线负荷开关或断路器	遮蔽 立式

5.3.1.2　环网柜（箱）方案标准化定制

在《国家电网有限公司配电网设备标准化设计定制方案　12kV 环网柜（箱）（2019年版）》中，对环网柜（箱）设备的标准化配置进行了规范和完善，明确了不同类型环网柜的典型结构方案。12kV 环网柜可分为单元柜、共箱型方案，不同类型环网柜标准化包含有的单元柜典型结构方案见表 5－10，文中规定了每类环网单元柜详细的一次方案图、内部结构方案及安装尺寸位置示意图等。

表 5-10　　　　　　　　不同类型环网柜标准化定制的典型结构方案

类型	结构方案					
	电缆连接柜	负荷开关柜	组合电器柜	断路器柜	TV 柜	计量柜
SF$_6$ 气体绝缘环网柜	√	√	√	√	√	○
环保气体绝缘真空环网柜	√	√	○	√	√	○
固体绝缘真空环网柜	√	√	○	√	√	○
常压密封空气绝缘环网柜	√	√	○	√	√	○
空气绝缘环网柜	√	√	√	○	√	√

注　√表示标准化包含此结构方案；○表示标准化未包含此结构方案。

以 12kV SF$_6$ 气体绝缘环网柜为基础，规定了共箱型方案组合方式包括两单元排列方式（CV、CF、DV、DF）、三单元排列方式（CCV、VVV、CCF）、四单元排列方式（VVVV）等方案。环网箱包含 4 路方案和 6 路方案。可通过共箱型或单元柜环网组合成：① 4 单元断路器共箱型（VVVV）或 4 面断路器单元柜组成安装于环网箱内的 4 路方案（VVVV）；② 2 面 3 单元断路器共箱型（VVV）或 6 面断路器单元柜组成安装于环网箱内的 6 路断路器方案（VVVVVV）。

预装式变电站中环网柜组合包含 2 路方案和 3 路方案。可通过共箱型环网柜组合成以下方案：2 路共箱型方案（CV、CF、DV、DF）、3 路共箱型方案（CCF、CCV）。

其他类型环网柜共箱型方案均参照 SF$_6$ 气体绝缘环网柜的要求。

通过对环网柜（箱）标准化定制方案的设计，有效提升了配电网设备的安全可靠、坚固耐用、标准统一、通用互换能力，为配电网智能化应用打下了良好的基础。

5.3.2　站所终端 DTU

站所终端 DTU 根据应用场景和功能要求，可分为集中式 DTU 和分散式 DTU。集中式 DTU 将环网柜（箱）每个需要监控的环网单元柜信息，通过并柜信号线传输到 DTU（可扩展）；分散式 DTU 由若干个站所终端间隔单元和站所终端公共单元组成，间隔单元安装在环网单元柜内，公共单元为独立屏柜，间隔单元和公共单元通过总线连接，数据汇集后上传配电主站。

5.3.2.1　集中式站所终端 DTU

一直以来，环网柜（箱）配套的站所终端 DTU 根据馈线自动化方案选择、传统环网柜改造、设备维护以及成本等因素选用，较多采用集中式站所终端 DTU（简称集中式 DTU）。

环网柜（箱）中各环网单元柜一次回路经互感/传感器采集的电压、电流信息以及开关设备状态、控制信息，通过电线电缆接入集中式 DTU，在完成电气量模数转换后，进行数据分析、状态研判并通过光纤或无线通信网络与配电主站交互信息，实现对环网柜和所在线路的监测与自动化控制。

　　集中式 DTU 主要由测控单元、电源系统、通信设备、人机界面等组件构成，如图 5 - 25 所示。

　　测控单元是 DTU 的核心组件，负责数据采集与分析、逻辑功能实现和通信。单台测控单元一般具备同时监控 4~8 回路的能力，当有更多路监控需求时，需要多台测控单元通过通信（以太网或串行总线）级联。

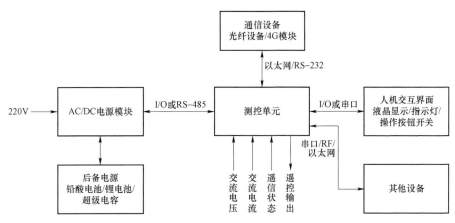

图 5 - 25　集中式 DTU 基本构成图

　　电源系统负责为 DTU 自身和单元柜的开关电动操动机构供电，一般由双路切换模块、AC/DC 电源变换模块和后备电源组成。由 TV 柜输出的双路 220V 交流电源接入双路切换模块，切换模块根据设定原则优先选择其中一路电源作为后级 AC/DC 模块输入，经 AC/DC 模块整流变换后输出多路直流电源（DC 24V 或 DC 48V）供测控单元、通信设备、开关电动操动机构使用；当其中一路交流电源失电后，AC/DC 模块可无缝切换到另一路交流电源，若双路交流电源均失电，则后备电源可无缝投入，保证电源输出的连续性。

　　由于优良的安全性和低廉的使用成本，铅酸蓄电池是目前主流的后备电源，但也有场合配备锂离子电池或超级电容模组。AC/DC 模块具备后备电源管理功能，与测控单元通过 I/O 接线或者 RS-485 通信方式连接。

　　配套集中式 DTU 的智能环网柜电气连接如图 5 - 26 所示。

　　DTU 一般采用交流电源供电。工作现场具备外部电源（交流电源或直流电源），优先采用外部电源，工作现场不具备外部电源，采用电压互感器供电。

　　DTU 与配电主站的主要通信方式有光纤和无线通信，一般测控单元通过以太网与光纤通信设备连接，通过 RS-232 与无线通信模块连接，DTU 预留一定的通信接口，用于扩展使用。

　　DTU 具备指示灯（指示装置及线路状态）、操作按钮（手动分合闸等），也可配备液晶显示组件，提供更好的人机交互体验。

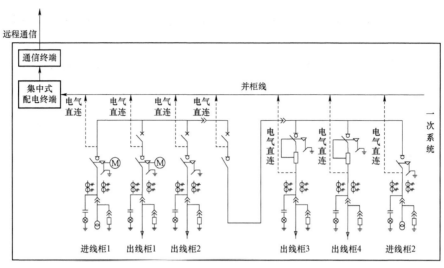

图 5-26 配套集中式 DTU 智能环网柜电气连接示意图

5.3.2.2 分散式站所终端 DTU

分散式站所终端 DTU（简称分散式 DTU）由若干个间隔单元和公共单元组成，间隔单元独立安装在各单元柜内，公共单元为独立屏柜，通过以太网总线等方式互联，共同完成配电站所终端 DTU 需要完成的功能，分散式 DTU 基本构成如图 5-27 所示。

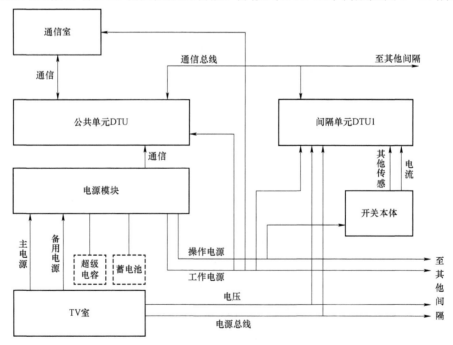

图 5-27 分散式 DTU 基本构成图

相比集中式 DTU，其最大的差异在于每个间隔单元只监测一路环网柜内的线路和设备，间隔单元可具备 SCADA 功能、继电保护、故障检测、远程控制、馈线自动化等功能。

在这种结构下，分散式 DTU 不仅能够满足与配电子站或主站间的通信连接，实现对标准化环网柜（箱）的远程监控，还能够在各保护测控单元间实现通信。当主通信线路或配电主站出现故障时，各分散式 DTU 也能通过相互配合，将故障线路切除并恢复非故障线路的正常供电。

间隔单元负责采集所在单元柜的电气量和状态量，可具备独立的保护功能。当保护区域内发生各种短路故障时，间隔单元启动馈线自动化功能，跳开故障电缆两侧的开关，实现故障隔离，保护功能可以完全不依赖于通信网络。

公共单元汇聚所有间隔单元数据信息，负责与配电主站交互，可以支持全报文加密，支持多种通信方式；与电源管理模块连接，实现环网柜（箱）的电源管理，对电池充放电维护，实现定期电池活化；具备馈线自动化功能，接收当地各环网单元柜设备状态数据并进行分析处理，完成远动等。

公共单元也可设计成支持电力物联网的架构，即公共单元基于容器架构实现业务App 化，支持通过 MQTT 协议/DDS 协议接入物联网平台，云边协同实现区域自治；通过其具备的强大边缘计算能力和通信接口扩展能力，收集站室内及间隔单元电气（电压、电流、局部放电等）及非电气量（温/湿度、烟雾、水浸、门禁、视频等）数据，支持环网柜及站房健康状态评估、线损分析、电能质量分析、充电桩有序充电管理等功能。

分散式 DTU 电源及通信与集中式 DTU 类似，不再赘述。

配套分散式 DTU 智能环网柜电气连接如图 5-28 所示。

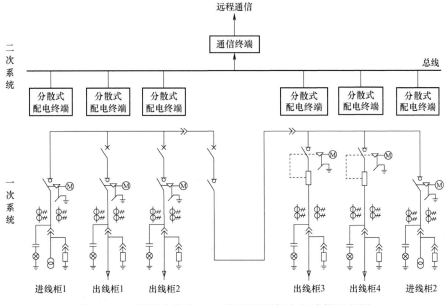

图 5-28　配套分散式 DTU 智能环网柜电气连接示意图

基于分散式 DTU 的智能环网柜，分散式 DTU 的间隔单元采用面向间隔层设备（环网柜）为对象的分布式结构，直接安装于环网柜的故障指示器面板位置，采集现场信息，实现单间隔开关的"三遥"操作和故障判别功能，无需更改环网柜结构。通过现场总线与分散式 DTU 公共单元连接,实现与配电主站信息交互。分散式 DTU+标准化环网柜(箱)的典型设计,DTU 与环网柜接线只需在柜内完成,安装方便灵活。

在馈线自动化应用中,采用分散式 DTU 很好地满足了电缆网智能分布式馈线自动化 FA 方案应用,同一箱/室内的多路环网柜,各自有独立的配电终端,通过线路配电终端间相互通信、保护配合或时序配合,在配电网发生故障时快速实现故障定位、隔离故障区域,恢复非故障区域供电,并将故障处理结果信息上报给配电主站。采用对等通信方式,可快速传递突发数据,故障处理速度快,故障隔离范围最小,无需保护时间级差的配合,百毫秒级完成故障隔离,秒级完成负荷转供。

5.3.3 主要设备技术参数

5.3.3.1 12kV 环网柜主要技术参数

12kV 环网柜主要技术参数参见表 5-11。

表 5-11 12kV 环网柜主要技术参数

序号	名称		单位	标准参数值
1	额定电压 U_r		kV	12
2	额定短时工频耐受电压 U_d	相对地、相间	kV	42
		断口间		48
3	额定雷电冲击耐受电压 U_p	相对地、相间	kV	75
		断口间		85
4	辅助和控制回路短时工频耐受电压		kV	2
5	额定频率 f_r		Hz	50
6	额定连续电流 I_r		A	630
7	额定短时耐受电流 I_k		kA	20
8	额定峰值耐受电流 I_p		kA	50
9	额定短路持续时间		s	4
10	绝缘类型			SF_6,环保气体,固体
11	电弧故障电流		kA	20
12	电弧故障持续时间		s	≥0.5
13	灭弧装置			真空灭弧室,SF_6 气体灭弧室
14	防护等级	柜体外壳		IP4X
		隔室间		IP2X
		外箱体(如有)		IP43
15	局部放电值		pC	整柜($1.1U_r$)≤20pC 单个绝缘件($1.1U_r$)≤5pC
16	使用寿命		年	≥20
17	绝缘和/或开合用的额定充入水平		MPa	≤0.04
18	气体年漏气率			0.05%
19	气箱防护等级			IP67

注 序号 17~19 适用于充气柜。

5.3.3.2 环网柜内开关主要技术参数

12kV 环网柜内负荷开关、断路器、负荷开关–熔断器组合电器、接地开关、隔离开关主要技术参数参见表 5–12。

表 5–12 环网柜内开关主要技术参数

序号	项目		单位	标准值	
				负荷开关	断路器
一、	负荷开关、断路器主要技术参数				
1	额定连续电流 I_r		A	630	
2	回路电阻		μΩ	根据制造单位设计参数	
3	额定短路开断电流	交流分量有效值	kA	20	
		时间常数	ms	45	
		开断次数	次	≥30	
		首相开断系数		1.5	
4	额定短路关合电流		kA	50	
5	机械寿命		次	≥5000	≥10 000
6	额定有功负载电流开断		次	100	
7	开断时间		ms	根据制造单位设计参数	
8	合闸弹跳时间		ms	根据制造单位设计参数	
9	分闸时间		ms	根据制造单位设计参数	
10	合闸时间		ms	根据制造单位设计参数	
11	额定操作顺序			O—0.3s—CO—180s—CO[①]	
12	辅助和控制回路短时工频耐受电压		kV	2	
13	异相接地故障开断试验	试验电流	kA	17.32	
		试验电压	kV	12	
14	容性电流开合试验	电缆充电	A	4~16	2.5~10
				40	25
		试验电压	kV	12	
二、	负荷开关—熔断器组合电器主要参数				
1	额定电流（取决于熔断器额定电流值）		A	125	
2	熔断器额定短路开断电流		kA	31.5	
3	主回路电阻（不含熔断器）		μΩ	根据制造单位设计参数	
三、	隔离开关主要参数				
1	机械寿命		次	≥3000	

序号	项目	单位	标准值	
			负荷开关	断路器
四、	接地开关主要参数			
1	额定短时耐受电流 I_k	kA	20	
2	额定峰值耐受电流 I_p	kA	50	
3	额定短路持续时间	s	4	
4	额定短路关合电流	kA	50	
5	额定短路关合电流次数	次	≥5	
6	机械寿命	次	≥3000	

① O＝分闸；C＝合闸；CO＝合闸操作后，紧接着进行一个分闸操作。

5.3.3.3 站所终端 DTU 技术要求

站所终端 DTU 的大部分技术参数与馈线终端 FTU 相同，但由于其需要控制管理一个环网柜（箱）内的多路配电设备，在后备电源、开关测控容量、运行功耗和通信接口等方面有以下不同点：

（1）后备电源。采用免维护阀控铅酸蓄电池额定电压要求 DC48V，单节电池大于或等于 7A·h，使用寿命大于或等于 3 年，保证停电后分合闸操作 3 次，维持配电终端及通信模块至少运行 8h。

（2）开关的测控容量。每回路遥信量不少于 5 个，包括开关分位、合位、隔离接地开关位置、开关储能状态、远方/就地状态等。

（3）功耗。DTU 核心单元正常运行直流功耗小于或等于 20W（不含通信模块电源、配电线损采集模块、电源管理模块），整机功耗小于或等于 30V·A（含配电线损采集模块、不含通信模块、后备电源）。

（4）通信接口。至少 4 个可复用的 RS-232/RS-485 串口。

（5）配套电源。电源管理模块长期稳定输出大于或等于 80W；短时输出大于或等于 500W/15s；操作电源额定 DC 48V，瞬时输出大于或等于 48V/5A，持续时间大于或等于 15s。

5.3.3.4 电压/电流互感器/传感器技术参数

环网柜常用电磁式单相电压互感器和三相电压互感器基本参数见表 5-13，三相五柱式电压互感器参数见表 5-14。

表 5-13　　　　　电磁式单相电压互感器和三相电压互感器基本参数

参数	单相电压互感器		三相电压互感器	
额定电压比	10kV/0.22kV	10kV/0.22kV/0.1kV	10kV/0.22kV/0.1kV	
准确级	3	0.5/3	0.5/3	0.2/3
容量/（V·A）	1000	50/1000	测量≤50 供电≤2×500	测量≤20 供电≤2×500

表 5-14 三相五柱式电压互感器参数

额定电压比	相电压：（$10kV/\sqrt{3}$）/（$0.1kV/\sqrt{3}$） 零序电压：（$10kV/\sqrt{3}$）/（$0.1kV/\sqrt{3}$） 供电相电压：（$10kV/\sqrt{3}$）/（$0.22kV/\sqrt{3}$）
准确级	相电压：0.5 级； 零序电压：3P； 供电相电压：3 级
容量/（V·A）	相电压 30；零序电压 50； 供电容量 3×300，短时 3000/1s

环网柜用电磁式电流互感器、电子式电压/电流传感器技术参数同柱上开关配套的互感器/传感器参数。

环网柜用电流互感器一般采用穿芯式结构（计量柜除外），因环网柜设计体积小型化需求，电流互感器配置单绕组互感器但需要同时满足保护/测量精度（负荷开关柜不需要考虑保护精度），准确级要求为 5P10（0.5）。此外，为了满足自动化功能需求，保护用电流互感器在环网柜出厂前完成在电缆接头处集成安装，原则上不允许卡装在电缆上，以保证能够检测电缆连接处的故障电流。

5.4 智能环网柜（箱）典型应用

5.4.1 智能环网柜（箱）的状态评估

智能环网柜（箱）的运行环境复杂多样，同一环网柜（箱）不同出线有可能所带负荷状况有较大差异，因此，环网柜（箱）的运行状态和环境比单点柱上配电开关更加复杂多变。此外，智能环网柜（箱）组柜后柜与柜之间连接、线路高压电缆与环网柜的连接、控制和量测信号回路与配电终端的连接、工作电源取能以及状态传感器的连接等，都对设备运行可靠性有着或多或少的影响。因此，环网柜（箱）通过状态评估实现环网柜智能化运维就显得非常重要。

智能环网柜（箱）容易出现的故障有：① 由机构等机械原因引起的拒动；② 一次高压线路电缆与环网柜出线套管电缆头连接缺陷引起发热及绝缘损坏；③ 气箱密封不良引起的气体泄漏；④ 二次控制回路出现问题较多的误动和信号抖动误报；⑤ 各类缺陷、爬电、闪络等开断和关合故障引起的绝缘故障；⑥ 接触不良、插件偏心外力或其他故障引发的载流故障等。配电设备常见的故障现象一般通过光、声、电、热、电磁辐射、化学反应等反映出来，因此，当智能环网柜配备了多维度的传感器后，这些传感信息汇集到配电主站，成为支撑状态检修和智能化运维的基础数据。

环网柜（箱）的状态评估流程示意如图 5-29 所示。智能环网柜内置的各类状态监测传感器（如电流/电压传感器、温/湿度传感器、局部放电传感器等），采集状态评估需要的数据（如中压电器数据、环网柜体温度、电缆接头等温度、局部放电监测数据等）通过站所终端传至后台状态评估分析软件或模块，结合运行历史数据，输出状态评估结果。

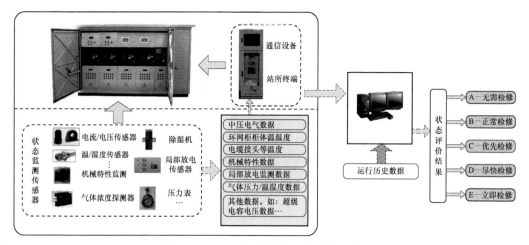

图 5-29 环网柜的状态评估流程示意

1. 温/湿度监测

安放在二次控制室和高压电缆室的温/湿度传感器主要监测电缆室环境情况，为对开关室自动除湿提供参考依据；通过对环网柜所有间隔及本体的温/湿度分析，实时控制除湿器，防止环网柜凝露现象的发生，并对各间隔历史温/湿度峰值定点存储，为配电主站进行区域分析提供数据基础。

2. 铜排、触头臂或电缆接头测温

通过温度传感器，能够实现对环网柜载流母排、电缆室、电缆接头和蓄电池组进行温度监测，防止因为温度过高引起不正常工作。

可以采用 TA 取能测温，即采用一个磁路闭合的 TA 套在铜排、触头臂或者电缆上，通过感应电流的方式为传感器供电；或声表面波测温，即通过天线发出的电磁波为传感器供电，这两种测温方法作为无线无源测温技术的主流，获得大量应用。

电缆接头测温设备实时监测配电环网柜电缆终端头部位的温度并上传，通过对异常温升发出警告，发现可能的隐患；对由于过负荷、绝缘不良、接触不良、安装不到位等原因导致的过热，可根据日常统计数据，提供设备动态增容分析，保证在极端气候条件下的安全运行。

3. 局部放电监测

绝缘和载流故障与放电现象密切相关，导致绝缘介质劣化的原因较多，如长时间的强电场产生的电离腐蚀、机械高频振动造成的绝缘磨损、热效应引起的介质老化分解以及绝缘受潮等。随着绝缘介质劣化，性能降低直至绝缘击穿需要一定时间，因此，采用局部放电在线监测的方法可以实时掌握设备的绝缘状态。

超高频、暂态对地电压、超声波等是局部放电在线监测的重要手段，局部放电传感器可直接安装固定在环网柜电缆室或用磁吸安装在开关柜内壁上。

4. 机械特性监测

通过对断路器分合闸线圈、储能电机、行程、振动及一次电流的状态信息进行监测，并采集相关暂态信息进行分析处理。在开关机械特性的基础上，提炼关键的参数，提前

对开关的操作情况进行预判。

（1）合分闸线圈电流波形监测和故障判断。

通过检测合分闸回路是否完好，保证环网柜合分闸正确动作，通过采集合分闸回路电流波形，判断合分闸回路及线圈工作状态。当出现故障时，准确判断故障类型及定位信息。

（2）操作控制回路状态监测。

监测二次控制回路和操作回路的完好性，如果二次回路发生断线或者回路中电流、电压值异常，发出告警信号通知抢修。

（3）机械振动频率监测、分析。

通过采集实时工作的机械振动及开关分合闸波形，与正常工作时的波形相比。如果波形差距很小，说明开关工作状态正常；如果差距比较大，通过分析波形能够找出问题。

（4）合分闸速度监测。

通过速度传感器监测，在环网柜开关合分闸速度出现异常（过快或过慢）的时候，发出告警信号，查找原因，排除故障隐患。

上述监测可通过对分、合闸线圈电流、储能电机电流、一次电流、振动传感器数据进行录波，将波形传递给就地配电终端。通过分析波形，算出开关最后一次分、合闸及储能的时间和能量，开关分、合闸过程中特征时间点及特征时间点的电流，结合历史动作记录分析得出分合闸能量、分断故障电流次数、分断次数、开关健康状况等数据。

5. 气体压力、温/湿度监测

利用压力表能够实时监测气体压力、温/湿度情况，提供报警和低压闭锁信号。

针对 SF_6 气体柜，通过监测 SF_6 气体的压力、温度和密度，当发生气体泄漏时，环网柜压力表中的密度继电器能够立即感应出压力的变化，并在压力表的面板上用指针指出气体压力状态。根据不同压力值选择不同的动作方式，当压力稍低时，利用配电终端发出告警信号，提醒用户进行补气；如严重泄漏，则密度继电器也会通过辅助触点发出闭锁信号，将开关的分合闸回路闭锁，表示此时设备已不能正常运行，一旦操作则会发生事故。

6. 运行状态统计

（1）统计开关动作次数。

环网柜根据需要一般会在每个间隔的面板上都配备有计数器，方便现场人员了解环网柜开断次数，而通过将开断次数上传，为配电系统快速及时地评估环网柜剩余电寿命提供信息。

（2）统计开断电流数值。

环网柜面板上根据需要安装有电流表和电压表，方便运维人员读取开关运行电流、电压值，将实时数据和环网柜开断电流上传，通过统计分析可以为运行人员判断开关的开断能力能否满足下次安全动作提供数据基础。

智能环网柜监测和检测最前端为状态数据采集层，包含所有布置在开关柜内的状态数据采集终端。

传感器采集到的中压电气量数据、操动机构分合闸线圈电流数据、局部放电监测数据、环网柜温/湿度、电缆连接处温度、气体压力等数据传给监测终端，可通过在线监测管理分析软件或运检智能分析管控平台，与历史数据对比分析，从五个维度（无需检修、正常检修、有限检修、尽快检修、立即检修）对环网柜状态进行评估，从而实现运行状态全程记录、设备预警及报警等。这些数据也可通过站所终端 DTU 上传至配电主站做辅助决策。

5.4.2　实现馈线自动化应用场景的环网柜组柜示例

针对不同应用场景和自动化功能需求进行环网柜组柜，智能环网柜（箱）可实现多种馈线自动化技术方案。

以一款 SF$_6$ 绝缘真空环网柜为例，介绍采用负荷开关单元柜（C 柜）、负荷开关＋熔断器组合电器单元柜（F 柜）、断路器单元柜（V 柜）、分界负荷开关单元柜（C$_f$ 柜）或分界断路器单元柜（V$_f$ 柜）、TV 单元柜（TV 柜）和自动化柜，在集成了电压互感器、三相零序一体式电流互感器、电压/电流传感器等，配套集中式 DTU 或分散式 DTU（公共单元和间隔单元）后，组柜成适用于不同馈线自动化应用场景的智能真空环网柜（箱）方案。

1. 电压−时间型馈线自动化方案组柜示例

用满足电压−时间型馈线自动化方案的环网单元柜组柜，示例一款两进两出智能真空环网箱（CCCCTV），外形图及一次接线图如图 5−30 所示。

环网箱单元柜的开关本体采用具有"来电关合、无压释放"功能的真空负荷开关，配置具有电压−时间型馈线自动化方案的分散式 DTU 间隔单元或单元 DTU，各间隔单元按延时时间判据要求配置，在不依赖于配电主站和通信系统条件下，通过与变电站出线开关的重合闸功能配合，按电压−时间关系判据，实现线路故障的自动隔离和非故障区间的供电恢复功能。可以选择安装电压传感器（EVT）用于检测零序电压，支持实现主干线单相接地故障的判断处理。

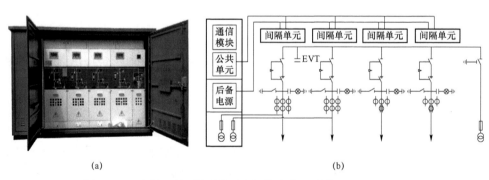

(a)　　　　　　　　　　　　　　(b)

图 5−30　电压−时间型两进两出智能真空环网箱（CCCCTV）

(a) 外形图；(b) 一次接线图

2. 电压−电流型+用户分界馈线自动化方案组柜示例

用满足电压−电流型馈线自动化方案的环网单元柜和用户分界单元柜组柜，形成一款两进四出智能真空环网箱（$VVV_fV_fV_fV_fTV$），外形图及一次接线图如图 5−31 所示。

环网箱单元柜开关本体采用真空断路器，两路进线配置具有电压−电流型馈线自动化方案的分散式 DTU 间隔单元，分支线配置具有分界功能的分散式 DTU 间隔单元。在不依赖于配电主站和通信条件下，当主干线断路器单元柜后端发生线路故障时，通过电压−时间和故障电流判据，直接切除短路和接地故障，变电站出线开关不跳闸。当分界断路器柜后端分支或用户故障时，通过检测零序电流及相电流，判别线路故障类型和故障区段，自动切除/隔离负荷侧单相接地故障和相间短路故障，故障不波及主干线路及相邻线路。

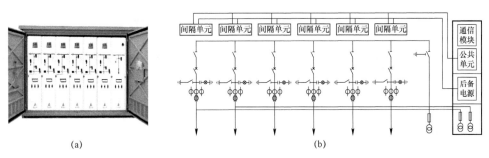

图 5−31　电压−电流型+用户分界两进四出智能真空环网箱（$VVV_fV_fV_fV_fTV$）

（a）外形图；（b）一次接线图

3. 智能分布式馈线自动化方案组柜方案示例

用满足智能分布式馈线自动化方案的环网单元柜组柜，形成一款两进两出智能真空环网箱（$VVVVTV_s$，其中 TV_s 表示带三相电压互感器的 TV 柜），外形图及一次接线图如图 5−32 所示。

环网箱单元柜采用真空断路器，配置具有智能分布式馈线自动化方案的分散式 DTU 间隔单元。此方案分散式 DTU 各间隔单元需具备 GOOSE 通信功能，基于网络拓扑结构，相邻间隔单元横向对等通信，实时进行线路故障信息交互与协同，自主完成故障快速定位、快速隔离和供电恢复。数据汇集到公共单元，上传配电主站进行分析处理。

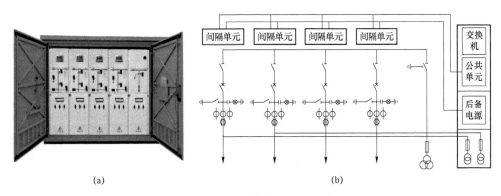

图 5−32　智能分布式两进两出智能真空环网箱（$VVVVTV_s$）

（a）外形图；（b）一次接线图

4. 主站集中型 + 用户分界馈线自动化方案组柜示例

具备主站集中型馈线自动化方案的环网单元柜组柜，形成一款两进四出智能真空环网箱（$CCV_fV_fV_fV_fTV_s$），外形图及一次接线图如图 5-33 所示。

环网箱内单元柜两路进线开关采用真空负荷开关、四路出线开关采用真空断路器，配置集中型 DTU、出线开关柜配置具有分界功能的分散式 DTU 间隔单元。集中型 DTU 实时监测配电线路电压、电流及设备状态，可选择不同的通信方式主动上送故障信息或应配电主站召唤报送运行电压电流数据。当线路发生故障时，通过通信上报的故障信息，经配电主站的综合判断，确定故障类型和故障区段，下达遥控命令，实现远程控制故障区段的隔离和非故障区段的供电恢复。

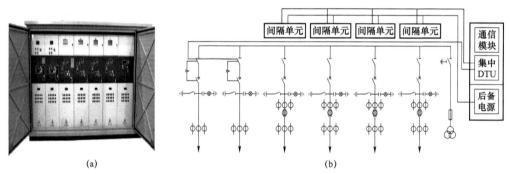

(a)　　　　　　　　　　　　(b)

图 5-33　主站集中型两进四出智能真空环网箱（$CCV_fV_fV_fV_fTV_s$）

（a）外形图；（b）一次接线图

一款户内用主站集中型两进两出智能环网柜（TV_sCCVV），外形图和一次接线图如图 5-34 所示。

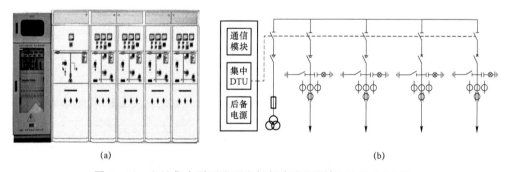

(a)　　　　　　　　　　　　(b)

图 5-34　主站集中型两进两出智能真空环网柜（TV_sCCVV）

（a）外形图；（b）一次接线图

单元柜两路进线开关采用真空负荷开关、两路出线开关采用真空断路器，配置集中型 DTU。实时监测配电线路电压、电流及设备状态，当线路发生故障时，依赖于通信系统上报故障信息，进行故障处理。

5. 用户分界型环网柜方案示例

一款常用的用户分界型环网柜（V_fTV_s）外形图及一次接线图如图 5-35 所示。该柜型左侧设计了分接扩展区，特别适合用在用户出线的入口位置。

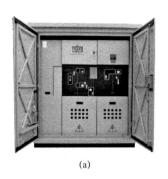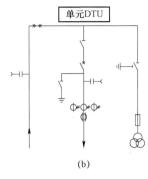

(a)　　　　　　　　　　　(b)

图 5－35　用户分界型环网开关柜（V_fTV_s）

（a）外形图；（b）一次接线图

环网柜组柜时，根据馈线自动化不同阶段的应用需求，增加了电流传感器（提供保护、测量电流信号、零序电流信号）、三相五柱式电压互感器（提供供电电源、测量电压信号和零序电压信号），配置各类状态传感器，选用具备分段线损管理、各类就地型馈线自动化方案、单相接地故障检测等功能的 DTU，充分考虑满足环网单元柜实现装置级互换、工厂化维修、即插即用及自动化检测要求，进而可以实现一二次融合环网柜（箱）的设计目标。

5.5　环网柜技术对比及智能化特点

5.5.1　不同绝缘方式环网柜技术特点对比

不同绝缘方式的环网柜有其各自特点和适用场景，表 5－15 对比了采用 SF_6 气体绝缘环网柜、固体绝缘环保柜、环保气体绝缘真空环网柜的主要特点。

表 5－15　　　　　　　　　　不同绝缘方式环网柜对比表

项目	SF_6 气体绝缘环网柜	固体绝缘环网柜	环保气体绝缘真空环网柜
绝缘介质	SF_6 气体	固体绝缘或固体材料＋空气	环保气体
灭弧介质	SF_6 气体/真空	真空	真空
绝缘结构	隔离、接地断口采用纯气体间隙，绝缘结构简单	固封或复合绝缘	隔离、接地断口采用纯气体间隙，绝缘结构简单
主回路设备与导电路径	可使用组合开关，减少元件数量，主回路导体可异型曲线布置、长度短	相同的一次主接线，开关元件数量多或相当，主回路导体直线布置回路长或相当	可使用组合开关，减少元件数量，主回路导体可异型曲线布置、长度短
温升	散热好	散热困难	散热稍差
并柜结构	可共箱，需并柜数量少或不并柜，材料用量少，工作量小	每个功能单元都需并柜，并柜数量多，材料用量多，工作量大	可共箱，需并柜数量少
对环境的影响	对环境有危害	环氧树脂不降解问题	绿色环保
制造工艺	工艺成熟、相对好控制	检测元件多、工艺复杂、难控制	工艺成熟、相对好控制
安全性	SF_6 易泄漏，泄漏后会发生爆炸	爆炸发生概率极低	正压时，有气体泄漏问题

项目	SF_6 气体绝缘环网柜	固体绝缘环网柜	环保气体绝缘真空环网柜
可靠性	可靠性高	绝缘壳体内部空腔有积水、凝露可能性，绝缘壳体外表面局部放电不稳定	常压安全
维护管理	需气体泄漏和压力监视	不需要检查气体泄漏，有环氧壳体空腔为密封结构的产品仍需泄漏监视	可靠性高
寿命终结可回收性	SF_6 回收费用大 其他材料可分类回收	环氧树脂与金属的剥离困难，环氧树脂回收价值不高	正压时有气体，需要气体回收
应用范围	高温、高寒地区不适用，现场可扩展稍差	对湿度、海拔敏感，现场的可扩展，应用范围较广	可回收
占地面积	小	与 SF_6 体积相当或略大	与 SF_6 体积相当或略大
成本	成本低	断路器单元与 SF_6 柜相当，负荷开关单元成本大幅增加	成本低

从表中可以看出三大类环网柜设备各自不同的特点。

（1）环保及环境适应性。

尽管 SF_6 气体绝缘环网柜性能优越，但环保性问题是它无法克服的问题。此外，它使用极限海拔是 1500～2000m，在海拔超过 3500m 的高原低气压地区，由于环境气压低，箱体会自动膨胀，容易导致漏气。

固体绝缘开关设备在特殊环境下的适应性更强，通过大量的工程实践，在上述特殊环境下，固体绝缘开关设备具有较强的应用优势。但固体绝缘技术采用环氧树脂作为主绝缘材料，环氧树脂生产工艺属于能源密集型，高能耗和产品生命周期结束后非常低的回收再利用，使得固体绝缘技术并不是一种最理想的环保解决方案。

从环保的角度考虑，选择干燥空气、N_2 或者 CO_2 这类低温室效应影响的气体是比较理想的解决方案。SF_6 混合气体（如与 N_2 混合）的解决方案可以减少 SF_6 气体使用，但是由于混合气体中的 SF_6 气体被污染，在生命周期结束后这些 SF_6 气体无法回收，因此这种解决方案在环保性上还不如纯 SF_6 气体的解决方案。

（2）结构紧凑性。

相比于传统的空气绝缘开关设备，SF_6 气体绝缘开关设备结构最为紧凑，固体绝缘开关设备次之。SF_6 的替代气体中，N_2 或者 CO_2 的介电强度较低，因此，开关设备结构不够紧凑。干燥空气的介电强度相对较高且更容易获取，通过优化设计可具备与 SF_6 气体绝缘开关设备相当的紧凑结构。

（3）可靠性。

SF_6 气体绝缘开关环网柜具有优异的电气性能和相对成熟的制造工艺，且气体绝缘介质具有自恢复能力，具有良好的可靠性。

固体绝缘环网柜采用 APG 工艺固封开关部件和导电主回路，兼具了导电、散热、绝缘、支撑和连接等多项功能，解决了 SF_6 气体低温液化和高温分解有毒物质及泄漏的难题。通过绝缘母线的连接技术可实现便于拼柜、灵活组合和扩展，方便适应现场安装条件的变化。固体绝缘环网柜不排放任何有毒物质，无漏气与内部燃弧的隐患，采用全绝缘、全密封、模块化、小型化的设计理念，绝缘性能高，整体强度高，免维护。但也有因材料问题引发局部放电的风险。

（4）安装维护。

采用 SF_6、N_2、CO_2、干燥空气等气体绝缘介质的环网柜状态可监控和调整，维护方便。固体绝缘材料没有替换性，如果绝缘介质出现损坏，需要更换整台开关设备。

（5）生产工艺。

SF_6 气体绝缘开关设备的生产工艺相对成熟可靠，SF_6 替代气体绝缘开关设备的生产工艺和原理与 SF_6 气体绝缘设备相同。固体绝缘结构的生产工艺，特别是环氧树脂物料质量的保证是对固体绝缘开关设备最大的挑战。与非混合气体相比，SF_6 混合气体绝缘开关设备在批量生产时需要保证正确的气体成分，生产工艺较为复杂。

（6）经济性。

SF_6 气体具有优异的电气性能，这种惰性气体用来灭弧虽然是最经济的解决方案，但不满足环保要求。固体绝缘设备，由于复杂的生产工艺、高报废率和高能耗，相对成本较高；尽管 SF_6 替代气体通常不能用于灭弧，需要采取额外措施以确保设备的绝缘强度（与 SF_6 气体相比），但相对成本较低。

总之，环网柜本体可持续解决配电设备的有效关合和开断、恶劣环境下的适应性、设备运行安全等多维度经济实用和可靠性问题，并通过新材料、新结构方式等方面的应用满足社会经济发展及环保需求。

5.5.2　智能环网柜技术特点

智能环网柜是在传统环网柜基础上，将中压开关单元、二次系统的量测、通信、自动化及电源、监测设备等模块集成设计，实现一二次设备深度融合的智能配电设备。一方面通过简化设备接口、减少内部线缆接线等，进一步提高环网柜单元组柜后的系统可靠性、降低成本、减少现场安装、调试及运行维护工作量；另一方面，各类传感技术的植入，使之能够充分利用信息化手段实现配电线路和设备本身运行更可靠、更安全和更高效。

智能环网柜从设计结构上来看，相比于传统环网柜，除了固有的断路器、负荷开关、隔离接地开关、操动机构、互感器以及各种保护控制装置外，智能环网柜在内部增加了智能组件集成，主要包括各种配电终端、通信单元、开关状态传感单元及环境参数传感器等。

传统环网柜是一个单点区域使用配电设备，而智能环网柜则是一个满足系统级应用的智能设备。从功能上来看，智能环网柜除了传统环网柜固有的电缆线路连接、分段、保护和控制功能外，其通过设备之间的互动、设备与配电自动化系统的信息互动，支撑整个配电网的智能化运营和管理。

智能环网柜配电终端的功能是馈线自动化和对配电自动化系统响应的基础，使得智能配电环网柜可以实现：① 支持配电自动化系统的数据采集与监控（SCADA），即满足"四遥"功能，实时测量现场电压、电流、有功和无功功率、功率因数、电源频率、开关工作位置及需要监测的其他非电参量，并能本地数字化显示同时上传至控制中心；② 通过采集电流、电压信号，检测到过电流、低电压等故障信息，支持不依赖于配电主站的就地馈线自动化功能；③ 设备与设备级或设备与系统级的故障处理，即完成故障时的自动定位和网络重构，实施故障隔离和恢复对非故障区域的供电；④ 通过配置多样化的通信设备满足现场环境应用与配电自动化系统的良好互动。

智能环网柜不同于传统环网柜，拥有两大智能化功能：① 采集数据支撑配电线路环网柜设备的全生命周期管理，满足配电网设备精益化管理需求；② 采集数据支撑配电线路的日常运行管理，馈线自动化功能满足线路突发事故的快速响应，进而满足配电自动化需求，提升配电网供电安全、可靠、高效。

第6章
配电台区智能化设备

配电台区是供电系统和用户之间重要的连接节点，对整个电网的协调控制具有重要意义。配电台区管理和运行一直存在着设备多、自动化程度不高、通信基础薄弱且业务更新、扩展、迁移比较频繁等问题。近年来，电网公司逐步开展老旧配电台区自动化、信息化改造，探索配电台区电能质量监测分析、拓扑识别、线损分析、故障定位保护等应用，提出了智能配电台区标准化、成套化建设理念，发布并推广了配变终端、智能配电单元等台区内设备的功能规范，智能化技术推进了配电台区进入有序管理。

本章将概述配电台区智能化设备技术，介绍配电台区设备智能化产品，及配电台区智能化应用场景——柱上变压器台、箱式变电站、配电室的智能化应用。

6.1 配电台区设备智能化技术

智能配电台区是指配电变压器高压桩头至用户的一片供电区域，由配电变压器、智能配电单元、低压线路及用户侧设备组成，实现电能分配、电能计量、无功补偿以及供用电信息的自动测量、采集、保护、监控等功能，具有信息化、自动化、互动化等智能化特征。其中，智能配电单元指智能配电台区中进线单元、出线单元、电能质量治理装置、配变终端和辅助设备等功能部件中一种或几种的组合，安装于配电变压器的低压侧，实现对关键一次设备和线路的监控、测量和保护等基本功能。

6.1.1 配电台区设备智能化技术的发展

公用和专用配电台区是电力企业向用户销售电能产品的最基本单元，电网中的电能大部分都是由不计其数的配电台区供给用户，配电变压器是配电台区的关键设备。

6.1.1.1 柱上配电台区智能化的发展

传统柱上配电台区的标准配置包括配电变压器、配电箱、计量箱、无功补偿装置等诸多设备。配电箱中安装配电变压器监测终端以实现对配电变压器的在线监测及无功补偿控制，计量箱中安装用电信息采集终端以实现对计量电表远程数据的采集，无功补偿设备通过自动投切电容实现对低压侧无功缺口的补偿，各司其职的终端设备会对同种信息多次采集、分别处理，造成了台架设备众多、占地面积大、现场施工复杂、监测设备重复投资、运行维护成本高等问题。

为了解决上述问题，在低压综合配电箱（简称 JP 柜）内配套安装配变终端 TTU 成为一种有效的解决手段。配变终端 TTU 是 JP 柜内的核心采集和控制单元，由具有数据采集和处理功能的终端主体部分和对外通信部分组成，能够实时采集用户的用电信息、供电状况、电量信息、电表计量数据等各项用电数据；保存历史用电数据、采样脉冲量、开关量信号；处理液晶显示和键盘响应；根据预设参数进行遥控跳闸；根据电网无功需求进行电容器的投切；按配电主站要求上传数据或定时主动上传任务数据。

6.1.1.2 箱式变电站智能化的发展

箱式变电站因其占地面积小、工厂化预制、离负荷中心近、环境影响小等特点，得到了越来越广泛的推广应用。

早期的箱式变电站以手动操作为主，高压柜手动操作、变压器无监控、低压柜手动操作、无电容补偿装置；进入自动化阶段的箱式变电站实现了高压柜电动操作、对变压器气体保护和温度监控、低压柜电动操作、带无功补偿控制器实现电容投切补偿。

随着满足自动化应用的各类配电终端的出现，箱式变电站也逐步走向智能化，从最初采用了高低压分散控制的监控策略（即高压侧配套站所终端 DTU、低压侧配套配变终端 TTU），到后来发展为高低压一体化监控的策略（低压侧采集信息通过站所终端 DTU 上传至配电主站系统监控和管理）。

智能化的箱式变电站通过对高压侧开关设备的控制，减少故障停电时间，实现故障的快速定位、隔离；利用采集数据统计供电可靠性、损耗和电能质量等重要运营指标，推动需求侧管理和节能降耗管理，为电网运行控制提供准确依据。其最终目的是提高箱式变电站的运行监控能力，保证设备运行、维护和检修质量，提升配电网的整体管理能力。

6.1.1.3 配电室智能化的发展

配电室智能化发展与箱式变电站相似，最初的配电自动化系统获取配电室运行数据信息的方式主要有直采和转发两种。

直采是通过高压侧开关设备站所终端 DTU 采集并上送配电主站系统，但在实际应用中，存量配电室受设备和环境条件所限较难改造，因此，较多停留在试点或示范应用上。

转发是将营销管辖的用电信息采集系统用无线通信方式采集的数据信息，上送配电自动化系统，但转发受限于无线通信方式的传输稳定性以及跨部门、跨系统管理的壁垒。这些问题造成了系统间设备 ID 对应匹配率不高、设备异动管理缺失，使得配电自动化系统即使获取了相关数据也不能得到很好的应用。

总之，传统配电网智能终端大多是为了实现某一特定功能而单独设计，实现的功能均提前预设且相对固定，如监视采集客户用电量、监控配电开关状态、监测配电设施环境状态信息等。近年来，随着物联网技术的兴起，配电物联网终端成为配电终端领域的新军。

配电物联网终端是一种智能融合终端，除了作为业务终端，更是数据终端和通信网关，因此，基于物联网技术的融合终端具备了更强大的数据处理能力、信息交互能力和多业务开发处理能力。

6.1.2　配电台区变压器智能技术

配电变压器向着低损耗、高机械强度、高可靠性、低噪声、少维护技术方向发展。近年来，配电变压器本体在材料、结构、绝缘介质等方面持续进行着改善和提升，特别是低损耗新型节能变压器的广泛使用，全面提升了配电变压器的运行状态。

在配电变压器全生命周期管理、降低损耗、提升电能质量等需求的推进下，有载调容调压技术、在线监测技术及新型电力电子变压器等技术的研究越来越得到重视。

6.1.2.1　有载调容调压控制技术

为解决用户负荷峰谷变化大和电压波动等问题，需要根据实际运行的需求进行合理的容量和输出电压调节，有载调容调压控制技术应运而生。

有载调容调压变压器能够有效地提高配电变压器的平均负载率、改善电能质量、提高电网电压稳定性，特别适合应用于损耗严重的农村电网、昼夜负荷变化显著的城市商业区、开发区和工业区等电网。

有载调容调压变压器由变压器本体、有载调容与有载调压开关和综合自动控制部分组成。根据负载的变化，通过控制器控制调容调压开关的动作，改变变压器本体高、低压侧绕组的连接方式和绕组分接头，完成大小容量的切换和输出电压的调整。

有载调容调压变压器可以根据用户用电量的变化（如负荷峰谷、电网中电压波动等不稳定变化），智能化切换变压器绕组的连接方式，实时动态地调节变压器容量大小，同时可以实现二次侧输出电压大小的调节，以保证可靠用电前提下最大限度地节约电能，提高变压器的平均负载率。

有载调容调压变压器的控制方式和控制逻辑如图 6－1 所示。

1. 有载调容的工作原理

有载调容调压变压器的调容方式分为串并联型调容方式和 D－Y 型调容方式。

串并联型调容方式的有载调容调压变压器每相高压绕组和低压绕组都有 9 个切换开关，高压侧和低压侧均为相同的星形接线方式，如图 6－2（a）所示。调容控制器操纵调容开关，完成高压和低压绕组的串联–并联转换。

在大容量时，高压侧的 6 个开关 A1、A3、B1、B3、C1、C3 和低压侧的 6 个开关 a1、a3、b1、b3、c1、c3 闭合，高压侧其余 3 个开关 A2、B2、C2 和低压侧其余 3 个开关 a2、b2、c2 断开；在小容量时，高压侧的 3 个开关 A2、B2、C2 和低压侧的 3 个开关 a2、b2、c2 闭合，高压侧其余 6 个开关 A1、A3、B1、B3、C1、C3 和低压侧其余 6 个开关 a1、a3、b1、b3、c1、c3 断开。

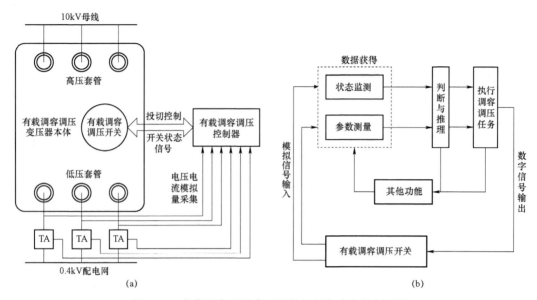

图 6-1 有载调容调压变压器的控制方式和控制逻辑

（a）控制方式；（b）控制逻辑

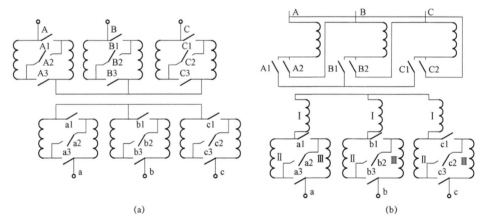

图 6-2 有载调容调压变压器调容方式

（a）串并联型调容方式；（b）D-Y 型调容方式

通过对变压器高、低压侧绕组同步的串并变换，实现变换前后高压绕组和低压绕组变化方式相同变比保持不变，变压器两端电压保持不变，实现了对变压器的容量变换调节。

D-Y 型调容方式的有载调容调压变压器每相高压绕组和低压绕组由不同的两部分构成。高压绕组有 6 个切换开关，低压绕组有 9 个切换开关，如图 6-2（b）所示。调容控制器操纵调容开关，完成高压绕组的星—三角形转变和低压绕组的串并联转变。

在大容量时，高压侧的 3 个开关 A2、B2、C2 和低压侧的 6 个开关 a1、a3、b1、b3、c1、c3 闭合，高压侧其余 3 个开关 A1、B1、C1 和低压侧其余 3 个开关 a2、b2、c2 断开。在小容量时，高压侧的 3 个开关 A1、B1、C1 和低压侧的 3 个开关 a2、b2、c2 闭合，高压侧其余 3 个开关 A2、B2、C2 和低压侧其余 6 个开关 a1、a3、b1、b3、c1、c3 断开。

三相的高压绕组在小容量状态下处于星形连接，在大容量状态下处于三角形连接。每相的低压绕组由 3 段组成：原线圈匝数 0.27 倍的绕组段（第Ⅰ段），原线圈匝数 0.73 倍的两个绕组段（第Ⅱ段、第Ⅲ段）。小容量时 3 个绕组段串联在一起；大容量时第Ⅱ段和第Ⅲ段并联后，再与第Ⅰ段串联。高压绕组 D-Y 变化和低压绕组串并联变化的同比例关系保证了输出电压不变，仅改变变压器容量而变比不变，达到调容的目的。

综合考虑两种调容方式，与串并联型调容方式相比，D-Y 型调容临界调容点的值更大。在实际工程应用中，D-Y 型调容更为实用，在对材料的要求及制造的难易度上均比串并联型调容简单、经济。

2. 有载调压的工作原理

有载调容调压变压器通过变压器绕组分接头的改变实现调压功能，有载调压的实现过程如图 6-3 所示。图中，Ⅰ、Ⅱ分别为切换开关和分接选择器，R1、R2 为过渡电阻，x、y、u、v 为辅助触头，1、2、3 为绕组分接头。

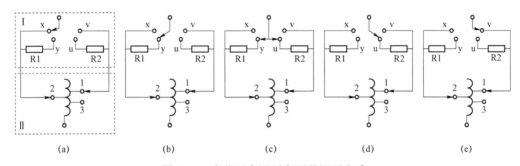

图 6-3　有载调容调压变压器调压方式

当变压器输出电压变化而需要调压时，首先调压分接选择器切换到目标分接头，然后切换开关继续动作，最终切换开关从辅助触头 u 切换到辅助触头 v 处，改变变压器绕组的分接头实现调压功能。

有载调容调压变压器在提高配电台区运行经济性、降低损耗以及提升用户电压质量合格率方面发挥了重要作用。当有载调容调压控制器配套远程通信功能时，通过与台区的配变终端/融合终端或配电主站的通信，由台区配变终端/融合终端的边缘计算功能完成本地化的智能决策，亦或由配电主站完成系统级决策后从远方发出执行命令，实现无功电压综合控制治理、电压合格率提升及决策分析等功能。

6.1.2.2　环境和设备状态在线监测诊断技术

变压器的材料主要由磁性导电材料、绝缘性材料以及通电的金属材料组成。由于变压器运行时引起的迟滞收缩以及电场、感应磁场的影响，变压器的绝缘介质在某些物理或者化学因素的影响下会发生绝缘劣化。

变压器常见故障主要有电路（绕组）发生的故障、磁路（铁心）发生的故障等。电路发生的故障大多为绝缘材料由于外界因素变得潮湿、绕组在高温或者外力的作用下发生变形、系统的电压超出额定电压等因素引发的故障，因附件接地不良引起的放电现象等多是磁路故障。通过一系列的环境与健康状态监测技术，可以有效发现变压器运行过程中潜在的故障隐患，防止缺陷恶化、避免故障扩大。

目前常用的环境与状态监测诊断技术有温度监测技术、绝缘油监测技术、局部放电监测技术、噪声监测技术等。

1. 温度监测技术

温度是影响变压器使用寿命的主要因素之一，变压器的绝缘材料长期承受热老化，温度越高，绝缘材料老化越快。绕组、铁心、套管等接头局部异常高温可直接反映故障的位置和状况，因此，变压器温度监测对保证变压器安全和延长运行寿命具有重要的意义。

工业控制中的温度测量方法有热电偶法、电阻温度探测法、热敏电阻法等，这些方法的测量都需要放置测量元件并且信号需要由导线引出，这会影响到变压器被测部位周围的绝缘性能。因此，变压器在线监测的温度监测技术推荐采用非接触式的红外测温技术和保证绝缘性能的光纤光栅测温技术。

（1）红外测温技术。

红外测温是一种非接触式检测技术，通过接收物体发出的红外线（红外辐射），将其热像显示出来，判断物体表面的温度分布情况。

变压器在运行时，发出的红外辐射强度直接与变压器的发热强度相关，即变压器部位或部件发热越明显，红外辐射越强。采用红外线测量仪器接收辐射信号并转换为对应的模拟电信号，便可以得到变压器各测量位置的温度分布情况，形成变压器的热像图。通过对异常变压器的热像图进行分析，可以诊断出变压器的故障类型、找到引发故障的原因。

红外测温原理如图6-4所示。常用的红外线测温装置有红外测温仪和红外热像仪。

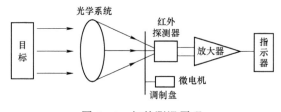

图6-4　红外测温原理

（2）光纤光栅测温技术。

通过在变压器绕组、铁心、顶层油等位置增装光纤光栅温度传感器，实现变压器的光纤光栅测温，光纤光栅测温原理如图6-5所示。

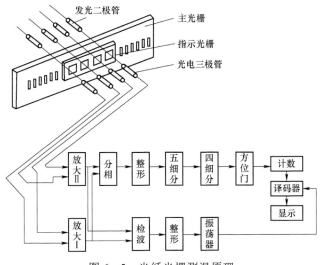

图 6-5　光纤光栅测温原理

光纤光栅是一种新型的光无源器件，利用光纤材料的光敏性在纤芯内形成空间相位光栅，其作用是利用空间相位光栅的布拉格散射的波长特性，在纤芯内形成一个窄带的滤光器或反射镜。当一定带宽的光与光纤光栅场发生作用，光纤光栅反射回特定中心波长窄带宽的光，并沿原传输光纤返回，其余带宽的光沿光纤继续传输。反射的中心波长随作用于光纤光栅的温度变化而线性变化，从而使光纤光栅成为性能优异的温度测量元件。通过测量光纤光栅反射的中心波长，即可测量出光纤光栅温度传感器测量点相应的温度。

光纤光栅温度传感器通过温度对光纤光栅的中心波长的调制来获取传感信息，具有抗电磁干扰、抗腐蚀、电绝缘性能好、高灵敏、体积小等特点，能够较好地满足配电变压器的在线温度监测要求。

2. 绝缘油监测技术

变压器绝缘油监测技术主要是通过湿度传感器和气体传感器实现对油中微水、溶解气体两个重要指标的在线监测。

（1）变压器油中微水含量监测。

较适合用于油浸式电力变压器的湿度传感器是一种高分子电容式湿度传感器。这类传感器的感湿薄膜介电常数会随湿度发生变化，通过测量电容量的变化来测量湿度。

在传感器底部电极的基片上涂有一层高分子感湿薄膜，高分子薄膜能透过电极吸附、解吸水分。一般高分子物质的相对介电常数多在 2～7 之间，但水的相对介电常数却很大，约为 80。因此，当水分子进入高分子薄膜介质层时，介质层含水量一个微小的变化将使介质层的介电常数产生较大的改变，湿度传感器的电容值相应产生变化。

早期感湿薄膜多采用醋酸纤维及其衍生物，目前采用醋酸丁酸纤维素、聚苯乙烯、聚酰亚胺、酪酸醋酸纤维等高分子材料。

以聚酰亚胺薄膜构成的电容式湿度传感器为例，其等效模型为一个平板电容器。传感器浸在油中时，聚酰亚胺薄膜与变压器油之间存在水分的动态平衡。当油中含水量发生变化时，聚酰亚胺薄膜吸附的水分子也相应变化，从而导致聚酰亚胺薄膜的相对介电常数变化，其电容量也随着相对介电常数变化而变化。二次测量回路将电容量的变化转换为电信号来监测油中微水含量的状态，同时通过温度校正可以得到实际的油中微水含量。

（2）变压器油溶解气体监测。

变压器油溶解气体监测的目的就是利用不同类型变压器故障对应不同变压器油溶解气体的浓度性质，通过分析变压器故障特征气体（H_2、CO、CH_4、C_2H_6、C_2H_4、C_2H_2）的浓度来获取变压器故障类型。

较适合用于油浸式电力变压器的气体传感器是光学式气体传感器。光学式气体传感器主要是以红外吸收式气体分析仪为主，由于不同气体的红外吸收峰不同，通过测量和分析红外吸收峰来检测气体。

光学式气体传感器还有化学发光式、光纤荧光式和光纤波导式传感器等。光学式气体传感器由于不与被检测量接触，故而不会对运行中的变压器造成影响，其抗震、抗污染能力强，具有非接触测量、抗电磁干扰、免标定、可靠性高、灵敏度好等优点，适合油浸式变压器工作的恶劣环境。

变压器油中溶解气体含量在线监测装置本体主要部分是油气分离和气体检测单元，决定着整个检测数据的准确率和灵敏度。在线监测装置投入运行后将启动环境、柱箱、脱气温控系统，待装置趋于稳定后，将采集到的变压器绝缘油移进对应的油气分离装置，实现变压器中油液与气体的分离，再将脱出来的烃类混合气体经光学式气体传感器进行气体成分测量，测量计算后的气体含量数据可生成相应的浓度变化曲线图。

变压器油中的湿度传感器和气体传感器将测量信号接入现场设备或通过配变终端等采集装置进行汇总，上传在线监测系统或配电主站，进行数据分析和监测，实现对变压器油湿度、气体的定量和定性分析，完成变压器运行状态的评估。

3. 局部放电监测技术

监测变压器局部放电的方法较多，常用的有脉冲电流法和超声监测法。

当变压器内部出现局部放电时，会产生放电脉冲电流。脉冲电流将流过套管出线端、外壳接地线、铁心接地线等处，通过罗科夫斯基线圈检测到脉冲电流信号，可以分析判断是否发生了局部放电和位置，这个方法称为脉冲电流法。脉冲电流法监测的准确度较高，可以监测到几百皮安甚至几十皮安的局部放电脉冲，但这种方法极易受到电磁干扰，检测条件比较苛刻。

变压器在局部放电产生电流脉冲信号的同时，还存在声脉冲信号，声脉冲信号需要一定时间才能到达紧贴在变压器油箱上的超声传感器。超声监测法就是在变压器外箱壁上放置多个超声传感器，通过几个超声传感器反馈的声波来定位设备故障的位置。

变压器内部发生局部放电时，产生超声信号的频率范围在几千赫兹到几十万赫兹之间，变压器油箱壁外测到的超声信号幅值与局部放电量大致成正比。在实际应用中，因变压器结构比较复杂，超声波在油箱内传播时不仅随距离增加而衰减，而且遇壳体会产生折射、反射，导致声波信号减弱，虽然超声测量法能够抵抗较强的电磁干扰，但灵敏度较低、分散性较大。将多个超声传感器联合应用到一个壳体上，对局部放电的定位效果有明显提升，然而仅靠超声传感器测到的信号来确定放电量还是有一定困难的。

为了克服上述不足，目前采用一种综合监测法，即电－超声联合法，示意如图 6－6 所示。

电－超声联合法就是当变压器内部发生局部放电时，由超声传感器和电流传感器分别采集相应的超声脉冲信号和电流脉冲信号，上送记录仪后综合对放电特征量进行提取并定位，发出故障报警。

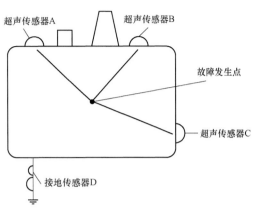

图 6－6 电－超声联合法

声波在箱壁及油中的传播速度分别为 5500m/s 及 1400m/s，远远低于电信号的传播速度。将脉冲电流法及超声监测法结合起来，装在外壳地线或者小套管上的高频传感器负责接收电气信号并触发记录仪，记录仪根据超声传感器所接收到的超声信号时差大小，来推测变压器内部局部放电的位置。

需要注意的是，在选择超声传感器的频率范围时，应当尽量避开雨滴、铁心噪声或者砂粒等这些外在因素对箱壳的撞击声。

4. 噪声监测技术

运行中的变压器，受强磁场的作用其内部硅钢片因磁致伸缩而产生异响。这种异常的响声因变压器内部不同的运行情况，在声音大小和音色效果上有着不同的差异。因此，可以将变压器的异常响声大小和异音色等作为判定变压器故障的参考。

根据故障类型的不同，变压器故障的声音可大致分为以下几种情况：

（1）变压器过负荷。大型商场、居民用电等晚高峰时期，变压器重载或严重超负荷运行的情况时有发生，此时变压器机箱会发出很大而且沉重的"嗡嗡"声。

（2）变压器高压套管脏污和裂损。当变压器的高压套管脏污或表面釉质层出现脱落或裂损现象时，在其表面会发生闪络现象，变压器机身会发出"嘶嘶"声。

（3）绕组发生短路故障。当变压器内部绕组发生严重故障时，会造成附近的零件温度急剧升高，从而导致变压器油在高温作用下发生汽化现象，变压器会发出如开水沸腾般的"咕噜"声。

（4）变压器内部零件松脱。当变压器内部铁心的零部件松动或者脱落时，此时变压器内部油温一般不会有太大变化，但变压器会伴随着"刺啦刺啦"如磁铁吸附物体般的声音。

（5）变压器外部短路或自身短路。当台区的线路出现短路或者设备出现电火花时，变压器会发出较为尖锐的声响。在线路短路或者失地的时候，就会发出沉重的"轰轰"声。

以上故障声音是经验所得，一般可以用于变压器故障的初期判断。

随着物联网技术和传感技术的飞速发展，基于故障异响的专家系统比照诊断成为可能。基于上述故障异响为参照特征，利用录音设备分别采集变压器不同类型的故障异响作为声音信号样本，建立故障类型样本专家库，通过与现场采集的变压器异响声音信号的波形，进行幅值、频率、对应平均分贝数等特征量的比较，对变压器在不同故障下所产生的各类音效进行比对分析，可以诊断变压器的运行状况。

变压器的噪声状态监测目前较多应用于大型变压器，主要从声信号的幅值和频率两方面进行分析。近年来，变压器噪声监测的研究开始把空间特征、时间特征和多维声学指标纳入噪声信号分析中，通过声学传感装置/噪声传感器采集信息，采用基于指纹模型的变压器噪声信号描述方法和基于波形特征的噪声异常程度评价方法，建立噪声状态与同时期变压器运行工况的相关性，进行噪声状态评价和判断。

6.1.3 配电台区低压侧智能技术

早期，配电台区主要依靠就地的自动化仪表和设备实现控制、协调与保护，如三级剩余电流动作保护器、自动换相开关、电能质量治理设备等，各设备自主动作完成所需的功能。当在配电变压器安装了配变终端 TTU 后，通过 TTU 采集相关信号，可实现简单的自动协调控制，TTU 把信息汇总上送配电主站，实现对配电台区运行状况的监测。

近年来，配电物联网技术推进了配电台区低压侧智能化技术的快速发展，这对低压侧配电设备的智能化功能、通信能力及测控终端的运算能力等都提出了新的要求，以期实现配电物联网技术体系下智能化配电台区与配电云主站之间的边云协同分析应用。

6.1.3.1 三相负荷不平衡调节技术

低压配变三相负荷不平衡现象普遍存在，三相负荷不平衡会对配电系统和用户造成一系列的危害，如变压器损耗增大、低压线损增大、影响用户设备的正常使用、缩短设备使用寿命等。

三相负荷不平衡治理方法是配电台区运维人员根据配电室三相负荷电流情况，手动改接低压负荷。这种治理方法的弊端是需要低压线路停电，影响居民用电；改接负荷大小不确定，有时甚至需要多次调整，且调整存在滞后性，调整效果不好。

少数配电台区配置了用于无功补偿和三相负荷不平衡治理的晶闸管控制电容器组，对配电变压器三相不平衡电流起到一定调整效果，但也没从根本上解决配电台区低压负荷不平衡以及低压损耗、低电压问题。

引起三相负荷不平衡的原因有两类：一类是三相系统中某一相或两相断线故障，需尽快消除；另一类是三相负载不对称。为此，设计了换相开关，换相开关的智能分析部件或配变终端根据实时负荷和历史负荷进行负荷预测，控制换相开关动作，可实现在智能配电台区内自动控制负荷的平衡。

通常情况下，换相开关安装在配电台区低压单相电源连接处，通信模块可采用有线或者无线方式采集运行电流上送配变终端/融合终端，在终端的控制下实现自动调整。换相开关分断系统可以使开关在 20ms 内完成分开和闭合，保证用户侧用电设备不受干扰。

一个配电台区的配变终端控制该台区全部的换相开关，配变终端接收到各换相开关运行电流后，将进行配电台区三相负载电流计算，得出三相电流不平衡度。当三相电流不平衡度达到或超过设定值时，根据设定的条件，确定各换相开关所带单相负载是否需要调整，并给出调相方案，发出指令给需要换相的开关，线路负载从负荷较重的相转至负荷较轻的相，保证低压配电网的三相负荷始终处于或接近最佳平衡状态。

6.1.3.2　低压无功补偿技术

电力系统输送电能的过程中，无功功率的不足会使系统中输送的总电流增加、变压器出力减少、供电线路及系统设备有功功率损耗增大、线路末端电压下降，需要进行无功补偿。在低压配电网进行无功补偿是一个有效的降损节能措施。

配电台区主要采用低压侧无功的集中补偿，补偿方式有三种：

（1）固定补偿与动态补偿相结合。由于负载类型越来越复杂，电网对无功要求也越来越高，因此，单纯采用固定补偿已经不能满足要求，结合动态无功补偿技术，能较好地适应负载变化。

（2）三相共补与分相补偿相结合。新的设备尤其是大量的电力电子、照明等家居设备，都是单相供电，电网中三相不平衡的情况越来越多，三相共补、同投同切已无法解决三相不平衡的问题，而全部采用单相补偿投资较大。因此，根据负载情况，充分考虑经济性的共、分补偿相结合方式开始广泛应用。

（3）稳态补偿与快速跟踪补偿相结合。稳态补偿与快速跟踪补偿相结合的补偿方式是未来发展的一个趋势。比较适用于大型的钢铁冶金等企业，针对其用电量大、负载变化快、波动大的特点，可以有效地提高功率因数、降损节能。

为了灵活应对低压侧大容量冲击负荷带来的电压突变和电路涌流，需要选择性能良好的投切开关，以实现无功补偿的快速响应。目前采用的投切开关主要有：

（1）晶闸管开关（又称固体继电器）。晶闸管开关通过对电压、电流过零检测的控制，保证在电压零区周围投入电容器组，避免合闸涌流的产生，在电流过零时切断，避免暂态过电压的出现。晶闸管开关由于其晶闸管触发次数没有限制，能够实现准动态补偿（毫秒级响应），很好地满足了电容器过零投切和频繁操作要求。其特点是动态响应快，在投切过程中对电网无冲击、无涌流，目前运用比较普遍。不足之处是功耗大，晶闸管易受电压波动造成误动作或损坏。

（2）复合开关。为了发挥交流接触器运行功耗小、晶闸管开关过零投切的各自优势，开发了由交流接触器和晶闸管开关技术并联运行的复合开关，其要点是时序配合，即晶闸管开关负责控制电容器的投切，交流接触器负责维持电容器投入后的导通，接触器投入后晶闸管开关退出运行。其目的是既实现了快速投切，又降低了功耗。不足之处是结构变得相当复杂。

除了投切开关的硬件支持外，智能化的无功控制策略也同样重要。采集三相电压、电流信号，跟踪系统中无功的变化，以无功功率为控制量，以用户设定的功率因数为投切参考限量，依据模糊控制理论智能选择电容器组合，采用"取平补齐"的原则，实现电容器投切的智能控制。

通过融合终端边缘计算就地决策，实时评估无功需量和投退电容补偿效果，动态调整控制策略，能够精准无功补偿，实现配电台区无功的动态平衡。

6.1.3.3　低压侧传感测量技术

低压侧设备的运行监测和状态感知是提升配电台区低压侧设备的运维效率、提高供电可靠性的重要技术手段。

配电台区低压侧的传感信息包括电流/电压信息、开关位置信息、温/湿度信息、温度信息、噪声信息、水浸/水位监测信息、烟雾报警信息、电缆通道监测信息、可燃气体监测、有毒气体监测、烟雾报警、门禁等，可全面覆盖低压侧设备运行和状态感知的需要。

其相关传感设备包括电流/电压传感器、位置传感器、温/湿度传感器、测温传感器、噪声传感器、水浸/水位监测传感器、烟雾传感器、超声波/暂态地电压一体化智能传感器、电缆通道综合监测无线传感器、气体传感器、烟雾传感器、门禁传感器、智能锁等。

这些传感装置从简单的感知告警到感知后通信汇聚并远传，从简单的电流电压测量到运行参量、设备状态的全方位感知，通过采集接收配电设备各类物理输入量，并转换成光电信号建模和数字化，利用通信将信息上传至集中器或配变终端，实现了低压侧设备的全面监控。

6.1.3.4　配电台区物联网技术

近年来，配电自动化技术应用开始从中压配电网向着低压配电网延伸，低压配电网设备种类和数量更加众多、用户负荷类型复杂多样，因此，精细化管理更需要有力的技术手段。

配电物联网技术、传感技术和5G通信，推进了低压侧配电网智能化技术的发展。低压侧设备按照电力物联网"云、管、边、端"的基础建设技术体系，在配电台区智能化应用中，可以集约地实现对配电台区配电设备和环境的状态感知、数据传输、数据模型、一体化融合、业务支撑、精益化运维等，从而充分体现出配电物联网技术建设应用成效。

基于物联网技术架构的智能化配电台区按中压侧、配变侧、低压侧、线路侧和用户侧五个区进行各类感知设备设计，如图6-7所示。

融合终端/台区智能终端（亦有如边缘计算物联代理）是配电台区用电信息采集、设备状态监测及通信组网、就地化分析决策、主站通信及协同计算等功能于一体的智能化终端设备。

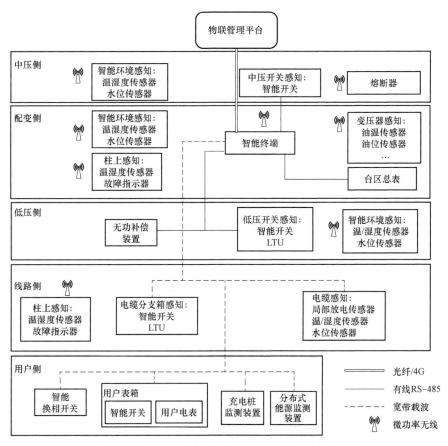

图 6-7 物联网技术架构的智能配电台区感知体系

融合终端采用平台化设计、支持边缘计算架构、以软件定义的方式实现功能灵活扩展，在配电台区（柱上变台区、箱变台区、配电房台区）典型场景中成为数据汇聚、边缘计算、应用集成的中心。

融合终端向上采用光纤、电力无线专网、无线公网等通信方式与物联管理平台协同进行数据交互；向下采用电力线载波、微功率无线、RS-485 等通信方式与末端感知设备进行数据的本地处理、分析决策和执行设备的管理。

远程通信网主要满足物联管理平台与智能终端之间高可靠、低时延、差异化的通信需求，具有数据量大、覆盖范围广、双向可靠通信的特点。通信方式主要有光纤、电力无线专网、无线公网等。

本地通信网主要满足融合终端与终端采集设备之间的通信需求，因配电台区业务种类、设备类型、部署方式等不同，本地通信网对通信网络带宽、容量、实时性、可靠性、安全性等的要求存在较大差异。通信方式主要有电力线载波、微功率无线、RS-485 通信等。本地通信方式可结合配电台区业务的实际需求，因地制宜选取。

从中压到低压、用户侧，通过物联网技术实现各类信息的感知和采集，包括电网运行信息、状态信息、环境信息等。安装或集成在一次设备的各类传感、采集设备可实现这些信息的感知，感知设备和所采集信息见表 6-1。

表 6-1   **感知设备和所采集信息列表**

序号	感知设备	采集量	所属区域
1	智能变压器/变压器感知设备	电压、电流、内部压力、油位等	配变侧
2	智能环境传感器	温度、湿度、水位、地理位置等	中压侧、配变侧
3	台区总表	电压、电流、表码、告警事件等	配变侧
4	熔断器感知设备	电压、电流、开关状态等	中压侧
5	智能开关	电压、电流、开关状态等	线路侧、用户侧
6	电能表	电压、电流、表码、告警事件等	用户侧
7	低压监测单元（LTU）	电压、电流、开关状态、位置信息等	低压侧、线路侧、用户侧
8	智能换相开关	电压、负载电流等	用户侧
9	通信转换单元（充电桩）	电压、电流等	用户侧
10	通信转换单元（分布式能源）	电压、电流等	用户侧
11	无功补偿装置	电压、电流等	低压侧
12	电缆感知设备	接头温度、局部放电、电缆井综合监测等	线路侧、用户侧
13	联络开关	开关状态	中压侧
14	柱上感知设备	温/湿度、地理位置、倾角等	线路侧、配变侧
15	融合终端	电压、电流、告警事件、停电事件等	配变侧

6.2 配电台区设备智能化产品

6.2.1 有载调容调压变压器

有载调容调压变压器在变压器本体上安装了有载调容调压分接开关及控制器，通过有载调容调压分接开关自动切换绕组连接方式，实现容量调节和电压调节。

有载调容调压变压器外形如图 6-8 所示。

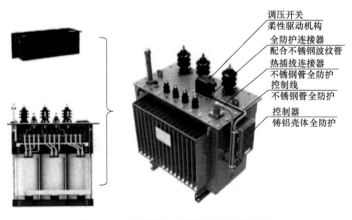

图 6-8 有载调容调压变压器外形图

有载调容调压变压器通过调压开关接入不同匝数的高压绕组，调压匝数比调节低压侧输出电压；变压器通过调容开关把高压绕组连接方式由三角形接线转换为星形接线，低压绕组的两段并联绕组转换为串联绕组，高压绕组电压降低和低压绕组匝数增加的倍数相同，保持输出电压的不变。

调容调压分接开关是有载调容调压变压器的关键设备。传统调容调压分接开关是基于变电站主变变压器使用的有载分接开关改进的，如图 6-9 所示。采用电机旋转结构，存在体积大、切换速度慢、可靠性差、维护工作量大等问题。传统调容开关绕组接线折弯多、布线凌乱、损耗大。

目前，有载调容调压配电变压器采用永磁机构真空灭弧调容调压开

图 6-9　传统调容调压分接开关示意图

关，如图 6-8 所示，配套简洁的直动式双稳态永磁机构，同弹簧操动机构相比具有结构简单、动作可靠、使用寿命长的特点；设计了双断口结构触头，即采用多个主弧触头、串联双断口，配合真空灭弧室，切换过程无弧光，不影响油质，运行不需滤油；能够与配电变压器同寿命匹配，且寿命期内免维护。

有载调容调压变压器可以实现：

（1）自动调容。根据实时监测的负荷大小自动调节容量。当变压器运行在季节性和时段性负荷低谷期，调容开关自动将变压器调整至小容量状态，解决了负荷低谷期变压器空载损耗高的问题，节能效果显著。

（2）自动调压。根据实时监测的配电变压器输出电压及设定的阈值，当用户或线路负荷不稳定造成电压波动时，调压开关自动调升调降电压；可解决因季节性负荷变化和时段性负荷变化引起的电压过高和过低问题，提升供电质量，延长设备使用寿命，解决配电网峰谷时段电压合格率低的问题。

（3）变压器的监测和控制。有载调容调压控制器或配变终端 TTU 可以采用 WiFi、GSM、GPRS 等多种通信方式，将配电变压器实时数据、运行状态远程上送给配电主站系统，实现系统级的变压器远程调容调压控制、实时运行状态监视、定值设定、故障分析等功能，完成对配电台区运行和损耗分析，为用户提高用电管理水平提供技术支撑。

6.2.2　智能跌落式熔断器

跌落式熔断器由绝缘支座、动静触头、熔丝管三部分组成。静触头安装在绝缘支座两端，熔丝管由内层的消弧管和外层的酚醛纸管或环氧玻璃纤维布管组成。

跌落式熔断器外形及安装示意图如图 6-10 所示。

图 6-10 跌落式熔断器外形及安装示意图

跌落式熔断器串联在电力线路中，在正常工作时，带纽扣的熔丝装在熔丝管的上触头，被装有压片的释压帽压紧，熔丝尾线通过熔丝管拉出，将弹出板扭反压进喷头，与下触头连接，在弹出板扭力的作用下熔丝一直处于拉紧状态，并锁紧活动关节。在熔断器处在合闸位置时，由于上静触头向下和弹片的向外推力，使整个熔断器的接触更为可靠。

当电力系统发生故障时，故障电流将熔丝迅速熔断，在熔管内产生电弧，熔丝管在电弧的作用下产生大量的气体。当气体超过给定的压力值时，释压片即随纽扣头打开，减轻了熔丝管内的压力，在电流过零时产生强烈的去游离作用，使电弧熄灭；当气体未超过给定的压力值时，释压片不动作，电流过零时产生的强烈去游离气体从下喷口喷出，弹出板迅速将熔丝尾线拉出，使电弧熄灭。熔丝熔断后，活动关节释放，熔丝管在上静触头下弹片的压力下，加上本身自重的作用迅速跌落，将电路切断，形成明显的分断间隙。

智能跌落式熔断器在常规跌落式熔断器的基础上，增加了传感和无线传输组件，可感知电流、电压、温度、开断状态等，把信息传输到最近的配电终端，实现跌落式熔断器的运行状态采集、分析和监视。

6.2.3 配电台区低压侧智能产品

配电台区智能化以台区智能融合终端为核心，分别在电源侧、低压线路侧、用户侧部署安装开关柜、变压器、熔断器等感知设备，需要安装低压智能断路器、台区分布式智能终端（line terminal unit，LTU）、无功补偿装置（智能电容器、静态无功补偿器 SVG）、环境监测传感器、智能换相开关、智能微型断路器、智能电能表等，实现对配电变压器、低压网架分支线、低压用户运行电气数据、用能数据以及温/湿度等环境数据的采集监测，对低压配电网络拓扑动态识别、故障定位以及低压分路分段线损分析；对低压用户的运行数据实时采集、停电事件主动上报、低压拓扑信息采集、自动换相负荷调节。

6.2.3.1 台区智能融合终端

台区智能融合终端（简称融合终端，亦称智能配变终端）集配电电压监测仪、集中器、无功补偿控制器等设备功能于一体，通过运行在融合终端中的 App 对配电变压器、进出线开关、剩余电流动作保护器、智能电能表等运行信息及用户用电信息进行采集，完成配电变压器计量总表监测、剩余电流动作保护器监测、状态监测、负荷管理、动态无功补偿/三相不平衡治理/谐波治理、安全防护、互动化管理、资产管理、视频监视、环境监测和分布式电源接入管理等功能，产品外形如图 6-11 所示。

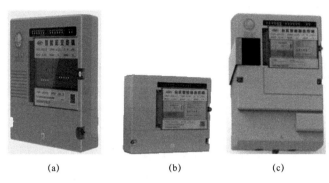

图 6 – 11　智能配变终端/台区智能融合终端
(a) 智能配变终端；(b) 台区智能融合终端；(c) 融合终端一体化组件

融合终端一般放置在 0.4kV 配电变压器台区附近，可以有效解决配电台区二次设备分散、功能单一、重复装设等问题，支持配电台区的综合智能化管理。

融合终端是配电物联网边层中的数据汇聚、边缘计算、应用集成的中心，集配电台区供电信息采集、设备状态监测及通信组网、就地化分析决策、配电主站通信及协同计算等功能于一体。

融合终端的硬件采用平台化设计，支持分布式边缘计算架构，以软件定义的方式支撑业务功能实现及灵活扩展。软件采用嵌入式操作系统平台，具备容器管理、数据采集存储及交互、通信管理、应用软件管理等功能，支持应用软件的独立开发及运行。通过应用软件的独立开发，融合终端业务功能可以便捷地扩展。

融合终端具备业务通道、管理通道双通道对上通信能力，且双通道均满足国家电网有限公司硬加密要求。融合终端的自诊断和自恢复功能，可以支持融合终端将异常信息上报给配电主站。异常信息包括：CPU 占用率越限与恢复、设备内存越限与恢复、设备存储空间不足、容器 CPU 占用率越限与恢复、容器内存越限与恢复、容器存储空间不足、设备离线告警、设备复位告警、容器重启、应用软件重启、温度过高或者过低等。

融合终端使用交流三相四线制供电，在电网故障（三相四线供电时任断二相电）时，交流电源可供融合终端正常工作，融合终端内部集成超级电容作为后备电源，能维持融合终端及其通信模块正常工作不小于 3min。

6.2.3.2　低压智能塑壳断路器

低压塑壳断路器是低压配电网中重要设备，起着配电网和用户之间进行能量分配和用户保护的作用。

目前低压塑壳断路器多采用热磁式断路器，仅具有两段保护功能，保护精度差，难以实现基于级差配合方式的三级保护，易造成故障后隔离区间大，故障点无法准确定位等问题。热磁式低压塑壳断路器受温度影响大，高温天气需降容量运行，易造成误动。在线路出现过载故障保护后，需要经过长时间冷却后才能重新合闸，无法快速恢复供电。此外，这种热磁式低压塑壳断路器功能单一，仅具有基本保护功能，无法实现低压配网节点的监测。

近几年开始推行电子式低压塑壳断路器，但因通信接口和通信规约不统一、不能即插即用、接入难、通信方式不可靠等原因，设备上线率不高，未能实用化，低压配电网节点感知和监测仍然存在盲区。

为了解决上述问题，国内研制了智能型电子式低压塑壳断路器，具有过载长延时、短路短延时、短路瞬时电流保护功能及过压、欠压、缺相电压保护等功能，产品外形如图 6-12 所示。

图 6-12　智能电子式
低压断路器

智能低压塑壳断路器具有以下特性：

（1）高可靠性。智能低压塑壳断路器增加磁后备保护功能机构，10 倍以上短路电流产生时，通过电磁感应使机构发生快速动作，瞬间跳闸。通过高集成电子保护线路设计，器件功耗低、一致性好、免校准，具有通电短路快速脱扣能力，不必等待处理器启动后判断。独立的保护处理器，实时运行电流保护算法和电压保护算法，实时监测断路器接头温度；测量处理器实时采集电流、电压，实时进行谐波计算，对谐波超标报警，启动相应防护措施。

（2）在线感知。智能低压塑壳断路器内设有片上温度传感器、接头温度触感器、进线寿命自评估，实现自身的全感知、自诊断能力。

（3）即插即用。智能低压塑壳断路器采用标准通信接口，具有 HPLC、RS-485 通信能力，支持 Modbus RTU、DL/T 645 等通信协议，同时支持配电物联网 CoAP 通信协议（constrained application protocol，CoAP 通信协议是指使用在资源受限的物联网设备上的类 Web 协议）扩展；具有故障主动上报、冲突检测机制、响应超时重传机制、载波耦合等功能支持通信高可靠性。

智能低压塑壳断路器通过即插即用部署接入融合终端，通过自动拓扑高级应用进行分析处理，自动识别配电台区的拓扑结构和线路故障定位，通过无线或光纤上传至配电云主站。

6.2.3.3　智能换相开关

三相负载不平衡会造成配电台区线路损耗增加、变压器损耗增加、电能质量下降、配电变压器出力减小等问题，可以采用换相开关设备来改善三相负载不平衡。

前期的换相开关由于不同厂商产品设备通信接口、结构形式存在差异，通信协议互不兼容，无法与融合终端实现即插即用组网。通过设计新型一体化集成的智能换相开关可以解决上述问题，产品如图 6-13 所示。

图 6-13　智能换相开关

智能换向开关具有以下特性：

（1）采用物联网设计理念，换相开关与传感器集成设计，具备统一的参量，配置采集所需参量的传感器，传感器集成于换相开关内部并满足其运行环境。采用电压过零投入、电流过零切除技术，无扰动；换相切换时间小于 10ms，换相过程中不间断供电，这种无涌流换相技术减少了换相冲击，延长了换向开关使用寿命。

（2）支持多种通信方式与通信协议。支持宽带载波（HPLC）或者扩频微功率无线方式。支持 DL/T 645、CoAP 通信协议以及统一的数据信息模型及标准的数据交互协议。

智能换向开关通过数据接口标准化和功能模块化，实现即插即用部署接入融合终端，融合终端的三相不平衡高级应用功能对数据进行策略分析，给出处理三相负载不平衡问题方案，支撑配电物联网的电能质量治理业务，并可通过无线或光纤上传至配电云主站。

6.2.3.4　低压智能无功补偿装置

无功补偿装置是降低变压器及供电线路线损、提高用电系统功率因数、改善电网电能质量的主要装置。低压智能无功补偿装置主要由无功补偿控制器、智能投切开关、低压电容器等元器件组成，如图 6-14 所示。

一般无功补偿装置存在体积庞大、结构模式笨重、组装工艺复杂、通信接口与通信规约不统一、不支持即插即用等问题，造成设备接入难、管理困难。

低压智能无功补偿装置不仅具有无功补偿能力，还能够实时监测三相电流、电压、功率因数等允许数据，具备短路容量在线监测功能，可对谐波影响情况进行监测。

图 6-14　低压智能无功补偿装置

随着配电物联网技术的发展，低压智能无功补偿装置通过接入融合终端进行在线管理，将短路容量参数上送配电主站，分析补偿效果信息，并实现短路容量的实际应用，如电气设备短路容量在线自动校验功能。

6.2.3.5　物联网通信单元

配电台区量大面广，台区各设备间相互独立、集成度低，加之配电网末端设备类型多，各类型设备有其自己的采集通道、通信接口，不易实现互联互通，这些问题都造成了配电台区管理压力巨大。

配电物联网利用 PLC 载波通信技术、依托电力线作为通信介质，使电网成为一个高效的中远程信息传输系统，有效地解决了配电网中远程通信难点，由此，产生了配电物联网通信单元，物联网通信单元外形如图 6-15 所示。

图 6-15　物联网通信单元

物联网通信单元在物理层通过电力线载波和微功率无线双模网络构建统一硬件通信接口；在网络层通过通信协议 IP 化实现统一的网络接口；在数据层通过 CoAP 通信协议面向融合终端提供统一数据，通过软件中间件技术智能适配配电台区的各类设备,向融合终端提供统一的数据模型。

物联网通信单元可实现对配电设备运行环境、设备状态、电气量信息等基础数据汇聚和传输,同时融合 IPv6 协议的 HPLC 组网技术,适应配电网络中海量感知节点及边缘节点之间灵活、高效通信要求,具有较高实时性和可靠性,可以支撑配电物联设备即插即用通信的实现。

6.2.3.6 台区分布式智能终端 LTU

在未进行配电台区数字化、智能化改造前,配电台区主要使用普通的低压塑壳断路器作为低压配电柜、分支箱、用户表箱节点开关,这类开关往往不具备测量、通信能力,不能满足智能化对配电台区中低压开关节点的可观可测需求。

面对量大面广的已建配电台区(存量),全部将现有的低压塑壳断路器更换为低压智能塑壳断路器,成本高、停电影响面大,不仅影响用户用电而且造成了大量的浪费。

台区分布式智能终端 LTU 是针对存量配电台区智能化改造场景而设计、随低压塑壳断路器分布式安装的低压线路监控终端,可实现对在运行的普通低压塑壳断路器的监测管理。

图 6-16 台区分布式智能
终端 LTU(集中型)外形

在实践应用时,面向配电柜、分支箱型低压设备的改造,常用集中型 LTU,即单台终端集成大容量监测端口,1 台 LTU 可实现 6~8 台低压塑壳断路器的集中监测采集和上报。面向末端表箱进线开关的改造,常用单路型 LTU,即 1 台 LTU 实现 1 台低压塑壳断路器监测采集和上报。集中型 LTU 的外形如图 6-16 所示。

LTU 具备实时电气量数据监测、定时冻结、故障识别、拓扑识别、外接传感器转发等功能,具有停电续航能力,可通过电力线宽带载波或双模接入到融合终端或边缘网管单元,支持 DL/T 698.45、DL/T 645、CoAP 通信协议等。

基于边云协同处理下的 LTU 数据,云主站可实现对配电台区的电气量全感知、三相不平衡分析、故障定位研判、谐波污染路径分析、拓扑识别与异动告警、分段分相线损分析等,为大规模分布式能源、电力电子负荷接入配电台区时,对电网企业存量配电台区设备安全、经济运行、精准运维等方面发挥有效作用。

6.2.3.7 采集传感设备

配电台区数量多、分布广、分散且地理环境复杂,少量的传统配电室安装了安防、SF_6 报警等系统实现本地监测和控制,但各系统独立运行,形成监控"孤岛"。

近年来,以融合终端为核心,采用先进的物联网技术、通信技术以及自动化控制技术,对配电台区环境及相关设备进行在线监控,实现环境数据监测、告警提示、远程控制及统计分析,为配电台区运维管理提供技术支撑。

配电台区传感设备主要用于视频监控、异常进入、烟雾报警、水位监测、SF_6 气体监测、臭氧气体监测、温/湿度监测、风机控制、除湿机控制、空调控制、消防监测，主要安装在配电室、开关柜、变压器、电缆和低压设备上，具有远程和本地监测、控制功能。

配电台区传感设备采集的所有数据可接入融合终端，通过融合终端对各种报警及监测数据进行分析，及时处理现场设备运行的异常信号。此外，配电云主站进行大数据分析和协同，实现对现场灯光、风机、除湿机、空调、排水泵等辅助设备监视和控制，各类传感设备的介绍请在本书第二章中查阅。

6.3　配电台区智能化应用场景

6.3.1　智能柱上变压器台

10kV 一体化柱上变压器台是指将高压模块、变压器模块、低压配电模块及附件组合为一体式结构的柱上变压器台。其中，高压模块是指高压绝缘导线、跌落式熔断器或封闭式熔断器、避雷器、高压电缆及附件连接在一起的单元。

10kV 柱上变压器台作为配电台区的一种普及建设模式，广泛应用在我国中小城市、广大农村地区，其主要设备如图 6-17 所示，通过配套配变终端对整个台区内用电设备信息进行采集和管理。

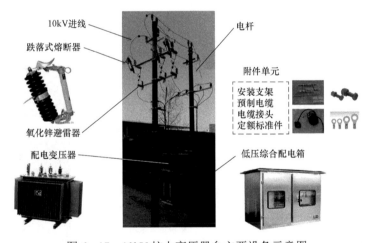

图 6-17　10kV 柱上变压器台主要设备示意图

6.3.1.1　10kV 一体化柱上变压器台典型方案

多年来，10kV 柱上变压器台建设存在以下问题：变压器、跌落式熔断器、避雷器、低压综合配电箱会由不同生产厂家分别装设，现场安装设备较多，调试时间长；高低压裸露带电部位多，配电台区故障率高，运营管理不方便；需要在高空运行维护的设备多，工作量大，时间长，影响供电安全可靠性。

为此，电力公司开展了配电变压器台标准化工作，将 10kV 柱上变压器台采用一体化工厂预制、模块化和标准化设计并进行结构优化和工艺改造，提升了柱上配电台区的标准化、集成化和智能化水平。

10kV 一体化柱上变压器台的典型方案是在常规 10kV 配电台区典型建设方案的基础上，提出了 10kV 配电台区纵向一体化、横向一体化、组合式一体化三种典型设计方案（见表 6-2），解决了设备结构布局、低压进线方式等具体工程设计问题。

表 6-2　　　　　　　　　10kV 配电台区三种典型设计方案

方案分类	说明	示意图
纵向一体化配电台区	10kV 侧采用电缆或架空绝缘线引下，一体化配电台区中变压器模块、低压综合配电箱模块和低压预制母线组成整体安装在横担上，变压器高压侧进线采用架空绝缘导线，低压配电模块出线采用单芯或多芯电缆引出	
横向一体化配电台区	10kV 侧采用高压绝缘引流线或电缆引下，变压器正装，低压综合配电箱安装于变压器正前方，低压箱进线采用铜排连接，出线采用架空绝缘导线或电缆引出	
组合式一体化配电台区	10kV 侧采用柱上变压器高压绝缘引流线侧面引下，变压器正装，高压侧采用气体绝缘负荷开关-熔断器组合电器（即户外一体化智能组合电器），安装于变压器正上方，低压综合配电箱安装于变压器正前方，低压箱进线采用铜排连接，出线采用架空绝缘导线或电缆引出	

6.3.1.2　配变终端 TTU

配变终端是配电台区的重要组成部分，对整个台区内用电设备信息进行采集与管理，具备配电变压器监测与保护、用电信息监测、剩余电流动作保护器监测、电能质量管理、线损计算、经济运行分析、安全防护、互动化管理、资产管理、分布式电源接入管理、视频监测、环境监测、事件及告警处理、远程升级、现场维护等功能。

台区配变终端主要功能模块如图 6-18 所示。

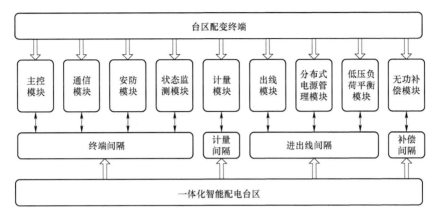

图 6-18　台区配变终端主要功能模块示意图

（1）主控模块。采集配电变压器低压侧进线电流、电压等基础数据，实现配电台区设备自动识别、配置、集中协调管理、故障快速识别、资产管理、GPS 定位等功能。

（2）通信模块。通过 4G/5G、光纤等一种或多种通信方式，实现与配电主站的安全通信。

（3）无功补偿模块。可采用"复合开关＋电容器"模式的无功补偿控制，最少可控制 12 组电容器，实现对智能电容器的通信与管理。

（4）计量模块。具备 RS-485 通信，支持集中器传输协议；具备独立配电台区计量和载波抄表功能。

（5）安防模块。实现配电台区视频信息采集、记录、传输、告警以及配电台区设备防盗、红外监测、门禁安全管理等功能。

（6）状态监测模块。实现配电台区配变油温或绕组温度、环境温/湿度等状态监测与管理功能。

（7）出线模块。集成最多 3 组出线的电流采集功能，完成对各个出线用电信息统计及监测、计量等功能，并辅以 4 组开入开出端子，用于实现对出线开关的位置监测、和分合闸操作；实现对剩余电流动作保护器的通信与管理。

（8）分布式电源管理模块。实现对分布式能源的通信与管理。

（9）低压负荷平衡模块。实现对换相开关的通信与管理。

各模块按主从式运行机制，既可由主控模块统一协调控制工作，又可实现各模块独立工作，保证了配变终端运行的高可靠性。配变终端可根据现场实际应用情况进行功能模块的自由灵活组合，方便功能扩展。各模块可集中式安装，也可按低压综合配电箱功能小室分布式安装。各功能模块具备良好的通用互换性，支持功能模块带电、带负荷热插拔，满足现场快速便捷运维的要求。

配变终端采用模块化设计＋间隔式布局，各模块可以灵活组合扩展；即插即用，支持热插拔，实现快速运维检修；通过设备自识别功能，实现设备参数主动配置、地理定位、智能自适应资产管理功能；通过状态监测，对故障元件快速识别及响应；通过定义标准化接口和协议，采取设备接入认证方式实现模块的无缝连接。

近年来，基于物联网技术发展起来的融合终端开始在试点应用，通过多维采样，具备更多的感知能力，物联网架构体系支撑终端具有更强的数据处理和应用能力。

6.3.1.3　10kV柱上变压器台智能化方案

典型10kV柱上变压器台电气接线如图6-19所示。

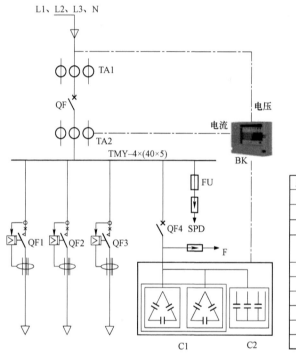

序号	代号	名称
1	TA1	电流互感器
2	QF	塑壳断路器
3	TA2	电流互感器
4	QF1～QF3	一体式剩余电流保护塑壳断路器
5	QF4	断路器
6	C1～C2	智能电容器组
7	BK	智能配变终端
8	FU	熔断器
9	SPD	涌流保护器
10	F	避雷器

图6-19　典型10kV柱上变压器台电气接线图

电源侧设备主要包含融合终端、智能低压断路器、台区识别仪、无功补偿补偿装置（智能电容器、SVG）、环境监测传感器等，变压器本体及桩头配置温度传感器。

低压线路侧设备主要包括低压电气传感器，实现对低压配电网络的拓扑动态识别、故障定位以及低压分路分段线损分析。

末端用户侧设备主要包括低压智能换相开关、末端电气传感器、即插即用通信单元（配套上传低压侧分布式光伏发电、充电桩等设备信息）、智能电能表等，实现对低压用户的运行数据实时采集、停电事件主动上报、低压拓扑信息采集、自动换相负荷调节，实现对充电桩、分布式电源的运行管控。

对已有的柱上变压器台设备（存量改造）加装融合终端，可采用外挂箱方式安装，电流互感器安装在低压进线负荷开关的进线侧或配变低压桩头处，如图6-20（a）所示，改造智能电容器，出线开关配套3只三合一电流互感器和4只穿刺取电互感器，增加台区分布式智能终端LTU，实现物联网化的应用。

对于新建柱上变压器台（增量改造），可在电源侧安装低压综合配电箱，如图6-20（b）所示，综合配电箱由进线单元、馈线单元、计量单元、融合终端、无功补偿单元等单元结构组成。低压综合配电箱对应安装智能型低压开关或者智能剩余电流动作保护器、智能无功补偿装置、台区分布式智能终端 LTU 并可内嵌安装融合终端，同时配套安装融合终端用互感器。

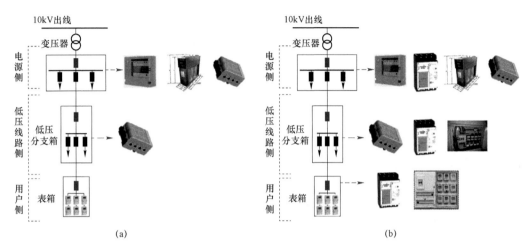

图 6-20　智能柱上变压器台改造方案
（a）存量改造方案；（b）增量改造方案

随着物联网技术应用推进，建立配电台区设备全寿命周期管理体系，配电台区所有物料部件实施统一的编码管理，健全配电台区设备自动化、智能化、信息化等功能。配电台区智能化设备可通过信息管控平台实现配电台区设备的地理位置定位、台账自动生成与实时更新、设备运行数据实时采集、故障元件告警与定位等运行维护工作。

6.3.2　智能箱式变电站

箱式变电站（简称箱变）是将配电网末端变电站设备（包括配电变压器、高压开关柜、低压开关柜及控制设备等）按一定接线方案预先在工厂内制造装配，将高压受电、变压器降压、低压配电等功能有机地结合在一起的紧凑型配电设备，是预装式变电站的一种。

传统箱变有两种典型的产品形态，一种是美式，一种是欧式。美式箱变，也称组合式变电站，是指将变压器及高压部分采用油箱绝缘组成、低压部分采用箱体组合形式组合而成的成套设备，按照油箱结构分为共箱式和分箱式两种，它体积小、造价低、便于安装，但负荷能力有限、一般无电动操动机构、无法增设自动化装置、增容不便。欧式箱变是指将高低压柜及变压器的三个独立区间用一个箱体组合成的一体型成套设备，分环网型和终端型两类，它负荷能力较强、便于自动化配置、噪声较美式箱变要低，但体积较大。

箱变一般分目字型布置和品字型布置。目字型布置连接方便、易于维护；品字型布置空间利用好、适用于小容量负荷场所。

箱变在配电网中大量使用，在运行维护管理方面面临着许多问题：

（1）缺乏对箱变内设备状态、环境状态的有效监控，特别是涉及可靠性的设备绝缘状态等参量无法实时掌握，因此，对事故缺乏预判。

（2）箱变巡检需要依靠运维人员逐台打开箱变门进行检查，耗费人力物力且数据收集分析的工作量非常大。

（3）箱变内变压器较多采用机械式有载开关，寿命低、可靠性差、切换有电弧，难以满足电压调节时快速、可靠动作的要求，电压质量调节能力差。

（4）受限于现有设备及自动化手段，出现故障无法快速有效隔离，电能质量缺乏智能调节手段。

因此，需要通过对箱变高压侧、变压器、低压侧进行一系列自动化、数字化技术改造，从而实现箱变智能化来解决上述问题。

6.3.2.1　主要类型及特点

1. 小型化预装式变电站

小型化预装式变电站由配电变压器、一体化组合电器（12kV 开关设备）、低压综合配电箱组成，如图 6-21 所示。其中，一体化组合电器安装在配电变压器上方，低压综合配电箱位于配电变压器和一体化组合电器侧面，通过一体化组合电器实现对配电变压器高压侧的保护和隔离，低压综合配电箱配套智能终端，实现低压侧保护、运行状态实时监测。

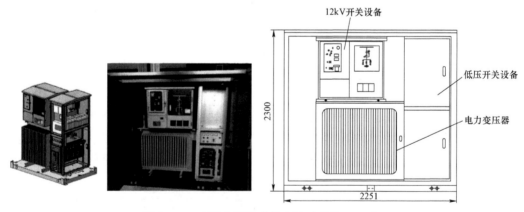

图 6-21　小型化预装式变电站（单位：mm）

小型化预装式变电站的主要特点有：① 小型化。小型集约化设计，占地面积小，体积、占地面积分别约为传统欧式箱变的 32%、30%。② 全绝缘、全密封。所有部件及连接件采用全绝缘、全密封和全屏蔽结构设计，可触摸，保障了人身和设备运行安全。③ 标准化、模块化。一体化组合电器、变压器及综合配电箱采用模块化设计，低压开关柜内功能模块进行积木式装配，方便元器件维护更换，提升运维效率。

2. 紧凑型预装式变电站

紧凑型预装式变电站分为变压器室、高压室、低压室、自动化小室、通信小室、集中器小室等六个主要功能室，箱变布置方式采用目字形结构，如图 6-22 所示。

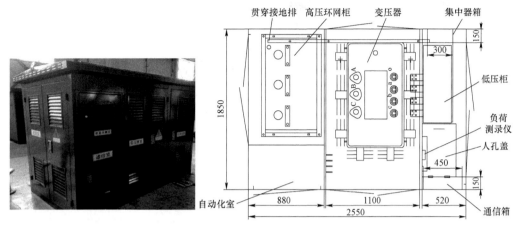

图 6-22　紧凑型预装式变电站（单位：mm）

紧凑型预装式变电站主要特点有：① 变压器紧凑型设计。变压器在满足温升要求的前提下采用"瘦高"型设计，高压套管采用全绝缘结构。占地面积小、施工周期短，以 500/630kVA 为例，体积、占地面积分别约为传统欧式箱变的 45%、40%。② 功能单元单独成室，方便巡检和检修。六个主要功能室各自配置箱门，方便巡检人员对每个功能单元单独检测。③ 采用百叶窗散热方式，取消风机、照明灯等易损件。

3. 地埋式箱式变电站

地埋式箱式变电站是伴随着城市配电网从架空线向电缆化发展基于安装应用需求而衍生出来的配电设备，基本结构源于传统美式箱变或欧式箱变。

地埋式箱式变电站的立体结构大大减小了箱式变电站的占地面积，良好的防水甚至防洪水结构，对日趋严峻的城市内涝环境有着较高的适应性。

近年来，新材料、新工艺和新设计的使用使得地埋式箱式变电站日趋成熟，原先预埋式变电站存在的防水、温度控制、湿度控制、检修空间小和故障维修问题都得到有效的解决。地埋式箱式变电站占地面积小，可以方便地安装在靠近负荷中心位置，减少低压电缆长度，降低电力线损，提高了环境协调性。

地埋式箱式变电站可分为全地埋式和半地埋式。

全地埋箱式变电站如图 6-23 所示，高低压设备、变压器和自动化设备全内置于一个防水箱体内，箱体全部埋藏在地下，地面预留通风孔及检修孔，可分为草坪型和广场型。

半地埋箱式变电站如图 6-24 所示，可分为全地埋式变压器加高压、低压一体化地面景观式和美式地下变压器加地面景观式。半地埋箱式变电站地面设备有高压开关柜和低压开关柜，通常前后安装灯箱广告设施或 LED 屏幕，变压器安装在一个密封箱体内，埋藏于地下。

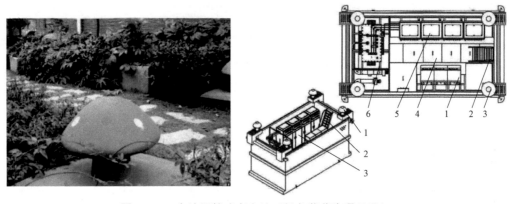

图 6-23　全地埋箱式变电站（绿色蘑菇为通风孔）

1—通风口；2—检修扶梯；3—高压柜；4—检修维护走廊；5—低压柜；6—变压器

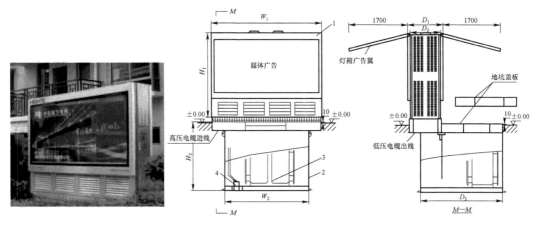

图 6-24　半地埋箱式变电站（灯箱广告式）

1—灯箱式开关柜；2—预制式地坑；3—地下式变压器；4—自动排水系统

地埋式箱式变电站主要特点有：① 占地面积小。地埋式箱变易于深入到负荷中心，减少供电半径，提高末端电压质量。同时，可大量降低低压电缆的敷设长度，减小电力投资成本。② 环境适应性好。对城市洪水及内涝有着极强的适应能力，严苛情况下可浸水运行。③ 外形美观。把电力设备隐藏在景观式箱体内，将噪声、辐射局限于地下，与环境协调，提升了电力用户环境体验。此外，半地埋的地上箱体可布置广告灯箱或者 LED 广告牌，实现宣传效益。

尽管地埋式箱变占地面积小，与周围环境协调，但其可靠性（密封、防水、防腐、散热、运维、自动化程度等）要求高，因此，选用时需要综合评估其性价比。

6.3.2.2　智能化设计

智能箱式变电站的中压柜一般配置 2 进 1 出开关柜，可配套站所终端 DTU，完成对箱变内中压开关设备的自动化功能。由于预装式箱变主要处于线路末端，考虑到通信（尤其是光纤通信）成本问题，一般可预留站所终端 DTU 位置并根据箱变的重要程度来决定是否配套配电终端。

在低压侧可配套监测终端，传统的监测终端包括配变终端 TTU 和营销采集终端，配变终端支持配电变压器侧的基础数据监测以及智能总保、智能电容器等本地设备的数据接入，营销采集终端主要实现集中器和采集器的功能。

尽管箱式变电站形态各异，但其监控终端实现方式较为统一，中压站所终端 DTU 通过光纤或者无线专网接入配电主站 I 区，配变终端 TTU 对低压监控信息通过无线专网接入配电主站 IV 区或者用电信息采集系统。

近年来，随着物联网技术的深入发展，低压监测终端也在不断融合提升中，箱变台区开始以物联智能化思路按中压侧、配变侧、低压侧、线路侧、用户侧五个区域进行各类感知设备的全面配置设计。

通过采集末端感知数据，包括配电变压器的油温、油位、内部压力、桩头温度、低压侧电流/电压，中压、低压开关柜的电压/电流、开关状态、环境温/湿度以及下游电缆分支箱、电能计量箱内部的低压基础数据信息等，可实现营配末端采集终端协同应用，实现低压基础数据、计量数据以及末端感知信息的融合汇总监测。新一代融合终端将可以完成智能箱式变电站中低压一体化数据的全面处理。

6.3.3　智能配电室

配电室（亦称配电站房）是指将中压配电设备、配电变压器、低压配电及控制设备集合安装的室内配电场所。以配电变压器为衔接点，分为高压配电区/室和低压配电区/室。配电室是电力系统配电网末端传输、分配电能的主要电气设备场所，是城市配电系统的重要组成部分。

6.3.3.1　配电室现状

经济发展带来了区域供电负荷密度的不断加大，应用在商业区、企业、住宅小区、乡村的配电室数量越来越多、分布越来越广，单地市级的存量配电室常常达到数十万个，其中 2/3 的配电室资产归属于供电部门。

配电室内中低压供配电设备数量多，由于质量参差不齐，故障多发；用户负荷状态变化多，带来了重过载、低电压和三相不平衡问题突出；随着低压分布式光伏发电（如屋顶光伏发电）、功率型充电设备（如电动汽车充电桩）等新能源的接入，配电室运行安全风险增加，由此带来了大量的运维工作，配电室数量的不断增长和运维人员不足的矛盾愈发突出。

采用人工巡检方式进行管理和维护，费工费时，现场作业风险隐患较多，不能及时发现问题，运维效率低下。此外，新能源接入带来了峰谷差、末端设备产生大的电能损耗等问题，会造成配变损耗增加、配电室运行在非经济区间，这些很难靠人工巡检方式发现。

目前，大量配电室仅依靠智能电能表采集配电变压器及用户的电压、电量信息，配电室低压侧至用户侧开关均无法远程实时采集，运维人员缺乏有效的手段实时感知设备运行状态、异常和故障情况，因此，无法判断用户跳闸停电信息，不能及时、主动发现问题，最终易造成重要设备损坏、发生电力供应中断事故。

配电室内除了需要对高低压配电设备、配电变压器设备进行监测外，配电室的运行环境异常（如天气原因引起的电缆沟进水、环境潮湿等异常气象）会危及设备安全可靠运行，利用安防措施、门禁等系统对人身安全、运维安全等保障，这些都需要通过实时监控来杜绝其带来的安全风险。

近年来，电网公司启动了推广建设智能配电室，通过制定标准，实现对配电室智能设备电气量、环境温/湿度、水浸、烟感等信息采集、分析、告警，对房内设施及人员的视频监控，及时处置房内进水、火灾、潮湿等异常，防控违规入侵，实现配电室环境由被动管理到主动监控的转变。

6.3.3.2 智能配电室设备

配电室的智能监控包括对电气设备（高压柜、变压器、低压柜、母线槽、电缆等）监控、站房内环境监测、安防监控及机器人巡检等，如图 6-25 所示。

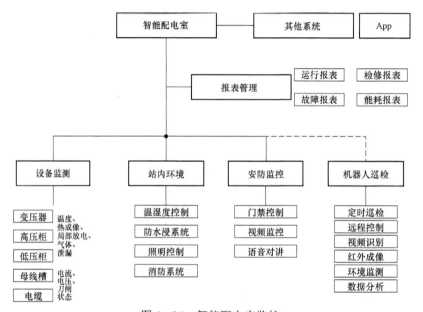

图 6-25 智能配电室监控

配电室中压侧设备一般采用全断路器方式的开关柜，配置电压互感器、电流互感器、零序电流互感器、电动操动机构等自动化组件。开关柜内可集成站所终端 DTU，具备进线柜、出线柜和联络柜的实时监测和控制等功能。开关柜通过配置局部放电监测模块及电缆接头测温模块，接入站所终端 DTU，经本地汇聚后将数据上送配电主站。

配电室低压侧设备配置进线柜、出线柜、联络柜和智能电容柜；进线柜、联络柜配置带电动操动机构的框架式断路器，进、出线断路器具备通信功能。低压出线柜配置台区智能终端及电流互感器，安装于下侧电缆出线室内，台区智能终端一般采用 HPLC 通信方式。

配电室传感装置：配电室墙上可配置温/湿度传感器，天花板上可配置烟雾传感器，电缆沟内可配置水位传感器，实现站室内环境及安防监测功能；进、出线柜可配置电缆接头测温装置；配电室内的智能电容器可通过控制装置采集数据；配电室可配置门禁系统，提供开门告警信息，采集数据通过配变终端/融合终端上送配电主站。

配变终端/融合终端：监测配变低压电气量并作为配电室的数据汇聚与边缘计算中心。

6.3.3.3 传统智能配电室监控方案

传统的智能配电室技术方案有基于传统 SCADA 部署架构和基于公有云部署架构两种模式。

传统 SCADA 架构模式，基于配电主站，广泛部署设备状态感知元件，除监测电压、电流、功率等传统电气量外，部署站室开关柜状态量、视频、环境、门禁、安全等多种感知元件，对配电室设备状态、环境状态及用户用电状态实时监控，实现配电室全景实时感知。但这种模式存在以下问题：非云化部署，较难满足海量数据接入需求；采用 IEC 101/104 通信协议，较难实现统一的设备远程维护功能；现场调试及主站建库工作量大，接入效率低；终端边缘计算能力不完善，主站数据处理、存储压力大等。

公有云架构模式，基于互联网企业提供的云平台，信息采集模式与传统 SCADA 模式类似，只是部署于公有云之上，省去了部署 IT 硬件的部分。这种模式突出问题表现在：信息安全和网络安全不能得到保证，形成信息孤岛，无法与业务数据进行融合，数据维护、应用接口存在瓶颈。

这两种模式配电室仅采集变压器关口、智能断路器、客户的电气量等信号，结合设备状态采集和环境信息采集，对配电室和设备运行状态进行监视分析，因此，需要对接入各类信息调试、维护、配置点表，工作量大，运维困难。由此，基于配电物联网技术的智能配电室应运而生。

6.3.3.4 物联网配电室典型系统

基于物联网技术的智能配电室系统由感知层、网络层、平台层、应用层构成，如图 6-26 所示。

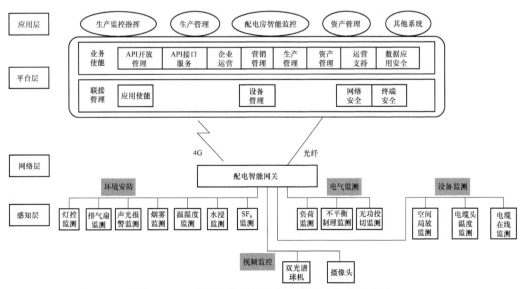

图 6-26 基于物联网技术的智能配电室系统架构

感知层：由电气量监测仪表、图像/视频采集和环境参数传感器等设备组成的，将被监测对象的状态参数、图像信息等收集并转换为监测系统软硬件可识别的信息的系统装置和设备的集合，配电室就地部署。

网络层：由智能配电网关、网络交换机、路由器以及其他网络传输设备等组成的系统装置和设备的集合，将感知层收集并转换为监测系统软硬件可识别的信息，通过一定的网络条件传输至应用层，可部署在配电室或广域网（公网或专网）。

平台层：由物联网平台、数据软硬件设备以及工作站等监控终端设备组成的系统装置和设备的集合，实现感知层和网络层采集、转换并上传的被监测对象的各种运行数据信息的存储、处理和展示，主平台部署在省级运维中心、分平台部署在地市级运维中心。

应用层：利用经过平台层分析处理的感知数据，为用户提供丰富的监测、查询、控制等应用软件的集合。

基于配电物联技术的智能配电室如图 6-27 所示。

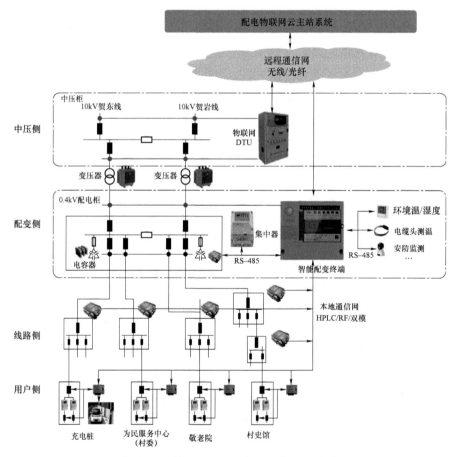

图 6-27　基于配电物联技术的智能配电室

物联网化智能配电室配置了具备边缘计算能力的融合终端，可对采集的末端数据进行就地分析决策，不受数据上传带宽的限制，数据采集量全面提升，覆盖了配电网各中间传输设备，实现了电气量、运行状态量、环境量等三类几十种信号的全面采集，采集间隔有效缩短。以客户处电气量采集为例，在原有采集电压、电流数据的基础上，增加了泄漏电流数据采集，采样频率达到秒级，提高了实时分析和故障定位的能力，可以辅助智慧运维、故障精准抢修和客户增值服务。

6.3.3.5　物联网配电室信息采集配置方案

物联网配电室建设方案典型信息采集设计涵盖了整个台区，按照台区状态管理、设备运维、设备抢修等业务需求，为实现中压侧、配变侧、低压侧、线路侧、用户侧五个区域主要设备的状态感知，需要在不同区域安装不同类型的感知设备，具体配置见表 6-3。可结合运维管理实际情况，依据供电区域等级、供电负荷重要程度等因素进行差异化配置。

表 6-3　　　　　　　　　　　配电室感知内容配置列表

序号	感知对象	感知内容	感知设备	配置参考	安装位置	通信方式	简单型	标准型	增强型
1	开关柜	电压	智能开关/LTU	每个开关 1 个	开关柜内	RS-485			√
2		电流							√
3		开关状态					√	√	√
4	联络开关	开关状态	智能开关/LTU	每个开关 1 个	开关处	电力线载波			√
5	变压器	油温	油温传感器	每个变压器 1 套	变压器内部	RS-485/微功率无线			√
6		油位	油位传感器						√
7		内部压力	压力传感器						√
8		分接头挡位	分接头挡位	每个分接头 1 个	高低压接线桩头			√	√
9		桩头温度	温度传感器	每个桩头 1 个					√
10		低压侧电压	电压互感器	每根出线 1 个	变压器出线		√	√	√
11		低压侧电流	电流互感器	每根出线 1 个					√
12	智能环境感知	温度	智能环境感知	每个配电室配置 3~6 个	箱变内	微功率无线		√	√
13		湿度						√	√
14		水位							√
15		地理位置							√
16	低压开关柜	电压	智能开关/LTU	每个开关 1 个	开关处	电力线载波			√
17		电流						√	√
18		接头温度							√
19		开关状态					√	√	√
20	无功补偿装置	电压	无功补偿装置	每个变压器 1 套	无功补偿	RS-485			√
21		电流							√
22		投切状态							√

序号	感知对象	感知内容	感知设备	配置参考	安装位置	通信方式	简单型	标准型	增强型
23	无功补偿装置	有功功率							√
24		无功功率							√
25		功率因数							√
26	电缆感知设备	接头温度	温度传感器	每条监测接头配置3个	电缆接头	电力线载波			√
27		电缆井综合监测传感器	电缆井综合监测传感器	每个监控电缆井配置1个	电缆井	电力线载波			√
28	电缆分支箱	电压	智能开关/LTU	每个开关1个	开关处	电力线载波		√	√
29		电流						√	√
30		接头温度							√
31		开关状态						√	√
32	换相开关	电压	智能换相开关	每个换相开关1个	换相开关处	电力线载波			√
33		电流							√
34		开关状态							√
35	表箱进线开关	开关状态	智能开关/LTU	每个开关1个	开关处	电力线载波			√
36	分布式能源状态监测	电压	监测装置	每个分布式能源1套	分布式能源适当位置	电力线载波			√
37		电流							√
38		开关状态							√
39	充电桩有序用电监测	电压	监测装置	每个充电桩1套	充电桩适当位置	电力线载波			√
40		电流							√
41		开关状态							√

　　基于物联网的智能配电室，运用先进的监测与控制技术，构建广覆盖、全自动、高可靠的全感知神经网络，实现配电室环境与设备运行状态的自动感知、自主研判、智能分析、精准控制，让配电室管理从人工值守迈向人工智能，减员增效，高度自治。

第 7 章

智能配电设备应用案例

配电网分布面广、城乡差异大、运行环境复杂，不同区域的网架结构、负荷情况以及供电要求不相同，单一的智能配电设备只能实现某个点的监控和保护，按线路成规模地应用智能配电设备才能实现配电网的自动化和智能化。

本章选取近年来不同类型智能配电设备的规模化应用案例，分别介绍了智能配电设备"一线一案"规模化应用、电容取能型智能配电开关设备的应用、电缆网智能配电设备的规模化应用、规模化智能配电设备在省域配电网自动化建设中的应用以及配电台区的智能化应用的案例。

7.1 智能配电设备的规模化应用

配电自动化水平是反映智能配电设备应用情况的一项综合指标。在配电自动化发展过程中，依据不同地区经济水平、负荷需求、可靠性等要求，综合考虑经济性、合理性和实用性，选择配电自动化建设模式和相应功能、数量的智能配电设备。

从智能配电设备的典型应用模式和布点方式等方面，可以从点到线再到面，从局部到全局了解智能配电设备应用成效。

7.1.1 应用模式

智能配电设备的应用模式与馈线自动化模式密切相关。总结国内应用的两大类馈线自动化方案（主站集中型 FA 和就地型 FA），通过分析馈线自动化应用的功能逻辑，可以将配电设备的功能应用归纳为远程告警（控制）模式、就地单点判别模式以及就地同组对比模式，各个模式可以独立或联合使用。

1. 远程告警（控制）模式

远程告警（控制）模式主要在主站集中型 FA 中应用。智能配电设备实时监测线路运行情况并借助通信手段及时上报配电主站，在发生故障时，由配电主站集中分析和判断故障区域，然后，配电主站下发控制命令实现故障隔离和恢复送电操作。

2. 就地单点判别模式

就地单点判别模式是指智能配电设备依据自身设定的条件，在符合条件时直接做出判别结果并执行。以智能配电开关为例，主要采用继电保护或就地重合方式。

继电保护方式的 FA 通常设定的条件为三段式或两段式过流保护逻辑，满足条件时就地判别并隔离故障。

就地重合方式的 FA 主要逻辑包括：① 分闸逻辑。设定判据如失压定值、失压时长等，开关在合闸过程中检测到满足双侧失压判据时，保持分闸状态。② 合闸逻辑。设定判据如有压定值、有压时长、闭锁状态等，开关处于分闸且无闭锁时一侧来电超过有压时长后，开关合闸。③ 正向闭锁逻辑。当开关依次发生合闸逻辑＋合闸保持时长不足＋分闸逻辑后，开关闭锁来电侧（电源侧正向送电）的合闸功能。④ 反向闭锁逻辑。当开关分闸且无闭锁时，发生一侧有压但有压时长不足时，开关闭锁联络电源侧（负荷侧反向送电）来电时的合闸功能。

3. 就地同组比对判别模式

就地同组对比判别模式是基于智能配电设备间的对等通信条件，智能配电设备通过相互共享就地判别的信息或采集的状态，根据分组情况和预设的判别条件，在符合条件时直接做出判别结果并执行。

7.1.2 布点分析

配电网设备具有点多面广的基本特征，单一的智能配电设备对配电网的可靠性和自动化水平的提升帮助非常有限，规模化、成体系的智能配电设备应用可以实现配电自动化水平从量变到质变。

智能配电设备规模化应用不是设备越多越好，而是要综合考虑投入性价比进行合理数量的布点。配电网智能化的实现是以馈线为单元，而不是以设备为单元。智能配电设备的布点需要了解配电网线路故障分布规律。

1. 配电网线路的故障分布

为了方便研究配电线路故障分布，我们把 10kV 配电线路简化为如图 7-1 所示的典型接线方式，线路主要设备有分段开关、联络开关、第一分支开关、第二分支开关等。图中，从变电站出线经两个分段开关到联络开关的线路称为主干线，其他无联络线路称为分支线，如第一级分支线、第二级分支线。

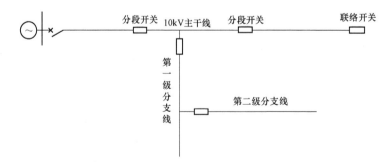

图 7-1　简化的 10kV 配电线路典型接线方式

根据南方某省在馈线自动化建设方案论证时的数据，统计了某地市约两年时间架空裸导线线路故障发生位置，分析结果发现故障发生在配电网线路主干线、分支线故障比例接近 1:1，其中分支线故障中发生在第一级分支线和第二级以后支线的故障比例也接近 1:1，主干线各分段之间故障比例基本符合平均规律。

从上述配电网故障发生位置的分布情况来看，要实现线路供电可靠性整体明显提升，需要合理布点智能配电设备的分段点、联络点和分支（分界）点。

2. 设备布点

论证中对当地 10kV 架空线路典型接线方式配置智能开关设备，馈线自动化应用下的不同开关数量对减少停电时间和实现投资收益进行了统计分析，如图 7-2 所示。

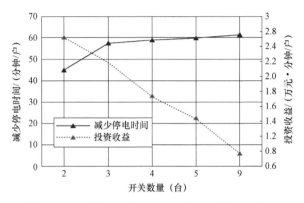

图 7-2　某地评估线路不同开关数量收益分析图

依据图中配置不同开关数量对停电时间的影响及投资收益的综合分析，可以看出，10kV 馈线主干线随着分段开关数量的增多对减少停电时间的影响趋缓，一味增加智能开关数量对馈线可靠性的提升能力有限，主干线上分段开关数量在 3~4 台之间经济效益最高。

根据经济性原则和近年来运行经验，通常一条手拉手主干线的分段数宜为 3~5 段；分支线路长度较长、设备或线路老旧、故障较频繁的线路应设置分界开关；对于运行负荷相对集中、故障率高的分支线路，考虑在线路 T 接分界点设置分界开关；对于 5 个用户以上或线路长度超过 2km 的支线，也可在 T 接分界点配置分界开关。

7.1.3　规模化应用意义

配电设备的规模和数量是区域经济发展和相应配电网管理水平的一个指标，特别是智能配电设备的使用，更体现了区域配电网的自动化和数字化水平。基于规模化智能配电设备实用化应用下的配电自动化系统，才可以真正为智能电网提供强有力的数据和管理应用的支撑。

1. 利用智能配电设备合理分段优化网架

充分利用智能配电设备进行网架调整，对负荷分布不均匀、分段点设置不足、联络点设置不合理的环网线路进行优化，形成多分段、适度联络的配电网架结构，实现了停电范围小区间化管理。

2. 解决"盲调"，实现配电网实时监控

通过配电终端构建配电网智能决策执行层，以可靠多样的通信方式为传输保障，实现配电网动态实时监控，时刻全景展现配电网运行状态，及时发现配电网异常、故障。通过对智能配电设备的远程控制，实现远方倒闸操作，减少现场操作次数。

规模化智能配电设备上送现场数据，使得应用配电自动化系统、配电运行管控平台等信息化系统可以真正解决配电网"盲调"。基于地理信息背景的配电线路及智能开关设备的布点图如图 7－3 所示，图中可清晰地展现配电网监控状态、故障处理过程、运行方式优化情况等，进而使各类高级应用功能实用化。

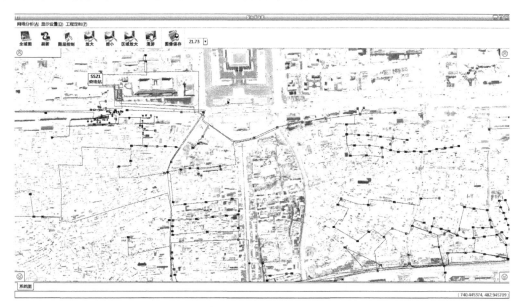

图 7－3　基于地理信息背景的配电线路及智能开关设备布点图
红线—配电线路；红点—智能开关设备

3. 实现配电网自愈，提升供电可靠性

故障自愈是智能配电设备规模化应用成效的重要体现。配电主站根据配电终端检测到的故障告警信息，结合变电站、开关站的保护动作信号、开关分闸等相关信息进行综合判断，启动故障处理程序，确定故障类型和故障区段，实现故障区段隔离和非故障区段供电恢复。由智能配电设备配合配电主站实现的单相接地故障研判展示，如图 7－4 所示。

通过大规模智能配电设备应用，配电主站及时了解线路运行方式并可根据电源拓扑关系、设备类型、实时运行状态自动匹配故障逻辑处理方案，解决恶劣天气等情况大规模停电的负荷转供，快速恢复非故障区内供电，有效地减少故障停电时间和影响范围。

4. 实时发现配电网薄弱环节，提升运维效率

配电主站实时监控配电网设备运行情况，通过智能配电设备的状态监测、环境监测信息，实时发现运行线路及设备异常预警，结合设备历史运行状况、检修情况，实现配电网故障超前预测和分析，配电主站展示的配电变压器状态监测辅助分析画面，如图 7－5 所示。

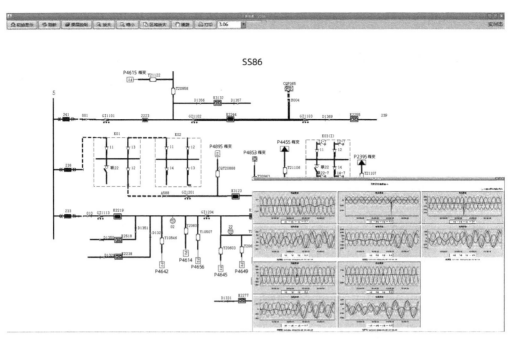

图 7-4　智能配电设备单相接地故障研判系统展示图

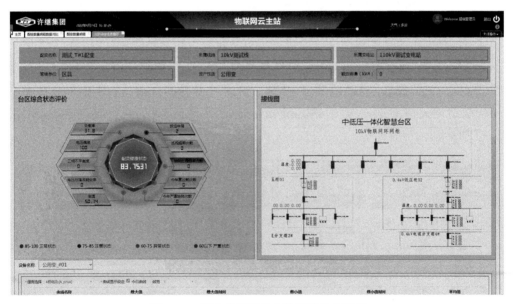

图 7-5　配电变压器状态监测辅助分析图

通过对配电线路和智能配电设备运行状况的多维度全面管控，如及时发现重过载、设备运行环境异常、设备运行温度异常等，为配电网设备状态检修、抢修情况提供支撑。

5. 构建省-市-县多级全景可视化配电网管理

智能配电设备规模化应用，通过建立省级配网运行监控平台，贯通各级配电自动化系统以及集成相关信息系统，实现省、市、县多层级的信息穿透，满足省、市、县三级配电网的在线控制和透明化、实时化、全景化管理。该管理模式可实现全省配电网在线监控管理及配网运行异常及故障的实时告警,如图7-6所示。

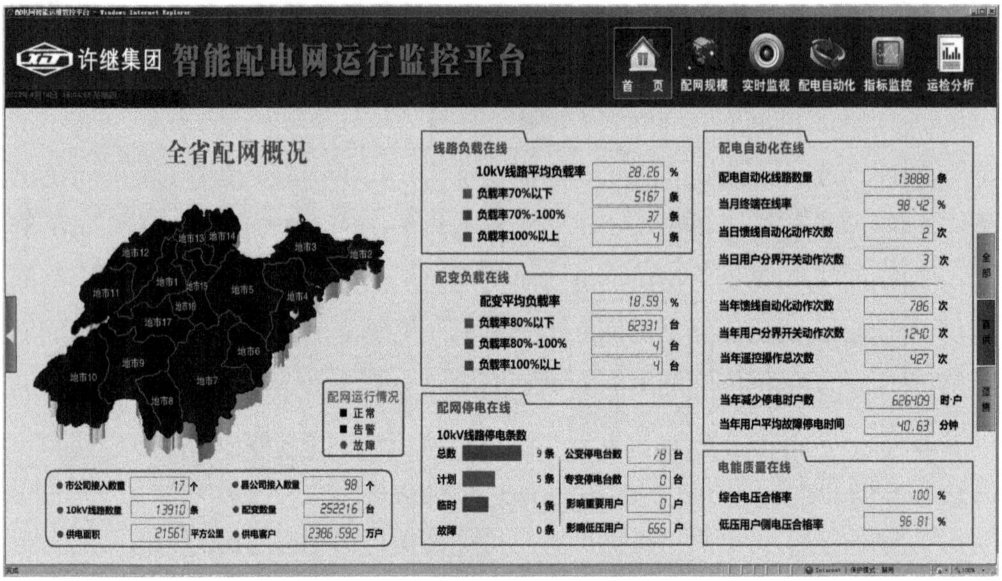

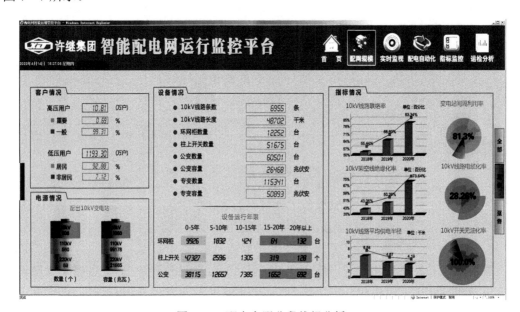

图7-6　省、市、县三级配电网全景化管理

6. 通过各类数据统计,提升配电网管理的整体水平

通过智能配电设备采集的各类实时数据以及对历史数据的统计分析,提升配电网的精细化管理水平,同时深层次挖掘配电网存在的隐患问题,实现配电网全面运行、检修、故障情况及供电可靠性、电能质量等重要指标的集中管控和分析,为配电网运维、规划、配电网改造等提供支撑。如配电物联网云主站上实施的配电台区分段线损分析,如图7-7所示。

图7-7　配电台区分段线损分析

7.2　智能配电设备"一线一案"规模化应用

智能配电设备"一线一案"设计理念，就是对每个区域因地制宜设计馈线自动化应用方案，每条配电线路合理配置智能配电设备，从而有效实现配电线路区域化的可控、自愈、全覆盖。

本节将介绍华东地区某城市在 C/D 类供电区域 1800 条架空线路上，采用约 4000 余套智能配电开关设备，按"一线一案"设计理念，通过选线选段功能配置，为提升小电流接地故障快速处理能力和分支线路防波及停电能力，实施的智能配电设备设计应用方案。

7.2.1　配置方案

10kV 架空线路的单相接地故障占故障总数的 70% 以上，其中，小电阻接地系统在发生单相接地时故障电流大，故障容易识别，故障线路可迅速跳闸，而小电流接地系统由于故障电流小，故障判断和指示是普遍关注的重点和难点问题。

针对该地区单相接地故障占故障比例高的问题，配置了具有小电流接地系统单相接地故障选线功能的智能配电设备，不依赖于通信和配电自动化主站，有效识别各种接地系统的瞬时性和永久性故障，就地快速定位、可靠隔离线路单相接地和相间短路故障，从而缩小了故障停电区段、减少了停电户数。同时，配置了线损模块，支撑配电主站实现精益化线损管理。

1. 方案的配置设计

（1）在架空线路首端配置具有小电流接地故障选线跳闸和重合功能的智能配电开关设备，在发生小电流接地故障时，具备跳闸选线和重合试发功能。

（2）在架空主干线上配置具有小电流接地故障选段功能的智能配电开关设备，采用电压－时间型馈线自动化故障处理逻辑，满足短路故障和接地故障的快速定位。

（3）在架空分支线路或用户 T 接点配置分界故障处理功能的智能配电开关设备，满足短路故障快速隔离，接地故障快速切除。

（4）选用无线公网通信方式传输各类数据。

2. 智能设备配置方案

典型线路设备配置如图 7-8 所示，其中，QF 为变电站出线断路器。

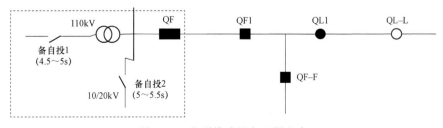

图 7-8　典型线路设备配置方案

（1）主干线首端配置智能断路器成套设备（具备选线功能，简称选线断路器 QF1），安装在 QF 之后首个分段点。QF1 采用弹簧操动机构，配置单侧电压互感器 TV，内置三相零序电流互感器 TA 及单相接地检测模块，要求合闸时间不大于 60ms，分闸时间不大于 45ms。

（2）主干线分段点或联络点配置智能分段开关成套设备（具备选段功能，简称选段负荷开关，QL1 和 QL-L），选用电磁操动机构电压型负荷开关，配置双侧单相电压互感器 TV，内置三相电流互感器 TA 及单相接地检测模块。

（3）分支线或用户侧配置用户分界开关成套设备 QF-F。采用弹簧操动机构，内置或外置单侧单相电压互感器 TV、内置三相零序电流互感器 TA 及单相接地故障检测模块等。

3. 智能设备保护整定与重合闸配置

为了减少变电站出线断路器 QF 跳闸次数，智能配电设备保护动作时限与 QF 形成时间级差配合：

（1）QF 速断保护动作时限大于或等于 0.2s，1 次重合闸时间按站内（1.5s 或 2.5s）不变。

（2）选线断路器 QF1 与 QF 形成时间级差配合，QF1 设置 3 次重合闸为 1.5s、10s、10s。

（3）选段开关 QL1、QL-L 采用电压型负荷开关，故障动作逻辑与选线断路器 QF1 重合闸配合。参数按 X-时间（默认 7s）、Y-时间（默认 5s）、Z-时间（默认 3.5s）及 XL-时间（默认为 45s）设置。

（4）用户分界开关 QF-F 与选线断路器 QF1 配合，实现故障自动隔离。

7.2.2 智能配电柱上开关设备

按照配置方案，线路选用三类配电开关设备：选线断路器、选段负荷开关、用户分界开关，如图 7-9 所示。

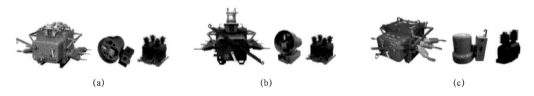

图 7-9 三类架空线路用智能化开关设备外形图
（a）选线断路器；（b）选段负荷开关；（c）用户分界开关

1. 选线断路器

选线断路器由真空断路器、馈线终端 FTU（含选线功能）及电压互感器 TV 组成。

具备分断相间短路电流、负荷电流和零序电流等功能，支持短路故障检测，配备时限电流保护和涌流保护；具备单相接地故障检测模块，支持配电网中性点不接地、经消弧线圈接地及小电阻接地方式下，接地故障的检测与切除功能；具备相间短路及 3 次重合闸等功能。

在消弧线圈接地系统中，FTU 接地故障识别采用新型小电流接地算法。FTU 检测线路零序电压及零序电流，通过计算零序电压、零序电流暂态特征及相位关系，在一定接地阻抗条件下，能够准确识别出界内、界外接地故障，适应各种性质的接地故障，如金属性接地、小于 2000Ω 电阻性接地、间隙性接地等。

2. 选段负荷开关

选段负荷开关由电压型真空负荷开关、馈线终端 FTU（具有选段功能）及电压互感器 TV 组成。

依据"来电即合、无压释放"的工作特性，与选线断路器重合闸配合，通过电压时序逻辑检测，线路开关得电后逐级延时合闸，确定故障区段位置，并闭锁故障点前、后开关设备得电合闸的功能，实现故障区段的就地隔离。

馈线终端 FTU 内置残压检测模块，实现线路开关得电后延时合闸或有故障记忆延时合闸（两种方式可选择）。FTU 内置单相接地检测模块，在接地故障处理时检测零序电压，若开关合闸之后在设定时间内出现零序电压从无到有的突变，则自动保护分闸并闭锁合闸，隔离接地故障。

3. 用户分界开关

用户分界开关由用户分界开关本体、馈线终端 FTU（"二遥"动作型）及电源变压器（内置或外置）组成。

用户分界开关支持短路故障检测，与选线断路器配合实现短路故障隔离或直接切除；各种接地系统中发生单相接地故障时，能快速动作切除接地故障。

7.2.3 馈线自动化应用和技术要点

7.2.3.1 馈线自动化应用

该区域架空配电线路较多采用手拉手联络方式，下面简要描述一下智能配电设备故障处理配合动作时序。

1. 瞬时性故障动作时序

选线断路器 QF1 设置了 3 次重合闸，线路瞬时性故障发生位置如图 7-10 所示。

QF1 跳闸，1.5s 后第一次重合。由于第一次重合闸时间（1.5s）小于选段负荷开关 QL1 的 Z-时间（3.5s），线路来电后 QL1 无延时快速复电。

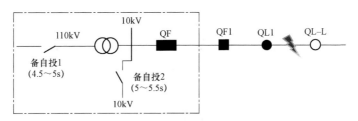

图 7-10 瞬时性故障发生故障点

以 QF1 跳闸时间为 0s 计时，以事故总信号作为配电主站启动信号，事故处理和恢复过程中智能开关设备上送信息说明见表 7-1。

表 7-1   瞬时性故障时智能开关上送主要信息

线路状态	启动时间	智能开关上送信息
事故发生	0s	QF1 保护跳闸，上送开关位置分信号、事故总信号、过流（接地）告警信号。 QL1 失压分闸，上送开关位置分信号、电压状态无信号
线路恢复	1.5s	QF1 第一次重合闸，上送开关位置合信号、一次重合闸信号。 QL1 有压合闸，上送电压状态有信号、开关位置合信号

2. 上级线路故障时智能设备的配合

当变电站高压侧 110kV 发生故障时，如图 7-11 所示，变电站将投入备自投来快速恢复供电。图中，变电站 110kV 侧设置了备自投 4.5～5s 延时，0.5s 投入备用电源；10kV 侧设置了备自投 5～5.5s，0.5s 投入备用电源。为了保证备自投后 10kV 馈线快速复电，主干线的智能分段负荷开关需具有在 Z-时间内无过流记忆则不启动延时的功能。

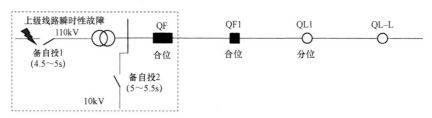

图 7-11   上级线路故障时智能配电设备的配合

过程如下：当上级线路发生故障时，10kV 馈线断路器 QF 失电不分闸，QF1 不分闸，QL1 分闸。在投入备用电源后，备自投延时投入时间（5～6s）虽大于 QL1 的 Z-时间（3.5s），但 QL1 的 FTU 未检测到故障电流（无过流记忆），线路来电后 QL1 无延时快速复电。

以上级线路跳闸时间为 0s 计时，站内失压，因无事故总信号，配电主站不启动推图，事故处理和恢复过程中智能开关设备上送信息说明见表 7-2。

表 7-2   上级线路故障时智能开关的配合信息

线路状态	启动时间	智能开关上送信息
事故发生	0s	QF1 失压不分闸，上送电压状态无信号。 QL1 失压分闸，上送开关位置分信号、电压状态无信号
线路恢复	6s	QF1 上送电压状态有信号。 QL1 有压合闸，上送电压状态有信号、开关位置合信号

3. 相间永久性故障动作时序

当 QL1 后发生相间永久性短路故障时，QF1 跳闸，QL1 失电分闸。

QF1 第 1 次快速重合闸（判断是否是瞬时性故障），QL1 无延时合闸合到故障点后，QF1 再次跳闸，QL1 失电分闸。

QF1 第 2 次重合闸（重合闸时间 10s），选段负荷开关 QL1 的 X-时间依次延时合闸，合到故障点，故障点前端负荷开关 QL1 的 Y-时间内跳闸并闭锁合闸，故障点后端负荷开关 QL-L 的 X-时间内跳闸并闭锁合闸，完成故障区段隔离。

线路故障隔离成功后，选线断路器 QF1 第 3 次重合闸（如 10s），自动恢复电源侧非故障区段供电。

逻辑动作过程如图 7-12 所示。

以 QF1 跳闸时间为 0s 计时，第 1 次快速重合闸，按 "1. 瞬时性故障动作时序"。事故处理和恢复过程中智能开关设备上送信息说明见表 7-3。

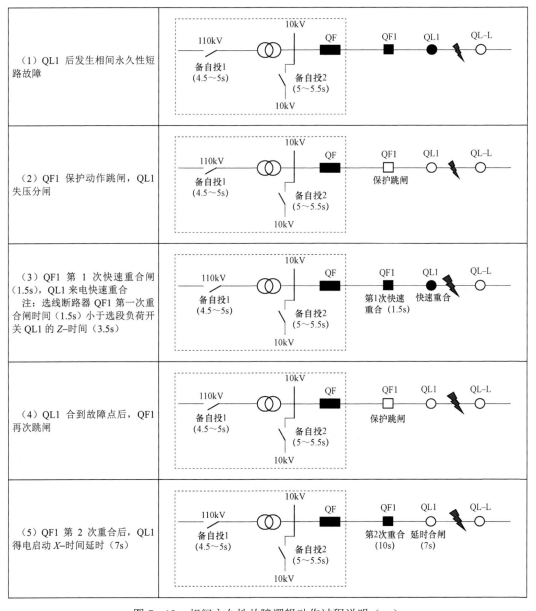

图 7-12　相间永久性故障逻辑动作过程说明（一）

265

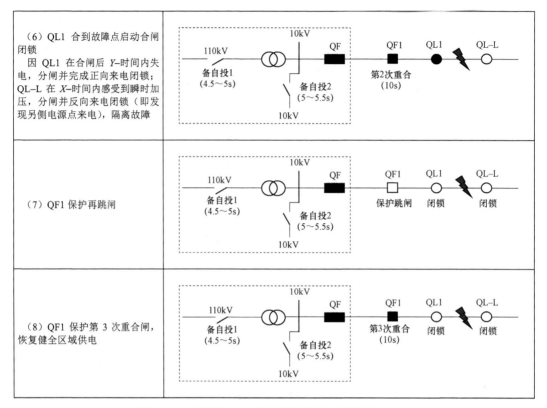

图 7-12　相间永久性故障逻辑动作过程说明（二）

表 7-3　　　　　　　　　　相间永久性故障时智能开关上送主要信息

线路状态	时间/s	智能开关上送信息
事故发生	0	QF1 保护跳闸，上送开关位置分信号、事故总信号、过流告警信号。 QL1 失压分闸，上送开关位置分信号、电压状态无信号
第 1 次重合	1.5	QF1、QL1 快速合闸后，QL1 合于故障点： QF1 保护跳闸，上送开关位置分信号、事故总信号（维持）、过电流告警信号 QL1 失压分闸，上送开关位置分信号、过电流告警信号、电压状态无信号
第 2 次重合	11.5	QF1 第二次重合闸完成，上送开关位置合信号、二次重合闸信号。 QL1 有压延时合闸（7s），上送开关位置合信号、X-延时合闸标志有信号
第 3 次重合	18.5	QL1 再次合闸于故障点： QF1 保护跳闸，上送断路器位置分信号、事故总信号（维持）、过流告警信号。 QL1 失压分闸，上送电压状态无信号、开关位置分信号、过流告警信号、上游开关闭锁信号、事故总告警有信号。 联络点 QL-L 上送下游开关闭锁信号、事故总告警有信号
线路恢复	28.5	QF1 第三次重合闸，上送开关位置合信号和三次重合闸信号，故障处理完毕

4. 接地永久性故障动作时序

当接地永久性故障发生时，变电站接地告警，QF1 接地保护跳闸并选出故障线路，QL1 依据零序电压-时间逻辑隔离故障。线路各开关的动作过程同图 7-12 中的步骤（1）～（6），不同之处在步骤（7），当 QL1 检测到接地故障后，直接跳闸隔离故障。

以 QF1 跳闸时间为 0s 计时，事故处理和恢复过程中智能开关设备上送信息说明见表 7-4。

表 7-4　　　　　　　　　　　接地永久性故障时智能开关上送主要信息

线路状态	时间/s	智能开关上送信息
事故发生	0	QF1 保护跳闸，上送开关位置分信号、事故总信号、接地告警信号。 QL1 失压分闸，上送开关位置分信号、电压状态无信号
第 1 次重合	1.5	QF1、QL1 快速合闸后，QL1 合于故障点： QF1 保护跳闸，上送开关位置分信号、事故总信号（维持）、接地告警信号 QL1 失压分闸，上送开关位置分信号、接地告警信号、电压状态无信号
第 2 次重合	11.5	QF1 第二次重合闸完成，上送开关位置合信号、二次重合闸信号。 QL1 有压延时合闸（7s），上送开关位置合信号、X-延时合闸标志有信号
第 3 次重合	18.5	QL1 再次合闸于故障点： QL1 检测到零序电压从无到有，分闸并闭锁（根据正向来电判断），上送开关位置分信号、上送上游开关闭锁信号、事故总告警有信号、接地告警信号； QL-L 在 X-时间内感受瞬时加压，分闸并闭锁（根据反向来电判断），上送开关闭锁信号、事故总告警有信号，故障处理完毕

5. 分支线/用户线路故障动作逻辑

在分支线或用户线路发生短路故障时，柱上分界开关设置合理的保护跳闸时间，先于选线断路器 QF1 保护跳闸，实现故障隔离。当发生单相接地故障时，柱上分界开关根据零序电流判据，自动分闸，直接切除故障。

6. 异常情况后备故障处理

当线路发生短路故障，如果出现选线断路器 QF1 拒动或 QF 先于 QF1 跳闸的情况，QF 具备 1 次重合闸（时间为 1.5s 或 2.5s）时，因该时间小于 Z-时间（3.5s），选段开关 QL1 不延时合闸，完成快速恢复送电。当重合闸时间大于 Z-时间时，选线断路器 QF1 会自动延时合闸进行相应故障识别，合闸后正常执行后续故障逻辑动作。

7.2.3.2　技术要点

1. 基于参数识别法的接地故障选线技术

在主干线及分支首端安装选线断路器，基于暂态零模极性的原理，通过分析馈线等效电容参数的正负极性，与健全线的等效电容极性对比来选定故障馈线，实现本条馈线接地故障的选线、跳闸及重合。

在特定频带下的零序网络可等效为零序电压、零序电流、电容构成，全网线路均是健全线路，如图 7-13 所示，各线路对地容性电流由母线流向线路。

发生接地故障时，健全线路在特定频带下等效零序网络参数，不受中性点接地方式、接地故障发生时刻、电弧间歇程度等因素影响，零序电流仍是由母线流向线路，通过故障点返回。发生接地故障时，故障线路在特定频带下等效零序网络参数，受中性点接地方式等因素影响较大，补偿前由线路流向母线，与健全线路方向相反，补偿后零序电流方向取决于补偿方式。

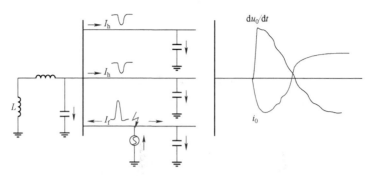

图 7-13　暂态零序电流极性比较选线法

依据 $I_0 = C \times (\mathrm{d}U_0/\mathrm{d}t)$ 可计算出某线路在特定频带下的电容极性，当该线路电容极性与健全线路的电容极性相反时，可判定该线路为故障线路。

2. 基于零压时间模型的故障选段技术

当线路发生单相接地故障时，变电站接地报警，选线断路器接地保护跳闸选出故障线路，然后选线开关延时重合，分段开关依次延时关合。若为瞬时性故障，则线路恢复供电；若为永久性故障，则故障点前端分段开关检测到零序电压突变而跳闸，切除接地故障，故障点后端开关检测出瞬时故障残压而反向闭锁合闸，隔离接地故障，时序图如图 7-14 所示。

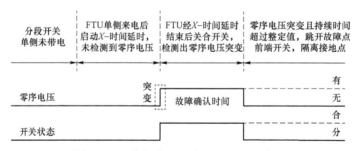

图 7-14　单相接地故障检出逻辑时序图

3. 馈线自动化的普适性

本方案具有广泛适应性，不需对变电站内设备进行改造，不改变原有保护配置，采用全新的接地故障选线、选段原理，不依赖于通信和配电自动化主站，可有效识别各种接地系统的瞬时性和永久性故障，就地快速定位、可靠隔离线路单相接地和相间短路故障。

本方案就地型馈线自动化实施的应用场景和配置要求见表 7-5。

表 7-5　具备单相接地故障选线、选段功能的就地型馈线自动化实施配置要求

适应网架	架空、混合线路
中性点接地方式	各种接地方式
开关类型	选线开关采用断路器；选段开关采用电压型负荷开关；分界开关采用分界型负荷开关或断路器

续表

站内保护配置	与选线断路器形成时间级差配合，相间保护时限不小于 0.2s
站内重合闸配置	现有 1 次重合闸保持不变（1.5s 或 2.5s）
后备电源	超级电容（保证 FTU 及无线通信终端运行不少于 15min）
通信方式	推荐采用无线通信方式
配电自动化主站	故障就地隔离，不依赖主站； 电源侧非故障区段供电可不依赖配调人员遥控操作； 联络点 QL-L 可以设置自动合闸，也可以由配调人员遥控操作投切

7.3　电容取能型智能配电开关设备的应用

配电开关设备一二次融合的发展，使配电终端的功耗得以下降，因此，使用其他取能方式取代电磁式电压互感器成为可能。

智能配电设备目前主要配置电磁式电压互感器作为取能电源，需要安装开关本体、配电终端和电压互感器三类设备。电磁式电压互感器存在户外使用易受雷击损坏、在安装过程中因操作不规范容易出现接线错误等问题，因此，近年来设计了通过电容取能模块替代电磁式电压互感器的电容取能型智能配电开关设备，开始在配电网中应用。

本节将介绍采用电容取能方式一二次融合智能配电开关设备试点应用实践，通过取消传统电磁式电压互感器，进一步提升了设备集成化程度，降低了设备自重且安装便捷。

7.3.1　山区环境下智能配电开关设备的应用

某地一条 10kV 配电线路全长 80 多千米，分布在秦岭山脉，分支多，故障频发，巡线工作量大，如图 7-15（a）所示。

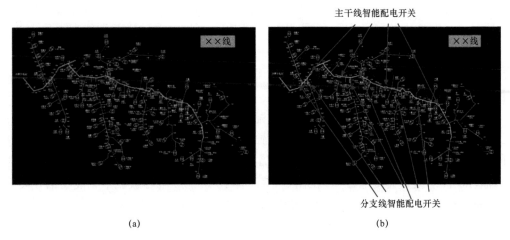

（a）　　　　　　　　　　　　　（b）

图 7-15　某配电线路加装智能配电开关位置图

（a）改造前；（b）改造后

为了实现线路自动化，对配电线路设备进行以下改造：① 线路首端加装融合智能断路器，减少越级跳闸，同时具备接地故障选线功能。② 线路分段以及大的分支出口加装融合智能开关或对原有开关智能化改造，实现线路故障就地隔离定位。改造后（箭头所指代表加装电容取能型智能配电开关）的线路图，如图 7-15（b）所示。

1. 智能柱上配电开关设备

电容取能型智能柱上配电开关如图 7-16 所示。开关的真空灭弧室、操动机构、电容式电压传感器（10kV 线路高压取能电源）、电流传感器等部件采用一体化集成设计，具备常规配电线路监测、计量、保护功能，并能实现接地故障精准检测、就地馈线自动化等功能，整机质量不超过 120kg。

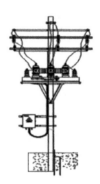

图 7-16　电容取能型智能柱上配电开关示意图

这款智能柱上配电开关通过将继电保护就地隔离及 FA 自恢复的优势结合起来，在线路发生故障时先通过继电保护就地隔离，最大化缩小停电范围；若发生瞬时故障或保护失去选择性，则依靠 FA 功能快速自恢复。其与传统电压时间型馈线自动化的区别在于基于保护分闸而不是失压分闸。

2. 实现效果

（1）短路故障。线路改造前 2017 年共发生短路故障 56 次，其中变电站跳闸次数 29 次，就地隔离率为 51.8%。2018 年进行改造，加装电容取能型智能配电柱上开关后，线路共发生短路故障 51 次，而变电站跳闸仅出现 3 次，就地隔离率为 94.1%；线路瞬时故障自恢复率为 100%，线路跳闸自恢复率为 92.3%，变电站跳闸自恢复率为 100%。

（2）接地故障。这款电容取能型智能配电开关集成了高精度电压/电流传感器，接地故障检测的准确度大幅提升。线路改造前，2017 年该线路共发生接地故障 30 次，采用常规智能开关检测，用户侧开关接地故障判断准确率 90%，大支线开关接地故障判断准确率 86%，干线开关接地故障判断准确率仅有 70%。加装电容取能型智能配电开关后，2018 年线路共发生接地故障 36 次，其中用户侧开关判断准确率 95%，支线及干线接地故障判断准确率均达到 90%以上。

改造后线路故障就地隔离率显著提高，变电站越级跳闸次数明显降低，故障停电范围及故障平均处理时间也明显减少。

7.3.2　台风环境下智能配电开关设备的应用

东部沿海省份电网极易受台风、地震等自然灾害影响，尤其是配置电磁式电压互感器的电网杆塔因自重问题更易受台风影响，同时电磁式电压互感器安装过程中损伤、铁磁谐振以及易被雷击损坏等问题也是电网运行故障的主要原因。案例试点选用了一款电容取能型真空断路器。

1. 智能柱上真空断路器

电容取能型智能柱上真空断路器如图 7－17 所示，开关本体集成了电压/电流传感器、电容取能模块，馈线终端 FTU 集成了线损模块、无线通信模块和大容量后备电源，同时还配有一块太阳能取电模块，可支持电量采集、就地型馈线自动化、单相接地故障就地检测等功能。

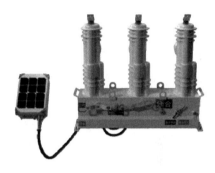

图 7－17　电容取能型智能柱上真空断路器

该套设备具有：① 两段相间过流、两段零序过流、一次重合闸以及重合闸后加速、过负荷告警等保护功能；② 无线通信上传线路运行信息及故障告警信号、装置告警信号、保护动作等信号；③ 消弧线圈接地或不接地系统单相接地故障的处理功能，满足馈线接地故障暂态特征检测功能及接地故障就地判断、隔离、恢复供电；④ 线损采集功能。设备满足了配电自动化"二遥"保护跳闸功能以及接地故障的快速切除和隔离应用需求。

2. 应用配置方案

断路器设备安装在架空线路分段点或者分支线首端分界点，通过配置大容量后备电源，解决内置取能模块取能功率无法满足快速分合闸的问题。为了降低配电终端的功耗，保障设备可靠在线，不配置光纤通信模块。

一条典型架空线路配置方案（智能设备有分段断路器/负荷开关和分界断路器）如图 7－18 所示。根据线路长度和负荷分布，在主干线配置分段断路器（C、D），其余分

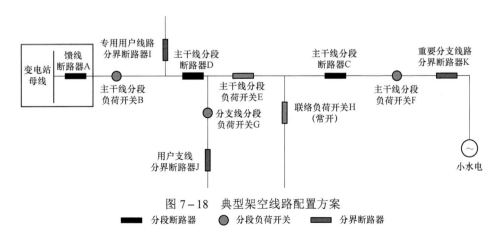

图 7－18　典型架空线路配置方案

■ 分段断路器　　● 分段负荷开关　　▬ 分界断路器

段/联络开关采用负荷开关（B、E、F、G、H）。架空线路大分支、架空用户分界点装设分界断路器（I、J、K），与变电站馈线断路器 A 形成级差配合，当发生短路或接地故障时，在变电站馈线断路器动作前，分界断路器快速切除故障。

3. 应用成效

2019 年 8 月 9 日至 8 月 13 日，东部某省因台风"利奇马"导致故障停电 7072 条次，10kV 主干线跳闸 564 次，分支线跳闸 6508 次，停电配变台数 94 765 台，停电时户数过 100 多万时户，影响极大。安装了电容取能型真空断路器的线路在台风期间的故障隔离成效如下：

（1）短路保护。台风期间，电容取能型真空断路器累计启动短路故障隔离保护动作558 次，其中正确隔离故障 558 次，准确率达到 100%。智能开关正确短路保护动作，极大地减少了主干线跳闸次数，因短路故障减少停电的配变数为 18 503 台，平均节约巡视时间 0.83h，节省停电时广数为 15 357.5h·户。

（2）接地保护。台风期间，共发生接地事件 271 起，电容取能型真空断路器有 235起动作正确，36 起误报，接地保护准确率为 86.72%。开关正确发生接地保护动作为变电站节省了试拉选线次数，减少故障线路巡视时长。节省的试拉选线停电时户数为1340h·户，节省的巡视时长累计为 195h，大大地提升了运维检修人员的工作效率，缩小了巡视范围，降低了人力物力成本；确保了故障快速恢复，提升了供电可靠性。

（3）重合闸应用。台风期间，各地市电容取能型真空断路器共发生重合闸动作 118次，减少了大量因台风导致线路发生瞬时性故障而造成的全线瞬时停电，保证非故障区域用户的供电可靠性。

近年来，电容取能型智能配电柱上开关开始在各地应用，应用产品有内置电容取能模块方式和与开关一体型外置方式，因不用安装电压互感器，极大提升了安装维护的便利性。然而，采用电子传感器，特别是植入式电子传感器，在一次设备强电磁场环境下如何保证与配电开关设备生命周期匹配，还有待进一步研究和运行时间的检验。

7.4 电缆网智能配电设备规模化应用

我国经济发达地区的城镇化建设发展迅速，随着空间产业布局的扩展，配电网的延伸、增容和改造推进了核心区配电网电缆化进程。因此，在配电网自动化应用中，需要考虑电缆线路、架空电缆混合线路的自动化应用和协同。

本节将介绍某供电公司采用智能环网箱/室配套分散式站所终端 DTU 在电缆线路和架空电缆混合线路中的馈线自动化协同应用。

7.4.1 设计思路

南方某市有多个工业化城镇，虽然这些城镇的核心区电缆化较早，但镇与镇之间架空线路连接，距离长且事故多发，早期采用了架空线路就地型馈线自动化方案，极大地提高了镇与镇之间区域供电可靠性。

随着配电自动化的深入，需要对城市配电网进行整体自动化提升，即对各城镇核心区原来可靠性相对较高的电缆线路设备也纳入自动化管理，并考虑与原架空线路就地型馈线自动化方案的衔接。这时，需要解决电缆线路存量非自动化配电设备（如配电室内的手动开关、简易电动开关等）的自动化改造，即解决通信通道不完善、站室或环网柜空间有限、设备改造难度大、改造成本高等问题。

结合区域配电网电缆化特点，对整个配电网络提出了"三分、二自、一环"设计原则，如图 7-19 所示。

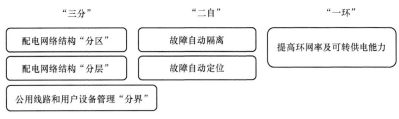

图 7-19 "三分、二自、一环"原则

全电缆线路以永久性和先接地后短路的蔓延发展性故障为主，故障点更多分布在配电室（当地称开关房）内和电缆接头处；电缆架空混合线路永久性故障和瞬时性故障均有较大比例，接地故障较多，故障点较分散。因此，对于全电缆线路，重点考虑永久性故障和蔓延发展性故障的隔离；对于电缆架空混合线路，重点考虑永久性故障隔离和瞬时性故障躲避。

7.4.1.1 方案配置

综合考虑投资收益，优先在配电网主干层配置智能配电开关设备，实现配电自动化；在城市核心区实现"FA 功能 + 三遥"，对非核心区采用"就地 FA 功能 + 二遥"。

（1）电缆线路主干层。智能配电开关设备实现电动操作，按就地电压时间型 FA 模式，实现电缆线路主干层馈线自动化功能。

（2）电缆线路分支层。T 接点配置用户分界配电开关设备，实现分支及用户侧的故障识别、定位、隔离与监视，防止分支层线路故障波及主干层。

（3）电缆架空混合线路。实现电缆线路、架空线路自动化功能合一。

7.4.1.2 智能设备的布点

根据区域供电半径和负荷，智能配电设备按以下规划布点：

（1）每条线路原则上选取不超过 3 个、电缆线路不超过 4 个主干节点作为自动化节点。

（2）优先选取配电室，适当选取环网箱作为电缆线路自动化节点，以提高可靠性。

对新建和老旧站室设备采用不同的改造方案：

（1）新建站室的改造。电缆线路主干层以配电室环进、环出环网柜作自动化分段点，配置分段负荷开关；分支层以出线环网柜作自动化分界点，配置分界开关/分界断路器。

（2）老旧站室的改造。若原环网柜已带电动操动机构，直接增加站所终端 DTU；若原环网柜不带电动操动机构，通过分年、分间隔数量或"加层"模式改造。

7.4.1.3 典型组网方案

方案选用了标准配置的两进两出环网箱/室，智能配电室（环网柜）配置方案如图 7-20 所示。

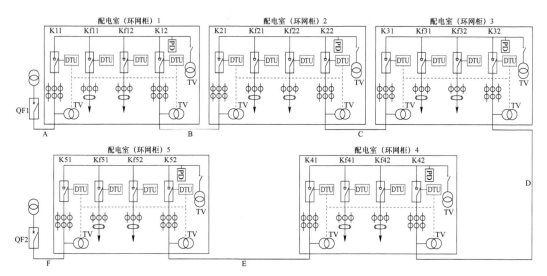

图 7-20 智能配电室（环网柜）配置方案

7.4.1.4 智能设备保护整定与重合闸配置

1. 变电站馈线断路器保护和重合闸时间整定

变电站馈线断路器速断保护动作时间整定 0s，零序保护时间整定 0.3s 以上为宜（小电阻接地系统）。一次重合闸时间和二次重合闸时间均整定 5s（至少具备一次重合闸）。

2. 主干层分段负荷开关时间整定

（1）为避免故障模糊判断和隔离范围扩大，应保证 QF 第一次重合后故障判定过程中任何时刻只能有 1 台分段开关合闸，按顺序依次相邻自动化开关时间间隔可整定为 7s 间隔。

（2）联络开关投入自动模式时，其时间整定为线路发生短路故障到 QF 跳闸的间隔时间、QF 两次重合闸时间及线路各分段开关依次来电合闸时间之和。

对于有多个联络开关的线路，不考虑联络开关时间整定，由配电主站集中控制。

3. 分支层（用户出线）分界开关保护定值整定

相间短路保护定值以分支层（用户）线路保护定值作为选值依据。单相接地保护定值取值大于开关所控电缆线路的三相对地容性电流总和；对于接地保护延时定值，如为小电阻接地系统，则比 QF 定值快一个延时级；如为小电流接地系统，则以能判别大多数瞬时性接地故障为准则。

7.4.2　智能环网箱/室

7.4.2.1　智能环网箱/室配置

基于分散式 DTU 的一二次成套环网箱设备外形，如图 7-21 所示。

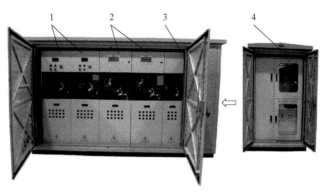

图 7-21　基于分散式 DTU 的一二次成套环网箱外形图

1—进线单元柜；2—出线单元柜；3—TV 单元柜；4—DTU 公共单元柜

智能环网箱由进线单元柜、出线单元柜、TV 单元柜、DTU 公共单元柜组成，配置了电压互感器 TV 和电压传感器 PD，各智能化的进线单元柜、出线单元柜配置了分散式 DTU。DTU 公共单元柜采用独立二次柜，包含 DTU 公共单元核心装置、电源管理模块、后备电源等；分散式 DTU 采用嵌入式安装在各智能开关柜的二次箱区域，其电源由 DTU 公共单元柜统一提供。

两进两出环网箱一次主接线方案如图 7-22 所示。主干层分段、联络和分支层环网柜选用全封闭结构 SF$_6$ 绝缘、真空灭弧的负荷开关/断路器柜。主干层分段负荷开关操动机构采用电磁操动机构。分支层若实现分界功能，则操动机构采用弹簧操动机构；若实现大分支分段功能，则与主干层配置要求一致。

分散式 DTU 采集三相电流、三相电压、零序电压，实现对所属单元开关柜的"三遥"、线损采集及相间与接地故障处理，具备电压-时间的闭锁逻辑控制功能。DTU 公共单元柜与各单元开关柜的分散式 DTU 连接，实现信号汇集并完成与配电主站的通信，配置超级电容或蓄电池作为后备电源。

7.4.2.2　智能分布式+自适应电压-电流型馈线自动化模式

对于无线通信条件健全的区域，为了进一步提升故障处理能力，智能环网箱/室配套的 DTU 配置了可选择的智能分布式+自适应电压-电流型馈线自动化功能。在通信条件良好的情况下，采用智能分布式馈线自动化应用。当故障处理失败时，启动电压-时间型就地型馈线自动化功能，保证线路整体自动化系统有效运行。

以单个配电室（或配电室内单段母线）为单元，实现本单元内及单元间故障电流、保护启动、保护闭锁、保护动作、开关分/合位置、开关拒动等相关信息交互及分析，

		1-1		1-2		1-3		1-4		1-0	
一次主接线方案											

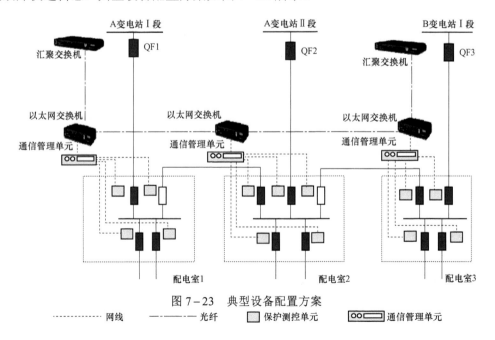

主要配置	TV间隔(450mm)		馈线(450mm)		馈线(450mm)		出线(450mm)		出线(450mm)		TV间隔(300mm)	
	规格	数量	规格	数量	规格	数量	规格	数量	规格	数量	规格	数量
VSR3开关			K(电压型)	1台	K(电压型)	1台	V(电动)	1台	V(电动)	1台		
接地开关				1台		1台		1台		1台		
电流互感器			LSRZ-10 600/5-600/3	1台	LSRZ-10 600/5-600/3	1台	LSXMZH3-10 600/5-20/1	1台	LSXMZH3-10 600/5-20/1	1台		
带电显示器			DXN8D-12/T4S	1个	DXN8D-12/T4S	1个	DXN8D-12/T4S	1个	DXN8D-12/T4S	1个		
电压互感器(带0.5A熔断器)	JDZ12A-10R 10/0.22kV	2台									JDZ12A-10R 10/0.22kV	1台
分散式DTU单元			FDR-115/DS	1台	FDR-115/DS	1台	FDR-140/PB	1台	FDR-140/PB	1台		
DTU公共单元											WPZD-163/TX	1台
通信模块											H7210C	1台
欧式屏蔽型前插头				1套		1套		1套		1套	35号	2只
电压传感器			CGQ-C	3只								
欧式屏蔽型后插头			35号	2只	35号	2只						
肘形TV插头	35号	4只									35号	2只
除湿控制器											HC-CSK-Z	1台
尺寸(长×深×高)(mm×mm×mm)	450×920×1750		932×920×1750				1232×920×1750					

图 7-22 两进两出环网箱一次主接线方案图

快速判别区域内或区域外故障,从而快速实现进线、联络线、母线、用户支线等不同区域故障快速自愈。典型设备配置方案如图 7-23 所示。

图 7-23 典型设备配置方案

-------- 网线　　　——— 光纤　　　▢ 保护测控单元　　　◻ 通信管理单元

馈线自动化逻辑如图 7-24 所示。

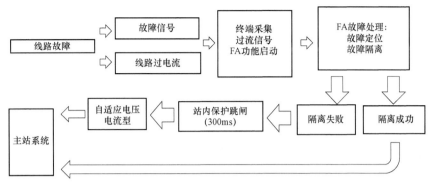

图 7-24　馈线自动化逻辑图

在线路故障后，智能分布式 FA 启动，故障隔离成功，上传数据到配电主站；故障隔离失败，站内保护跳闸，启动自适应电压-电流型馈线自动化模式，实现最终故障隔离。

在故障隔离成功后，非故障区段恢复供电通过对联络开关进行合闸操作实现。联络开关间隔单元的 DTU 在收到故障隔离成功的信息后，启动联络开关"合"逻辑判定如下：① 待转供电区段负荷不大于非故障电源点的备用容量；② 故障隔离成功，开关位置正常、网络通信正常；③ 无恢复供电闭锁条件；④ 自动恢复功能投入。

对于有多个联络开关的线路，涉及网络优化等运行条件的限制，优先采用主站集中遥控方式恢复。典型故障隔离时间见表 7-6。

表 7-6　　　　　　　　　　　典型故障隔离时间表　　　　　　　　　　　　　ms

序号	含义	范围	典型值
1	故障检测时间	10~20	20
2	信息交互延时时间	5~40	20
3	故障信息处理时间	3~20	15
4	断路器动作时间	18~45	40
5	故障隔离总时间	90~200	150

7.4.3　技术特点及应用

采用分散式 DTU 的智能环网箱/室组网馈线自动化方案，具有以下特点：① 标准化分布式设计。分散式 DTU 基于终端设备类型系列化、硬件平台统一化、模块功能标准化的设计理念，终端通过 CANBUS 总线将 1 台 DTU 公共单元与多台分散式 DTU 单元有机地整合在一起，实现与配电主站的远程通信，具有模拟量监测、遥信检测、电缆故障检测、遥控输出、电源管理等功能。② 开关设备智能化设计。分散式 DTU 可集成于环网柜内实现智能一体化成套集成，大大节省安装空间。用分散式 DTU 替代环网柜上的面板故障指示器，把原有老旧开关柜改造成具备标准 DTU 的智能化开关柜，解决现场改造难题、减少了投资成本。③ 便于分布智能 FA 功能在电缆网应用。基于组播方式的分布智能 FA 功能不依赖于主站，就地实现快速故障区段自动隔离（100～120ms）和非故障区段的自动恢复供电（＜1s），具有自适应网络拓扑变化的能力，扩展功能容易。

南方某些城市的核心区配电网架联络和电缆化程度较高，光纤覆盖率也较高，因此具备了建设高可靠供电区条件。当智能配电设备形成规模化应用，依托"分散保护＋测控"的完备智能控制策略，可实现电缆线路故障就地秒级甚至毫秒级的故障定位、隔离及恢复供电。同时，通过智能配电设备在核心区的分区、分层布点，完成了对城市核心区配电网的全面监测和控制，为配电网智能化打下了坚实基础。

与主站集中型馈线自动化方案相比，分散式 DTU 的应用减少了主站与子站间的通信环节，从而避免自动化功能对通信的依赖，提高了系统可靠性，也有效减少了故障定位、隔离和非故障区恢复的时间，减少了用户停电时间。

采用无线通信方式，通过分散式 DTU 上传开关动作、电流电压越限告警及故障信号，实现配电主站实时状态监视。在具备与配电主站之间的光纤通信条件时，电压－时间型 FA 也可实现向主站集中型升级，实现实时状态监视与远方遥控等功能。

7.5 规模化智能配电设备在省域配电网自动化建设中的应用

2011 年，在打造坚强智能电网战略下，山东配电网经过十几年的自动化实践与探索，在陆续完成重点区域网架优化、已建设的区域规模化智能配电设备和配电自动化系统实践经验基础上，全面展开了山东省域配电网自动化的规划和建设。

7.5.1 建设方案和配置

7.5.1.1 顶层设计

顶层设计从调研、规划、设计、建设、实施、运维及管理全过程集中管控，按"统一标准、统一规划、统一建设、统一管理模式"原则，充分利用现有网架、设备资源，以"提高供电可靠性、改善供电质量、提升配电网管理水平"为目标，构建省域智能配电网综合管理系统。通过自愈控制、分布式电源接入控制、信息系统间互动及用户互动、经济优化运行等功能，提高了配电网的供电可靠率和电压合格率，降低线损，提升运营和管理水平，有效缩短配电线路故障停电时间，提高用户满意度。

在上述目标基础上，编制完成了山东省智能配电网建设应遵循的 13 个技术原则、14 册技术规范、全套典型设计图集，对省市县智能配电网全覆盖建设进行了充分调研和详细规划，形成智能配电网相关规划建设管理标准 15 个、运行维护管理标准 22 个。

7.5.1.2　区域化技术方案

1. 技术方案的选择

根据不同供电区域可靠性要求、馈线自动化模式、通信方式等方面的差异，电缆线路馈线自动化采用主站集中型或智能分布式技术方案；架空及混合线路馈线自动化在A＋、A、B 类区域可采用主站集中型或就地重合式技术方案，在 C、D 类区域优先采用就地重合式技术方案，不同区域馈线自动化差异化建设方案选型见表 7-7。

表 7-7　　　　　　　　不同区域馈线自动化差异化建设方案选型

功能选择/区域类型	A＋		A			B			C			D	
	电缆	混合	电缆	混合	架空	电缆	架空	混合	电缆	架空	混合	架空	混合
通信方式	光纤为主		光纤为主			光纤为主	无线为主	光纤为主	光纤/无线	无线	光纤/无线	无线	无线
馈线自动化模式	集中型或智能分布式		集中型或智能分布式		集中型	集中型	集中或就地型	集中型	集中型	集中或就地型	集中型	就地型	集中型
重合闸功能	退出	投入	退出	投入	投入	退出	投入	投入	退出	投入	投入	投入	投入
是否配置中间断路器	否	否	否	否	否	否	是	是	否	是	是	是	是
监测范围	1～2km		1～2km			2～3km			3～4km			4～5km	

2. 存量线路的改造

按照供电区域类型、改造难度及近年来故障情况差异化，开展配电自动化建设与改造。

（1）现有开关根据使用年限不同，采取改造和整体更换的方式进行自动化改造。对于运行年限 5 年内且具备自动化改造条件的开关柜，按照"三遥"改造加装电动操动机构、A 相和 C 相 TA、电源 TV、配电终端；对于运行年限 5 年以上开关柜，开关长期较少动作，操动机构较容易卡涩，若处于非重要节点、不满足电动操动机构改造条件的按照"二遥"改造，加装故障指示器。

（2）环网柜箱体空间满足自动化改造条件的，进行操动机构、二次回路及配电终端改造；箱体空间不满足改造条件的，进行外箱体改造，同时对环网柜操动机构、二次回路和配电终端改造。

（3）新增环网柜配置 TV 单元柜和 DTU 单元柜。DTU 单元柜有独立柜门，具备足够的通信设备和 DTU 安装空间。

（4）用户侧加装分界开关。通过架空线连接的高压用户采用柱上分界负荷开关；通过电缆连接的高压用户采用分界断路器柜。

（5）对于长架空线路、大的分支线路安装故障指示器，实现"一遥"功能。

（6）配电变压器可根据需求增加配变终端 TTU。

7.5.1.3 馈线自动化模式与设备配置

根据供电可靠性需求,结合配电网网架结构、一次设备现状、通信基础条件等情况,合理选择故障处理模式和智能设备配置。

在地市,基于目标网架典型接线,构建快速复电响应机制,通过线路馈线自动化、用户故障分界自隔离模式,实现配电网的快速复电业务闭环。电缆线路及不投入重合闸的架空/电缆混合线路采用集中型 FA;架空线路及投入重合闸的架空/电缆混合线路采用就地电压−时间型 FA;用户侧馈线自动化采用分界开关,自动隔离用户故障,避免事故波及主干线路;架空线路、不具备改造条件的电缆分支箱、箱式变电站等采用带通信功能的故障指示器,实现故障点的精确定位。

在县域,配电网因架空线路居多且以单辐射线路为主,供电半径长,负荷分布不均,线路故障时定位手段缺乏,故障查找时间长,往往造成长时间带故障运行。因此,县域核心区,参照地市电缆线路采用集中型 FA;分布广泛、占绝大多数的县域配电网架空线路,选择就地电压−时间型 FA。

基于不同 FA 模式和应用场合的需求,智能配电设备配置遵循以下原则:

(1)集中型 FA 的架空线路配置柱上负荷开关;就地电压−时间型 FA 的架空线路配置电压型柱上负荷开关。环网柜采用两端进线、中间出线结构,出线一般配置 2~4 路,进线采用负荷开关,出线采用断路器。

(2)故障指示器终端,架空和电缆线路分别实现"一遥"和"二遥"功能。

(3)配电终端模块化设计,可根据需求灵活扩展。有后备电源要求的配电终端在主电源断电后能维持终端 8h 的数据通信及 3 次以上开关分合闸操作。户外终端防护等级不低于 IP64,户内终端防护等级不低于 IP54。

表 7−8 是智能配电设备配置一览表。

表 7−8 智能配电设备配置一览表

设备类型	应用模式	一次设备配置	配电终端配置
架空线路智能配电设备	集中型	采用真空负荷开关,具备双侧 TV、A、B、C 三相 TA,电动操动机构,提供开关合分位置信号	采集 U_{ab}、U_{cb} 和 A、B、C 三相电流,采集开关位置及电源等状态信息,电动合/分闸控制操作,蓄电池作为后备电源
	电压−时间型	采用电压型真空负荷开关,具备单/双侧 TV、A、B、C 三相 TA,电动操作机构,提供开关合分位置信号,支持"来电即合、无压释放"	采集 U_{ab}、U_{cb} 和 A、B、C 三相电流,采集开关位置及电源等状态信息,电动合/分闸控制操作,超级电容作为后备电源
	用户分界型	采用分界型真空负荷开关,具备电源侧 TV、A、C 相及零序 TA,电动分闸、手动合闸操作机构,提供开关合分位置及储能信号	采集 U_{cb} 和 A、C 相电流及零序电流,采集开关位置及储能状态信息,电动分闸控制操作,超级电容作为后备电源
	故障指示型	三相故障指示器支持翻牌及故障状态信息传递	采集故障指示器信息,光伏取能

续表

设备类型	应用模式	一次设备配置	配电终端配置
电缆线路配电自动化设备	集中型	采用环网箱，具备单/双 TV，每单元柜 A、B、C 三相 TA，电动操动机构，提供开关合分位置、接地开关等信号	采集两相电压，按环网箱各单元柜采集 A/B/C 三相电流、开关及接地开关等位置信息、电动合/分闸控制操作，蓄电池作为后备电源
	用户分界型	采用断路器单元柜环网箱，具备单/双 TV，每个单元柜 A、B、C 三相 TA，电动闸操动机构，提供开关合分位置、接地开关等信号	采集 U_{cb} 和 A/B/C 相和零序电流，采集开关位置及储能状态信息，电动合/分闸控制操作，超级电容作为后备电源
	电压–时间型	采用环网箱负荷单元柜，单/双侧 TV，每单元柜 A、B、C 三相 TA，电动操动机构，提供开关合分位置信号，支持"来电即合、无压释放"	按环网箱各单元柜新装电压–时间型 DTU，结构采用嵌入式安装
	故障指示型	三相及零序 TV、故障指示器面板，整台加装一个取能 TA	采集最多 6 个单元故障指示器信息、A/B/C 相及零序电流，采用 TA 取能
配电变压器	集中监测型	配电变压器加装 A、B、C 三相 TV 和 A、B、C 三相及零序 TA，配套 TTU	采集配变 A、B、C 三相电压和 A、B、C 三相及零序电流，预留硬触点状态采集接口，内置 GPRS 通信模块

7.5.1.4　自动化功能配置

1. 架空线路智能配电开关设备

（1）集中型智能柱上配电开关。

通过采集线路故障电流及运行状态信息，并与配电主站进行数据交互，借助配电主站对故障的分析、决策，实现对配电网故障的快速定位、隔离及非故障区段的恢复供电。

（2）电压–时间型智能柱上配电开关。

通过电压检测与延时合闸逻辑配合，就地隔离线路故障并恢复非故障区段的供电，并与主站系统进行数据交互，实现主站对配电线路故障的监视与定位。

（3）分界型智能柱上配电开关。

通过采集线路故障电流及运行状态信息，无须与变电站级差配合，完成对配电线路相间短路、单相接地故障的隔离，避免用户故障波及主干线路造成大面积停电。

2. 智能配电环网箱/室

主干线路采用负荷开关单元柜，实现集中型或电压型 FA。用户分支线路采用分界断路器单元柜完成对相间短路、单相接地故障的就地隔离。

（1）集中型+分界型智能配电环网箱/室。

负荷开关单元柜配套集中型站所终端 DTU，通过采集线路故障电流并与主站系统的数据交互，实现主干线配电网故障的自动隔离及非故障区段的恢复供电。

（2）电压-时间型＋分界型智能配电环网箱/室。

负荷开关单元柜配套电压-时间型站所终端 DTU，通过电压检测与延时合闸逻辑配合，就地隔离线路故障并恢复非故障区段的供电，并与主站系统间的数据交互，实现主站对配电线路故障的监视与定位。

3. 故障指示器

故障指示器终端安装于不具备自动化改造条件的架空或电缆线路，实现对不具备自动化改造条件开关设备负荷区间的就地指示及故障定位。

4. 配变终端

配变终端 TTU 具备数据采集、通信、无功补偿、电网参数分析等功能，完成对配电变压器电压、电流、功率、谐波、不平衡度、电压合格率、变压器损耗等指标的在线监测，与配电主站进行数据交互，实现对配电变压器的最优管控，提高供电质量及设备利用率。

7.5.1.5 保护整定与重合闸配置

通过调研分析：① 架空线路馈线故障相对频繁，其中瞬时性和单相接地故障较多，用户故障不断增加。② 电缆线路馈线故障相对较少，但由于电缆线路不投重合闸所以馈线故障均为永久性故障处置，故障点更多分布在配电站点内和电缆接头处，用户故障也不断增加。

综合考虑配电线路、通信网络和开关设备情况，保护整定及重合闸配置如下：

（1）原则上采用"出线＋分支首端＋分界"三级保护模式，不具备条件的可采用"出线＋分支首端"或"出线＋分界"两级保护模式。

（2）变电站馈线断路器配置三段式过流保护，包括电流速断保护（0s）、限时速断保护（0.4s）、定时过电流保护（0.6s）；分支断路器配置两段式过电流保护，包括限时速断保护（0.2s）、定时过电流保护（0.4s）；分界断路器配置两段式过电流保护，包括电流速断保护（0s）、定时过电流保护（0.2s）；分段开关具备相间故障检测功能。

（3）对于中性点经低电阻接地或经消弧线圈并低电阻接地系统，变电站馈线断路器应配置两段式零序过电流保护，分支断路器、分界断路器应各配置一段零序过电流保护，逐级配合快速就近隔离接地故障；分段开关具备接地故障检测功能。

（4）对于中性点非有效接地系统（包括经消弧线圈接地或不接地），变电站馈线断路器、分支断路器、分界断路器应具备接地故障判别功能，实现接地故障快速就近隔离；分段开关具备接地故障检测功能。

（5）变电站馈线断路器、分支断路器所带线路，电缆占比小于30%且没有中间电缆接头的，投入重合闸。若采用电压-时间型，可投入二次重合闸。

（6）对架空线路分支断路器，投入 0.2s 限时速断保护，投入重合闸；分界断路器投入 0s 速断保护，不投重合闸。环网箱分支线安装分支断路器，投入 0.2s 限时速断保护，不投重合闸；分界断路器投入 0s 速断保护，不投重合闸。

不同接地系统的开关故障处理方式见表 7-9。

表 7-9　　　　　　　　　　　不同接地系统的故障处理

故障性质及故障点		故障处理
单相接地故障	中性点不接地系统用户界内 中性点经消弧线圈接地用户界内	经延时判定为永久性接地后跳闸
	中性点不接地系统用户界外 中性点经消弧线圈接地用户界外	不动作
	中性点经小电阻接地用户界内	先于变电站保护动作跳闸
	中性点经小电阻接地用户界外	不动作
相间短路故障	用户界内	负荷开关：电源侧断路器跳闸停电后分界负荷开关分闸 断路器：与变电站出线断路器等上级开关形成级差配合，先于上级开关跳闸
	用户界外	不动作

7.5.2　智能配电设备

7.5.2.1　架空线路成套设备

架空线路智能配电开关设备包括集中型、就地型和分界型三类，外形见图 7-25 所示。集中型智能配电开关配置了蓄电池后备电源，可以实现故障电流检测及相间短路、单相接地故障的判定，并支持双以太网或 RS-232 通信。就地型智能配电开关配置了超级电容后备电源，支持"来电即合、无压释放"特性，实现电压-时间组合就地故障处理的 FA 功能；分界型智能配电开关配置了超级电容后备电源，具备手动分合闸及电动分闸功能，可以实现故障电流检测及相间短路、单相接地故障判定及隔离。

控制电缆　　电源电缆　　　　　　　控制电缆　　电源电缆　　　　　　控制电缆

(a)　　　　　　　　　　　　　(b)　　　　　　　　　　　(c)

图 7-25　架空线路配套智能配电开关设备外形图

（a）集中型智能配电开关；（b）就地型智能配电开关；（c）分界型智能配电开关

7.5.2.2　电缆线路成套设备

环网箱/室一体化集成站所终端 DTU、通信设备及端子接线室。采用集中型＋分界型环网箱/室、电压-时间型＋分界型环网箱/室两种模式，分界型单元柜配置测量和保护两套电流互感器。集中型应用时，DTU 分别用于集中监测与就地故障电流采样，分界型间隔单元数据汇聚到集中型 DTU 统一上传。

为了方便针对不同区域环网箱/室的组柜差异，按照 DTU 组态原则，通过软硬件功能组态，产品形成多种配置，提供多种不同的应用场景，组态方式如图 7-26 所示。

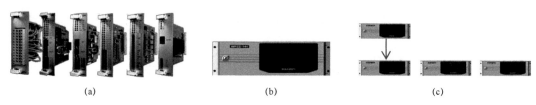

(a)　　　　　　　　　　　(b)　　　　　　　　　　(c)

图 7-26　DTU 组态方式

（a）功能插件；（b）单元组态；（c）多机组态

智能环网箱/室进出线开关配置的站所终端 DTU 完成 10kV 进、出线开关集中监控和故障监测；第二层组态 DTU 配置（DTU+TTU），完成 10kV 进、出线开关和变压器集中监控；第三层组态 DTU+电缆用户分界开关监控终端组成分布式系统，DTU 完成 10kV 进线开关监控，电缆用户分界开关完成 10kV 出线的监控、保护（故障检测和自主隔离），如图 7-27 所示。

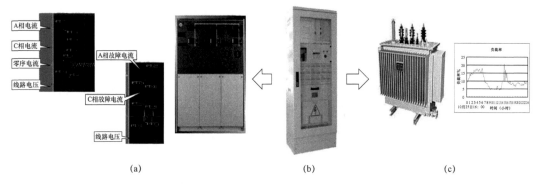

(a)　　　　　　　　　　　(b)　　　　　　　　　　　(c)

图 7-27　站所终端 DTU 应用示意图

（a）环网柜；（b）DTU；（c）配电变压器

7.5.2.3　故障指示器终端

对现场一次设备不具备加装电动操动机构和电压互感器 TV 的架空线路、环网箱、配电室等场所，采用低功耗设计的故障指示器终端，如图 7-28 所示。对配电线路短路或接地故障检测、定位，实现"二遥"数据采集计算，故障定位处理并通过无线 GPRS 通信方式上送故障告警信息，辅助配电主站线路监测和故障定位。

架空故障指示器采用光伏取能，无通信的情况下整机功耗不大于 1W。短距离无线接收距离不大于 20m；短距离无线接收频率 433MHz 或 868MHz。

电缆故障指示器采用 TA 取能方式，无通信的情况下整机功耗不大于 4W；采用超级电容作

图 7-28　故障指示器终端

为后备电源，在装置掉电后可维持故障信息的上传。开关箱/室每单元柜配置相、零序故障指示器和面板故障指示器，最多支持 6 个单元。

7.5.3　应用成效

从 2011 年至 2013 年，山东省 17 地市 98 县实施配电网自动化全覆盖工程，建成了省市县一体化配电网运行监控平台，累计改造 10kV 配电线路 8347 条，接入配电终端 87579 台。通过以 10kV 配电网为重点监控对象，点面结合，自动化全覆盖，达到对配电网的透明化管理，解决配电网"盲调"问题，实现配电网故障自愈、经济优化运行，提高配电网可靠性。以某地市公司为例，用户平均故障停电时间由之前的 12.09min 降至 4.5min，倒闸操作时间由原来的平均 50min 降至 2min 以内，同时电压合格率由原来的 99.84%提升至 99.97%。

通过规模化配电设备应用，实现了以下成效：

（1）以配电自动化主站系统为核心、智能配电设备为感知末梢、通信网络为感知神经，以配电网智能调控和主动配电生产抢修指挥为应用主体，信息交互总线集成相关业务系统及信息系统，构建了贯通省域、市域、县域三级，集运行、监视、控制、管理于一体的智能配电网综合支撑系统，实现对配电网的全景监控和智能化管理。

（2）基于配电线路及设备现状，采取差异化故障分治策略，构建基于配电网目标网架标准接线、融合多种馈线自动化方式的馈线故障智能自愈模式，市县公司依托不同类型智能配电设备的规模化应用，实现线路分支及用户侧的故障识别、定位、隔离与监视。

山东省域配电网的建设持续至今，在充分发挥规模效益的基础上，以提高供电可靠性为目标，持续提升配电自动化实用化水平和配电网故障防御能力。在推进配电线路分段、联络和大分支开关逐步实现自动化标准化配置，推广台区智能终端应用实现低压配电网运行监测和末端数据融合，以实现配电网的全面感知、数据融合和智能应用。

7.6　配电台区的智能化应用

为了不断提升供电服务水平，加速配电网数字化转型发展，解决智能设备日益增多、运维人员不足以及电动汽车充电桩等新动能接入管控能力不足等问题，近两年国内开展了以融合终端为核心的数字化智能配电台区的建设，全面提升配电网主动运维、全寿命周期管理、多元负荷消纳等场景应用，通过营配数据贯通、中低压故障预判、停电事件感知和低压故障定位，提高主动检修、故障抢修工作效率，提升用户的供电质量和用电体验，实现台区运营效率的提升。

本节将介绍湖北某市试点应用融合终端以"台区管家"身份结合低压一二次融合设备，服务当前基层供电所、运维班组，实现对低压配电网有效管理、即时感知，助力电力公司低压配电网的数字化转型。

7.6.1 技术方案

遵循"云、管、边、端"的物联网技术架构,依托融合终端、新型物联网低压智能断路器、智能摄像头、智能感知终端及环境安防等端边设备,通过配电云主站及各类高级应用 App,实现配电台区各类深化应用场景的实用化应用,技术方案如图 7-29 所示。

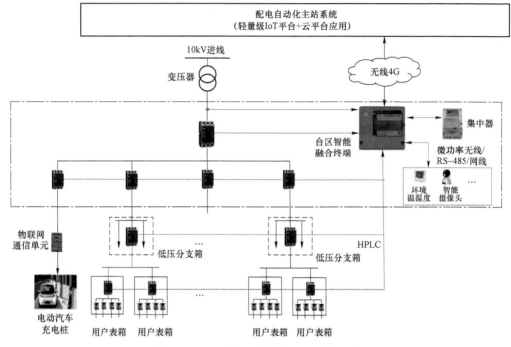

图 7-29　配电台区智能化应用技术方案

配电台区从配电变压器开始,按配变侧(配电变压器、JP 柜)、线路侧(低压分接箱)和用户侧(电能表箱、电动汽车充电桩)进行智能化设计配套。

7.6.1.1　配变侧

配电变压器的进、出线配置电缆接头测温传感器,通过微功率无线方式与融合终端通信。配电台区台架上配置 2 台 AI 型智能摄像头套件,实现跌落式熔断器、变压器运行工况监测。

JP 柜内配置融合终端作为数据汇聚与边缘计算中心,进、出线配置低压智能断路器,内置 HPLC 通信模块,实现电压、电流和开关位置采样;出线断路器具备漏电监测与保护跳闸功能;进、出线断路器均可支持数据分析的拓扑识别功能。JP 柜配置温/湿度传感器,具备环境温度和湿度监测功能,经汇聚单元接入融合终端。

7.6.1.2　线路侧

低压分支箱的进、出线配置低压智能断路器,内置 HPLC 通信模块,实现电压、电流和开关位置采样，支持实现更精准、更精细的台区拓扑模型建立、采样与故障研判。

7.6.1.3　用户侧

用户表箱总进线配置低压智能断路器，内置 HPLC 通信模块，实现电压、电流和开关位置采样；电动汽车充电桩旁配置物联网通信单元，实现电动汽车充电桩与融合终端的互联互通。

保持原有用电采集系统架构不变，为实现营配融合，融合终端通过与 I 型集中器做数据交互，实现对智能电能表信息的读取。传统电表通过加装 HPLC 模块或更换智能电能表，具备停电信息主动上送功能，营配融合方案如图 7-30 所示。

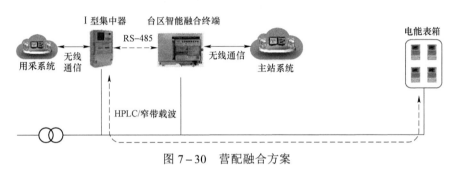

图 7-30　营配融合方案

7.6.1.4　通信组网

通信组网包括远程通信网和本地通信网，远程通信网实现边缘计算节点与云平台的通信，融合终端采用 4G 通信方式接入配电主站系统，通信协议采用 MQTT；本地通信网实现配电台区端侧设备与融合终端的通信，主要包括 HPLC、RS-485、微功率无线等通信方式。

7.6.2　关键技术与设备

配电台区智能化以融合终端为核心，物联网化的低压智能断路器是提升配电台区数字化水平的关键组件，需要具备高可靠性的保护和高精度的全感知。物联网化的低压智能断路器无需额外配置电流互感器、通信模块、拓扑识别模块，采样精度可达 0.2s 级。

基于视觉识别 AI 技术的智能摄像头实现对台架视频窗范围内的视环境异动识别、抓拍和主动上报，包括台架异物附着、关键元件异物遮挡和熔断器跌落。

配电云主站集成了视觉信息管理模块，利用云边协同的视觉融合，无需建设视频通信传输专网和视频云后台，可以实现异常告警与现场异常情况图片展示，如图 7-31 所示。

在配电台区智能化设备和传感器高质量数据的支撑下，面向台区运维管理的功能，如台区拓扑自动识别与主站成图（采用多维数据分析，无电网污染）、台区线损/窃电分析（高精度、实用化）、台区故障原因分析及故障定位、低压设备及线路健康状态分析、台区可视化及异动识别等，开始进入实用化阶段。

  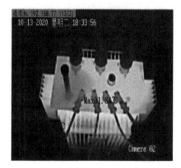

图 7-31 智能摄像头及上传信息的云主站侧视觉应用图

基于配电云主站架构的配电信息管理系统，可以直观展示数字化配电台区应用，如台区拓扑管理、资产档案、故障定位、设备异常等运维、管理专业模块。

7.6.3 高级应用 App 功能

配电台区融合终端与端设备实现数据交互，以高级应用 App 的形式实现数据的分析计算与上送，下面介绍一下监测类 App 和治理类 App 实现的功能。

7.6.3.1 监测类功能

（1）营配就地交互。融合终端通过 HPLC 直接采集智能电能表或通过以太网/RS-485 接口与集中器数据交互，获取智能电能表冻结电量、停复电告警、事件等数据，实现营配就地融合，数据同源采集。

（2）智能开关监测。融合终端与低压智能断路器通信，实时采集开关的分/合状态、剩余电流值、电压、电流、电量、谐波、跳闸事件和告警事件等信息，实现低压线路出线开关状态和跳闸事件采集。

（3）配电台区监测。融合终端通过 RS-485/以太网/无线方式与台区监测主机通信，实现配电台区设备的在线监测，包括环境温/湿度、配电变压器接头温度、柜门开关状态等环境、安防信息实时采集。

（4）电能质量监测。融合终端通过边缘计算分析各类采集数据，上报配电台区重过载情况、谐波畸变率、电压合格率、功率因数、用户过/低电压告警等数据，监测配电台区的电能质量。

（5）低压可靠性分析。分析用户电能表数据，根据用户停复电时间统计用户月/年/总停电时间，计算配电台区停电总时户数和供电可靠率。

7.6.3.2 治理类功能

（1）故障精准研判与主动抢修。基于融合终端本地化计算和处置优势，结合配电台区电气拓扑关系，综合分析融合终端、低压断路器、电能表停复电状态，实现故障精准分析及主动告警，变被动抢修为主动服务，提高故障抢修效率与优质服务水平。融合终端根据配电台区拓扑关系及智能设备停上电状态，能输出上送故障节点，确定故障范围，开关能上送跳闸原因。

（2）视觉识别与告警。基于配电台区融合终端本地化计算和处置优势，打通智能摄像头、融合终端与云平台的数据通道，实现告警信息与图片的传输。如台区配电变压器出线异物附着等影响变压器正常运行的情况，台区熔断器跌落后，系统侧可实现快速告警与图片抓拍。该功能显著提升了异常定位能力，有力支撑主动式抢修。

（3）三相不平衡治理。基于配电台区融合终端边缘计算优势和就地管控能力，实时采集监控各类电能质量优化治理设备相关数据，同时，在应用层分析所有配电台区历史数据和区域特性等数据，优化改进区域电能质量智能调节策略，实现对配电台区三相不平衡、无功、谐波等电能质量问题的快速响应治理，进一步满足用户高质量用电需求。

（4）电动汽车有序充电。融合终端能输入充电申请、充电计划、配电台区负荷控制策略，输出充电计划执行通知、充电执行状态、充电桩服务状态。依托台区智能终端对电动汽车充电桩的综合接入管控，实现用户充电情况的实时掌控及精准预测。同时，结合配电台区负载运行历史曲线数据及未来趋势分析，动态拟合配电台区所属区域的最优化充电曲线。结合分时电价、用户申请充电模式和预测负荷曲线，提供多种优化充电策略，引导用户有序充电，实现充电效益最大化和电网削峰填谷要求，并为后续充电桩布点优化提供支撑。

（5）台区拓扑自动识别与成图。基于低压智能断路器高精度、同步对时数据定时分析，就地生成以智能断路器为节点台区拓扑模型，并由主站系统自动生成拓扑图，支持基于边缘分析结果展示。

第8章
智能配电设备发展展望

以碳达峰、碳中和为目标的能源革命进一步推动了智能电网的发展，电力网、互联网、物联网相互融合构成了新一轮能源革命基础平台，而配电网正逐渐成为电力系统的核心。

配电网不仅承担着能源生产、转换、消费的关键环节，还将成为可再生能源消纳的支撑平台、多元海量信息集成的数据平台、多方市场主体的交易平台等。建设安全可靠、经济高效、灵活先进、绿色低碳、环境友好的数字化配电网是智能配电网的发展目标。

数字化配电网对配电设备提出了更高的要求，高可靠性、小型化、数字化、标准化、绿色环保、少（免）维护是智能配电设备基础发展方向，数字化赋能的智能配电设备将进一步支撑着配电网实现运行智能化、状态直观化、管理在线化、台账准确化、运维精益化和检修敏捷化。

本章将介绍国内外配电设备技术发展思路和一些国外智能配电设备，特别介绍在配电网形态变化、业务功能提升要求下新技术推动智能配电设备的发展和应用。

8.1 国内外配电设备发展及智能化

8.1.1 国内外配电设备的发展

从技术发展的角度看，配电一次设备主要研究满足环保要求的绝缘技术、配电开关开断能力的提升技术、植入式传感的数字化技术，配电终端向着广域信息、自适应、可逻辑重组、支持动态在线整定、人工智能、边缘计算技术、物联网化等方向发展，配电一次设备与配电终端集成，各类保护、控制、监测技术与配电一次设备相互渗透，融合发展为一体化、数字化的智能配电设备，基于物联网架构的智能配电设备将进一步提升配电设备的数字化水平。

8.1.1.1 绝缘技术向环保方向发展

绝缘方式是深刻影响配电设备性能、可靠性和尺寸的重要因素，中压配电设备绝缘方式需要在提高配电设备性能、可靠性、小型化和安全性基础上，特别考虑双碳经济下如何提升材料利用率、保护环境、防止地球温室效应等社会需求。因此，研究的重点是以环保为基础的各类绝缘技术的提升。

1. 空气绝缘

主绝缘材料是大气压下的空气，具有环保、经济性好、简单等优点。目前，技术研究是通过对空气绝缘主回路覆被绝缘、设计绝缘罩、绝缘隔板等方式实现小型化。

2. 气体绝缘

SF_6 气体因其具有优良的绝缘、开断性能且不燃、无腐蚀性、导热率高、价格低廉等特点，在中压配电开关设备中一直占据着主导地位。然而，SF_6 气体是温室效应最强的气体，具有非常稳定的化学性质，对环境气候危害大。

全球大气实验网组织（Advanced Global Atmospheric Gases Experiment，AGAGE）是全球合作在臭氧层损耗物（ozone depleting substance，ODS）和含氟温室气体观测技术上最先进、最系统、贡献最大的国际观测网络平台组织。AGAGE 发布的近二十年大气中 SF_6 含量变化趋势如图 8−1 所示，持续采样了南纬、北纬不同监测点位置如陆地最西北端的澳大利亚格津角 Cape Grim（41°S）、美国萨摩亚天文台 Cape Matatula（14°S）、Mace Head 大气监测站（53°N）、阿尔卑斯山少女峰 Jungfraujoch（47°N）等温室气体含量的监测数据。报告显示从 1973—2018 年的 46 年间，大气中的 SF_6 含量增加了一个数量级。

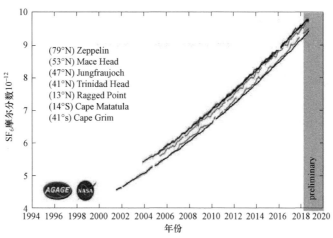

图 8−1　大气中 SF_6 含量变化趋势

据统计，全球每年生产的 SF_6 气体约有 80%被应用于电力设备。因此，在电力系统中减少、限制甚至禁止使用 SF_6 气体是电网设备发展的必然趋势，寻求环境友好、性能优良的 SF_6 气体替代技术是该领域的一个重要研究方向。

（1）以 SF_6 气体为基础的混合气体绝缘。

以 SF_6 气体为基础的混合气体在高电压等级配电设备中发挥着良好的作用。然而，中压配电设备在环保气体绝缘及固体绝缘技术上发展很快，双碳经济下对环保提出更严格的要求，这些都促使以 SF_6 气体为基础的混合气体绝缘方式正逐步从中压配电设备的主流绝缘技术中退出。

（2）干燥空气绝缘。

干燥空气在环保上有显著的优点，但因其绝缘强度只有 SF_6 气体的 1/3，因此，要达到与 SF_6 气体绝缘开关设备相当的成本、体积和性能，需要采取有效措施提高绝缘水平。

目前研究包括：① 提高充气压力，存在的问题是因需要改变密封结构，会导致设备成本增加、密封要求提升；② 采用导体覆被绝缘、间隙壁障绝缘等技术；③ 优化电场结构等。此外，研究方向还包括采用干燥气体与固体绝缘结合的复合绝缘等技术来提高绝缘强度。

随着技术和制造水平的不断提升，干燥空气绝缘技术将会成为代替 SF_6 气体的一种绝缘方案。

（3）SF_6 替代气体（干燥空气以外）。

SF_6 替代气体的研究始于 20 世纪 70 年代，目前备选替代气体有 CO_2、N_2、CF_3I、C_5F_1 或 C_4F_7N 混合气体等。随着环保问题越来越被重视，国内外都展开了相关技术的研究和产业化设计应用。早期主要针对 SF_6 与一些常规气体的混合气体进行研究，近年来则侧重于一些绝缘性能优于 SF_6、全球变暖潜能值 GWP 较低气体的探索和研究。

研究结果表明，根据气体的理化、电气性能，各气体作为绝缘介质应用有以下优缺点：

1）CO_2、N_2 和干燥空气属自然界常规气体，成本低、无环境影响，但这些气体的绝缘性能远低于 SF_6 气体，因此在中压电力设备中应用时需要采用提高充气压力、优化电场分布、采用气固复合绝缘等技术来缩小体积。

2）全氟酮气体（如 $C_5F_{10}O$、$C_6F_{12}O$）绝缘性能为 SF_6 气体的两倍以上，且无温室效应，但其液化温度非常高，仅能与液化温度低的缓冲气体混合在户内条件下使用。

3）C_4F_7N 气体的绝缘性能为 SF_6 气体的两倍以上，液化温度较高，但低于全氟酮气体，与液化温度低的缓冲气体混合后可应用于户外的一般场景，但其 GWP 高于全氟酮气体。

4）CF_3I 气体绝缘性能略高于 SF_6 气体，无温室效应问题，但 CF_3I 气体在大气压下沸点为 $-22.5℃$，在低温、高压下使用会发生液化，且成本较高，无法单独使用。该气体与液化温度低的缓冲气体混合后可应用于户外的一般场景，但会导致绝缘性能下降。此外，CF_3I 中的碘与结构金属反应性的研究尚处于研究阶段，还未达到实用化。

5）$C-C_4F_8$ 气体绝缘性能略高于 SF_6 气体，但其液化温度较高，无法单独使用，与液化温度低的缓冲气体混合后可应用于户外的一般场景，但混合气体的绝缘性能明显下降，且其 GWP 较高。

近年来，SF_6 替代气体的研究取得了一些积极进展。GE 公司从 3M 公司制冷剂目录中筛选出了 C_4F_7N 气体，并将其与 CO_2 混合使用在电力设备中；ABB 公司提出了使用 $C_5F_{10}O$ 为电负性成分的混合气体作为 SF_6 替代物等。2018 年有报道国内研究设计了采用 C_4F_7N 混合气体作为绝缘介质的中压电力设备，并在云南试点应用。

总体来说，替代气体在开关设备中应用，需要掌握其各种条件下的不同特性，确立新设计基准，同时需要研发相应的气体密度、组分、泄漏等检测技术与装置。

3. 液体（油）绝缘

液体（油）绝缘主要是指采用矿物油作为主绝缘材料的绝缘方式，是配电变压器的主绝缘方式。配电开关曾尝试将开关模块的真空断路器、隔离开关、接地开关紧凑密封，绝缘介质采用矿物油的方式，但随后被充气开关设备所替代。

为提高设备的环保性和安全性，防止土壤污染，目前技术研究开始尝试采用植物油（环保性能与分解性能优越，如菜油）、阻燃性硅油作为变压器绝缘介质。

4. 固体绝缘

20 世纪 70 年代，固体绝缘技术应用于配电变电站开关设备，但由于主回路采用环氧树脂或硅橡胶浇注，致使主回路结构不灵活、制造成本增加，因此没有扩大使用。近些年，配电设备开断单元固定化、回路结构模块化，加之高回收性浇注技术的应用，降低了固体绝缘产品的成本。因此，固体绝缘产品随着技术的逐步成熟，有着广阔的应用前景。

固体绝缘材料改善是提升固体绝缘开关设备性能的重要手段，可以通过控制固体绝缘件周围及内部电场，提高其绝缘性能。传统技术有电极、电场优化和绝缘件形状优化等方法。

近年来，采用纳米复合绝缘材料及梯度功能材料（functionally graded material，FGM）在电力设备中应用的研究取得了较大的进展。

（1）纳米复合材料。

通过固体绝缘材料的特性优化可以提高其绝缘性能，传统的特性优化技术是添加微小尺寸粒子，但由于浇注作业需要低黏度材料，对填充量有上限要求，所以材料特性提高有限。

纳米复合材料是在有机聚合物中添加纳米尺寸颗粒（无机填料）的材料，从而使材料特性有着跨越性的提升。据报道，采用纳米复合材料，局部放电特性提升效果尤其显著，绝缘性能得到大幅改善。

采用纳米复合材料环氧树脂制造的绝缘子，其介电常数略有减小，绝缘击穿强度和耐局部放电特性增强。如果对影响材料特性的各种因素进行控制，根据设备需求的位置使用特定特性的绝缘材料，可进一步实现配电设备的小型化。此外，纳米复合材料中添加氧化硅和橡胶颗粒，可进一步提高材料的机械强度、耐漏电起痕性和绝缘击穿强度。

目前，采用纳米复合材料的绝缘套管等已有现场应用和验证，但纳米复合材料的大范围实用化研究仍然是下一步的主要研究课题。

（2）梯度功能材料。

为提高简单形状电极、绝缘件的绝缘性能，有研究在固体绝缘材料中采用梯度功能材料（其介电常数呈空间梯度分布）方案。梯度功能材料是通过改变材料内部组成，使其热传导率、介电常数、弹性率等材料常数呈空间性变化的功能材料之一。通过改变固体绝缘件内部的介电常数等电气特性，可以优化简单形状电极、绝缘材料的电场分布。

5. 真空绝缘

真空作为灭弧介质在断路器、负荷开关中得到广泛应用，真空的绝缘强度是 SF_6 气体的 3 倍以上,因此,近年来国外如日本推出了将真空绝缘使用扩大到主绝缘的 12/24kV C-VIS 产品,在环氧树脂浇注的真空容器内设置断路器、隔离开关,开发出了高度小型化的开关设备。

8.1.1.2 开断技术向真空方向发展

20 世纪 70 年代初,中压开关经历了无油化的浪潮,到 70 年代末,多油、少油和磁吹开关趋于淘汰。无油开关的两大类型（SF_6 开关和真空开关）获得了较大的发展。此后,在 90 年代后的十几年里,由于真空技术的环保特点及成本的降低,真空断路器以明显的优势逐步走入到中压领域。

中压真空开关在日本、美国、英国、俄罗斯及我国得到了良好的发展。日本东芝、日立、三菱、富士、明电舍等公司均大力发展真空断路器,德国西门子和 ABB 公司也积极发展真空灭弧室技术。国外制造公司陆续完成从 SF_6 到真空的转型,1988 年,瑞士 ASEA 公司与瑞士 BBC 公司合并,成立了 ABB 公司。原 BBC 公司单一生产中压 SF_6 断路器,在合作成立 ABB 公司后,接收了 Calor Emag 公司,专门从事真空断路器生产,使 ABB 公司的真空断路器产量超过 SF_6 断路器的产量,并以 VD4 型真空断路器闻名于世,随后又开发出 VM1 型配永磁机构的真空断路器。Alstom 公司原单一生产 SF_6 断路器,自从成立了 Alstom Sachsen Werk GmbH 公司,专门生产如 HVX 型真空断路器。Schneider 公司收购了 MG 公司后,不仅发展了 MG 公司的 SF_6 断路器技术,同时开发了真空断路器。荷兰 KEMA 试验站是世界上公认的中立权威试验站,该试验站近年数据显示,12kV 真空断路器占据了市场的主导地位。

TAVRIDA 电气公司于 1974 年首创配永磁机构的真空断路器模型,1989 年配永磁机构的免维护真空断路器投放市场,1993 年配永磁机构的真空断路器在荷兰 KEMA 试验站通过了型式试验,1994 年配永磁机构的 ISM 型真空断路器获得俄罗斯专利。自此以后,ABB、Josly、Cooper、Whipp & Bourn 等公司均开发出配永磁机构的户内或户外真空断路器。

真空开关的快速发展,得益于:① 真空灭弧室技术的进步;② 操动机构技术的进步。

真空灭弧室是真空断路器的心脏。真空灭弧室研究表现在:① 触头材料技术,如触头材料从 CuBi 转变成 CuCr,提高了开断能力,降低了截流值;② 熄弧方式,如磁场从横磁场转向纵磁场,提高了开断能力,减少了触头的烧损;③ 工艺能力,如一次排封工艺的采用,大大提高了灭弧室性能及可靠性。

操动机构是真空断路器的神经中枢,从电磁机构到弹簧操动机构及永磁操动机构。采用弹簧操动机构存在结构复杂、零件数多（多达 200 个）、加工精度要求高且弹簧操动机构的出力特性与真空断路器的负载特性不相匹配等问题,要在凸轮轮廓曲线和连杆结构上进行合理设计。永磁操动机构的几大特点:① 机械结构简单,零部件少,运动部件可以减少至一个,机械可靠性高;② 出力特性与真空断路器的负载特性可以很好地匹配;③ 永磁操动机构适合频繁操作（如可达 6 万~15 万次）,较好地匹配和真空断路器的特性要求,一直是技术提升的热点。

此后，建立在现代传感技术和数字化控制技术基础上的真空断路器向着智能化能力提升的方向发展。

8.1.1.3　配电设备一二次融合的提升

智能配电设备应用发展的初期，配电一次设备、配电终端和电压互感器相对独立，通过电缆连接进行简单的集成。配电设备一二次融合理念的提出，智能配电设备的融合和成套化开始将电压/电流互感器或传感器二次设备的功能融合到开关本体一次设备中，即开始考虑如何利用先进的传感技术便利、高效、高精度地完成主要电气量采样。

双碳经济下对数字化配电网提出了更高的技术需求，各类研究围绕着智能配电设备的一二次深度融合展开。即基于电气技术、绝缘技术、电力电子技术以及新材料新工艺带来的革新，充分利用现代传感量测、通信、计算机、物联网等先进技术，通过多技术融合，最大限度地提升配电设备的运行状态、控制状态、负荷状态等综合感知，实现智能配电设备的数字化、标准化、模块化、小型化、芯片化，具备全绝缘、高防护、热插拔、带电更换、易维护等安全高效的应用特征。

（1）智能配电开关箱体和机构工艺技术提升。

智能化应用对智能配电设备电气性能、动作特性、密封性能、运行寿命等多方面提出更高的要求，智能配电开关进行了一系列本体结构优化的研究。

研究的内容有：① 采用开关场强优化设计技术，提升开关内部内置各类传感器件的电场和热场优化设计；② 采用合金铝材整体铸造工艺一次成型，通过解决密封问题避免箱体内部机构和传动部件凝露、锈蚀导致的开关拒动；③ 采用新材料、新工艺，优化操动机构的出力特性、改善内部传动系统，提升配电开关的合分速度，满足馈线自动化需求；④ 采用新型固体绝缘技术提升固封极柱的绝缘性能和机械性能，如研究户外环氧树脂材料配比及 APG 工艺，解决流体浇注固封存在的内应力、隐裂纹等问题。

（2）传感技术融合化。

智能配电设备的感知能力是实现配电网数字化、透明化的基础能力，技术的快速发展推动了我国智能传感领域在新材料、磁阻芯片、微型传感器集成技术等方面的进步，因此，在配电设备内植入或配套各类传感器件、利用传感器件获取小微能量等，成为配电设备数字化提升的重要手段。

高精度宽范围的传感技术使智能配电设备采用电压/电流传感器取代电压/电流互感器步伐加快，从材料、工艺、参数匹配及小型化多方面设计，使得电子式电压传感器精度高、传变特性好、频率响应范围宽，电子式电流传感器线性度好、兼顾测量/保护/计量需求、性能稳定。研究主要围绕着这几个方面：① 研究电子式传感器植入开关设备涉及的局部放电、电场干扰、电磁干扰以及超低温误差等方面的问题，以保证智能配电设备的传感器在 $-40℃ \sim +70℃$ 范围内满足 0.5 级精度要求；② 研究固体绝缘技术采用 APG 工艺将主回路和传感器一体化浇注时，如何保证融合后开关设备的绝缘强度问题；③ 研究电子式传感器提供小微能量技术，优化智能配电设备供电系统问题等。

最新研究的微型智能传感器是在保证传感数据测量精度和采样灵敏度的基础上，集成了微处理功能，兼有信息检测、处理、记忆与逻辑判断功能，利用芯片技术、微电子技术实现了小型化、微型化。一定量的微型智能传感器以自组织和多跳方式构成无线网络，协作采集、处理和传输网络覆盖地域内感知对象的监测信息。

微型智能传感器设计目标包含：① 微型化，高度集成，厘米级尺寸；② 低功耗自取能，微瓦级功率，无源供能；③ 高可靠高精度，抗干扰能力强，采样精度 0.5 级、0.1 级；④ 安装便利，包括卡扣、抱箍环、粘贴式设计等；⑤ 具有自组网能力，满足无线传输的双向通信功能等。

基于上述目标设计的微型智能电流传感器、电压传感器可以方便地植入或安装在配电设备上。为了满足多维度采样需求，基于巨磁阻芯片的电流测量和非接触电压测量原理，设计有集成电压、电流、频率、功角等电气量测量和对时功能的五合一智能电气量集成传感器。集成了导线温度、振动、舞动、环境温/湿度、气压、海拔、可见光图像、红外图像等物理量非电量的集成传感器，已开始用于输电线路实时全景监测，未来可以优化满足配电线路全景监测应用。

（3）小信号传输与处理技术。

一二次融合智能配电设备采用电子式传感器，具有测量精度高、动态范围大、频率响应范围宽、安全性高等优点。电子式传感器的二次输出均为小信号，相电压额定值为1.876V，相电流额定值为1A，零序电压额定值为6.5V，零序电流额定值为0.2A，且其幅频特性、相频特性需满足计量级要求。以上模拟量小信号从一次开关至配电终端的传输距离达 8m 以上，易受电缆特征、电场、磁场、屏蔽及接地方式的影响。因此，小信号传输需具备良好的 EMC 性能；配电终端在小信号接收处理过程中，需在阻抗匹配、屏蔽隔离、信号调理、接地方式等环节进行合理设计。

研究的内容有：① 开关侧在复杂电磁环境中的小信号输出，如何防止感应电压干扰的影响；② 信号传输线缆采用双绞线单信号独立屏蔽，最优化信号间串扰、共模干扰的影响；③ 终端侧计量级小信号接收，具备高精度还原及优良抗干扰性能；④ 模拟量小信号的数字化传输方式研究。

（4）故障研判和线损管理技术。

一二次融合技术下的智能配电设备强化了就地化功能，包括就地型馈线自动化技术能力的多样化、单相接地故障处理能力的提升、断线故障处理、配置线损模块支撑线损管理等。

研究的内容有：① 以一条线路的智能配电设备为基础，研究分析选线、分段、联络、分界位置下的故障量特征，满足不同馈线自动化方案的实用化；② 利用故障的本质是线路元件参数变化的特性，通过识别健全线路参数变化，进行单相接地故障的判别，实现包括金属性接地、弧光接地、非金属接地等接地故障选线选段处理；③ 研究智能配电设备电源侧、负荷侧发生单相、多相断线故障时的故障特征及其精确定位技术；④ 线损模块研究小型化、不同类型智能配电设备集成的兼容性、与智能配电设备一体化设计等应用需求。

8.1.1.4　配电设备智能化向信息全面感知物联化方向发展

我国近年来在配电设备智能化方向有着突飞猛进的发展，充分展现了信息时代智能配电设备全面感知物联化的技术体系。

配电物联网作为近年提出并逐渐发展起来的新技术方向，是传统工业技术与物联网信息技术深度融合产生的一种新型电力网络形态；配电物联网具有基于软件定义、分布式智能协作、设备灵敏准确感知、互联互通互操作四大特征，配电物联网的"云—管—边—端"体系架构对配电网及配电自动化系统产生了深远的影响。

配电领域物联网化技术应用体系如图 8-2 所示，广泛部署并应用物联网化智能配电设备与物联感知终端，通过与物联网化云主站系统协同应用，实现配电设备的互通互联，实现配电网状态全面感知，支撑配电网精益化运维管控水平。

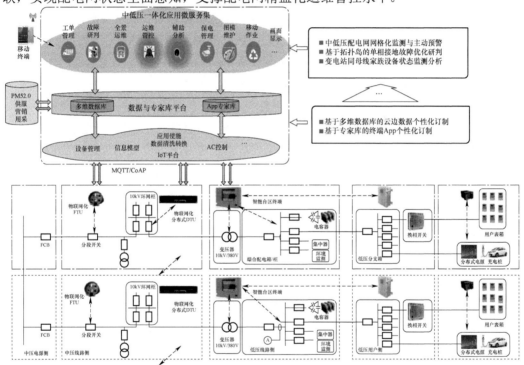

图 8-2　配电领域物联网化技术应用体系

在中压电源侧、中压线路侧、台区电源侧、低压线路侧、低压用户侧、充电桩、分布式能源等关键节点布局智能配电设备，可充分应用设备的智能识别和感知能力，对中低压配电网的运行工况、设备状态、环境情况等信息实现一体化全面采集。应用配用电统一模型、物联网通用标准协议，实现各类感知终端互联互通互操作，通过线路拓扑、电源相位、户变关系的自动识别支持"站—线—变—户"关系自动适配，推动跨专业数据同源采集，实现中低压配电网一体化状态全感知、信息全融合、业务全管控。

物联网化的配电终端遵循"硬件平台化、软件 App 化"原则，采用分布式边缘计算架构，基于通用硬件资源平台，通过 App 以软件定义方式实现业务功能，以虚拟化容器技术实现应用与驱动、容器与容器之间的安全，支持业务快速部署及便捷扩展，支撑中低压配电网一体化信息采集、本地分析、本地决断、快速响应。

通信技术及边缘计算技术赋能智能配电设备，实现感知信息从物理量到数字量的稳定、可靠转换，采用具备即插即用状态感知和执行控制的配电终端，可以实现统一接入、统一物联、电气量全监测、状态量全感知、储能及用能的有序调控。

配电物联网云主站系统通过规模化智能配电设备成套装置与物联感知终端接入应用，构建多维数据库，提供海量电气监测、状态感知、新能源监测等基础数据支撑。

未来，基于智能配电设备物联网化终端的 App 专家库、设备缺陷专家库、设备评估专家库等系列专家库，可以实现通过数据挖掘、AI 智能分析，透过数据关系，主动归纳电网运行规律，自动生成策略算法和计算决策值。

在智能配电设备规模化应用下，可以实现故障快速处置与精准主动抢修，构建基于云边协同的"事前、事中、事后"的配网全域故障主动防御系统；实现对配电设备状态评价与设备主动运维，自动生成处置策略，组织针对性主动运维检修；针对用户在中、低压配电网新能源接入的需求，实现新能源灵活消纳与运行控制，实现电动汽车有序充电管理和电动汽车充电桩布点优化管控。

物联网技术应用为海量、规模化智能配电设备成套装置与物联感知终端提供了高效、便捷的接入、维护技术手段；云计算、大数据、微服务技术应用为配电主站系统提供了开放、共享的弹性扩展、数据挖掘技术手段；云边协同深度应用为运用物联网技术和理念建设未来配电网形态指明了方向，为打造世界一流城市配电网、构建综合能源数据中心、推动智慧城市建设、实现用能清洁与用能智慧提供基础数据、技术支撑手段。

8.1.2 国外配电设备及其智能化

国外配电设备企业更注重一次设备的基础技术提升，如配电开关设备，在其开断能力、绝缘技术、操动机构以及产品结构、运行场景实用化、免维护化等方面展开研究，并逐步融入信息采集处理功能。在此，我们选择了在国内电力公司有选用的施耐德、ABB 一些配电设备产品概要介绍。

8.1.2.1 施耐德电气中压产品及其智能化

1. 预装式变电站

施耐德中压/低压预装式变电站 Powerhouse 如图 8-3（a）所示，组合各种中压开关柜、电力/配电变压器、低压开关柜、中低压变频器柜、功率因数补偿柜、滤波器柜、继电保护屏、控制屏、UPS、直流电源装置、PLC 等功能柜。按照预装式变电站标准工程设计并灵活组合设备，可根据自动化需求配备相应的监控。

2. 中压充气柜

施耐德 GM AirSeT™ 环保气体绝缘开关柜如图 8-3（b）所示，真空灭弧，采用干燥空气代替 SF_6 气体零表压绝缘，设计考虑了即使气体泄漏到标准大气压，仍可保证设备较低风险运行。柜型涵盖了断路器柜、母线联络柜、计量柜、TV 柜等，可配备各类综合保护装置，满足了配电自动化需求。

3. 重合器/分段器

施耐德 U 系列柱上自动重合器如图 8-3（d）所示，采用真空灭弧技术、固体绝缘、双稳态永磁操动机构驱动，开关本体浇注了三相电流互感器及电容式电压测量传感器，配套有控制器（ADVC）通过控制电缆连接重合器底部的控制电缆输入模块（SCEM），SCEM 模块采用非易失性存储器（electrically erasable programmable read only memory，EEPROM）存储全部与重合器相关的检测校准数据、额定参数和操作次数，并实现初级电气隔离。控制器综合了继电保护、控制计量、远程通信等功能，实现"三遥"，满足配电自动化需求。

施耐德 RL 系列柱上负荷开关/自动分段器如图 8-3（e）所示，采用真空灭弧、SF_6 气体绝缘、弹簧操动机构。电流互感器套装在开关 3 个出线套管，采集电流信号，测量范围为 10~16 000A，用于测量和故障检测。电容式电压互感器安装在开关两侧 6 个出线套管中，测量每个套管与地电位之间的电压。

4. 配电终端

施耐德分散式 Easergy T300 配电终端如图 8-3（c）所示，是施耐德新一代配电自动化基准产品，用于环网箱/室、配电室等，不仅可以实现线路故障检测、环网自愈重构、快速恢复送电，还考虑了新能源接入后双向电源和间歇性电源的管理。主要功能单元包括：① 一个管理单元 HU250（主模块），负责与 SCADA 系统通信并管理功能模块；② 若干功能模块 SC150 和 LV150（子模块），分布式安装于各环网单元柜功能间隔，SC150 完成开关远程控制和监视，LV150 完成变压器和低压进线和负荷的监视；③ 电源管理模块 PS50。子模块可集成温度、局部放电等在线状态监测功能，实现设备故障预警。

采用分散式 DTU 方式以避免集中 DTU 接线对应错误，当环网柜扩展间隔或功能改变时，架构可灵活扩展。在现有的通信网络上，采用对等通信技术，构建环网自愈 SHG 通信体系。其核心自愈算法在全球多个项目中使用，可以应对不同的网架结构（多环/多分支），适用于多种环网柜型（参数可调），具有较高的容错性。

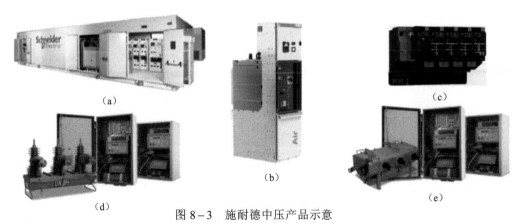

图 8-3　施耐德中压产品示意

（a）中压/低压预装式变电站 Powerhouse；（b）GM AirSeT™ 环保气体绝缘开关柜；（c）配电终端 Easergy T300；

（d）U 系列柱上自动重合器；（e）RL 系列柱上负荷开关/自动分段器

5. 数字化移动运维系统

施耐德 EcoStructure Mobility 数字化移动运维系统的系统架构是采用在控制区域内布置 NFC 智能标签，移动终端与移动运维服务器通过无线网络通信，通过配电主站系统进行资产运维管理。主要功能包括：故障报警＋定位导航、站内设备监视与控制、站内设备状态参数可视化、站内环境监测、配电系统状态性能可视化等，最终实现用户可视化管理，并对运维实施记录可查。

8.1.2.2 ABB 中压产品及其智能化

1. 环保气体绝缘环网柜/开关柜

SafeRing/SafePlus Air 系列 ABB 公司环保型气体绝缘环网柜如图 8-4（a）所示，采用干燥空气绝缘。多个功能单元可密封在同一个气室内，结构紧凑，现场安装工作量少，具有较好的环境适应性。Safe 系列环网柜可融合多种数字化应用，通过对环网柜电缆搭接处的温度实时监测，基于环境的有效判断提供预警；绝缘气体状态指示并上送压力状态，实现气体密度、压力和泄漏率的在线监测；机械特性监视以识别设备早期故障，覆盖大部分年检参数，直接量化健康状态，精准感知环网柜的状态，满足智能电网的需求。

ABB ZX0 Air 系列环保型中压气体绝缘开关设备如图 8-4（b）所示，采用干燥空气替代传统 SF_6 作为绝缘介质，保持了 GIS 产品在体积紧凑、安全及可靠性方面的优势。基于单母线设计，额定电流可达 1250A，柜型涵盖了多种常用的方案，包括进出馈线柜、母线联络柜及电缆连接单元柜等。

ABB ZX2 AirPlus 系列是基于现有的 ZX2 产品系列而设计，如图 8-4（c）所示，在安全、可靠和相同尺寸的前提下，为用户提供一种绿色环保选择。AirPlus 气体的 GWP 小于 1，相比 SF_6 气体，降幅超过 99.99%。在不增加充气压力、不添加固体绝缘并保持和现有 ZX2 相同的尺寸条件下满足环保要求，ZX2 开关柜特别适用于对供电可靠性要求高的场合。

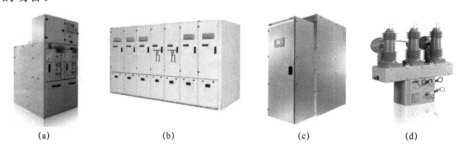

(a)   (b)   (c)   (d)

图 8-4　ABB 配电开关设备

（a）SafeRing/SafePlus Air；（b）ZX0 Air；（c）ZX2 AirPlus；（d）PVB 柱上真空断路器

2. 户外真空断路器

PVB 柱上真空断路器是 ABB 真空断路器系列中的柱上开关设备，如图 8-4（d）所示。采用 ABB 真空灭弧室，外绝缘采用柱状憎水性环氧树脂进行固封浇注，垂直安装在机构箱体上。机构采用弹簧操动机构，满足配网自动化操作。通过外置穿心式电流传感器，提供电流保护信号，具有在额定故障电流下不饱和的特点，满足不同线路负荷的精度要求。

控制箱可实现防误跳延时、过流延时、速断保护等功能。采用配电终端，可实现过流保护、方向性或无方向性能单相接地保护、自动重合闸、电压保护、测量功能（三相电流、三相电压、电流相序分量、零序电流、零序电压）、故障录波等。

3. VD4 真空断路器智能化

为了满足智能化需求，ABB 公司在其传统的 VD4 真空断路器上进行了智能化升级改造，主要有温度监测和机械特性监测。

（1）温度监测。

国内大多采用外置测温，这会影响断路器绝缘和局部放电，而 ABB 采用 iVD4 智能触臂结构如图 8-5 所示。内嵌式安装，智能组件与触笔一体化设计，不影响外观和外形尺寸，不影响温升、不破坏绝缘，检修维护方便，测量精度高，最高工作温度达 125℃。

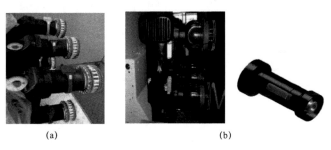

（a）　　　　　　　　　　　　（b）

图 8-5　常规测温方案和 ABB 内嵌式智能触臂

（a）外置测温；（b）内嵌式智能触臂

（2）机械特性监测。

智能传感器集成在断路器内，实时获取断路器的机械状态数据，对采集数据进行分析计算，进而实现对断路器的检测及诊断。可以检测断路器的合/分闸时间、合/分闸速度、合闸过冲、分闸反弹、运动行程、触头开距、触头超程。从状态曲线中提取特征波形，通过数学模型实时计算，可识别设备早期故障。

4. 配电终端及智能配电控制系统

ABB 公司设计了 RTU560 系列配电终端，用以接入多种智能设备。其 Ability™ EDCS 智能配电控制系统，将电气产品与数字化模块、云计算和软件相结合，可随时随地掌握配电系统的运行状况、能耗参数和关键部位温升等信息，并追踪配电设备的全生命周期曲线，按需提供运维建议，协助客户挖掘能耗优化及智能运维的价值，使配电系统管理变得更加智能、灵活、可靠和高效。

8.1.2.3　智能配电变压器

1. ABB 智能配电变压器

在 2018 年中东电力展（Middle East Electricity，MEE）上，ABB 公司推出了全球首

台数字化配电变压器 ABB 公司 Ability^{TM} TXpert^{TM} 并在同年汉诺威工业博览会再次亮相。

在 ABB 公司电力变压器智能化解决方案中，变压器拥有一个数字化中枢，可接入模块化平台上的不同智能设备，实现即插即用，方便用户实现产品数字化应用。最具特色的是推出了 ABB 公司 Ability^{TM} TXplore^{TM} 机器人服务解决方案，机器人可以潜入液浸式变压器内部进行快速、安全和低成本检测，检测状态实时远程分享，以提高大型液浸式变压器运维效率，降低人力风险、减少停机时间、合理控制检测成本。

ABB 公司新型的 TXpert 配电变压器系统集成了传感和监控技术，基于云计算，从传感器采集的性能数据被存储在变压器管理系统中，实现对变压器远程监控和关键参数的实时分析。智能配电变压器通过互联设备与 ABB 公司 Ability^{TM} 数字化平台实现智能化应用，为用户生成可操作的数据，提升配电变压器的效率、延长设备的生命周期，通过防护措施减缓停电时间，最大限度地提高了电网运行稳定性和可靠性、优化运营方式、降低维护成本，从而更有效地进行资产管理。

2. 施耐德公司智能干式变压器

施耐德公司 Smart Trihal 智能干式变压器如图 8-6 所示，采用无线（无源）技术，进行全方位实时温度在线监测，涵盖绕组/铁心、接线端子等关键部位，采用数字化标签/电子身份证，实现设备可追溯管理和移动运维。

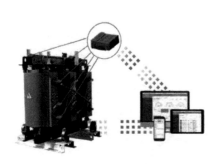

图 8-6 Smart Trihal 智能干式变压器

该智能变压器可实现：① 主动式运维。通对过变压器关键点温度、环境温/湿度等状态实时监测，实现设备参数的可视化监视。通过远程实时巡检、对异常预警快速响应，摆脱了传统人工巡检的粗放被动式运维模式，实现主动+移动运维，提升运维效率和准确率。② 精细化管理。提供全面且随时可调取查阅的电子台账，实现设备的全生命周期资产管理。通过完整、相互关联、可实时获取的资产信息，科学评估设备健康水平，激发资产高潜能，实现精确高效的资产管理。③ 提供未来增值可能。通过对电网拓扑结构的梳理、负载状态和电能质量的实时监测，实时提供经济运行建议和指导、对三相不平衡问题提供科学的调整建议，助力双碳经济下能源优化利用，提升能效管理水平。

8.2 配电网形态变化下的配电设备

随着国民经济的飞速发展，各行各业的用电量保持着迅猛的增长速度，然而负荷增长和输电走廊的矛盾、高新技术产业发展对电能质量要求的提高、可再生能源发展带来的分布式电源广泛接入、用户多种负荷需求，对供电经济性和可靠性提出了更高的挑战。与此同时，双碳经济下新型用电设备，如电动汽车充电桩等对直流电能需求的增加，使电网的运行方式更为复杂；风光等新能源发电并网导致电网结构的扩建，新能源电源的间歇性和波动性也给传统交流电网的稳定性带来了巨大的挑战。在这种背景下，直流配电网由于供电容量大、功耗低、电能质量较好、易于接入等特点，开始受到关注。

直流配电网可运行在并网模式（与交流主网有功率交换）和孤岛模式（与交流主网无功率交换），无论是直流配电网自身运行还是与交流电网的互动接入，都离不开不同功能的开关设备，包括采用电力电子技术的新型开关设备、直流断路器、直流开关柜、接入开关等。

8.2.1　电力电子开关设备

8.2.1.1　柔性开关设备

以风电和太阳能发电为代表的分布式电源、以电动汽车为代表的新型负荷在配电网中的大规模接入，使配电网电源结构不断变化，电源种类持续增加，负荷特性日益多样化。在配电网中主要表现为功率流向复杂化、负荷波动增大、继电保护灵敏度变化、电能质量和供电可靠性下降等。

利用柔性电力电子技术对传统配电网进行改造，是解决上述问题的一个途径。通过电力电子技术可以构建灵活、可靠、高效的配电网，既可提升配电系统的电能质量、可靠性与运行效率，还可应对传统负荷以及高比例可再生能源电源接入的波动性。因此，面向配电网的柔性开关设备应运而生。

1. 柔性开关设备的定义

柔性开关设备（soft open point，SOP）是安装于配电网若干关键节点上代替传统联络开关的一种新型智能电力电子装置。它采用全控型电力电子器件和电压源型换流器构成，可实现不同馈线间的柔性互联，根据控制指令实时调整相连馈线的功率交换，进而改变系统空间上的潮流分布、改善线路电压水平，提高分布式电源的消纳能力。

2. 柔性开关设备的基本工作原理

双端柔性开关设备接入示意如图 8-7（a）所示。双端柔性开关设备由两个 AC/DC 双向电压源型变流器（voltage-sourced converter，VSC）构成，交流侧与馈线末端相连，端对端的馈线互联。随着配电网的升级以及负荷的快速、不均衡发展，双端柔性开关无法满足复杂环境下多配电区域互联的要求。同时，双端柔性开关设备在一端发生故障时，将无法调节馈线间的有功功率。所以，在双端柔性开关设备基础上诞生了多端柔性开关设备。

多端柔性开关设备接入示意如图 8-7（b）所示。多端柔性开关设备是连接多端（3个及以上）馈线的柔性开关设备，由多组 AC/DC 双向变流器构成，直流侧并联于同一条母线，交流侧分别与各馈线末端相连。由于多端柔性开关连接的多条馈线间形成了相互支撑，相比于双端柔性开关，多端柔性开关在投入成本、调节能力和运行可靠性方面更有优势。

在正常运行时，多端柔性开关能够实现更大范围内馈线间灵活功率交换，有效提高配电网控制的灵活性和快速性。同时，当多端柔性开关设备中某一端发生故障而退出运行时，其余变流器通过柔性切换工作模式实现快速无缝切换，可保证重要负荷的供电快速恢复，进一步提高了供电可靠性。

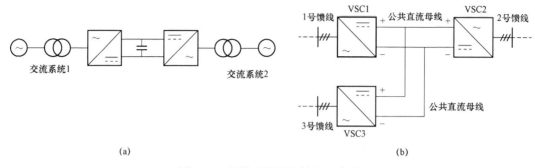

(a)

图 8-7 柔性开关设备接入示意图
(a) 双端柔性开关设备接入示意；(b) 多端柔性开关设备接入示意

3. 柔性开关设备的特点

柔性开关设备可以看作为定制化电力电子设备的一种，传统的定制化配电网柔性交流输电设备（distribution flexible ac transmission system，DFACTS）有静止同步补偿装置（distribution static synchronous compensator，D-STATCOM）、统一潮流控制器（unified power flow controller，UPFC）等。D-STATCOM 是通过一组变流器连接到某一馈线末端，以提供无功功率支撑，不能实现配电网的有功功率控制，所以它无法进行馈线间负荷平衡调节及故障恢复。UPFC 接入系统时，其串联侧相当于一个交流电源，向配电网注入相角与幅值都可变的交流电压，并联侧可以控制馈线流过的有功和无功功率，但无法实现异步互联。

与传统联络开关和 DFACTS 设备相比，柔性开关设备除了具备机械开关所具有的接通和断开功能外，动作次数不受限制，同时具有双向换流器，这使得它不仅可以实现异步互联，还能通过控制全控型电力电子器件来实现有功功率连续控制和无功支撑、运行模式柔性切换、故障恢复等功能且控制方式灵活多样。

值得注意的是，柔性开关设备的无功功率上限受馈线电压的约束。柔性开关设备的这些特点，使其能够在自身容量调节范围内实时连续地调节流经的功率，促进馈线负载分配的均衡化，满足分布式电源消纳、高供电可靠性等定制电力需求，避免了传统联络开关倒闸操作引起的供电中断、合环冲击等问题，提高了配电网的安全性、稳定性、灵活性。

8.2.1.2 直流配电网关键开关设备

直流配电网的构建离不开关键设备的支撑，直流变压器和直流断路器是直流配电网安全运行和保护的关键设备。

1. 直流开关设备

（1）中压直流开关设备。

中压直流开关设备主要由直流断路器与负荷开关组成，二者的主要差别在于开断容量不同，其结构形式和开断原理基本相同。下面分别就开断原理、结构形式及智能化应用进行介绍。

　　直流断路器按照核心器件的组成可划分为固态式直流断路器、机械式直流断路器、混合式直流断路器三种类型。

　　机械式直流断路器原理图如图 8-8（a）所示，主要由机械开关、振荡回路、能量吸收回路构成。机械式直流断路器具有较好的经济性，主通流回路由机械开关组成，损耗较小。但存在不易实现快速重合闸、小电流开断时间长等缺点。

　　固态式直流断路器原理图如图 8-8（b）所示，由主固态开关、晶闸管和辅助固态开关、能量吸收回路构成。固态式直流断路器具有关断时间短和快速重合闸的优势，但由于主回路长期通流，损耗较大。

　　混合式直流断路器原理如图 8-8（c）所示，由机械开关、固态开关和能量吸收回路构成。混合式直流断路器结合了机械式和固态式直流断路器的优点，既可以迅速切断故障电流和小电流，又具备主回路通态损耗小、快速重合闸等功能。但由于转移支路存在大量的全控型电力电子器件，尤其在大电流（≥ 20kA）、高电压（≥ 20kV）情况下，混合式的直流断路器经济性较低，限制了其在直流输电、配电网的推广应用。这是当前研究的热点，也是未来技术发展的一个趋势。

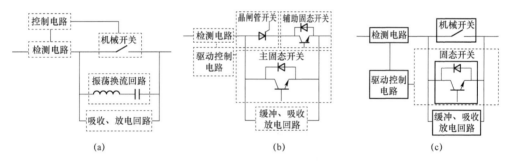

图 8-8　三种类型直流断路器原理图
（a）机械式；（b）固态式；（c）混合式

　　中压直流开关柜的结构如图 8-9 所示，中压直流开关柜按功能可划分为二次室、手车室、母线室、电力电子器件室、电缆室等功能隔室。每个高压隔室具有独立的泄压通道，保护操作人员的安全。

　　智能化方面，中压直流开关柜的直流断路器主要监测电压、电流、电力电子器件状态、避雷器泄漏电流等信号，随着直流断路器应用的逐步深入以及智能化运维的需求，直流断路器的局部放电、温升、机械特性等在线监测参量也将逐渐开始实用化应用。

　　（2）低压直流开关设备。

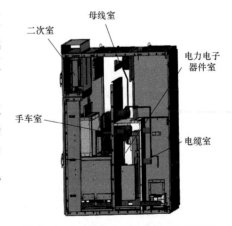

图 8-9　中压直流开关柜结构示意图

　　低压直流开关柜一般由直流断路器、柜体框架、控制装置等组成，用于低压直流供电系统中直流电能分配、控制及保护。对于低压直流开关柜，目前尚无严格的标准，主要根据直流配电网示范性工程的需求进行研制与设计。

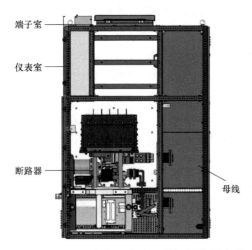

端子室

仪表室

断路器

母线

图 8-10 手车式低压直流开关柜结构示意图

低压直流开关柜根据功能不同，分为进线柜、馈线柜和母联柜；按照结构不同，分为手车式和固定式。手车式低压直流开关柜是由轨道交通用直流开关柜演变而来，主要由直流快速断路器、分流器、隔离变送器和柜体等组成，如图 8-10 所示。固定式低压直流开关柜由低压交流开关柜和光伏系统用直流开关柜演变而来，它的断路器一般固定于柜内，其结构形式、运维方式与低压交流开关柜类似。

2. 直流变换器

直流变换器主要起到直流电压变换与隔离作用，具有双向 CLLC 谐振、双向电压源与电流源灵活切换、直流阻断与低压电压穿越的功能。其主要原理是通过对电力电子器件的通断控制，将直流电压断续地加到负载上，通过改变占空比改变输出电压平均值。

直流-直流变换器主要有以下几种基本形式：① 降压直流-直流变换器（buck converter）；② 升压直流-直流变换器（boost converter）；③ 降压-升压复合型直流-直流变换器（buck-boost converter）；④ 丘克直流-直流变换器（Cuk converter）；⑤ 全桥式直流-直流变换器（full bridge converter）。

8.2.2 分布式电源与网源分界开关

分布式电源接入中压配电线路后，将对配电网现有继电保护配置、系统短路电流水平、配电自动化系统功能应用、电能质量、现场作业安全产生影响。主要表现在以下几方面：

（1）故障分界。分布式电源装置一般由用户自主选择采购，接入装置异常或者用户线路发生故障，均会影响公共电网线路的正常运行，有必要快速切除，确保故障不出门，缩减停电范围。

（2）并离网管控。分布式电源接入装置的并离网控制、功率调节等行为缺乏有效监管，易出现非计划性孤岛，给线路检修带来安全隐患，有必要提供可控的开断点并对其行为进行监管。

（3）电能质量仲裁。分布式电源系统含有大量电力电子设备，有必要对并网点电能质量进行监测和管理，避免劣质电源上网。

因此，急需在产权分界点处实现公共电网和分布式电源的故障分界、并离网管控以及接入后电能质量仲裁的设备。

网源分界开关就是一款具备用户内部故障自动切除、防止故障或检修情况下反送电、确保配电网安全运行的设备。

1. 网源分界开关组成和功能

网源分界开关由断路器本体、分界配电终端、电源 TV 组成，采用带户外防护电缆的航空插件连接。

网源分界开关具备以下主要功能：

（1）故障分界功能。自动识别故障并隔离，确保安装有分布式电源的用户故障不出门。

（2）防孤岛保护功能。系统侧无压掉闸，防止分布式电源非计划性孤岛运行，避免检修情况下反送电，消除线路检修安全隐患。

（3）电能质量监测功能。实时监测和评价分布式电源向配电网送出的电能质量，为分布式电源电能质量仲裁提供依据。电能质量仲裁结果根据需要可用于掉闸和告警。

（4）联络转供功能。当大电网停电后，配合配电主站系统实现分布式电源的计划性孤岛运行，构建区域配电网，最大限度消纳分布式电源。

（5）源荷特性监测功能。监测并网点的电源特性和负荷特性，为区域配电网中分布式电源的规划、建设、运行、检修提供数据支撑。

2. 网源分界开关应用场景

（1）对于统购统销（接入公共电网）的分布式电源。

通过 1 回线路接入公共电网变电站 10kV 母线、或开关站/配电室/箱变 10kV 母线、或 10kV 线路 T 接点，并网点与产权分界点合一，如图 8-11 所示，10kV 网源分界开关安装于并网点（产权分界点）处。

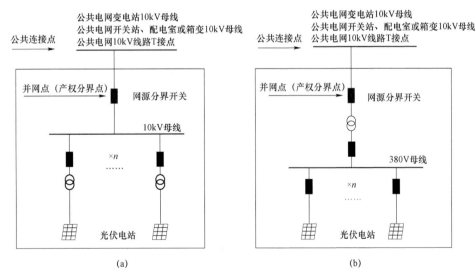

图 8-11　网源分界开关安装于并网点（产权分界点）处
（a）中压侧接入示意图；（b）低压侧接入示意图

（2）对于自发自用/余量上网（接入用户电网）的分布式电源。

通过 1 回线路接入用户开关站/配电室/箱变 10kV 母线，并网点与产权分界点不合一，如图 8-12 所示，网源分界开关安装于产权分界点处。

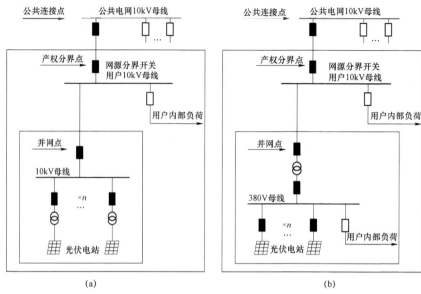

图 8-12　网源分界开关安装于产权分界点处

(a) 中压侧接入示意图；(b) 低压侧接入示意图

在 10kV 公共电网和分布式电源接入的产权分界点处，安装网源分界开关后：① 当安装有分布式电源的用户侧发生接地、短路故障时，网源分界开关启动跳闸保护并切除故障，保证 10kV 配网线路的可靠运行。② 当系统侧配电网线路检修时，网源分界开关在系统侧无压时掉闸，防止分布式电源非计划性孤岛运行，消除线路检修安全隐患。③ 当分布式电源输出频率、电压、谐波异常时，网源分界开关给出电能质量评价结果，记录异常波形文件，为仲裁提供依据。

8.3　业务功能提升需求下的智能配电设备

以智能配电设备为基础的配电网业务功能提升在智能配电设备本体设计可靠性、故障自愈能力、设备全生命周期管理能力提升等方面一直进行着持续的改善。

8.3.1　满足一二次融合需求的全绝缘柱上断路器

近年来，电力公司开展了架空线路绝缘化提升工作以消除瞬时性故障。为了适应配电线路全绝缘化要求，中国电力科学研究院联合国内主流开关厂家联合开发了一款适应于全绝缘架空线路的新型共箱式柱上真空断路器 ZW68，如图 8-13 所示。

ZW68 型柱上真空断路器采用整体铸铝成型箱体，内充干燥空气；开关采用真空灭弧室、弹簧操动机构、内置直动式隔离开关一体化设计，所有部件均置于密封箱体中；侧部设计有防爆泄压阀，可以防止内部燃弧故障引发的箱体爆炸；顶部羊角进出线采用内置电压传感器的套管，箱体内集成了低功率电流传感器，充分满足了配电自动化应用需求。

设计理念是使产品模块化程度高、环境友好、防护等级高、耐候性强、免维护及可靠。① 模块化程度高，通过一体化设计隔离开关、互感器及断路器模块，出线套管、

EVT 融合设计，插拔式结构，装配效率高；② 环境友好，采用多物理场（multiphysics）仿真技术优化设计，电场分布均匀，结构承载合理，干燥空气作为绝缘介质，最低功能压力 0MPa（相对压力）。③ 防护等级高，采用一体化压铸铝合金质壳体，例行水压 0.20MPa（绝对压力）试验，保证其 IP67 防护等级。④ 耐候性强，铝合金壳体配合大爬距硅橡胶出线套管，满足户外Ⅳ级污秽要求；优异的绝缘性能、低气体泄漏率、可靠的机械传动、完善的联锁装置使得该产品做到了可靠、免维护。目前产品进入了试运行阶段。

图 8 – 13 ZW68 型真空断路器外形

8.3.2 快速低功耗轻量化的智能配电开关设备

配电网点多面广的特点，决定了智能配电开关设备的户外工作环境复杂多变、取电不易，因此，可靠、简洁、低功耗、轻量化的智能配电开关/环网柜是产品设计的一个主要目标。配电开关的操动机构是保证开关合分动作快速、可靠的重要部件，决定着配电开关功耗的大小，利用新型磁控记忆合金材料设计的操动机构，可以满足智能配电开关设备快速动作、低功耗和轻量化需求。

8.3.2.1 磁控操动机构

近年来，一种新兴的磁控记忆合金材料，开始替代传统永磁材料钕铁硼。基本原理是采用磁控记忆合金材料实现合分闸位置的保持，常态下无磁性；通过小功率脉冲激励使材料内部磁畴定向排列产生定向吸合力，材料吸合保持不需要电；通过反向小功率脉冲激励使材料内部磁畴形成自由排列状态，磁力消退为零。

磁控操动机构非常简洁，主要部件有动/静铁心、磁控体、分闸弹簧等，外形如图 8–14 所示。

合闸时，驱动模块接收到合闸命令，驱动模块内已储好能的电容器组向励磁线圈放电，当电磁力足以克服分闸弹簧的预压力时，动铁心开始带动灭弧室动触头运动，在动铁心运动到末端时，开关依靠剩磁力保持在合闸位置，线圈电流为 0 的时候，机构也不会失磁脱扣。

图 8–14 磁控操动机构

分闸时，通过驱动模块向励磁线圈注入时长为 15~20ms 的反向退磁电流，即可实现分闸操作。退磁电流使磁控操动机构的磁性退去，当磁力小于分闸弹簧和触头压力弹簧的合力时，动铁心从静铁心吸合面分离，从而依靠分闸弹簧快速分开灭弧室，实现分闸。

磁控操动机构相比永磁操动机构，还具有以下特点：① 磁性可控，既可以励磁，也可以退磁，励磁后特性为永久磁性材料，退磁后变成无磁性材料；② 磁力可控，不仅可以控制材料有无磁性，而且还可以控制一定范围内磁力的大小；③ 硬度大，与永磁材料相比，磁控材料不易碎；④ 退磁率低，励磁后控磁材料的退磁率为万分之一；⑤ 磁控材料主材为铁质，非稀土。

8.3.2.2 磁控柱上断路器

基于磁控机构设计的新型磁控柱上断路器外形如图 8-15 所示。

柱上断路器本体的小型化极柱包含环氧树脂绝缘体、真空灭弧室、导电杆、软连接

以及符合一二次融合标准配置的电压/电流传感器等，主回路满足 25kA 大容量开断性能要求。

操动机构设计为单稳态磁控操动机构，可单相独立安装、三相同步联动控制。磁控机构操作电压为 DC 220V，合闸电流约 10A，分闸电流约 1A，功耗小，降

图 8-15 新型磁控柱上断路器

低了智能配电设备对电源功率的要求；采用分相直动式传动系统，操动机构与真空灭弧室通过一根两端紧配合的绝缘拉杆连接，操动机构输出与真空灭弧室动端仅有一级传动，消除了常规开关操动机构需多级传动至真空灭弧室产生的合分闸空行程过多、合分闸时间长等不利因素，合闸时间小于 30ms，分闸时间小于 10ms，保障了开关的速动性，实现零合闸弹跳；磁控操动机构的退磁率只有传统永磁操动机构退磁率的 1%，失磁温度高，不小于 300℃，避免了这类操动机构因退磁或失磁造成的断路器误动或拒动。

这款柱上磁控断路器体积比常规柱上开关小 30%，质量不到常规柱上开关的一半，小于 70kg；功耗低，一节普通 9 号电池可以正常分闸操作，分合闸时间分散性小于 1ms，整个开关零部件数量仅是常规柱上开关的 20%~30%，其质量轻、模块化、低功耗、快速等特点很好地满足了智能配电设备的应用需求。

8.3.2.3 磁控断路器柜

基于磁控操动机构设计的新型磁控断路器柜外形如图 8-16 所示。

(a)　　　　　　　　　　　　　　　　(b)

图 8-16 新型磁控断路器柜
(a) 磁控断路器柜外形；(b) 开关模块

磁控断路器柜本体按功能分区进行模块化设计，包括真空断路器模块、三工位开关模块、二次仪表室模块及气箱总装模块。

配置了电子式电压/电流传感器，特别是将电压传感器与电缆堵头融合为一体，绝缘结构简单可靠、体积小、线性度好，同时满足测量、计量、保护、供电一体化应用需求。

磁控断路器柜内的真空断路器同样采用磁控操动机构，通过分相直动式传动使操动机构的输出功直接作用于真空灭弧室以有效降低能耗和行程损失，从而缩短了断路器的分合闸时间，合闸时间小于或等于 30ms，分闸时间小于或等于 15ms。

整柜以小型化磁控断路器为核心部件，按模块化、均匀电场分布设计理念，采用上断路器、下隔离接地三工位的结构形式，将断路器与三工位开关合二为一，构成完整的开关模块，如图 8-16（b）所示。气箱高强度结构设计，充入 0.14MPa 的 SF_6 气体作为绝缘介质，实现高压气室小型化，断路器单元柜宽小于或等于 325mm，柜深小于或等于 800mm，同比常规柜宽 420mm 的单元柜，占地面积减少 21%，充分满足了城市重点供电区域要求智能配电设备占地面积小的需求。

磁控柱上断路器/断路器单元柜在功能上支持选线、选段和联络三种应用模式，集成单相接地故障和短路故障检测方法，适应于中性点经小电阻接地、消弧线圈接地和不接地三种系统接地方式，能有效检出金属性接地、弧光接地、过渡电阻等多种类型线路故障。

基于磁控断路器的速断性和可靠性，成套设备整组故障保护动作时间小于或等于 50ms，以变电站内断路器微机保护设定值常规为 0.3s 为基准，按每级 75ms 设计，可配置 5 级级差就地馈线自动化保护，实现基于磁控技术的 5G 智能分布式 FA 和光纤差动保护，快速隔离故障，提高配网供电可靠性。

8.3.3　数字式一二次融合智能配电开关

随着配电网运行管理要求的不断提升，智能配电设备一二次成套化设计增加了接地故障检测、线损采集等实用功能，对互感器/传感器环节提出了更高的要求。开关设备的小型化、轻量化、功能化要求，需要使用体积小、质量轻、精度高、范围广的传感器/互感器，以满足三相电压、三相电流、零序电压、零序电流的测量，满足计量、测量、保护、接地、录波等多重需求，电子传感器的使用成为必然。

然而，电子式传感器在一二次融合中的应用还存在一些尚未解决的问题。如电子式传感器模拟小信号的传输问题，包括输出阻抗高、带载能力差、信号幅值小、受电缆分布参数和温度影响等。电子式传感器负载阻抗匹配的问题，负载的阻抗大小会对测量的准确度产生影响，而多个负载并联以及不同负载接地方式的差异，都会造成测量误差。

为了解决上述问题，国内企业正在研究数字式一二次融合柱上开关，就是在开关本体集成了电子式传感器的同时，还集成了一个数字化单元，它的作用是把电子式传感器输出的模拟小信号就地转换成数字信号，再通过电缆进行长距离传输，实现模拟小信号就地数字化，对应的柱上 FTU 及线损模块采用数字接口。

模拟小信号就地数字化方案通过设计数字化单元，与电子式传感器之间传输模拟小信号，因距离短，误差可控；数字化单元与二次设备之间采用数字化传输方式，开关与终端接口之间信号传输不会引入附加误差。模拟小信号就地数字化方案如图 8-17 所示。

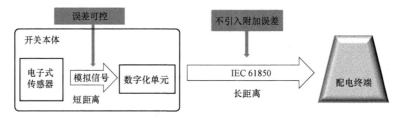

图 8-17 模拟小信号就地数字化方案

电子式传感器输出的电压、电流信号接入数字化单元，被分成测量通道、保护通道、零序合成通道三个独立的通信通道进行信号调制，在 AD 转换后编码成 IEC 61850 的格式，经航空电缆传输给二次设备。

采用上述方案，可以提高电子式传感器模拟小信号的输出精度，基于数字化传输模式，可以减少传输信号的电缆芯数，方便设备维护，提高了一二次融合设备的标准化水平和可扩展性，目前在试点应用中。

8.3.4 满足新能源柔性接入的低压塑壳磁控断路器

在"碳达峰、碳中和"背景下，配电网需要具备支撑大比例新能源接入以及负载泛电气化应用的能力。目前，大量的光伏发电接入、电动汽车等新能源应用在低压配电网侧，因此，提升低压配电网自动化、智能化水平迫在眉睫。

现有的低压配电网存在以下问题：① 消纳光伏接入能力不足。配电台区保护设备陈旧、负荷密集区变压器过载、电能质量下降等问题限制了光伏接入比例。② 能源消费电气化加速后的管理。随着电气化负荷如电动汽车等快速推广，需要电网与用户消费形成互动，实现动力能源消费有序化、家庭用电有序化，现有配电设备无法满足需求。③ 低压配电网自身节能降损。目前低压配电台区存在配电变压器大比例空载运行的情况（如存量楼盘入住低、新增楼盘考虑电动汽车又超额配置配变容量等），配电台区自适应或柔性供电需要有相应的管控设备。

目前正在探索应用的低压磁控断路器正是为了满足配电台区智能控制、柔性供电、新能源接入和消纳需求而设计的智能化低压配电设备。

8.3.4.1 低压断路器现状

传统低压塑壳断路器主要用于低压分支线路的保护，分 3P 和 4P 两种，一般分闸时间 20～30ms，3P 不具备电动合能力，4P 具备剩余电流保护而自动重合闸能力，电动合闸时间大于 15s。传统框架式断路器采用弹簧操动机构，可以全电动操作，具备开断大电流能力，一般分闸时间 20～30ms，合闸时间 30～70ms，开关储能时间 15s 以上。用于配电台区低压总进线保护、低压联络的框架式断路器，可以配套备自投终端，实现台区侧低压多电源备自投。

目前大量使用的上述两款低压断路器是 20 世纪 80 年代从日本和德国引进、经过

20 年国产化研发和迭代而来的产品，以保护和基本测量为主，存在测量精度不足、缺乏物联网架构下的信息交互和通信能力等问题。

自 2019 年起，为了满足台区智能化应用，国内主流低压断路器厂家通过在低压断路器内临时增加测量、采集和通信等器件来实现高精度测量和通信，但断路器关键性能指标没有提升，不能全电动，因缺乏整体设计思路，造成模块化程度低、断路器在使用过程中可靠性和运维存在很多问题。

8.3.4.2　低压断路器智能化需求

智能低压断路器首先需要完成低压配电网的自动保护和隔离，通过全电动遥控操作、高精度电气量采集、多模通信组网，实现配电台区线路故障就地切除，执行融合终端或配电云主站命令，实现边缘分析决策，实时管控配电台区供电风险、配电台区关键用户远程保电、复电以及台区供电优化等功能。

为了满足新能源接入管理需求，智能低压断路器作为并网断路器，需要具备监测光伏并网质量、网源两侧故障、网侧失压等能力；作为光伏逆变器后备保护装置，需要实现并网电压异常、两侧故障及孤岛自动跳闸保护，当异常消失可自动并网；需要具备执行融合终端或云主站控制指令，实现光伏离网或并网，支持台区光伏有序发电、台区检修安全管理；需要快速的合分能力保证配电台区就地主备电源、光伏电源与储能系统快速投切，实现配电台区供电电源零闪动切换；作为漏电保护开关，需要高精度检测剩余电流并快速保护跳闸，考虑瞬时性故障，需要自动重合闸或经融合终端控制试送电，实现配电台区用电安全。

因此，智能低压断路器自身需要具备以下能力：① 全感知、智能互联。智能低压断路器数字化集成度高，需具备自身健康状态检测与评估能力，还需对周边场所环境工况监测。在配电物联网需求下，要求智能低压断路器与融合终端、与人、与设备互联互通、即插即用。因此，低压断路器需要具备触头测温、周边传感器采集、就地维护通信、物联网即插即用能力。② 一二次寿命同期。低压断路器运行环境复杂，运行自热温升高，在通信质量、采集精度、分合闸操作性能方面要求高，整体寿命要求 15 年以上。这要求智能低压断路器一二次融合时充分考虑二次的可靠性，特别是热防护、机构寿命。③ 尺寸向前兼容、便捷维护。智能低压断路器需满足万亿级存量传统低压断路器的同体积尺寸替换改造需求，要求断路器总体尺寸兼容现有热磁式、电子脱扣式塑壳和框架式断路器。由于配电台区停电难度大，要求断路器具备不停电维护、可带电插拔易损模块的能力。

8.3.4.3　低压磁控操动机构

磁控机构是基于一种非稀土铁基合金材料研制的操动机构，通过充磁改变合金元素比例，实现机构磁力大小可控。下面分别介绍低压塑壳断路器和低压框架式断路器的磁控操动机构。

（1）低压塑壳断路器磁控操动机构。

低压塑壳断路器常用的弹簧操动机构与磁控操动机构对比如图8-18（a）、（b）所示。

传统弹簧操作机构包含41个零部件，数量多、结构复杂、易磨损、寿命短、动作时间长且离散性大，以此为基础架构改进的全电动机构体积大且合闸速度极慢（15s以上）。

磁控全电动机构包含9个零部件，数量少、结构简单、不易磨损、整体寿命长、电动分合闸动作速度极快且稳定；利用磁控操动机构速度快的特性，同比可提升断路器开断能力；利用磁控机构体积小的特点，同比可提升断路器壳体内电子元件容积能力，支持模块化、不停电维护设计；基于磁控操动机构设计的塑壳断路器，兼容传统断路器尺寸的性能可以大幅提升，非常适合用于数亿级存量断路器替换改造。

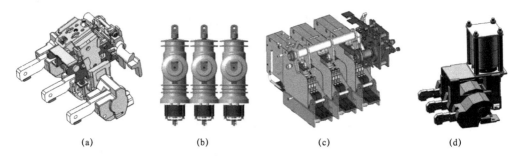

图8-18 低压断路器机构对比

（a）传统低压塑壳断路器弹簧操动机构；（b）低压塑壳磁控断路器磁控操动机构；
（c）传统低压框架式断路器弹簧操动机构；（d）低压框架式磁控断路器磁控操动机构

（2）低压框架式磁控操动机构。

低压框架式断路器常用的弹簧操动机构与磁控操动机构对比如图8-18（c）、（d）所示。

传统低压框架式断路器操动机构有超过100个零部件，数量多、结构复杂、可靠性低；操动机构需储能且时间长、电动分合闸速度慢且离散性大；一般采用灭弧栅（空气灭弧），开断能力偏低。

用于框架式断路器的磁控操动机构，包含18个零部件，数量少、结构简单、寿命长。采用直动式运动，分合闸速度极快且离散性小，非常适合与真空灭弧元件配套使用，整体开断能力强。

8.3.4.4 低压磁控断路器及应用场景

最新设计的采用磁控操动机构低压断路器（以400A/3P为例），如图8-19所示。

该系列低压磁控断路器基于行业标准的外形结构尺寸和保护功能，可实现全电动操作，动作速度快，操作寿命长，增加双侧电压采集、台区断面全量冻结，测量精度明显上升；集成了保护互感器、测量互感器、触头温度传感器、电源系统、采集通信系统、通信模块、后备电源、控制系统，可靠性明显提升。一二次单元化设计，支持带电透彻插拔分离，降低了运维成本。

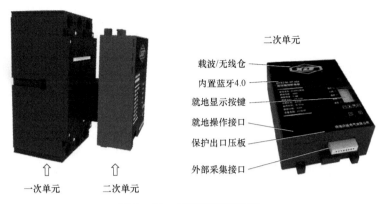

二次单元
载波/无线仓
内置蓝牙4.0
就地显示按键
就地操作接口
保护出口压板
外部采集接口

⇧ 一次单元　　⇧ 二次单元

图8-19　低压磁控断路器

以应用于新能源接入和消纳场景为例，在台区光伏并网点加装1台低压磁控断路器，在台区储能并网点加装1台低压磁控断路器，如图8-20所示。

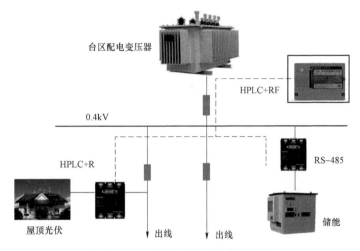

台区配电变压器
HPLC+RF
0.4kV
HPLC+R
RS-485
屋顶光伏
出线　出线
储能

图8-20　新能源接入和消纳场景

低压磁控断路器对下与光伏逆变器、储能逆变器交互，对上与台区融合终端交互。低压磁控断路器作为并网开关，直采并可与逆变器交互，实现发电侧低/过电压、谐波污染、孤岛保护和检修脱网等。支持融合终端预测台区负荷、光伏发电量，动态控制储能装置充电/放电时段，在网侧失电/波动/闪变时"零"闪动投入储能，实现储能收益和电网效益最优。

8.3.5　具备故障防御功能的智能配电开关解决方案

中压配电网中，馈线保护的系统性解决方案包括事前（故障前）、事中（故障时）、事后（停电后）三个环节，综合运用事前的故障防御、事中的故障区段定位、事后的探测式供电恢复技术，可实现馈线单元绝缘劣化预警，重点巡线排查隐患、故障区段隔离与非故障段转供。

现阶段的配电开关设备功能设计主要针对事故中和事故后的馈线保护，很少涉及事故前故障防御管理。随着产品功能要求的提升，具备故障防御功能的配电开关设备，可以实现事故前的故障预警，为线路故障排查、检修等运维提供支撑性依据。

8.3.5.1 技术方案

1. 故障防御技术

故障防御技术是采用先进的智能配电设备，自动诊断电网线路当前的运行状况，配电主站结合配电终端上送的数据信息，运用大数据、云计算、人工智能算法等技术手段，为配网设备故障防御和快速抢修提供数据支持和精细化管理服务。

当配电网出现隐性安全隐患时，系统通过校核检修二次系统、调整保护装置的整定值、调节无功补偿设备、退出老化设备等措施，消除配电网的安全隐患，保持显性安全运行状态，可有效地将隐患消灭在萌芽状态。

2. 事前故障感知

在中压配电网中，发展性单相接地故障较为多见，目前暂无可靠的预防性技术手段。在配电网故障（短路或接地）发生后，因配电终端工作条件限制或上送的数据缺失、错误等问题，会导致对故障区间定位的不准确。

为了解决上述问题，采用优化单相接地故障检测算法，实现高阻微故障的有效检测和无零序电压、零序电流等电气量情况下的单相接地微故障检测，通过评估线路微故障发生时刻的对地参数值，实现对单相接地故障的事故前故障感知。

3. 事中故障处理与自适应自动重合闸技术

故障发生后，智能配电设备基于继电保护原理根据故障特征进行事故中的故障类型检测、控制与隔离。由于配网线路单相接地故障占比达到70%以上，且架空线路故障大都是瞬时性故障，处理这类故障最好的办法是用自适应自动重合闸技术。

自适应自动重合闸技术可以减小或避免重合于永久故障时对配电系统的危害，具有"最佳重合闸时间"，最大限度减少了重合于永久故障时对系统稳定运行的影响，能在线识别永久性故障和瞬时性故障，识别单相接地故障和短路故障，实现单相自动重合闸和三相自动重合闸，克服了传统重合闸的缺点，提高了系统的运行安全稳定性。

4. 事后故障测距定位与检修

针对小电流接地系统接地故障点难以准确定位的问题，采用基于母线扰动信号的行波有效分量单端测距方法，通过站内母线零序电压告警信号检测单相接地故障，并在发生永久性接地故障时自动将非故障相母线经 250Ω 电阻接地产生扰动信号，根据选定线模分量的反射行波到达时刻与扰动信号产生时刻的时间差计算故障距离，应用最小二乘法估计对多次测距的结果进行有效融合，结合选线选段判断的故障区段，实现故障点测距误差在 100m 范围之内，方便故障检修。

智能配电设备单相接地故障防御功能应用方案如图 8-21 所示。

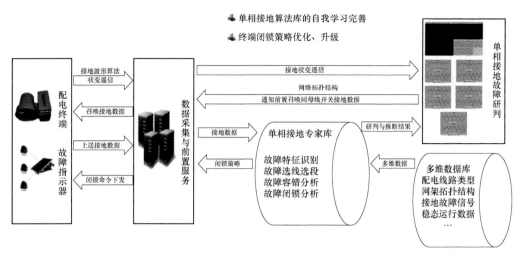

图 8-21 智能配电设备单相接地故障防御功能应用方案

8.3.5.2 产品形态

统计表明,架空电缆混合网、电缆网瞬时性故障占比 30% 以上,投入重合闸可以避免瞬时性故障带来的停电影响,但重合于永久性故障时将导致:① 故障点上游区段短时停电两次,降低了供电可靠性;② 故障点前的开关及其他设备经历两次故障电流,设备寿命受到一定影响。如果重合的过程中能够识别前方有故障时开关闭锁不重合,则可以很好地避免二次停电以及故障电流对开关的二次冲击。

高压线路的永久性故障识别方法虽多,但是无法直接适用于配电网。因为不同于高压电网故障相两侧跳闸后其电压仅来自健全相的耦合,配电网仅变电站侧的开关跳闸,故障相会因为配电变压器高压侧各相绕组的电气连接而感受到不同程度的电压。

设计具备自适应自动重合闸功能的分相自适应开关能对各类故障进行准确选相,并自动识别永久性故障,有效减少开关动作次数、避免故障点上游区段二次停电,快速完成故障隔离与恢复供电。

1. 选用永磁机构分相自适应开关

分相自适应开关主要通过三个独立分合闸机构及其控制单元实现。采用固封极柱结构的永磁断路器三相机构独立、机构零部件少、分合闸速度快,适合用作配网分相开关。

基于单稳态永磁操动机构,采用全桥控制策略与相控电路共同实现各相机构的分合闸控制,其控制原理电路示意图如图 8-22 所示。

永磁断路器的三相线圈均并接于全桥电路的两桥臂之间,操作电源即储能电容 CAP 正负极分别与全桥两端连接,各相线圈电路中均有一个选择通断电路(Sel)。

A 相分闸控制过程描述如下:① 首先由相控电路发出信号,使得 A 相 - Sel 电路导通;② IGBT 驱动回路产生 IGBT 驱动信号 2、4 用于驱动全桥电路上分闸 IGBT,使得电解电容器向永磁断路器的线圈反向供电,线圈流经反向电流时产生磁场推动动铁心分闸。为了保证储能电容器能够具有足够的能量进行分合闸供电,储能电容器上一般会设置有用于检测其两端电压大小的传感器,此传感器的输出信号送到测控单元内,进行储能欠压判断。

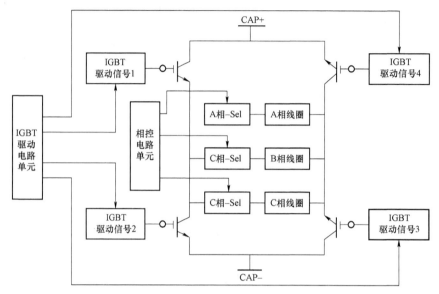

图 8-22 单稳态永磁操动机构控制原理示意图

2. 配电终端选用配电网暂态量选相元件

高压电网有相电流差突变量的选相元件,但并不适用于小电流接地系统的配电网,如消弧线圈接地系统发生单相接地故障时,故障相的稳态电流因为消弧线圈的补偿作用可能和健全相的对地电容电流幅值差不多。为此,需要对现有的相电流差突变量选相元件进行改进,以使其适用于配电网。

为了避免消弧线圈对稳态电流幅值的影响,采用暂态高频信号进行选相,信号频带采用 150~1000Hz,暂态电流有效值的计算式为

$$I_\varphi = \sqrt{\frac{1}{N}\sum_{k=1}^{N}i_\varphi^2(k)}$$

式中:$i_\varphi(k)$ 为暂态电流;N 为所用数据窗内采样点的个数;I_φ 为暂态电流有效值。

当发生接地故障时,系统会出现较大的零序电压,据此可以区分接地故障和非接地故障。对于单相接地,小电流接地系统中故障相的暂态电流是其他两健全相的 2 倍以上,对于小电阻接地系统,该结论也成立。对于相间接地和相间故障,两故障相电流含有较大的暂态分量,而健全相的暂态高频分量较少,仅为故障相对其的耦合分量,配电线路耦合作用较弱,所以选取故障相暂态量是健全相的 2 倍即可,而三相短路故障时三相的暂态分量差异不大。

根据以上分析,可以看出根据故障发生后各相电流暂态量的含量就可以实现故障类型的识别。定义 $I_{\max}$ 为三相暂态电流有效值的最大值,I_{mid} 为次大值,$I_{\min}$ 为最小值,则可以得出图 8-23 所示的选相逻辑流程图,其中 $U_{0.\mathrm{set}}$ 可取为额定相电压的 0.1 倍。

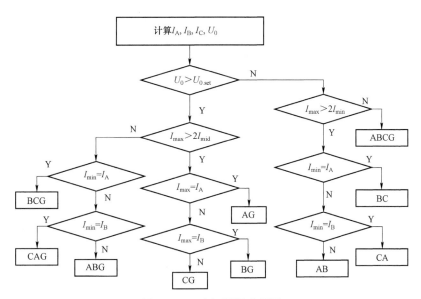

图 8-23　选相逻辑流程图

AG、BG、CG—A 相、B 相、C 相接地；AB—A、B 相短路；BC—B、C 相短路；CA—C、A 相短路；
ABG—A、C 两相接地；BCG—B、C 两相接地；CAG—C、A 两相接地；ABCG—A、B、C 三相接地

3. 配电网故障测距技术

由于暂态分量的故障选线技术取得重大突破，并在现场应用取得了良好的运行效果，配电网单相接地故障选线正确率得到大幅提升。但是，在故障线路选定后，如何检测出故障发生的具体位置，以便及时找到故障原因并排除故障，却没有得到有效地解决。区别于输电线路，配电网具有结构复杂、多分支、线路混杂等特点，馈线故障点定位一直是故障测距研究中的难题。配网线路中也一般只配置故障选线装置，几乎没有馈线故障测距装置。行波测距方法在输电线路中有较好的效果，但是在配电网中的实用效果却并不理想，而且对设备的要求也非常高，限制了应用范围。

配电网故障测距技术属于故障定位范畴。根据配电系统发生单相接地故障，对电气量信号特征的深度处理来确定具体故障点的位置。当配电系统系统发生瞬时性单相接地故障时，准确的故障测距技术有利于发现线路绝缘薄弱点，并提前采取防范措施对线路绝缘薄弱点进行处理。对于永久性故障，故障测距技术可以及时发现故障点，排除故障，迅速恢复供电，减少由于线路故障而造成的经济损失。

随着我国配网行业的快速发展以及对供电可靠性要求的大力提升，传统使用人工方式进行故障测距的弊端和效率低下日趋明显。研究可靠的故障测距技术不仅可以缩短查找故障点的时间，节约成本，减轻电力人员的工作强度，而且还能修复配电系统存在的线路问题，使得故障及时处理，降低停电造成的经济损失。

8.3.6　配电设备的全生命周期管理

近两年，智能电网建设开始借助数字孪生技术（digital twin）推进相关应用，如 2020

年开始试点的数字孪生变电站的建设。

数字孪生的设想 2003 年前后首次出现于 Grieves 教授在美国密歇根大学的产品全生命周期管理课程上，数字孪生是以数字化方式为物理对象创建虚拟模型，来模拟其现实环境中的行为，从而反映相对应的实体装备的全生命周期过程。但当时受技术（如 IT 技术中的存储能力、通信能力、CPU 计算能力等）限制，一直无法满足落地应用需求。

早在 2000 年，卢强院士提出了数字电力系统概念，即"实际运行电力系统的物理结构、物理特性、技术性能、经济管理、环保指标、人员状况、科教活动等数字地、形象化地、实时地描述与再现"，可以说是智能电网数字孪生的一种描述。

随着"大云物移智链"等新一代信息技术的飞速发展，数字孪生技术进入了实用化阶段。配电网的数字孪生对应的是真实世界中的配电网，包括架空线路、杆塔、电缆、配电变压器、开关设备、无功补偿电容等配电设备及附属设施在内，配电网系统在虚拟数字空间的完整映射，即充分利用电力系统物理模型、先进计量基础设施的在线量测数据、电力系统历史运行数据，并集成电气、计算机、通信、气候、经济等多学科知识，进行多物理量、多时空尺度、多概率的仿真过程，反映配电网的全生命周期过程。

配电自动化技术的应用使得配电网线路和各类设备信息已开始从物理层管理逐步走向数字化透明管理，配电资产的全生命周期管理成为可能。应用数字孪生技术，通过物联网、虚拟现实等各种数字化的手段，将智能配电设备的各种指标数据和配电网环境等数据映射到虚拟数字空间中，利用智能云平台，实现对配电线路各类信息汇聚展示、设备状态分析、设备集中控制。可采用三维建模技术，全天候监视配电线路运行情况。利用机器人、摄像头、智能门禁、温/湿度控制器等设备进行统一管理与控制，替代人工开展巡视、操作、环境调节等。

8.3.6.1　配电资产全生命周期管理

配电资产的全生命周期管理就是通过智能感知、识别技术等通信感知技术，通过网络层云计算平台满足管理应用需求。

能够实现物以信息形式与互联网"连接"功能的技术，包含红外技术、地磁感应技术、射频识别技术（radio frequency identification，RFID）、条码识别技术、视频识别技术、无线通信技术等。而 RFID 技术相较于其他识别技术，在准确率、感应距离、信息量等方面都具有非常明显的优势。

通过融合 RFID 技术和电子标签技术，搭建账、卡、物一致性的台账管理系统，实现配电资产全生命周期过程的使用管理，包括从资产的入库、领用、借用及归还、变更、转移、调拨、报废、维修等过程，进行精细化管理，提高资产利用率。

配电资产管理系统的建设包含基础设施、支撑技术、智能应用三个层面，如图 8－24 所示。在基础设施建设层面，智能配电设备的覆盖是重要的基础，智能配电设备需要标准化、ID 化并提升感知能力，配电网络物联化，建设健全通信网络、信息系统、全业务数据中心；在支撑技术层面，采用 RFID 技术、无人机巡检技术、状态检修技术，加强人工智能、大数据和物联网技术的融合应用；在智能应用层面，系统和基础设施的信息交互实现配电设备全生命周期管理、配电线路智能化巡检、配电设备主动化运维和配电网故障智能化诊断。

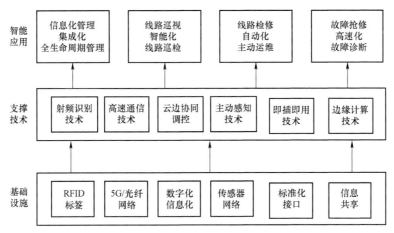

图 8－24　配电资产管理系统组成

配电资产管理系统根据巡视信息、设备状态信息和设备故障信息智能化制定检修计划，并在新设备投入后自动同步整合设备运行名称、电气和设备参数、验收信息、地理信息等台账，实现配电台账智能化生成，从而满足配电精益化管理要求，并减少业务人员图形和文本台账录入负担，提高配电网数据的准确性和及时性。

8.3.6.2　应用场景

1. 配电网线路智能化巡检

配电网线路智能化巡检，架空线路主要依靠无人机巡视，根据巡视计划智能化设定无人机巡航路线，拍摄过程中智能化识别线路名称、杆号、设备类型等，通过 RFID 对路线上配电设备进行全方位、各视角抓拍，并将图像信息发送至人工智能缺陷判断模块，如图 8－25 所示。

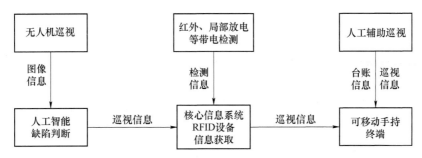

图 8－25　配电网线路智能化巡检系统组成

人工智能缺陷判断模块，通过图像识别和机器学习技术，结合 RFID 中所含的设备信息，与典型缺陷库中缺陷图像进行逐一比对，从而进行缺陷判断，并将包含缺陷判断结果的巡视信息自动传送到信息系统。电缆设备主要依靠红外检测和局部放电检测等手段，检测完成后将检测图片和地理信息及设备名称智能化对应，利用自然语言处理技术智能化生成检测信息报告，自动发送给信息系统。

基于便携终端的人工巡视作为辅助巡视手段（如手机、IPAD），集成了设备台账信息和地理信息，在巡视中智能化提醒巡视人员当前巡视线路名称以及历史巡视记录、故障记录以及检修记录等，巡视结束后更新巡视记录数据库，并将本次巡视信息发送给信息系统。

2. 配电网设备主动运维

在信息系统中以 RFID 设备信息为依据，通过传感器实时采集配电设备的状态量，建立设备全生命周期健康档案、设备风险评估档案，将设备从投入开始的运行状况、巡视记录、检修记录、故障记录全部保存下来，便于对配电设备进行预测性维修以及缺陷提前告警，保障设备安全可靠地运行。配电设备健康状态评估应用举例如图 8-26 所示。

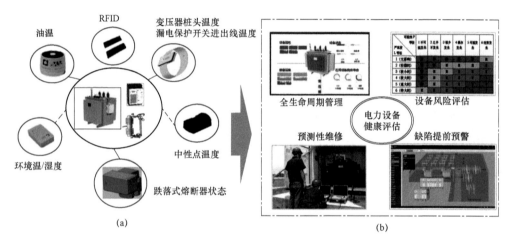

图 8-26　配电设备健康状态评估应用举例
（a）设备温度/状态传感器应用；（b）设备健康状态评估成效

配电设备主动运维判断过程如图 8-27 所示。其中，健康分值评估和判断是关键，系统相应模块调用系统内全量设备的巡视记录、状态评估记录、检修记录和故障记录，并基于机器学习技术、大数据技术、AI 技术等对设备故障率与运行状态的关系进行分析，建立设备健康分值动态评估模型。

设备的健康分值反映的是设备健康运行状况，根据设备运行状态和系统全量设备运行状况动态调整，设备初始健康分值设置为 100 分，评估时调用当前设备投运以来的全量巡视记录、检修记录、故障记录以及每年运行状况评估等信息，并根据设备健康分值动态评估模型计算健康分值。

健康分值低于设定阈值的设备启动主动运维管理，利用自然语言处理技术对设备的档案信息、运行信息和电网调度信息进行处理，利用机器学习技术对历史检修计划和项目储备建议书进行学习，判断检修类型或项目储备类型，然后利用自然语言处理完成检修计划或项目储备自动编制，最后利用机器学习技术进行智能化审批。

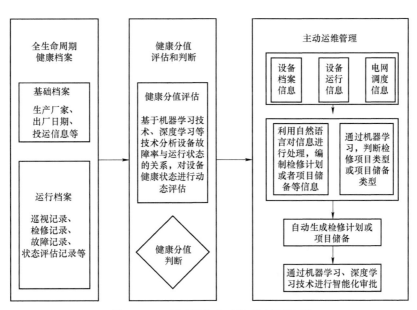

图 8-27 配网设备主动运维判断过程

参 考 文 献

[1] 刘健，沈兵兵，赵江河，等. 现代配电自动化系统 [M]. 北京：中国水利水电出版社，2013.

[2] 刘健，张志华. 配电网故障自动处理 [M]. 北京：中国电力出版社，2020.

[3] 苑舜，王承玉，海涛，等. 配电网自动化开关设备 [M]. 北京：中国电力出版社，2007.

[4] 马钊，安婷，尚宇炜. 国内外配电前沿技术动态及发展 [J]. 中国电机工程学报，2016，36（6）：1552-1567.

[5] 刘健，倪建立，邓永辉. 配电自动化系统 [M]. 北京：中国水利水电出版社，1999.

[6] 舒印彪. 配电网规划设计 [M]. 北京：中国电力出版社，2018.

[7] 巴克霍尔兹 M 贝恩德，斯蒂琴斯基 兹比格涅夫. 深入理解智能电网基本原理、关键技术与解决方案 [M]. 张莲梅，等，译. 北京：机械工业出版社，2019.

[8] 高亮. 配电设备及系统 [M]. 北京：中国电力出版社，2019.

[9] 斯梅茨 勒内，斯路易斯，卡佩塔诺维奇，等. 输配电系统电力开关技术 [M]. 刘志远，王建华，孙昊，等，译. 北京：机械工业出版社，2019.

[10] 林莘. 现代高压电器技术 [M]. 北京：机械工业出版社，2011.

[11] 格伦，罗伯特. 配电系统的控制和自动化 [M]. 郝全睿，译. 北京：机械工业出版社，2019.

[12] 盛万兴，梁英，王利，等. 智能配用电技术 [M]. 北京：中国电力出版社，2014.

[13] 赫尔斯. 配电系统分析与自动化 [M]. 孟晓丽，李蕊，译. 北京：机械工业出版社，2016.

[14] 刘健等. 简单配电网：用简单办法解决配电网问题 [M]. 北京：中国电力出版社，2017.

[15] 刘有为，等. 智能高压设备 [M]. 北京：中国电力出版社，2019.

[16] 刘健，毕鹏翔，董海鹏. 复杂配电网简化分析与优化 [M]. 北京：中国电力出版社，2002.

[17] 王立新，等. 配电自动化基础实训 [M]. 北京：中国电力出版社，2018.

[18] 海涛，陈勇. 配网自动化的认识与实践 [J]. 电力设备，2004，5（10）：64-68.

[19] 龚静. 配电网综合自动化技术 [M]. 3 版. 北京：机械工业出版社，2019.

[20] 刘健，毕鹏翔，杨文宇，等. 配电网理论及应用 [M]. 北京：中国水利水电出版社，2007.

[21] 徐丙垠，李天友，薛永端. 配电网继电保护与自动化 [M]. 北京：中国电力出版社，2017.

[22] 范明天，张祖平. 中国配电网发展战略相关问题研究 [M]. 北京：中国电力出版社，2008.

[23] 张保会，尹项根. 电力系统继电保护 [M]. 北京：中国电力出版社，2005.

[24] 刘健，同向前，张小庆，等. 配电网继电保护与故障 [M]. 北京：中国电力出版社，2014.

[25] 刘健，张志华，张小庆，等. 继电保护与配电自动化配合的配电网故障处理 [J]. 电力系统保护与控制，2011，39（16）：53-57.

[26] 刘健，董新洲，陈星莺，等. 配电网故障定位与供电恢复 [M]. 北京：中国电力出版社，2012.

[27] 黄媚，黄焕彬. 配电网关键设备事故处理分析与研究 [M]. 广州：华南理工大学出版社，2018.

[28] 刘健，张小庆，陈星莺，等. 集中智能与分布智能协调配合的配电网故障处理模式 [J]. 电网技术，2013，37（9）：2608-2614.

[29] 姜波. 10kV 配网自动化系统及故障处理的研究 [J]. 中国电气工程学报, 2019 (18): 425 - 425.

[30] 陈勇, 海涛. 电压型馈线自动化系统 [J]. 电网技术, 1999, 23 (7): 31 - 33.

[31] 李有铖, 黄邵远, 于力, 等. 南方电网配电自动化管理与实践 [J]. 供用电, 2014 (9).

[32] 赵江河. 智能配电网的体系架构设计探讨 [J]. 供用电, 2016 (10).

[33] 海涛, 陈勇. 电压型配电自动化设备和系统应用的基本问题 [J]. 电力设备, 2001, 2 (3): 36 - 40.

[34] 刘东. 我国配电自动化的发展历程与技术进展 [J]. 供用电, 2014 (05): 22 - 25 + 4.

[35] 黄琪伟, 刘健. 配电网模式化接线优化规划 [J]. 电力系统自动化, 2008, 32 (7): 73 - 77.

[36] 陈勇, 海涛. 架空配电系统馈线自动化的分阶段实施及通信方式 [J]. 电网技术, 1999, 23 (12): 28 - 31.

[37] 王永明. 配电网自动化系统运行维护架空线路 [M]. 北京: 中国电力出版社, 2018.

[38] 秦立军, 马其燕. 智能配电网及其关键技术 [M]. 北京: 中国电力出版社, 2010.

[39] 顾欣欣, 姜宁, 季侃, 等. 配电网自愈控制技术 [M]. 北京: 中国电力出版社, 2012.

[40] 陈勇. 保证配电网自动化系统可靠性的关键点——配电网自动化设备 [J]. 电工技术, 2004, (7): 21 - 21.

[41] 吴争. 直流配电网关键技术及应用 [M]. 北京: 中国电力出版社, 2019.

[42] 王永明. 配电网故障定位技术 [M]. 北京: 中国电力出版社, 2018.

[43] 刘健, 赵树仁, 张小庆, 等. 配电网故障处理关键技术 [J]. 电力系统自动化, 2011, 35 (24): 74 - 79.

[44] 杨绍军. 基于智能开关设备的配电网线路自动化技术 [J]. 电力设备, 2007, 8 (12): 6 - 9.

[45] 葛亮, 秦红霞, 赵纪元, 等. 电网二次设备智能运维技术 [M]. 北京: 中国电力出版社, 2019.

[46] 国家电网有限公司运维检修部. 配电自动化运维技术 [M]. 北京: 中国电力出版社, 2018.

[47] 孙浩洋, 张冀川, 王鹏, 等. 面向配电物联网的边缘计算技术 [J]. 电网技术, 2019, 43 (12): 4314 - 4321.

[48] 唐海国, 冷华, 朱吉然, 等. 智能配电网 EPON 通信技术的应用分析 [J]. 供用电, 2015 (9).

[49] 赵奕, 秦卫东, 魏皓铭, 等. 配电自动化无线公网通信可用性分析与保障 [J]. 供用电, 2014 (5) 特刊: 45 - 49.

[50] 秦贺, 房牧, 张召峰, 等. 无线公网通信在配电自动化大规模应用研究 [J]. 电气应用, 2015 (12) 增刊: 314 - 318.

[51] 郭上华, 杨绍军, 陈勇, 等. 基于 GPRS 网络的新型馈线自动化系统 [J]. 电气应用, 2005, 24 (1): 22 - 25.

[52] 刘健, 宋国兵, 张志华, 等. 配电网单相接地故障处理 [M]. 北京: 中国水利水电出版社, 2018.

[53] 肖武勇, 郭上华, 陈勇. 基于 GSM/GPRS 通信的城市配电网监控系统研究 [J]. 供用电, 2005, 22 (5): 11 - 12.

[54] 刘健, 刘东, 张小庆, 等. 配电自动化系统测试技术 [M]. 北京: 中国水利水电出版社, 2015.

[55] 许光, 刘漫雨, 王兴念, 等. 基于多信息融合的自适应单相接地故障在线定位研究与应用 [J]. 电测与仪表, 2019 (12): 64 - 72.

[56] 周斌, 钱远驰, 钟子华, 等. 一种 10kV 电缆网小电流接地故障保护方案 [J]. 电力设备管理,

2017（1）：85－86.

[57] 权立，杨志祥，刘红伟，等. 基于零序网络的参数识别法在配电网单相接地故障诊断中的应用 [J]. 电力设备，2018（7）：355－355.

[58] 许冲冲，罗勖华，张维，等. 基于频谱序列峭度分析的小电流接地故障区段定位研究 [J]. 电力系统保护与控制，2018，46（20）：52－58.

[59] 张维，宋国兵，吴敏秀，等. 参数识别法在10kV小电流接地系统继发性单相接地故障检测中的应用研究 [J]. 供用电，2017（6）：72－78＋13.

[60] 常仲学，宋国兵，黄炜，等. 基于相电压电流突变量特征的配电网单相接地故障区段定位方法 [J]. 电网技术，2017（7）：2363－2369.

[61] 刘红伟，郭上华. 基于直流注入法的新型小电流接地故障隔离和定位解决方案研究 [J]. 电气技术，2016（1）：22－26＋32.

[62] 郭上华，宋国兵，张维，等. 一种无信道配电网单相接地故障自愈方案 [J]. 供用电，2015（8）：64－71.

[63] 赵慧梅，张保会，段建东，等. 一种自适应捕捉特征频带的配电网单相接地故障选线新方案[J]. 中国电机工程学报，2006，26（2）.

[64] 王章启，顾霓鸿. 配电自动化开关设备 [M]. 北京：水利电力出版社，1995.

[65] 钱远驰，周斌，熊江咏，等. 滞留电荷对智能配电设备一二次融合的影响与对策 [J]. 电力电容器与无功补偿，2019（2）：123－128.

[66] 魏浩铭，李斐刚，田巍巍. 自供电柱上断路器操作电源研究及应用 [J]. 电力设备，2017（2）：9－11.

[67] 宁丙炎，赵凯，贾贞. 电子式电压互感器在一二次融合柱上成套设备中的应用 [J]. 电力研究，2018（8）：16－18.

[68] 谭卫斌，张维，权立，等. 一种新型配电网在线监测装置的研制 [J]. 电力系统保护与控制，2019（1）：158－165.

[69] 刘明清，钱远驰，周斌. 浅谈永磁操作机构的发展及其运用 [J]. 电力设备，2014（12）：34－36.

[70] 李斐刚，钟子华. 配网自动化中开关操作机构的应用 [J]. 电力设备，2015（10）：7－9.

[71] 王秋梅，金伟君，徐爱良，等. 10kV开关站建设与运行 [M]. 北京：中国电力出版社，2015.

[72] 国网陕西省电力公司. 环保气体绝缘金属封闭开关设备应用手册 [M]. 北京：中国电力出版社，2019.

[73] 周斌，钱远驰，刘明清. 固体绝缘开关柜发展现状及其关键技术 [J]. 电力设备，2015（2）：12－17.

[74] 黄楷涛，刘明清，周斌. 浅谈气体绝缘柜的现状和发展趋势 [J]. 电力设备，2016（12）：4－6.

[75] 颜湘莲，高克利，郑宇，等. SF_6混合气体及替代气体研究进展 [J]. 电网技术，2018（6）：1837－1844.

[76] 林莘，李鑫涛，李璐维. 环保型SF_6替代介质研究进展 [J]. 高压电器，2016，52（12）：1－7.

[77] 黄德鸿. 10kV开关柜运行过程中的常见故障及处理措施研究[J]. 中国电气工程学报，2019（18）：431－431.

[78] 赵永志, 刘世明. 智能变压器设计与工程应用 [M]. 北京: 中国电力出版社, 2015.

[79] 宋璇坤, 韩柳, 李敬如, 等. 智能变电站实用技术丛书: 智能高压开关设备分册 [M]. 北京: 中国电力出版社, 2018.

[80] 国家电网公司运维检修部. 10kV 一体化柱上变台和配电一二次成套设备典型设计及检测规范 [M]. 北京: 中国电力出版社, 2016.

[81] 国家电网有限公司. 国家电网有限公司配电网设备标准化设计定制方案（2019 年版）10kV 高压/低压预装式变电站 [M]. 北京: 中国电力出版社, 2019.

[82] 刘日亮, 刘海涛, 夏圣峰, 等. 物联网技术在配电台区中的应用与思考 [J]. 高电压技术, 2019, 45 (6): 1707 - 1714.

[83] 魏吉超. 农网智能配电台区建设模式及关键技术研究 [D]. 济南: 山东大学, 2015.

[84] 高甲勇. 关于农村配电台区的智能化研究 [D]. 济南: 山东大学, 2014.

[85] 魏敏. 10kV 智能箱式变电站的设计与研究 [D]. 厦门: 华侨大学, 2013.

[86] 刘卫兵. 农村智能配电台区典型建设方案研究 [D]. 北京: 华北电力大学, 2012.

[87] 翁贵涛. 基于物联网技术的智能箱式变压器安全系统设计与应用 [D]. 广州: 华南理工大学, 2019.

[88] 李涛. 智能配电低压台区监控系统方案研究 [D]. 淄博: 山东理工大学, 2014.

[89] 霍佳贺. 配电变压器自动调容调压控制系统的研究 [D]. 太原: 太原理工大学, 2019.

[90] 关少平. 基于新型有载分接开关的自动调压技术研究 [D]. 济南: 山东大学, 2015.

[91] 安马龙. 基于物联网的变压器状态检修技术研究 [D]. 西安: 长安大学, 2018.

[92] 严小强. 配电变压器智能监测技术及系统研究 [D]. 南昌: 东华理工大学, 2019.

[93] 尹康涌. 油浸式变压器噪声状态监测关键技术研究与应用 [D]. 武汉: 华中科技大学, 2018.

[94] 孙梅. 无功补偿技术在低压电网中的应用探讨 [J]. 农机使用与维修, 2019 (12): 4 - 5.

[95] 赵亚洲. 剩余电流断路器智能控制技术的研究 [D]. 石家庄: 河北科技大学, 2019.

[96] 陈浩. 基于智能换相开关的配电台区三相不平衡治理研究与应用 [D]. 西安: 西安理工大学, 2019.

[97] 颜勇, 汪东军, 田晓, 等. 智能配变终端的研发及工程应用 [J]. 山东电力技术, 2018, 45 (07): 15 - 19.

[98] 牟泳名. 配电网智能台区综合控制系统的设计与应用 [D]. 北京: 华北电力大学, 2018.

[99] 张浩. 模块化智能配电单元设计与实现 [D]. 济南: 济南大学, 2016.

[100] 宋光华. 智能配电房监控系统的技术研究 [J]. 通信电源技术, 2018, 35 (02): 82 - 84.

[101] 李鑫, 赖美云, 汪进锋, 等. 新型智能预装式变电站状态评价关键参量研究 [J]. 变压器, 2015, 52 (12): 30 - 35.

[102] 王彤东, 张琪英, 王万亭, 等. 地埋式高压/低压预装式变电站的设计及应用 [J]. 电气时代, 2019 (12): 53 - 56.

[103] 岳仁超, 孙建东. 智能一体化柱上变压器台的设计 [J]. 电气自动化, 2019, 41 (3): 13 - 15.

[104] 张冀川, 陈蕾, 张明宇, 等. 配电物联网智能终端的概念及应用 [J]. 高电压技术, 2019, 45 (6): 1729 - 1736.

[105] 杜培东, 张建华, 郑晶晶, 等. 光纤光栅测温技术在电气设备中的应用研究 [J]. 机电工程技术, 2014, 43 (2): 12-15.

[106] 徐欣. 红外线温度监测系统在电力测温中的应用研究 [J]. 数字技术与应用, 2014 (1): 98.

[107] 陈彬, 刘阁. 变压器油中微水含量在线监测方法研究进展 [J]. 高电压技术, 2020, 46 (4): 1405-1416.

[108] 张勇. 基于油中溶解气体分析的变压器在线监测与故障诊断 [D]. 北京: 华北电力大学, 2014.

[109] 覃延佳, 冯晓棕. 干式变压器局部放电在线监测中的应用分析 [J]. 电力设备管理, 2019 (11): 35-37.

[110] 刘赛足, 韩畅. 智能配电房的系统设计和技术方案研究 [J]. 南方能源建设, 2018, 5 (S1): 100-105.

[111] 刘冰冰. 智能配电房实现模式的研究 [J]. 现代制造技术与装备, 2019 (03): 83-84.

[112] 刘健, 赵树仁, 负保记, 等. 分布智能型馈线自动化系统快速自愈技术及可靠性保障措施[J]. 电力系统自动化, 2011, 35 (17): 67-71.

[113] 凌万水, 刘东, 陆一鸣, 等. 基于 IEC 61850 的智能分布式馈线自动化模型 [J]. 电力系统自动化, 2012, 36 (6): 90-95.

[114] 张波, 吕军, 宁昕, 等. 就地馈线自动化差异化应用模式 [J]. 供用电, 2017, 34 (10).

[115] 房牧, 王华广. 山东配电网管理模式的探索与经验 [J]. 供用电, 2014 (9).

[116] 张丽晶, 郭上华, 陈奎阳. 配电网多元化负荷接入和清洁能源消纳下的馈线自动化研究 [J]. 电力设备管理, 2019 (4): 79-82.

[117] 谢永娟, 钟子华. 探析 10kV 线路环网对提高供电可靠性的影响 [J]. 中国电气工程学报, 2019 (18): 435-435.

[118] 张汝楠, 黄德鸿, 姜波. 10kV 电缆网馈线自动化典型方案及工程应用 [J]. 电力设备, 2018 (23): 55-56.

[119] 张波, 吕军, 宁昕, 等. 就地型馈线自动化差异化应用模式 [J]. 供用电, 2017 (10): 48-53.

[120] 秦贺, 刘宏伟, 单晶, 等. 基于电压型馈线自动化的变电站重合闸方案研究与应用 [J]. 电气应用, 2015 (12) 增刊: 383-385.

[121] 陈奎阳, 汤定阳, 贾贞, 等. 一种架空线路新型分布智能模式 [J]. 工程技术, 2016 (4): 16、61.

[122] 张维, 张喜平, 郭上华, 等. 一种新型的电缆网就地馈线自动化方案及应用 [J]. 供用电, 2015 (4): 22-28.

[123] 秦卫东, 胡波, 胡李进, 等. 配电网自动化 FA 动作准确性提升思路探讨 [J]. 电气应用, 2015 (12) 增刊: 31-34+44.

[124] 刘红伟, 封连平, 王焕文. 基于电流记数型分段器和重合器配合的 10kV 配电网馈线自动化研究及应用 [J]. 电气技术, 2010 (8): 77-80.

[125] 黄伟军, 钱远驰, 吕志来. 闭环运行方式城市配电网接线模式的研究 [J]. 电力系统保护与控制, 2013, 41 (24): 123-127.

[126] 郭上华, 肖武勇, 陈勇, 等. 一种实用的馈线单相接地故障区段定位与隔离方法 [J]. 电力系

统自动化，2005，29（19）：79-81.

[127] 曹奇，张维，郭上华. 一种适用于不平衡电网情况下的改进型控制策略研究 [J]. 电测与仪表，2014，51（21）：90-95.

[128] 白世军，曾林翠，李毅，等. 电子式互感器工程应用抗干扰的研究及防护 [J]. 高压电器，2016，52（10）：187-193.

[129] 王成山，王守相，郭力. 我国智能配电技术展望 [J]. 南方电网技术，2010，4（1）：18-22.

[130] 彭松，刘红伟，王焕文，等. 基于电压电流复合型成套装置的 10kV 架空馈线自动化实现方案的研究与应用 [J]. 广东电力，2012，25（9）：79-81.

[131] 黎斌. SF_6 高压电器设计 [M]. 3 版. 北京：机械工业出版社，2010.

[132] 梁曦东，陈昌渔，周远翔. 高电压工程 [M]. 北京：清华大学出版社，2003.

[133] 王日宁，武一，魏浩铭，等. 基于智能终端特征信号的配电网台区拓扑识别方法 [J]. 电力系统保护与控制，2021，49（6）：83-90.

[134] 国家电网有限公司. 国家电网有限公司配电网设备标准化设计定制方案 12kV 环网柜（箱）（2019 年版）[M]. 北京：中国电力出版社，2019.